信息学基础算法

追本溯源

葛潇 卫来 编著

复旦大学出版社

自　序

　　笔者自 1998 年(六年级)起学习信息学基本算法,其原因大致一半是家长逼迫,一半是自身兴趣. 中学时期,获全国青少年信息学奥林匹克联赛(National Olympiad in Informatics in Provinces,NOIP)提高组一等奖("省一"). 虽未能入选省队,但在此过程中学到解决问题的方法论和价值观,并有幸结识一些领域中的大神. 现今想来不虚此学.

　　大学毕业后从事互联网搬砖若干年. 从 2016 年起,经高中同学、太戈编程创始人陈琛引荐,开始从事中学信息学竞赛培训. 从兼职讲课到逐渐转为主业,至今约有六年时间. 当年作为选手以升学为目的参加比赛,十几年后竟成为糊口的职业,也是当年颇未料想到的.

　　在浩如烟海的算法领域,中学生信息学竞赛是近三四十年方兴未艾的一个小领域. 相关图书、教材与资料有不少,且还在越来越快地增长. 作为培训者,首先应对所教的内容有自身理解,进而转述,即"言出己想";如果以现成资料照本宣科,如今聪明的小朋友们完全可以自己看"本",且能达到相同甚至更好的效果. 故笔者教学所用课件坚持自己亲手制作,从开始较零散的讲义经几年迭代和"修补",现基础算法部分自觉已相对成熟,故产生整理成册的想法.

　　中学生信息学竞赛是一个快速发展而令人兴奋的领域,高新算法的引入速度很快. 每个"OIer"心里大概都有过这么一个雄心梦想,就是"学遍所有算法". 在设计本书内容时也颇有犹豫,思虑再三,本着误人子弟罪莫大焉的觉悟,还是决定先选基础的、自我感觉思虑成熟透彻的部分来写,不求大而全. 最终,圈定深度优先搜索(Depth-First-Search,DFS)、动态规划、最短路径、生成树、单调性算法这五大部分,外加一个引子部分(算法初体验). 因为先把基础彻底融会贯通,就会发现很多高阶算法的思想和方法论是相通的①.

　　本书强调"本源"二字."本"指"本质(essence)","源"指"源头(source)". 基础类算法知识资料比比皆是,本书未敢言有何特别高明之处. 本书期望表达的不只是知识点本身,更期望以知识为载体,探究背后隐藏的本质性内容和有普遍意义的规律(如计数器本质上是按值分组、最短路本质上是解方程),以及不同算法之间的内在联系[如动态规划(dynamic programming,DP)是从 DFS 优化而来、最短路是 DP 破环的一种结果]. 这些是笔者在自己学习及教学中思考和领悟出来的.

　　信息学算法知识本身并不算多(目前甚至已推出官方考纲),选手往往不是不会算法,而是不会恰当使用算法. 其部分原因为对即使很初等的算法也仅是"见山是山",只学会了表面形式而没有看到本质. 这正是本书企图引导改正的方面.

　　在信息学竞赛领域有很多经典好书,如权威经典著作《算法导论》、刘汝佳的《算法艺术与信息学竞赛》("黑书")、李煜东的《算法竞赛进阶指南》("蓝书")等. 本书不敢期许望这些名作之项背,只结合个人的阅历和领悟,对一些基础算法做点梳理和注解. 如能带给 OIer 们些许共鸣或启发即感欣慰.

葛潇
2021 年 6 月 30 日

---

① 更进阶的提高算法有一定程度的设计规划,但一本书要有明确的内容边界.

导　读

受众定位

本书并非纯粹教材,更多的是属于基础算法探讨与分享,原则上并无严格的受众针对,对基础算法感兴趣的人士都可阅读.笼统而言,本书对信息学算法初学者或有一定算法基础的选手最为合适;对新起步的信息学教练,本书可当作教材或教辅使用,但学习路径难度相对较大,适合理解能力和抽象思维较强的选手.已在信息学竞赛领域有较深造诣的选手或资深教练则不一定需要阅读本书.

内容定位

本书主要以对基础算法知识、算法核心思想、算法内在关联的探究为主.主体篇幅以具体例题为载体.本书以理论知识为主,非完全针对信息学竞赛的应试教材,因此对诸如代码测试、临场策略、应试技巧等方面不作系统介绍(仅内容涉及时做零星的说明).对参赛选手而言,请切记出成绩不只与算法知识有关,前面所说几点也都很重要①.

算法基础

本书不需要读者有信息学算法方面的基础.如有一定基础,也可期望对已知算法有更深层次的理解.

编程基础

本书代码均使用C++语言表达②,期望读者最好有C++语法基础(并不需要精通).代码主要为一些经典算法模板代码文字以及辅助说明思路所用.本书并非针对应试,故代码实现并非本书核心,相当部分例题(在文字表达清楚的前提下)也未配代码.没有编程语言基础的读者在理论上也可接受本书70%以上的内容.本书原则上也不讲解语法特性及编码细节.

数学基础

信息学竞赛的本质就是以程序为载体的对具体问题数学建模能力的考查.信息学竞赛界(以下简称"信竞界")大神们基本无一不是数学高手.越深的数学功底对学习信息学竞赛越为有利.本书因仅涉及较为基础级别的算法,并非需要很高深的数学背景,但读者应具备至少中学级别的数学基础,特别是对函数、坐标系、集合、方程等概念有了解,并对常用数学符号至少不是特别陌生.

---

① 这些技能更多的是需要在自己做题、模拟、训练中积累和培养.
② C++也是目前主流算法类竞赛最广泛使用的语言.

难度级别与梯度

本书主要涉及5个基础算法门类：根据中国计算机学会(CCF)2021年发布的《NOI大纲》[1]，知识面大致覆盖入门级"数据结构"和"算法"部分70%左右、提高级40%左右，但不包含"C＋＋程序设计"和"数学"部分. 以笔者自身经验，如能全部熟练掌握本书内容，从知识面覆盖角度而言，大致可达到国内联赛(CSP)入门组一等奖高分/提高组一等奖过线的水平. 当然实际获奖与否，还要取决于前述诸多其他因素.

本书讲述时力图将一个算法主题(如DFS搜索)尽量讲透，故整体并非完全由易到难，难度大致呈波浪式递增分布. 在算法先后顺序排列上，尽量做到前后关联，全书80%的章节大体分布在一条主线上，因此阅读本书时一般不建议跳读.

关于在线评测系统(OJ)

本书主要以解析知识点为主，但以具体例题为载体，每章节也会留若干练习题. 除少数纯模板题，都会标注题目出处、常见OJ提交题号. 本书使用的OJ有2处：

(1) 洛谷(https：//www. luogu. com. cn)，应该是现阶段国内知名度最高的公共OJ.

(2) 太戈编程(https：//www. etiger. vip)，是笔者本人供职机构的内部OJ. 如需该平台账号可联系笔者(邮箱 xiao_ge@126. com).

---

[1] 2023年已更新为新版本：https：//www. noi. cn/upload/resources/file/2023/03/15/1fa58eac9c412e01ce3c89c761058a43. pdf

格式与约定

本书虽偏学术理论,但大体表述是通俗的,没有太多的足以影响到理解的特殊格式需要说明,少数可能引起误解的问题点说明如下. 如有遗漏或不妥,敬请读者关注实时勘误表,或欢迎来函交流.

在线实时勘误表:https://docs.qq.com/sheet/DVnVmRkZ0RGJjdGhK?tab=BB08J2

作者邮箱:xiao_ge@126.com

关于数学符号/数学式:本书不是专业数学书籍,数学符号/数学式以无歧义可理解为原则,有些细节未必绝对在数学意义上严格.

下标/自变量/参数的位置:本书采用广义的函数的观点,将数列/数组下标、函数自变量、函数参数等都理解为广义的自变量,在不引起歧义的前提下,不刻意区分这几种情况. 如二元函数 $f(x, y)$,根据实际情况可能表达为 f_{xy}(二维数组形式)、$f_x(y)$ 或 $f^{(x)}(y)$(带参函数/函数族形式)等.

关于复杂度:本书采用常见的大 O 符号描述算法时空性能,但并不引用大 O 符号数学上的严格定义,以及不刻意区分渐近上界 O 和上确界 Θ. 但实际上书中出现的复杂度大部分是指最坏情况下的上确界. 为了传达或强调逻辑,有时也把常数或低阶项写在复杂度内,如 $O(4n)$ 或 $O(n\log n + n)$,不影响理解即可.

关于章节编号:本书各章编排类似 16 进制的约定,第 9 章以后以 A 代表 10 章、B 代表第 11 章,依此类推. 仅为指代方便,并无其他特殊含义.

代码规范

好的编码规范和高可读性是程序员的基本素质,也对编码思路清晰和调试查错有益.本书原则上采用统一和可读性高的代码规范.但信息学竞赛的代码属于单人脚本(非多人协作的工程类编程),并考虑到一些篇幅/排版问题,本书在不影响理解的基础上,不主张绝对严格的、吹毛求疵的代码规范.本书毕竟不是以讲解编码为核心,请对代码规范有极端严格喜好的读者谅解.

空格与空行:本书大体采用宽松式的行内编码,即语法元素、运算符前后一般加空格隔开.但并非 100% 严格,少数较长的语句或确无必要隔开的情况(如逻辑上是一个对象的),也会省略部分括号,如 $a[i+1]$,$x == n+1$ 等.

压行与压句:本书绝大部分代码不采用压句,即保证每行一句语句.但个别情况也有例外,如语句体特别短小的 for/if(视为逻辑一体一句话而不分行)、极少数语义平行的短句(如 $i++; j++;$).至于利用语法压行,本书以不影响可读性为准,不进行刻意极端的压行.特别地,不使用逗号表达式强行连接语句.

默认数据类型转换:本书比较认同强数据类型的观点,因此大部分代码不使用隐含的数据类型转换,即保证所有数据类型显式匹配,如 long long 类型的常数显式加上 LL.但也有少数例外,如 bool 常数通常用 0,1 来表示,而不写为 true/false.这些基本上不会引起误解.

花括号问题:关于经典的左花括号之争,本书采用 Java 风格的左花括号不单独占行的规范.关于 if/for/while 等复合语句只带一句语句体的时候,比较好的规范是仍然加上花括号,本书大体遵照此规范,但不排除少数语句体特别短小且无歧义时省略此花括号(甚至省略换行)的情形.这主要是为节省篇幅考虑,如下所示:

```
for (int i = 1; i< = n; ++i) s[i] = s[i-1] + a[i];
```

目　录

算法初体验

　　本部分是一个引子,读者可先感受下算法是什么,继而通过两个独立的算法小工具,演示学习算法的主要方法和步骤.读者也可借机自省一下是否有兴趣继续深入学习.

0 什么是算法

算法(algorithm)有正式规范的学术定义,但从实用角度,通俗直观的理解可能更加实在.顾名思义,算法即为"计算之方法",用以解决问题的步骤的描述,广义上都可视为算法.信息学竞赛通常讨论的算法,是略狭义一些,大致指用聪明的、高效的手段/步骤解决特定问题.以下通过 3 个具体的简单例子,可以直观地感受下好的算法是如何高效地解决问题的.

> **【例 0-1】最值问题**
> 给定 n 个数,通过两数比较的方式求出其中的最大值和最小值.

常规做法是先比较前 2 个数,其中较大者再与第 3 个数比较,依此类推[①].则通过各 $n-1$ 次比较可分别求出最大/小值,总次数为 $2n-2$.更巧妙的方法为先将 n 个数两两分组比较[②],在各 $n/2$ 个胜/负者中分别(打擂台)求最大/小值,则比较次数为 $n/2+2(n/2-1)=3n/2-2$.

> **【例 0-2】数 8**
> 求正整数 $1\sim12345$ 中,数字 8 共出现了几次?(如 188 中出现 2 次)

如一个个依次计算,则需遍历 12345 个数.可转换角度[③],求每位上总共出现几个 8.对个位,每 10 个数有且仅有一个 8,共 1234 个[④];十位数每 100 个数有 10 个 8,共 1230 个;依此类推.答案可口算出,$1234+1230+1200+1000=4664$.

---

① 此方法俗称"打擂台".
② 不妨设 n 是偶数,否则任意复制其中一个数即可.
③ 本质上是利用加法交换律.
④ 因为 8 比 1,2,3,4,5 都大,显然省去了一些麻烦.如统计 4 的个数,则最后余数部分(不满一个周期)需更精细的处理,但至少不需要上万次的计算量.此其实是所谓数位 DP 算法的一个简单应用.

【例 0-3】铺设道路(NOIP 2018 提高组 T1)[1]

春春是一名道路工程师,负责铺设一条长度为 n 的道路.铺设道路的主要工作是填平下陷的地表.整段道路可以看作 n 块首尾相连的区域,一开始,第 i 块区域下陷的深度为 d_i.春春每天可以选择一段连续区间 $[L, R]$,填充这段区间中的每块区域,让其下陷深度减少 1.在选择区间时,需要保证,区间内的每块区域在填充前下陷深度均不为 0.春春希望你能帮他设计一种方案,可以在最短的时间内将整段道路的下陷深度都变为 0.($1 \leqslant n \leqslant 100\,000$, $0 \leqslant d_i \leqslant 10\,000$)

这是一道提高组真题,正式比赛题往往会讲一个"故事",其实情节与解题基本无关,有时还可能误导.故审题时需要抽离题目的(数学)本质,剥离故事情节.本题的本质是:给一个非负整数序列 $d_1..d_n$,每次可将连续的非零的一段减 1,求(最少)几次可全减为 0.

看似复杂,画个图则一目了然:将 d_i 画作柱状图,问题相当于划几根横线(中间不可越出柱状图范围)可以填满整个区域(见左下图).

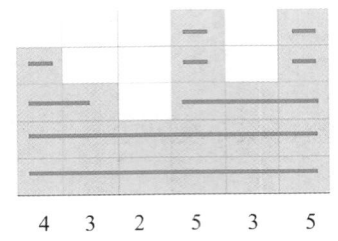
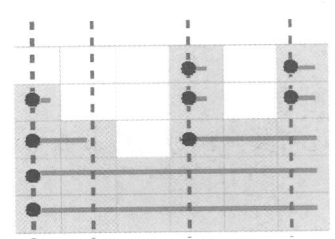

最简单方法为一行行扫描,数每行需要填几个连续段.复杂度为 $O(nd)$ [2].可观察到横线的段数＝左端点的数量.再用前面的换计算顺序的方法,逐列计算左端点的个数:如 $d_i < d_{i-1}$ [3],则 i 列没有新的左端点;否则 i 列高出上一列的行数就是新的左端点数,即 $ans = \sum_{i=1}^{n} \max(0, d_i - d_{i-1})$,复杂度为 $O(n)$.方法得当的话,这个提高组的题目代码也极其好写[4].

小　结

以上几个问题希望让读者对学习算法有些直观感受.理论上只要计算资源(如时间)充足,大部分问题都可用简单粗暴的方法解决[5],而钻研算法可能用更巧妙有效的方法解决同一问题.方法越高效,往往说明对问题本质洞察更精准.

本节内容同时也是一个小小的测试.如读者在看正解前自己已想到高效解法(或者以前知道过),那么说明你学习算法资质较高或基础较好;如看了解答后觉得很精妙,很有趣,那么你应该比较适合学习算法;如完全没看懂,或者觉得没啥意思,或者有头痛感,那么也许你(目前)还不是很合适学习算法.

---

[1] 上来就说提高组题目会不会太难? 其实一点也不难.

[2] 如不清楚复杂度和大 O 符号的概念,可粗略认为"运算次数作为数据规模的函数,其增长最快的那项".基础信息学竞赛中并不需知道大 O 符号的严格定义.

[3] $i = 1$ 时,可认为设置 $d_0 = 0$ 即可兼容.这个为兼容性手动设置的虚拟 d_0 称为"哨兵"(sentinel).

[4] 现场有同学在此题大动干戈,有用到并查集甚至线段树之类高端算法,显然是没找到最优方法.

[5] 实际生产中很多时候就是这么做的.

1 前 缀 和

本章与下一章通过 2 个比较独立的小算法找找感觉, 并展示本书探讨一个具体算法及其本质的方法论.

【例 1-1】余额查询

小明初始时有存款 1000 元, 他以天为单位把每天净收支都记录下来, 共 n 天, 第 i 天的净收入为 A_i($A_i > 0$ 表示收入, $A_i < 0$ 表示支出). 他老妈不时对他进行查账, 依次提出 m 个问题, 第 j 个问题问的是第 D_j 天结束时存款的余额(保证答案非负). ($n, m \leqslant 100\,000$, $1 \leqslant D_j \leqslant n$)

此题可归于"静态序列问询类"问题. 问询指题目给出 m 个(通常形式相似的)问题, 序列问询指问题基于一个序列 $A_1 .. A_n$ 求某种性质. 静态指过程中序列本身不发生改变. 第 D_j 天的余额＝初始余额＋前 j 天收支之和[①]: $1000 + \sum_{k=1}^{D_j} A_k$. 直接计算该式复杂度为 $\sum_{j=1}^{m}(1 + D_j) = O(nm)$ [②], 计算量接近 10^{10}.

算法优化的一个最基本原则是寻找多余或重复的计算量. 此处直接计算 ans_j 时对 k 从 $1 \sim D_j$ 依次累加, 对多个问询, 较小的 k 的累加会被执行多次(见下图).

A_k	1	2	3	4	5
$D_1 = 3$	1	3	6		
$D_2 = 5$	1	3	6	10	15
$D_3 = 4$	1	3	6	10	

优化重复计算最简单的优化方法称为预计算(pre-computation): 参数 D_j 至多有 n 种取值, 可将所有对应答案预先算好存起来, 问询时直接输出答案即可.

本题中, 预计算 $S_i = \sum_{k=1}^{i} A_k$ ($i = 1 .. n$), 则 $ans_j = 1000 + S_{D_j}$. 序列 S 即称为(原序列 A 的)前缀和. S 本身则可利用递推关系计算: $S_i = S_{i-1} + A_i$, 此处为统一起见, 通常规定哨兵 $S_0 = 0$ [③]. 预计算复杂度为 $O(n)$, 问询复杂度为 $O(m)$, 总复杂度为 $O(n + m)$.

读者或许有这样的疑问: 预计算还是现计算, 都是把问题回答了一遍, 为何预计算能快? 这里隐含的

---

① 将题意表达得越数学化, 一般越容易看出本质, 以及寻找解题切入点.
② 在没有额外说明的情况下, 默认都指最坏情况, 即 D_j 都取到最大值 n.
③ 所以在一般需要前缀和的场景下, 原数组 A_i 的下标应从 1(而不能从 0)开始. 如原始题意下标从 0 开始, 则可平移一下下标, 或对 $i = 1$ 特殊处理.

一件事是预计算选择了一种有利的计算顺序，即 i 从小到大（原题问题中 D_j 并无此性质）.此顺序下计算 S_i 不需从头计算，只要在 S_{i-1} 的基础上累加新的变化量即可.

不根据输入顺序而自选有利的顺序回答多个问题，此方法称为离线计算；在上一问询答案的基础上计算变化量而非重算，此方法称为增量式.这两者都是算法设计中重要的思想.以后学习更复杂算法和问题时还将反复用到这两种思路.

由 S 的递推式移项得 $A_i = S_i - S_{i-1}$，此即前缀和的逆运算（S 反推 A），称为"差分"（difference）[1]，差分本身也是一个常用工具.可将前缀和整体视为一种序列变换，即由 A 序列通过特定操作得到 S 序列，以这种视角看则差分就是其逆变换；变换本身还可多次迭代，得到高阶前缀和（参见本章高级话题讨论）.

> **【例 1-2】余额查询 2（区间和问询）**
> 小明以天为单位把每天净收支都记录下来，第 i 天的净收入为 A_i.他家人不时对他进行查账，依次提出 m 个问题，第 j 个问题是问第 X_j 天开始到第 Y_j 天结束期间，存款变化了多少.（$n, m \leqslant 100\,000, 1 \leqslant X_j \leqslant Y_j \leqslant n$）

本题是上题的推广.当遇到与已知问题（局部）相似[2]的问题时，一种最基本的方法是用原先的方法先试试，到哪步不行，尝试能否修补.上题核心是预计算，本题是否也可预计算（家人的）所有可能问题？

上题问的是 $1 \sim D_j$ 天，只可能有 n 种问题.本题问的是 $X_j \sim Y_j$，则有 $n(n+1)/2$ 种可能，如都预计算本身就已经超时了.但这并非彻底否定预计算的思路，既然全部预计算不行，可考虑部分预计算.未预计算的部分，如可通过若干（算好的）结果快速推导出来也可.

观察 $ans_j = \sum_{k=X_j}^{Y_j} A_k$，其各项都包含在 $S_{Y_j} = \sum_{k=1}^{Y_j} A_k$ 中，但后者多了一些不需要的项，这多余部分恰好是另一个前缀和 $S_{X_j-1} = \sum_{k=1}^{X_j-1} A_k$，则两者相减就得到了所要的答案.序列从 l 到 r 各项之和称为区间和，任意区间和可表达为前缀和之差，

$$\sum_{k=l}^{r} A_k = S_r - S_{l-1}$$

$l = 1$ 时因之前设置过哨兵 $S_0 = 0$，故此亦可兼容.

A_k		1	2	3	4	5
S_5	0	1	2	3	4	5
S_2	0	1	2	0	0	0
$S_5 - S_2$	0	0	0	3	4	5

---

[1] 其连续化版本就是微积分中鼎鼎大名的微分（differencial）.
[2] 指题意本质相似.有些题目仅故事情节类似.

前缀和核心内容很简单,但涉及一些很基础的方法论,如离线、增量式.思想越简单,实则越深刻,应用越广泛.读者不要因为题目简单而轻视这里提到的解题思想,这些目前看似简单甚至有点刻意的算法思想正是构建后面很多具体算法的出发点与核心.以下为例1-2的核心代码:

```
for (int i = 1; i <= n; ++i)
    s[i] = s[i-1] + a[i]; //递推预计算前缀和
for (int i = 1,x,y; i <= m; ++i){
    cin >> x >> y;
    cout << s[y] - s[x-1] << " "; //计算区间和
}
```

前缀和的基础内容无非定义式、递推式、区间和公式.比赛中很少会直接考模板题,一般都会加以一定的变化或推广.则只得其形者可能会不知所措,而得其神者才能应用自如.下面来看一些简单应用.

【例1-3】最大连续子序列和

输入序列 $a_1..a_n$,其中下标连续的一段 $a_i..a_j (1 \leq i \leq j \leq n)$ 称为一个连续子序列.求所有连续子序列的总和的最大值.$(n \leq 2000)$

数学化题意表达为 $ans = \max\limits_{1 \leq i \leq j \leq n} \sum\limits_{k=i}^{j} a_k$,如给定 i,j 求和就是一个区间和,用前缀和得 $ans = \max\limits_{1 \leq i \leq j \leq n} \{S_j - S_{i-1}\}$.观察到 n 的规模对平方复杂度可行[1],本题解法即为枚举法+前缀和,即前缀和与其他算法结合的一个简单例子.下面请读者自行思考以下2个问题:

(1) 不使用前缀和仍要求 $O(n^2)$ 解决,有何方法?(提示:增量式)

(2) 优化到 $O(n)$ 复杂度,这在以后会讲,值得先思考思考.

【例1-4】循环和(环形区间和)

输入序列 $a_1..a_n$ 并围成环状(a_n 与 a_1 相邻),有 m 个问题,每个问题求 $a_L..a_R$ 之和[2] $(1 \leq L, R \leq n)$.如 $L \leq R$ 则表示下标从 L 递增到 R,如 $L > R$ 则表示下标从 L 递增到 n 再回到1再递增到 R.$(n, m \leq 100\,000)$

本题是一维问题的简单推广:环形问题.这种变形很常见.$L \leq R$ 部分与上题相同;$L > R$(即"套圈")部分,有如下3种常用思路.

(1) 思路1(拆成2个区间): $ans = \sum\limits_{k=L}^{n} a_k + \sum\limits_{k=1}^{R} a_k$.

(2) 思路2(补集转化):视为全集挖掉一个区间: $ans = \sum\limits_{k=1}^{n} a_k - \sum\limits_{k=R+1}^{L-1} a_k$.

(3) 思路3(破环成链):将序列延长一倍,令 $a_{i+n} = a_i$,$i = 1..n$ [3],则

---

① 目前计算机的算力,一般以 10^8 到 10^9 为1秒计算量极限.反推平方算法规模上限约为 $10\,000 \sim 20\,000$.

② 以后问询类问题在不引起误解情况下,不再以显式编号 j 区分各问询.如本题不描述成"问题 j 要求 $a_{L_j}..a_{R_j}$ 之和",而直接叙述成"每个问题要求 $a_L..a_R$ 之和".

③ 数学上称为周期延拓.

$$ans = \sum_{k=L}^{n} a_k + \sum_{k=1}^{R} a_k = \sum_{k=L}^{n} a_k + \sum_{k=n+1}^{n+R} a_k = \sum_{k=L}^{n+R} a_k$$

以上 3 种方法配合前缀和均可在 $O(n+m)$ 解决本题. 方法 1 要求问询内容有可加性(知道两个区间的值能推出并集的值);方法 2 要求有可减性(知道两个区间的值能推出差集的值);方法 3 则无额外要求. 加法运算同时具备可加和可减性,故此 3 种方法均可,但如将问询目标改为求 max,则方法 2 即失效;如改成求 UV[①],方法 1,2 均失效. 而方法 3 可通用地从序列场景推广到环形场景.

A_i	1	2	3	4	5	6	1	2	3	4	5	6
1												
2												
3												

初学者可能对可加性、可减性这些抽象的概念接受有点困难,可通过一些常见的具体例子(如 sum, max, UV)多多琢磨. 函数是非常深刻的数学概念,宏观说所有题目都是在计算某种目标函数. 熟悉函数本身的特性对解题非常有益.

【例 1-5】 交错和(目标函数推广)

输入序列 $a_1 .. a_n$,有 m 个问题,每个问题为求 $a_i - a_{i+1} + \cdots + (-1)^{j-i} a_j$.$(n, m \leqslant 100\,000, 1 \leqslant i \leqslant j \leqslant n)$

此题(区间上的)目标函数更复杂,在求和的基础上附加了交错的正负系数. 思考前缀和求区间和的本质是将区间 $[i, j]$ 视为 $[1, j] - [1, i-1]$,再利用可减性. 本题目标函数是区间交错和,亦可仿照定义"交错前缀和" $S_i = \sum_{k=1}^{i} (-1)^k a_k$. 则 S 作差基本就可得到所求"交错区间和",至多相差一个符号,区分判断一下即可.

$$ans = \sum_{k=i}^{j} (-1)^{k-i} a_k = (-1)^i (S_j - S_{i-1})$$

A_i	1	2	3	4	5	6	7	8
S_7	−	+	−	+	−	+	−	0
S_2	−	+	0	0	0	0	0	0
S_7-S_2	0	0	−	+	−	+	−	0

【例 1-6】 跳跃和(步长推广)

输入序列 $a_1 .. a_n$,有 m 个问题,每个问题为求 $a_i + a_{i+d} + \cdots + a_{i+(k-1)d}$,$d$ 是固定的,$n, m \leqslant 100\,000, 1 \leqslant i, d \leqslant n$. 下标如超出 n 的部分默认截断.

下标跳跃,但还是求和(有可减性),定义步长为 d 的"跳跃前缀和"

---

① 指问询指定部分中有几个不同的数值,UV(unique visitor)为独立访客数.

$$S_i = A_i + A_{i-d} + \cdots + A_{i\%d}$$

递推式: $S_i = A_i + S_{i-d}$.

区间跳跃和: $\sum_{j=0}^{k-1} a_{i+jd} = S_{i+(k-1)d} - S_{i-d}$ ①.

| 1 | 2 | 3 | 4 | 5 | 6 | 7 | 8 | 9 | 10 |

也可视为将原序列按下标模 d 分成 d 个子序列,每个子序列中分别求前缀和. 而每个问询涉及的项都落在同一个子序列中.

【例 1-7】区域和(升维推广)

一个矩阵 $a_{11}..a_{mn}$ 有 m 个问询,求 $\sum_{i=i_1}^{i_2} \sum_{j=j_1}^{j_2} a_{ij}$, $1 \leqslant i_1 \leqslant i_2 \leqslant n \leqslant 1000$, $1 \leqslant j_1 \leqslant j_2 \leqslant n$, $m \leqslant 100\,000$.

此问题即升维推广,一种最通用的方法是暴力升维:在每行上建一个对列指标的前缀和. 则对 j 求和可以用前缀和优化,

$$\widetilde{S}_{ij} = \sum_{k=1}^{j} A_{ik} = \widetilde{S}_{i,j-1} + A_{ij}, \quad i = 1..n$$

$$ans = \sum_{i=i_1}^{i_2} (\widetilde{S}_{i,j_2} - \widetilde{S}_{i,j_1-1}) = \sum_{i=i_1}^{i_2} \widetilde{S}_{i,j_2} - \sum_{i=i_1}^{i_2} \widetilde{S}_{i,j_1-1}$$

上式中仍为区间和形式,只是对 i 维度的求和(j 维度已经优化掉). 则 $\widetilde{S}_{ij}$ 对 i 维度再做一次前缀和即可,

$$S_{ij} = \sum_{k=1}^{i} \widetilde{S}_{kj} = S_{i-1,j} + \widetilde{S}_{ij}$$

$$ans = S_{i_2,j_2} - S_{i_1-1,j_2} - S_{i_2,j_1-1} + S_{i_1-1,j_1-1}$$

S_{ij} 称为二维前缀和,上述递推式仍包含 $\widetilde{S}$,可对 j 维度差分得

$$S_{ij} - S_{i,j-1} = S_{i-1,j} + \widetilde{S}_{ij} - S_{i-1,j-1} - \widetilde{S}_{i,j-1}$$

$$\Rightarrow S\_\{ij\} = S_{i-1,j} + S_{i,j-1} - S_{i-1,j-1} + a_{ij}$$

则 S_{ij} 可 $O(n^2)$ 预计算,总复杂度为 $O(n^2 + m)$.

二维前缀和定义直接展开得 $S_{ij} = \sum_{k=1}^{i} \sum_{l=1}^{j} a_{kl}$,逻辑含义是 (i, j) 及其左上方的子矩阵之和,而递推式与区域和查询则是容斥原理的体现.

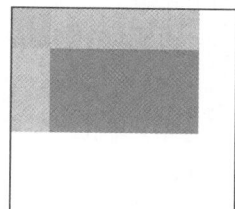

° * 高级问题探讨

【例 1-8】跳跃和加强版

输入序列 $a_1..a_n$,有 m 个问题,每个问题为求 $a_i + a_{i+d} + \cdots + a_{i+(k-1)d}$,$d$ 不是固定的(每个问询不同),$n, m \leqslant 100\,000$,$1 \leqslant i, d \leqslant n$. 下标超出 n 的部分默认截断.

① 编码时注意对 $i < d$ 要特殊处理,避免下标 $i-d$ 越界(因 $d \geqslant 1$,这里用哨兵缓冲格不很方便).

此为例 1-6 的加强版,难点在于 d 不固定,对此最直接的处理方法就是不知道就枚举:枚举所有可能出现的 d,分别建前缀和.但 d 的范围是 $O(n)$,全预计算就已经超时了,那么可以预计算一部分.注意 d 较大时,(有效的)项数 $k \leqslant n/d$ 则较小,而暴力求和是 $O(k)$.可设置一个阈值 D:$d < D$ 时,预计算前缀和并作差求区间和;$d \geqslant D$ 则直接暴力.总复杂度为 $O(nD+nm/D) \geqslant O(n\sqrt{m})$,取 $D=\sqrt{m}$ 时复杂度最优.对不同数据规模采用不同的算法,此种技巧称为数据分治.

【例 1-9】高阶前缀和

输入序列 $a_1..a_n$,令 $S_i^{(0)}=a_i$,$S_i^{(k)}=\sum_{j=1}^{i}S_j^{(k-1)}$,$i=1..n$,$k=1, 2, 3, \cdots$(即对 a 序列求 k 遍前缀和).给定 k,求 $S_i^{(k)}$,$i=1..n$.

本题其实只是借用前缀和的场景,解法主要是组合计数.对 $S^{(k)}$ 强行求和展开

$$S_i^{(k)} = \sum_{j_1=1}^{i}\sum_{j_2=1}^{j_1}\cdots\sum_{j_k=1}^{j_{k-1}}a_{j_k}$$

不管求和多复杂都是线性的,最终总结果一定是所有 a_j 的线性组合,故只要求对给定的 j,a_j 出现的次数.其每次出现对应一组求和指标 $i \geqslant j_1 \geqslant j_2 \cdots \geqslant j_k = j$,根据组合数学插板法可算得

$$S_i^{(k)} = \sum_{j=1}^{n}C_{i-j+k-1}^{k-1}a_j$$

区间问询目标函数一般性讨论

将前述问题一般化,可表述如下:已知序列 $a_1..a_n$(值域记为 X),有 m 个问询,求 $f[i, j]=$ 定义在下标区间的某种目标函数.前缀和优化可形式化地写作

$$f[i, j] = f[1, j] - f[1, i-1]$$

此处的减号非普通数值意义下的减法,其表示目标函数 f 具有对区间的可减性(已知两个区间的值,可求出差集上的值).如何方便地判断可减性?下面是一类充分条件:对值域 X 上有结合律的二元运算 ※[①],可诱导一个目标函数 $f[i, j]=a_i ※ \cdots ※ a_j$,可定义其广义前缀和 $S_i=f[1, i]$.如 ※ 在 X 上满足如下条件,(见后)则 $f[i, j]=S_{i-1}^{-1}S_j$.

(1) 封闭性:$\forall x, y \in X, x ※ y \in X$.

(2) 结合律:$\forall x, y, z \in X, (x ※ y) ※ z = x ※ (y ※ z)$($f[i, j]$ 才可良好定义).

(3) 单位元:$\exists e \in X$, s.t. $\forall x \in X, e ※ x = x ※ e = x$.

(4) 逆元:$\forall x \in X, \exists x^{-1} \in X$, s.t. $x^{-1} ※ x = x ※ x^{-1} = e$.

数学上称如上的 $(X, ※)$ 为群(group),群诱导的区间目标函数都可前缀和优化.

小　结

本章介绍了前缀和及其应用.前缀和的定义非常简单,可在 $O(n)$ 预计算,最基本的应用是求区间和.前缀和相减核心思想是利用可减性,实现少量预计算,达到快速计算较多目标值的目的.掌握该核心思想

---

① 数学上大致可称为对 X 的二阶直积到自身的映射:※：$X \times X \to X$.注意不一定要有交换律.

后,可以有很多变种和推广实现,这一点在本章众多例题中也得以展现.本章还引入了一些基础但很常用的建模思想,如增量式、补集转化.这些思想比算法本身更重要.希望读者反复多琢磨和理解.

📖 习题

1. 级数求和(etiger208).

2. 求和(etiger613).

3. 连续数字凑和(etiger233).

*4. 跳跃和加强版(etiger2344).

*5. 最大连续子序列和(etiger261/luogu1115).

2 计 数 器

计数器也是一个上手简单的基本工具,但具有很重要的思想价值.本章重点强调对问题值域维度的关注以及计数器本质的认识.

【例2-1】集五福

有5种福字:1爱国福,2富强福,3和谐福,4友善福,5敬业福.你收集了 n 个福字,请问其中有几套完整的五福临门?($n \leqslant 100\,000$)

此题生活常识即可解决:(木桶原理)找出现次数最少的那种福,答案等于其出现次数.实现分为两步:①统计5种福各自出现的次数;②求最小值(容易).

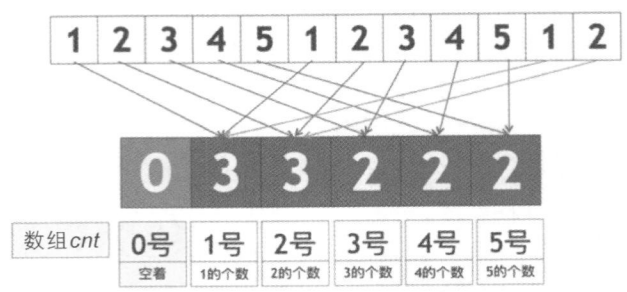

为记录出现次数可用一个数组 cnt 来存储,其中① $cnt[x]=$ 数值 x 出现的次数,此数组即称为计数器(counter).注意数组 cnt 的下标是输入序列的值而非下标,其取值范围为输入序列的值域 $1..5$ 而非 $1..n$.一个序列的值可作为另一序列的下标,无此概念的读者请牢记.每输入一个值 x_i,将其对应的计数器值加一即可.

```
for (int i = 1; i< = n; ++i) cin >> x[i];
for (int i = 1; i< = n; ++i) cnt[x[i]]++; // 计数器累加
int ans = 1;
for (int x = 2; x< = 5; ++x) // 求计数最小值
    if (cnt[i] < cnt[ans]) ans = i;
cout<<cnt[ans]<<endl;
```

【例2-2】计数排序

将 n 个数从小到大排序,已知其取值都在 $1..R$ 中.($n, R<=100\,000$)

---

① 这里特意用 x 而非 i 做下标,为的是突出 x 是输入的数值而不是第几个数.

排序并非难事,这里说一种另辟蹊径的做法.注意值域范围不是很大,不妨用计数器统计每个数值出现的次数,然后依次输出 $cnt[x]$ 遍数值 x 即可($x = 1 .. R$).

```
for (int i = 1; i <= n; ++i) {
    cin >> x;
    cnt[x]++; // 计数器累加
}
for (int x = 1; x <= R; ++x) // 计数排序
    for (int j = 1; j <= cnt[x]; ++j)
        cout << x << " ";
```

代码后半部虽为二重循环,但 $cnt[x]$ 的总和显然是 n,故复杂度为 $O(n + R)$. 传统的排序都是基于比较的,其理论复杂度下限为 $O(n\log n)$[1];计数排序是线性复杂度,但涉及值域维度.如值域较小,如 $R = O(n)$ 则计数排序更优;基于比较的排序好处则是性能与值域无关.事实上,排序本身可视为对大值域数据离散化(以排名替代原数值保持相对大小关系)的一步操作.

【例 2-3】并列第几名(带并列排名场景)

你作为教务老师,手上有一份 n 名学生的成绩,需要计算每个学生排第几名,注意会出现并列名次.按常识,t 人并列者取同样名次,而跳过后续的 $t-1$ 个名次.($n \leqslant 100\,000, 0 \leqslant$ 分数 $\leqslant 100$)

所谓"带并列的名次"本质是本人排名 = 分数高于本人的人数 + 1. 设学生 i 的得分为 x_i,则其排名 $rank_i = 1 + \sum_{x = x_i + 1}^{100} cnt(x)$,第二项为计数器的后缀和,可预计算.复杂度为 $O(R + n)$.

数组是二维的

通常所说的(一维)数组是指下标只有一个维度.事实上写下序列 $a_1 .. a_n$,其实包含两个维度的信息:数值的维度和下标的维度.下标维度按 1 到 n 有序排列,往往为人忽略,其刻画了 n 个数值的顺序关系,是序列不可缺少的信息[2].

以定义域为正整数的离散函数来看待数组更加全面,其图像是二维平面上一些离散的点 (i, a_i). 在此意义下数组(包含的信息)是"二维"的.

以几何观点容易直观验证之前的一些结论:

(1) 计数器就是 y 方向的各水平线上的点数.

(2) i 排名 = 其上方总点数 + 1 = 计数器的后缀和 + 1.

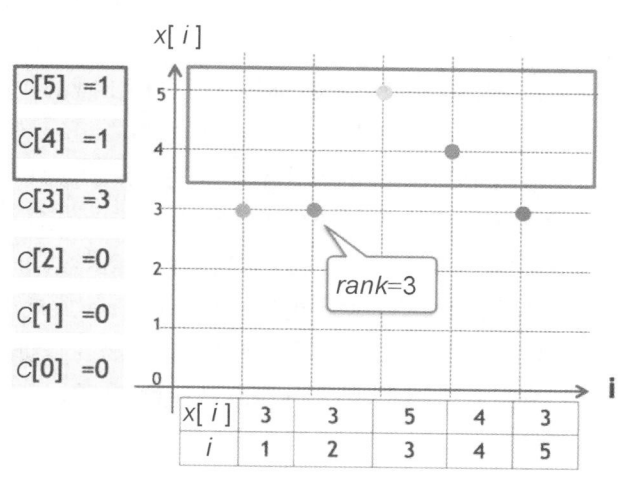

---

[1] 共 $n!$ 种排列,每次比较只有 2 种结果,故总次数不小于 $\log n! = O(n\log n)$ (Stirling 公式).

[2] 只有数值一个维度信息的数学对象是集合;只有顺序信息的数学对象则是排列(或称置换).序列可视为集合与排列的结合体.处理集合、排列、序列问题的方法常各有不同.

【例 2-4】体质（负数计数器）

中医讲究阴阳调和，有人体质偏热，有人体质偏寒。现有 n 个人，用 a_i 表示 i 号的体质。负数表示偏寒，正数表示偏热，0 表示中性。问相同体质人数最多的是什么体质？如果平局输出最偏寒的。$(n \leqslant 100\,000, -100 \leqslant a_i \leqslant 100)$

此题是求出现次数最多的值（称为众数），也就是计数器最大值的下标。理论上计数器对值域本身并无要求（以数学函数的角度看定义域包含负数很正常）。但大多数编程语言语法不支持数组有负下标。对这个问题最简单的方法还是平移一下下标：定义 $cnt[x+101] =$ 体质为 x 的人数[1]。

此种平移仅为满足语法要求所做的技术处理，与算法逻辑并无关系。建议在编码时显式将 +101 写出来，而保持变量 x 为其原始含义（如下面代码第二个循环时 x 的范围还是原先范围），这样代码可读性较强，不容易出错。

```
for (int i = 1, x; i <= n; i++) {
    cin >> x;
    cnt[x + 101]++;
}
for (int x = -100; x <= 100; x++)
    if (cnt[x + 101] > cnt[ans + 101]) ans = x;
```

【例 2-5】快递分装（带权计数器）

有 n 件快递，快递 i 发往城市 c_i，重量为 w_i。求发往哪个城市的快递总重量最大？如平局输出编号小的城市。$(n \leqslant 100\,000, 1 \leqslant c_i \leqslant 100, 1 \leqslant w_i \leqslant 100\,000)$

此题要统计每个城市快递的总重，而非总数，很自然推广计数器（计重器）$sum[c] =$ 发往城市 c 的总重量，累加时不是加 1 而是加 w_i 即可，也可理解为对象 i 在统计时具备 w_i 的权重。

这引导我们探求计数器的本质。

(1) 层次 0：原始定义，即统计各种值出现的次数。

(2) 层次 1：被"计"的未必是"（个）数"，可以是重量、大小等。

(3) 层次 2："计"的方式不一定是求和，可为其他目标函数。

如统计发往每个城市的最重快递（max），或发往每个城市有多少种不同的种类（UV）。

(4) 层次 3：甚至未必要"计"某种目标函数，可以做其他任何操作。

如求将发往每个城市的快递各自排序[2]，或挑选重量最接近的两件。

越是剥离掉具体的部分，越可看到事物的本质[3]。计数器思想的核心即将一组对象按（某种属性的）值分组。分组才是核心，至于分组后是计数、计重、去重、排序，需要做什么都可以。

---

[1] 严格说这要求所求答案与平移无关，或平移前的答案可由平移后的答案推算出来。本题答案是"值最大的下标"，平移后答案也平移同样的值。从更抽象的角度说，目标函数与平移操作有交换律：先平移再求答案与先求答案再（将答案）平移两者等价。

[2] 可理解为桶排序的一种特殊场景。

[3] 这种推广/一般化考虑事物的方法论，往往比具体问题本身更重要。希望读者能掌握并多予实践。

【例2-6】数花(动态计数器)

n 盆花放成一排,第 i 盆的种类为 a_i. 求任意连续 m 盆花中有多少种不同的花?($1 \leqslant m \leqslant n \leqslant 100\,000, 1 \leqslant a_i \leqslant 1\,000$)

先明确下题意,任意连续 m 盆表示所有长 m 的连续子序列,共 $n-m+1$ 个,也即 $n-m+1$ 个问询. 有多少种不同的花指对值去重后的数量,即前面提到的 UV.

多组问询类问题第一步通常是先解决单个问询:求给定 m 个数的 UV,从计数器看 UV 为计数 >0(出现过)的取值个数,即 $UV = \sum_{x \in R} [cnt_x > 0]$. 故单求一组 UV 的复杂度为 $O(m+R)$,其中 m 是建计数器的开销.

现考虑多组问询,最直接的是逐个单独处理,即 $O((n-m+1)(m+R))$[①]. 常用的优化思路为增量式,即考虑两个问询结果之间相差多少. 本题中,"相邻"问询 $UV[i, i+m-1]$ 和 $UV[i+1, i+m]$,其大部分下标范围是重合的,重合部分计数也一样,则不需重算. 只需维护差异部分,即 a_i 和 a_{i+m}. 如已知问询 i 的计数器,只需如下操作即可更新为问询 $i+1$ 的计数器. 则复杂度降为 $O((n-m+1)R)$.

```
cnt[a[i]]--; cnt[a[i+m]]++;
```

下面再来优化求 UV 的部分:既然维护计数器可以增量式,维护 UV 何尝不可? 只有某计数值从 $1 \to 0$ 或 $0 \to 1$ 时,UV 才会有变化,则不需每次遍历计数器下标(值域)即可统计 UV 的变化量. 复杂度为 $O(n)$[②]. 计数器是一种典型的容易增量式/减量式维护的对象.

```
if (--cnt[a[i]] == 0) uv--;
if (++cnt[a[i+m]] == 1) uv++;
```

【例2-7】单词(2020 上海小学组 T5)

在一个英国古建筑的墙面上有很多个单词,有些单词看上去很舒服,有些看上去不舒服. 如果一个单词 $S = s_1 s_2 \cdots s_n$(n 表示 S 的长度)满足以下两个条件,我们称这个单词是不舒服的:

(1) 单词长度至少是 2;

(2) 超过一半的字母是相同的.

如 peeve,oo 是不舒服的单词,wiki,a 不是不舒服的单词. 给你一个字符串,求是否有一个子串是不舒服的. 用 a, b 表示子串 $s_a \cdots s_b$($1 \leqslant a < b \leqslant n$). 如果有多个子串满足要求,输出 a 较小的;如仍有多解输出其中 b 最小的;如果没有子串是不舒服的,输出 $-1 -1$. ($2 \leqslant n \leqslant 5\,000$)

先解决如何判定单个子串 $[a, b]$ 是否"舒服",当且仅当计数器的最大值超过长度一半,即 $\max\limits_{c='a'}^{'z'} \{cnt_c\} > (b-a+1)/2$. 暴力枚举所有子串再判断,复杂度为 $O(n^2(n+26))$[③]. 对所有子串判断,相当于多组问询,考虑增量式:当 a 固定而 b++ 时,增量式维护维护计数器[④],则复杂度降为 $O(26n^2)$[⑤].

[①] 考场上不失为一种不错的策略. 并可用于为后续算法的对拍.

[②] 与 m 无关是因为第一个问询要额外操作 m 次,正好与 $n-m+1$ 中的 $-m$ 抵消.

[③] $n+26$ 是(纯暴力)统计和遍历计数器的复杂度. 此做法在原题中已可得 80 分.

[④] 对"所有连续子序列"的目标函数总计这类情况,常常可以尝试用这种方式处理.

[⑤] 很可惜,原题没有对这档复杂度给部分分,笔者认为这是出题人的失误.

下一步即考虑对答案(舒不舒服)本身增量式.题目对多解要求先a后b最小,自然是按先a后b从小到大枚举,一旦发现第一个不舒服的则直接输出.一个串右边增加一个字符,如果从舒服变为不舒服,则造成不舒服的字符(众数)只可能是新加的那个字符,即无需检查整个计数器,只需考虑新加的那个字符计数是否超过一半.复杂度降为$O(n^2)$,核心代码如下.

```
b++;
if (++cnt[s[b]-'a'] > (b - a + 1) / 2)
    cout << a << " " << b << endl;
```

* 高级问题探讨

【例2-8】词频统计(一般值域计数)

一段英语段落是由空格分割的n个单词组成(全部小写,不考虑标点符号).求其中出现次数最多的词,如有并列,输出字典序最小的.$(n \leqslant 1000)$

题意无非是对单词(字符串)计数,然后求众数.实现的核心问题是被计数的对象不是整数,无法作为数组下标①.可设法将其映射到某个整数②,此思想称为散列(Hash).其核心是两个相同对象经相同操作(具体什么操作不限),结果也相同.则可(几乎随意地)定义一个字符串到整数的映射$H(S)$,将$H(S)$的值(称为散列值)代替字符串S来计数.如下是一种常见的实现.

```
int H(string s){
    int h = 0;
    for (int i = 0; i<s.length(); ++i)
        h = h * 131 + (s[i] - 'a');
    return labs(h) % 1000007;
}
```

本书不深入讨论散列相关算法,故上述代码中有一些具体细节③未作详细说明.感兴趣的读者可自行查阅文献.散列本身是一个很重要的技术,甚至可上升到算法思想的层面.

小 结

本章介绍计数器的概念及应用.更重要的是通过相关例题介绍一些解题和研究算法的方法论(如对概念本质的抽离),以及一些重要的算法思想(如增量式).理解这些内容比掌握计数器表面上的使用更为重要.后续章节中还将反复提到和使用这些思想和方法论.

习题

1. 最大得票差(etiger368).

---

① 如知道 map/unordered_map 的读者,可想想其底层是如何实现的.
② 如统计个人成绩时,实际是对学号/身份证号计数,而非真的对"人"计数.前者提供了"人"到整数的一一映射,可以代表对应的人.
③ 例如h溢出怎么办,不同的s会不会得到相同的h值(散列冲突)等这类问题.

2. 直播获奖(etiger2351/luogu7072,CSPJ 2020 T2).

[*]**3.** 单词(etiger2466).

[*]**4.** 火神剑(etiger681).

第一部分

万物皆可搜：DFS 算法

算法体系庞大繁杂，但其终极源头都来自于所谓暴力算法．本部分从最简单的枚举法开始，逐步加强枚举能力，进而引入深度优先搜索（DFS）算法．枚举搜索虽然基础且经常低效，但却是所有更高级算法的源泉和基石，其可应用范围也最为广泛．

3 枚举法

枚举法即把所有可能情况逐一列举,俗称暴力算法(brute force)[1],是一种简单粗暴但极其重要的算法.可以说整个算法体系的源头就是枚举法.几乎所有算法都是从暴力算法优化而来.从建模难度上说,枚举法往往又比较易想[2].因此枚举法是学习算法及建模的基本出发点.

> **【例3-1】** 素数判定(试除法)
> 输入正整数 n,判断 n 是否为素数.($2 \leqslant n \leqslant 1\,000\,000$)

素数即没有除1及自身以外约数(真因数)的正整数,最直接的方式即枚举所有可能的约数 d,判断 d 是否整除 n. n 的约数不会大于 n,再去掉1和 n,则枚举范围为 $2..n-1$.

```
for (int d = 2; d <= n-1; ++d)
    if (n%d == 0) return false;
return true;
```

此简单例子可以总结出枚举法的3个要素.
(1)枚举对象:要枚举什么/哪些东西.
(2)枚举范围:在什么范围内枚举.
(3)枚举顺序:包括枚举对象的先后顺序和枚举范围的方向.
如优化枚举算法,一般也是从这几点去思考最直接.以本题为例.
(1)优化枚举对象:只有 d 一个,没有优化余地.

(2)枚举范围:对合数只需找到某个约数即可.而合数 n 的最小真因数不超过 $\sqrt{n}$ [3],因此只需枚举到 $\lfloor\sqrt{n}\rfloor$;枚举范围优化也不限于上下限,本题中偶数除了2都不是素数,而奇数则只需枚举奇的 d,这又可减少一半枚举量[4].

(3)枚举顺序:合数 n 的真因数较小的概率大于较大的概率,而找到第一个因数就不枚举下去了.因此从小到大枚举比从大到小枚举的期望是更优的.

对此简单问题,以上似乎有点吹毛求疵,主要为阐述这样的观点:即使很简单的问题,如仔细挖掘,也可能有较大的优化空间.希望读者养成多思考"还有没有更优解法"这样的好习惯.以下给出相对较优且实用的试除法代码.

---

[1] 直译为"洪荒之力",暴力算法其重要程度可能超乎你的想象.
[2] 这里说的是思维难度,具体实现起来细节不一定简单.
[3] 设为 D,则 n/D 也是一个真因数且 $D \leqslant n/D \Rightarrow D \leqslant \sqrt{n}$.
[4] 顺这个思路一直优化下去可得到素数表的埃拉特斯托尼筛法.

```
if (n%2 == 0) return n == 2;
for (int i = 3; i * i <= n; i + = 2)
    if (n%i == 0) return false;
return true;
```

【例 3-2】一元三次方程（枚举实数）

对于一元三次方程：$x^3 + x^2 + x = a$，可证明其只有一个实数解，求这个解 $|a| \leqslant 100$，保留 3 位小数.

此问题数学上是可解的[①]，这里不探讨数学解法. 考虑枚举 x[②]，列出各要素.

（1）枚举对象：就是 x.

（2）枚举范围：可定为 $[-10, 10]$. 因为如 $|x| > 10$ 三次项占主导，方程不可能成立.

（3）枚举顺序：无特殊限制.

唯一问题是 x 不是整数，理论上有无穷多取值. 但题目只要求保留 3 位小数（可容忍足够小的误差）. 则可以 0.0001 为步长枚举，求 $x^3 + x^2 + x$ 与 a 最接近[③]的 x 即可. 此题主要是告诉初学者在信息学中大部分时候（并非 100%）实数允许精度误差，因此实数也是可枚举的.

【例 3-3】哥德巴赫猜想（约束条件）

哥德巴赫在 1742 年提出了以下猜想：任意大于 4 的偶数都可写成两个素数之和. 但哥德巴赫自己无法证明它，于是写信请教赫赫有名的大数学家欧拉，但是一直到死欧拉也无法证明. 输入 n，请输出一种满足条件的拆分方案 $n = a + b$. 如有多种方案，输出第一个加数最小. （$n \leqslant 1\,000\,000$）

暴力枚举的好处就是相对不需要太高的思维难度. 本题自然是枚举（较小的）加数 a（范围为 $3..n/2$），则另一个加数只能是 $n - a$. 根据题述并列时的选法[④]，a 应从小到大枚举，则一旦找到可行解就终止. 有时判断枚举出的候选解不一定都是可行解，其判断标准一般由题目给出，称为约束条件（constraint）. 约束条件的形式和变化可以很多，所以经常是题目的难点所在.

本题约束条件即 a 和 $n - a$ 都是素数[⑤]，用例 3-1 的方法判断即可. 使用试除法复杂度为 $O(n\sqrt{n})$；如利用筛法预计算出 $1..n$ 中每个数是否是素数，则判断约束条件复杂度降为 $O(1)$，总复杂度可降为 $O(n)$[⑥].

可以把枚举法的步骤形式化地表述成如下框架. 此事看似做作，但算法和题目难度上去以后，遵循这样的思路去解析和分析问题会有好处.

```
for (枚举所有可能方案 X)
    if (X 符合约束条件) 对可行解 X 进行处理, 如计算目标函数
```

---

① 常用的如卡尔丹公式和盛金公式（包括题述只有 1 个实数解的证明）.

② 此种思路以后称为枚举答案，即尝试所有可能答案再判断其对不对. 本书第 W 章将专门讲此方法.

③ 严格说，$f(x)$ 接近 a 与 x 接近根，并非绝对等价. 这里不分析数学细节，因步长已经多算了一位精度，而三次函数也相对平滑，实际认为可以算准.

④ 一般称之为第二关键字.

⑤ 严格说，两数之和为 n 也可算是约束条件，只是该条件很容易反解出来而不用判断了.

⑥ 埃拉特斯托尼筛法复杂度是 $O(n \log \log n)$，还有一种欧氏筛可以做到 $O(n)$，详情不在本书范围.

【例3-4】二数凑和

输入 n 个整数 $x_1..x_n$，判断能否找到两个下标不同的数之和为 m.（$n \leqslant 100\,000$，$x_i \leqslant 100\,000$，$m \leqslant 200\,000$）

枚举对象为两个加数（的下标）i，j，范围可取 $1 \leqslant i < j \leqslant n$[①]，顺序无特殊限制，约束条件为 $x_i + x_j = m$. 套入前述框架，复杂度为 $O(n^2)$.

考虑优化，性能主要浪费在于枚举了大量非法方案（和不为 m）：直观地，随便选一组 i，j 正好满足和等于 m 的概率很小，枚举出非法方案，再由约束条件否决掉这是比较低效的. 如能提前利用约束条件，直接不枚举某些非法方案，则性能将会提高[②].

本题中如已枚举 i，根据约束条件，x_j 只可能等于 $m - x_i$，则只要能判断 $m - x_i$ 是否在序列 x 中出现过. 此事可用第 2 章所学计数器，即 $cnt[m - x[i]] > 0$. 则 x_j 不需再枚举，复杂度降为 $O(n + m)$[③]. 这里发现优化减少枚举对象的一种常用手段：利用（部分）约束条件反解出一部分枚举对象，同时被用过的约束条件自然成立，同时减少了校验的性能开销.

【例3-5】比例简化（NOIP 2014 普及组 T2）

民意调查结果很重要的是支持/反对人数比. 如支持 1498 人，反对 902 人，则比例可记为 $1498 : 902$. 但比例的数值太大，难以一眼看出它们的关系. 对于上面的例子，如把比例记为 $5 : 3$，虽与真实结果有误差，但仍能较准确地反映结果，同时也比较直观. 现给出支持人数 A，反对人数 B，以及一个上限 L，请你将 $A : B$ 化简为 $A' : B'$，要求在 A' 和 B' 均不大于 L，A' 和 B' 互质，$A'/B' \geqslant A/B$，且 $A'/B' - A/B$ 的值尽可能小. （$1 \leqslant A \leqslant 1\,000\,000$，$1 \leqslant B \leqslant 1\,000\,000$，$1 \leqslant L \leqslant 100$，$A/B \leqslant L$）

普及组 T2 一般暴力都可拿较高甚至满分，此题是比较典型的. 题面貌似复杂，但只要抓住其核心信息. 题意核心无非如下 3 点.

（1）优化对象：A'，B'.

（2）约束条件：①A'，$B' \leqslant L$；②A'，B' 互质；③$A'/B' \geqslant A/B$.

（3）优化目标：$A'/B' - A/B$ 最小.

据此得到枚举要素：枚举对象自然是 A'，B'，枚举范围最简单的即 $1..L$，枚举顺序暂时看不出太大区别，不妨先用自然顺序. 则复杂度为 $O(L^2 \log L)$[④]，如下给出示例代码，读者可对照前面给的枚举算法框架对比.

```
bool ge(int a, int b, int c, int d)⑤{
    return a * d >= c * b; // a/b>=c/d
}
```

---

① 由加法交换律 i，j 顺序不影响结果，不妨只枚举 $i < j$，此方法称为对称性剪枝. 第 7 章将详细介绍.

② 此方法称为可行性剪枝，第 7 章还会详细介绍.

③ 此题也有不用计数器的做法，在第 Ⅴ 和 Ⅶ 章将会学到.

④ 求最大公约数函数使用辗转相除法，复杂度为 $O(\log n)$，第 5 章有具体介绍.

⑤ 为避免浮点数误差，此处用交叉相乘来实现有理数比大小. 否则在比例相等时（10/4 和 5/2）可能引起答案错误. "ge" 是 "greater or equal" 的缩写.

```
cin>>A>>B>>L;
int bestA = L, bestB = 1;
for (int i = 1; i<= L; i++)
    for (int j = 1; j<= L; j++)
        if (ge(i,j,A,B) && !ge(i,j,bestA,bestB) && gcd(i,j) == 1) {
            bestA = i; bestB = j;
        }
cout << bestA << " " << bestB << endl;
```

以上枚举时只利用了约束条件①(确定枚举范围上限),条件②和③都是枚举后再判,导致较多非法方案被枚举. 如在枚举前就充分考虑其他约束条件可提高性能.

条件 2:A',B'互质(既约分数)

这个条件其实不用判. 假如一个非既约分数被枚举,如 10/4,其对应既约分数 5/2 必会更早被枚举到,前者不可能更优. 因此只要 !ge(i,j,bestA, bestB)成立,i/j 一定是既约的. 不需要算 gcd,复杂度降为 $O(L^2)$.

条件 3:$A'/B' \geqslant A/B$

不等式条件＋优化目标有时也可用于反解枚举对象. 如上式等价于 $B' \leqslant A'B/A$,固定 A'时,(满足约束的)B'越大越好,可直接反解出给定 A'时对应最优的 $B' = \min(\lfloor A'B/A \rfloor, L)$,则枚举 A'即可. 这样 3 个约束条件就全部在枚举中用掉了. 复杂度降为 $O(L)$,以下为核心代码.

```
for (int i = 1;i<= L;i++) {
    int j = min (i * B / A, L);
    if (!ge(i,j,bestA,bestB)) bestA = i, bestB = j;
}
```

> 【例 3-6】回文日期(NOIP 2016 普及组 T2)
> 8 位数字表示一个日期,前 4 位代表年份,接着 2 位代表月份,最后 2 位代表日. 问在指定的两个日期之间,有多少个回文日期(正读反读一样),如 20111102.

此又是一枚举优化经典问题,方法与上题类似. 枚举对象有年、月、日,枚举范围分别为 0000~9999, 1~12,1~31. 约束条件如下.

(1) 日期是合法的.

(2) 在输入指定的起止日期之间.

(3) 是回文的.

日期规则虽复杂,但比较日期先后符合字典序①,故可直接当做 8 位数来比较.

利用约束 1:枚举起止日间的所有 8 位数,判断合法＋回文.

最大枚举量:100 000 000.

利用约束 1＋2:从起始日起每次找合法的下一天(不难 $O(1)$),判断回文.

---

① 即高位主导,如 2011＊＊＊＊永远早于 2012＊＊＊＊.

最大枚举量：$10\,000 * 365 = 3\,560\,000$ [①].

利用约束 3：枚举年份 y，构造 $y + y_{反}$，判断是否合法.
最大枚举量：$10\,000$.

利用约束 1+3：枚举合法的月日 m，d，构造 $d_{反} + m_{反} + m + d$. 判断是否在范围内（4 位年份总是合法的）.
最大枚举量：365.

✦ * 高级问题探讨

【例 3-7】魔法阵（NOIP 2016 普及组 T4，简化版）

60 年一次的魔法战争就要开始了，大魔法师准备从附近的魔法场中汲取魔法能量. 大魔法师有 n 个魔法物品，编号分别为 $1, 2, \cdots, n$. 每个物品具有一个魔法值，用 X_i 表示编号为 i 的物品的魔法值. 大魔法师认为，当且仅当 4 个编号为 a, b, c, d 的魔法物品满足 $X_a < X_b < X_c < X_d$ 和 $X_b - X_a = 2(X_d - X_c)$，并且 $X_b - X_a < (X_c - X_b)/3$ 时，这 4 个魔法物品形成了一个魔法阵. 求能组成魔法阵的有序四元组 (a, b, c, d) 的方案数[②].（$n \leqslant 20\,000$，$1 \leqslant X_1 < X_2 < \cdots < X_n \leqslant 40\,000$）

此题是 NOIP 一道经典高质量真题，枚举法求解上手并不困难，而后再设法优化[③]. 暴力枚举对象为 a, b, c, d，枚举范围 $1 \sim n$，顺序可先按自然顺序；约束条件为题述 2 个不等式 + 1 个等式（按出现顺序依次记为条件 $1 \sim 3$）；本题是计数问题，没有优化目标.

方法 1：纯暴力. 枚举 $a \sim d$，校验条件 $1 \sim 3$，复杂度为 $O(n^4)$.

方法 2：利用条件 1，依次枚举 $a < b < c < d$（如枚举 b 时从 $a+1$ 而非 1 开始），校验条件 2，3. 此复杂度的阶仍为 $O(n^4)$，但常数会小一个排列数[④] $4! = 24$ 倍.

方法 3：利用条件 1，2. 条件 2 是等式，可反解出 $X_a = X_b - 2(X_d - X_c)$. 则枚举 $b < c < d$，反解出 a，再验证条件 3 及 $a < b$. 注意反解出的是 X_a，但因 X_i 互不相同且值域不大，可预计算计数器 $cnt[x]$，就可 $O(1)$ 反推出 a. 复杂度为 $O(n^3/3!)$.

方法 4：利用条件 1，2，3. 条件 3 也是约束相邻两项之差，不妨记 $\Delta = X_d - X_c$，则 $X_b - X_a = 2\Delta$，$X_c - X_b > 6\Delta$. Δ 的值不能很大（参考下图）.

$n > X_d - X_a = (X_d - X_c) + (X_c - X_b) + (X_b - X_a) > 9\Delta$，即 $\Delta < n/9$. 可枚举 Δ，a，d，反解出 $X_c = X_d - \Delta$，$X_b = X_a + 2(X_d - X_c)$. 这看似还是枚举 3 个数，但枚举范围得到了更大的限制. 下面

---

① 关于闰年问题，由于回文的只有一个 92200229，特判即可.

② 原题还要更复杂些：不保证 X 互不相等，并且要求合法方案中每个物品在每个位置出现的次数. 此处仅保留解法精华而将题意简化了.

③ 经验不足的选手往往慑于此题是 T4，纯枚举是 $O(n^4)$ 而不敢往枚举想，以为有什么靠灵光一闪的神奇的高效算法. 其实很多正解是由基础算法优化而来，并非一上来就能想得到的.

④ 同样的 a, b, c, d 原先有 4! 种顺序，现在只有一种顺序被枚举.

精细算一下总枚举量①.

$$0 < \Delta < n/9,\ 9\Delta < X_d \leqslant n,\ 0 < X_a < X_d - 9\Delta$$

$$\sum_{\Delta=1}^{n/9} \sum_{X_d=9\Delta}^{n} \sum_{X_a=1}^{X_d-9\Delta} 1 \sim \sum_{\Delta=1}^{n/9} \left(-9\Delta(n-9\Delta) + \sum_{X_d=9\Delta}^{n} X_d \right)$$

$$\sim \sum_{\Delta=1}^{n/9} \left(-9\Delta(n-9\Delta) + \frac{1}{2}(9\Delta+n)(n-9\Delta) \right)$$

$$= \frac{1}{2}\sum_{\Delta=1}^{n/9}(81\Delta^2 - 9n\Delta + n^2) \sim n^3\left(\frac{1}{18} - \frac{1}{36} + \frac{1}{18}\right) = \frac{1}{12}n^3$$

此时对约束条件(可行性)的利用已经到极致了,即合法方案就有如上这么多,逐个枚举已经不可能再优了.再要减少枚举量就需从其他角度下手.计数问题进一步优化的一种常用思路是不枚举每一个方案,而枚举每一类(怎么分类是关键)方案,每类方案数直接计算出.

方法5:枚举 Δ, d($X_c = X_d - \Delta$ 随之确定),直接计算此类方案数,即满足条件的 (a,b) 有几组,设其为 $C(\Delta,d)$.

由 $0 < X_a = X_b - 2\Delta < X_d - 9\Delta$ 得

$$C(\Delta, d) = cnt(X_d)cnt(X_d+\Delta)\sum_{X_a=1}^{X_d-9\Delta-1} cnt(X_a)cnt(X_a+2\Delta)$$

但上式不还是再枚举 X_a? 这里要用到增量式思想:X_d 变大而 Δ 固定时,X_a 的求和范围只增不减,则求和只要累加新增的项即可.具体说,记求和部分为

$$S(\Delta, X_d) = \sum_{X_a=1}^{X_d-9\Delta-1} cnt(X_a)cnt(X_a+2\Delta)$$

则 $S(\Delta,X_d)=S(\Delta,X_d-1)+cnt(X_d-9\Delta-1)cnt(X_d-7\Delta-1)$,而有了 S 就能 $O(1)$ 得 $C(\Delta,X_d)=cnt(X_d)cnt(X_d-\Delta)S(\Delta,X_d)$. 于是 $O(n)$ 时间可求得所有 $C(\Delta,*)$,总复杂度降为 $O(n^2)$. 最终把如上思路都编码正确实现,也不是一件容易的事②.本书重点不在编码技巧,但不代表此事不重要.下面给出核心代码.

```
for (int i = 1; i <= m; ++i) {
    cin >> X[i];
    cnt[X[i]]++;  // 计数器
}
for (int D = 1; D <= n/9; ++D) { // D 即△
    for (int Xd = D * 9 + 2, C = 0; Xd <= n; ++Xd) {
        C += cnt[Xd - 9 * D - 1] * cnt[Xd - 7 * D - 1];
        ans += C * cnt[Xd] * cnt[Xd - D];
    }
}
```

最终代码之精炼,核心代码仅4行,其蕴含的思想可谓丰富.此题将前述枚举优化基本用到极致,又

---

① 式中"~"表示忽略 n 的低阶项,如 $3n^2 + 2n \sim 3n^2$. 实际中可估粗糙一点,不需这么仔细,此处仅为演示.

② 对大部分选手,在考场上能做到如上最优版本的枚举(85分)已经很好了,并且是性价比较高的做法.特别是对初次参赛的选手,甚至不推荐去尝试正解.

结合了增量式优化思想,堪称经典.

小　结

　　本章介绍了枚举算法的建模方法(三要素)及利用约束条件优化枚举量.暴力枚举思路近乎平凡,以致常常不被重视,甚至有人不认为枚举是一种算法.事实上从事物发展的角度看,简单的往往是普遍的和根本的.可说几乎所有算法都是源自枚举,对具体情形的暴力枚举的优化,衍生出更高级更复杂的算法(这也是本书的主线);另一方面,枚举思想几乎可适用于 $70\%\sim80\%$ 的具体题目①,这没有任何其他算法做得到.枚举也是思考很多问题解法的出发点.永远不要轻视和低估枚举法及枚举思想.

习题

1. 珠心算测验(etiger481/luogu2141,NOIP 2014 普及 T1).
2. 三数凑和(etiger8,不要求满分).
3. 命运卡牌(etiger197).
*4. 火柴棒等式(etiger1861/luogu1149,NOIP 2008 提高组 T2).
*5. 逆序对(etiger122/luogu1908).

---

① 这里指可解,但并非高效解法.

4 栈

上一章把枚举法提到很高的高度,除偏"哲学"方面(算法之源),实际意义是否真有那么大? 凭枚举真能处理70%~80%的问题吗? 目前当然还没不能,这是因为枚举能力还不够强[1].为增强枚举的能力,首先需掌握一些基本工具.本章暂且离开主线,先学习一种重要且基础的工具——栈,其对实现更复杂的枚举场景是必不可少的.

关于数据结构

本书首次涉及数据结构(data structure),先宏观说几句.早年信竞界有句老话:程序＝算法＋数据结构,此话其实不很准确,给人以算法和数据结构是割裂的两者这一错误印象.程序[2]本质上就是对数据的处理过程(从输入数据到输出数据).算法无非就是对数据在时间维度上的处理序列,或数据处理的步骤;数据结构则解决存储问题,即数据在空间维度上的分布.好比做菜,光知道操作步骤不行,还需各种碗瓢盆来存放和烹饪食材.算法和数据结构两者是相辅相成,或者说一个统一个体的两个方面.

这里所说的"空间分布"指逻辑结构.数据在物理上都存在硬件的磁性阵列上,即物理上只有一种分布方式.但在解决问题时赋予数据的逻辑含义,使之形成逻辑上的关联,这才是数据结构.其并不关心数据在物理上是怎么存的[3],或者说是可以脱离计算机/代码实现而独立研究的抽象对象.如数组中相邻的元素在物理上也相邻;而链表中相邻元素在物理上不相邻,但两者都属于线形数据结构.

栈基础知识

栈(stack)是一种逻辑上的线形结构,即每个元素有唯一的前驱和后继(首尾除外),通俗地说就是一维序列.栈是一种(人为规定)只能从一端进出的一维序列.下图这个弹簧匣形象地描绘了这个结构的特征.

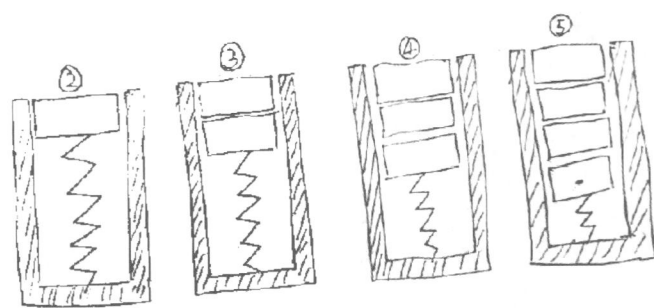

---

① 仅限于使用循环枚举有限数量的、固定范围的量.
② 信息学竞赛所说的程序,在更大范畴内大致归于"脚本类"程序.代码量基本不超过200~300行.在此不谈论更大规模动辄几万行的工程类程序.
③ 一些极致的常数优化手段会涉及数据的物理存储方式,但此事不在本书讨论范围内.

上图中的"木块"就是元素,其只能从上端压入(push)或弹出(pop).著名的汉诺塔(Hanoi)问题就是在 3 个栈上移动盘子.一个推论是先进入的元素只可能比后进的(压在上面的)更晚弹出,此特征称为先进后出(first in last out,FILO).从定义看,栈只能从开口的那头(称为栈顶)操作,而内部的元素都是不可读写的,但以后熟悉栈的原理后,在明确逻辑的前提下,完全可以直接去操作栈的内部元素[①].栈结构的一些常用术语列举如下图所示.

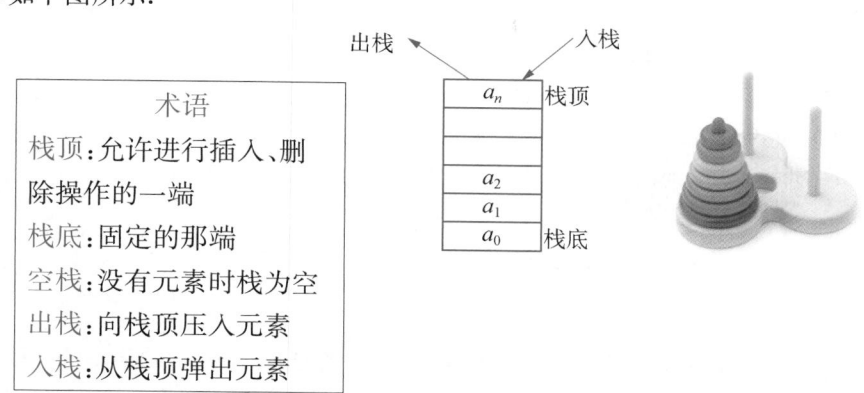

术语
栈顶:允许进行插入、删除操作的一端
栈底:固定的那端
空栈:没有元素时栈为空
出栈:向栈顶压入元素
入栈:从栈顶弹出元素

STL 实现栈

C++语言的标准模板库(standard template library,STL)有现成封装好的栈结构,以下是一段模板代码,基本操作说明在注释里,大部分都是自明的.注意其中 s 的基本操作复杂度都是 $O(1)$,使用时不需关心内部是如何实现的[②].

```
stack<char> s; // 定义栈变量 s.尖括号里表示元素类型
s.push('A'); // 入栈
s.push('B');
cout << s.top() << endl; // 返回栈顶的值,此处输出 B
s.pop(); // 栈顶元素出栈
cout << s.top() << endl; // 此处输出 A
if (s.empty()) { // 判断栈是否为空
    cout << "Stack is Empty" << endl;
} else {
    cout << s.size() << endl; // 返回栈内元素个数
}
```

注意栈空时不可执行 pop()、top(),否则报错,称为下溢出(underflow).如不确定可用 empty()或 size()预判.理论上栈内元素数量没有上限,但超过物理限制或进程限制时,也会报错,称为上溢出(overflow),俗称"爆栈".

手写实现栈

另一方法是自行实现栈结构.栈就是一个特殊的序列,用数组即可实现.通常以下标 0 作为栈底(不存元素);为记录栈顶位置,需一个额外变量 top.数组大小根据实际需要,开到栈可能容纳的最大元素量即可.以下是用自定义栈实现上节同样功能的代码.

---

① 这种事情俗称魔改.经典数据结构和算法都可魔改(变形).学习一种算法有几个重要层次:听得懂、写得出、讲得出、能改写.当你可以根据自己的意愿/需求自如地修改数据结构/算法(而非严格囿于定义/模板),则证明你彻底掌握了其原理.
② 但有兴趣的读者不妨猜一猜或者上网查一查.

```
char s[1009]; // stach<char> s
int top = 0; // 初始栈为空
s[ ++ top] = 'A'; // push('A')
s[ ++ top] = 'B';
cout << s[top] << endl; // top()
top -- ; // pop()
cout << s[top] << endl;
if (top == 0) { // empty()
    cout << "Stack is Empty" << endl;
} else {
    cout << top << endl; // size()
}
```

唯一需要说明一下的是,出栈时只是将 top 减 1,并未真的把原 $s[top]$ 的值清空,因为该元素物理上虽仍存在于数组 s 中,但作为栈结构,这个元素在逻辑上已经不存在了[①],而后续如再次入栈这个位置时,会(在物理上)覆盖掉在该逻辑上已删除的位置. 这种方式称为"延迟删"[②],这是一种很重要的思想,以后还会用到.

既然系统有了现成的 stack,为何还要自己写呢? 如下是一些好处:

· 数组是"透明"的,即确有需要的话(如查错时)可以去访问栈"内部"的元素,而系统 stack 做不到.

· 有需要的情况下可自行魔改来达到更多的目的.

· 系统工具考虑到普适性,往往会做一些封装,导致性能会稍微慢一点;而数组操作都是基本操作,效率较高.

一般来说,越通用的东西越低效;越定制的东西越高效. 这是一种哲学规律.

【例 4-1】 车厢调度(栈模拟之可行性问题)

一个火车站的铁路如下图所示,每辆火车只能从 A 轨道驶入,从 B 轨道驶出. 这中途可以进入 S 轨道暂存. S 的容量可视为无穷大,一旦进入 S,则不可再返回 A;一旦进入 B,也不可再返回 S 或 A. 现有编号为 $1..n$ 的 n 节车厢依次从 A 进入,是否可以使其以编号 $a_1..a_n$ 的顺序从 B 驶出?你可随时调度火车从 $A \rightarrow S$ 或从 $S \rightarrow B$(前提是 A 或 S 轨道上还有车厢). 如左下图中进行 1 入、2 入、3 入、3 出、2 出、4 入、4 出、1 出,即可实现出站顺序为 3,2,4,1.

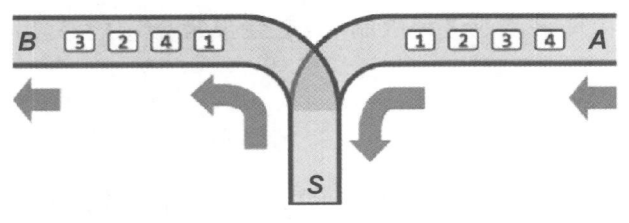

S 显然就是一个栈,不同出入栈操作方式可改变序列的次序. 题意即给定入栈顺序,问特定出栈顺序是否可行. 此问题只要手模[③]几个数据,不难发现如第一个要求出栈的是 a_1,则只能将 $1..a_1$ 依次入栈,再将 a_1 出栈(别无选择),后续也都类似.

[①] 通俗地称这种实际没用但仍然存在的对象为"名存实亡",以后还会用到这种概念.

[②] 顺便说说,磁盘上的【Delete】操作其实也是所谓逻辑删/延迟删,被删的内容其实并没有马上从磁盘上消失,而只是被"认为"不存在了. 这就是为何误删文件后,即使是"永久删除",及时用特殊的工具还可以恢复. 如果误删后又做了别的操作,覆盖掉了原先信息,就真的找不回来了.

[③] 手动模拟,即构造一些较小的数据尝试手算. 这是面对新问题寻找思路的常用方法.

现假设前面的出栈顺序已满足要求,下一个要出栈的是 a_i,有如下 3 种可能.

(1) a_i 还未入栈,则不停入栈直到 a_i,再将 a_i 出栈.

(2) a_i 已经入栈且位于栈顶,直接将 a_i 出栈.

(3) a_i 已经入栈且不在栈顶,则无解.

对 $i=1..n$ 依次执行如上过程即可,如不出现情况 3,则有解.复杂度为 $O(n)$ ①.

顺便得到一个推论:如出栈顺序可行,操作方案是唯一的,并且算法过程本身给出了此方案(此称为构造性算法).此问题数学上还有一个判据:出栈顺序有解,当且仅当不存在 $1 \leqslant i < j < k \leqslant n$,满足 $a_i > a_k > a_j$,即不能有 3 个数以最大→最小→中间的相对顺序出栈(如 3→1→2).此结论留给读者自行证明,对于解本题此结论并无优势(枚举 i,j,k,复杂度为 $O(n^3)$),但有理论分析价值.

【例 4-2】栈模拟之计数问题

下面把问题推广一下,仍假设以 $1..n$ 入栈,求所有可能的出栈顺序有几种?(显然答案不超过 $n!$)

如可行,方案是唯一的,则只需统计合法的出入栈操作的方案数即可,如 32415 对应"入入入出出入出出入出".这种方法论称为一一对应,看起来很平凡,实际上很有用,后面还会反复用到.

共 $2n$ 次操作,每次可选择出栈或入栈,答案是不是 2^{2n}? 显然不是,因为必须分有 n 次入栈和 n 次出栈,那么答案是不是 C_{2n}^n($2n$ 次操作,选出其中 n 次入栈,其他次出栈)? 这比 2^{2n} 精确一点,但仍有水分,因为空栈不能再出栈,如"出出入入"这种方案仍是非法的.为保证这点,额外要求"任意时刻入栈总次数不得小于出栈次数".更形象理解,用 $+1$ 表示入栈,-1 表示出栈,如 32415 对应 $+1+1+1-1-1+1-1-1+1-1$,则条件为所有前缀和非负②.加上此约束条件后就充分了.问题等价于求 n 个 $+1$ 和 n 个 -1 的排列方案数,满足前缀和非负.但这个问题似乎仍不好求解,下面再来做一个更形象的一一对应.

【例 4-3】下三角行走

从坐标 $(0,0)$ 走到 (n,n) 处,每次只能向右或向上走 1 单位,中途不能越过对角线.求有几种走法? 如左下图所示是一种可行解,右下图是非法解.

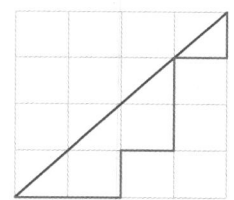 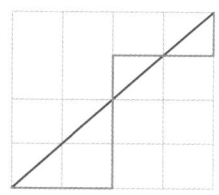

将往右走对应入栈($+1$),往上走对应出栈(-1),则全程正好 n 个 $+$ 和 n 个 $-$;不越过对角线对应任何时刻横坐标($+$ 的总数)不小于纵坐标($-$ 的总数),如左上图对应 $++-+--+-$,正是上题的前缀和非负约束,故答案与上题完全一样③.

---

① 每个元素只会出入栈 1 次.

② 前缀和 S_i 的逻辑含义为第 i 次操作后栈中实际的元素个数.

③ 从几何角度,这图逆时针选择 $135°$,使对角线为 x 轴,则就是 ±1 序列前缀和的函数图像. 这是分析此类问题的一种常用工具,称为折线法.

奥数里所谓"标数法"可求方案数,但只是一种操作方法①,并不能直接给出答案.而此问题是可以求出解析结果的.使用补集转化思想,先忽略"不越过对角线"的限制,由组合数学得方案数为 C_{2n}^n;再设法减去非法(有越过对角线)的方案即可.

任意非法方案(如左下图),有唯一的首次向上越过对角线的位置,记其为 $(x, x+1)$,将该位置之前部分沿对角线翻转,之后部分平移接上,如右下图,新的终点坐标为 $(x+1+n-x, x+n-x-1)=(n+1, n-1)$,即对应一条从 $(0, 0)$ 到 $(n+1, n-1)$ 的路径.

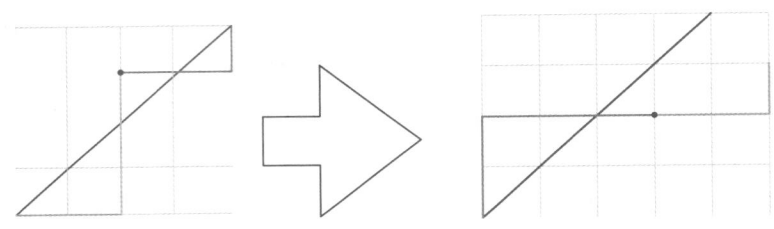

关键是此变换是可逆(一一对应)的:反之对任意 $(0, 0)$ 到 $(n+1, n-1)$ 的路径,有唯一的第一次向右越过对角线位置(第一步就向右也算),则反做如上操作即得到一条 $(0, 0)$ 到 (n, n) 且越过对角线的方案②.则应用一一对应可得:非法方案数 $=(0, 0)$ 到 $(n+1, n-1)$(无限制的)方案数,由组合数学 $=C_{2n}^{n-1}$.

利用补集转化,最后答案③为 $C_{2n}^n - C_{2n}^{n-1} = \dfrac{(2n)!}{(n+1)!n!} = \dfrac{1}{n+1}C_{2n}^n$.此数在数学上称为卡特兰数(Catalan number),记为 H_n,其前几项(从 $n=0$ 开始)为 $1, 1, 2, 5, 14, 42, 132, \cdots$.

卡特兰数是在信息学竞赛中较常涉及的一个数列.很多看似没有直接关联的计数场景,其本质都是卡特兰数,这些场景皆有一定的内在联系,其中有一些的对应关系是比较直观的,如下图所示.

$1\sim n$ 入栈 出栈顺序方案数	入出入出入出	入入出出入出	入出入入出出	入入出入出出	入入入出出出
n 对括号组成 合法括号序列个数	()()()	(())()	()(())	(())()	((()))
$(0, 0)\to(n, n)$ 不越过对角线路线数					
$n+1$ 个不可区分节点 多叉树形态数					
正 $n+2$ 边形 三角剖分方案数					
$1\sim 2n$ 排成 2 行向右/下 都单调的填法数	1 3 5 / 2 4 6	1 2 5 / 3 4 6	1 3 4 / 2 5 6	1 2 4 / 3 5 6	1 2 3 / 4 5 6

卡特兰数有 2 个常用的递推式,第一个是 $H_{n+1}=\sum\limits_{i=0}^{n}H_i H_{n-i}$,看起来较繁琐,但含义较丰富,其表达了某种自相似特质.以下三角行走为例:求和指标 i 的含义为该路径(除起点外)第一次接触到对角线的位置为 (i, i),相当于按 i 分类用加法原理,(i, i) 前后是两个同类子问题,再根据乘法原理而得.如下图左 2 方案即算做 $i=3$,其上下分别是 $i=2$ 和 $i=1$ 两个子问题.

---

① 本质上是 $O(n^2)$ 的二维 DP,关于 DP 算法将在本书第二部分详细介绍.
② 注意 $(0, 0)$ 到 (n, n) 的不越过对角线的方案,是没有如上对应的.
③ 这套理论还可推广到多条路径,更一般性结论称为 LGV 引理,但这已超出本书范畴.

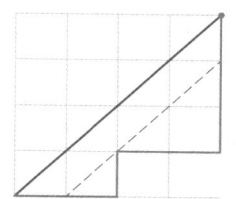 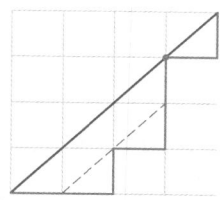 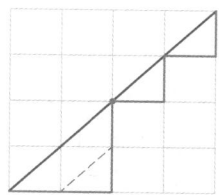 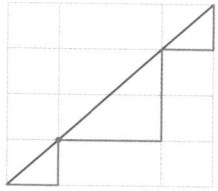

递推式 2 是 $H_n = \dfrac{4n-2}{n+1} H_{n-1}$，此式由通项公式代入推导得出，只是方便计算，没有具体的逻辑含义.

⚬ *高级问题探讨

【例 4-4】可持久化栈

一个栈开始为空，入栈元素依次为 $1, 2, 3, \cdots$，给定出入栈的操作顺序，并随时要求回答如下问题：当元素 i 刚入栈的时候，当时栈中的第 x 个元素是什么？（保证 i 已入栈过，当时栈内有至少 x 个元素，栈底记为第 1 个）

此题是一种较高级的场景特征，要求"追溯历史版本"（回到以前某个时刻）. 被问到的元素当前可能早已经出栈了，问的是"从前"的情形. 这种特征称为"需支持可持久化". 栈是一种相对最简单的数据结构，其实现可持久化也相对容易. 总体原则是：删（出栈）不能真删，写（入栈）不能覆盖（已出栈的元素）.

看一个具体例子：＋＋＋＋＋－－＋＋－＋＋－－＋－－－－. 参考左下图：先入栈 1234；出栈 4 和 3，此时 2 成为栈顶. 这时入栈 5，如填在原位置，就会覆盖掉 3，普通栈没问题，因为 3 在逻辑上已不存在，但可持久化不允许这么做，要保留 3 以备后查. 但 5 又要与 2 相邻，则只能出现分叉了[1]. 以此规则继续模拟：出栈则往回退，入栈则开新分支. 最后形成如左下图做的分支结构，这就是数据结构中极其重要的树[2]结构. 查询"i 时刻"的栈，只要找到节点 i，其往上走一直到顶（称为树的根节点），这条路径（从上到下看）就是第 i 时刻的栈. 如左下图中圈出的路径就是时刻 7 当时的栈.

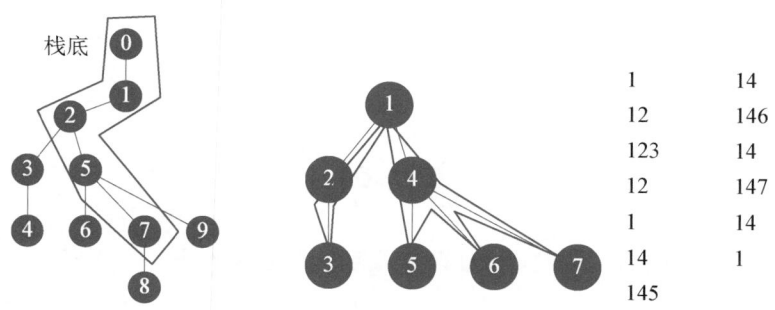

在此种意义下，树结构可理解为可持久化的栈，或者更通俗地，是"栈的历史". 树这种结构本身是信息学竞赛中举足轻重的一个领域，称为树论. 但本书暂不涉及树上算法的详细介绍. 可看到树和栈在某种程度上是紧密关联的.

如对树结构有一定了解的读者，还可找出树与栈的更多联系：树的先序遍历就是入栈顺序；其欧拉序就是出入栈的操作顺序. 对一棵树做先序遍历，并随时记录下当前点到根的路径，得到的就是一个栈的出

---

[1] 这里只关心逻辑结构，具体怎么实现需待学习树论时再详细展开.
[2] 长得像倒立的树. 为了避免中途空栈，栈底加了一个虚拟的零号元素（哨兵）.

入过程(如右上图).

【例4-5】Look Up(USACO 09Mar Silver,单调栈初步)

N 头奶牛站成一排,奶牛 i 的身高是 H_i,每只奶牛都在向右看齐.对奶牛 i,如奶牛 j 满足 $i < j$ 且 $H_i < H_j$,称奶牛 i 可仰望奶牛 j.求每只奶牛离它最近的仰望对象(如果没有仰望对象输出 0).($N \leqslant 100\,000$,$1 \leqslant H_i \leqslant 1\,000\,000$)

借此题初步引入单调栈的概念,主要为说明基础数据结构与其他性质结合,可延伸出更多应用更广泛的衍生数据结构.单调栈在本书第 Y 章还会详细介绍.

题意是求每个 H_i 右侧第一个比它大的位置,暴力是 $O(n^2)$.换个角度考虑每个 i 被谁仰望.从左到右依次处理,如 H_i 持续不升,则这些牛互不仰望;否则出现第一个上升的 H_i,之前有一个后缀上的牛仰望 i;已确定仰望对象的牛显然可以删除,而还未确定仰望对象的牛一定是一个不升的子序列.可用一个栈来维护这个"待确定仰望对象"的子序列.

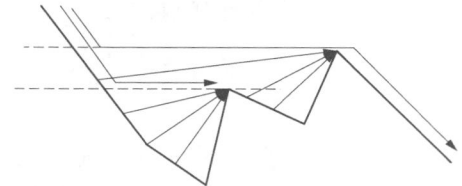

当新的 H_i 加入时,如 $H_{top} < H_i$,栈顶元素仰望的就是 i,出栈;重复此操作直到栈空[①]或 $H_{top} \geqslant H_i$,再将 i 入栈即可.$i = n$ 后还在栈中的就是没有仰望对象的.此过程每个元素出入栈至多 1 次,故复杂度为 $O(n)$.由于每时每刻栈中元素都保持不升,称这种元素间有单调关系的栈为单调栈.

本题所谓仰望对象,称为 H_i 的单调(升)后继,记为 nxt_i.类似有单调降后继、单调升前驱等.这些都可利用单调栈在线性时间内计算,在一些其他问题中这些都需要借助这些工具来进一步建模.最后给出本题核心代码.

```
for (int i = 1; i <= n; ++i) {
    cin >> h[i];
    while (top && h[i] > h[s[top]])
        ans[s[top--]] = i;
    s[++top] = i;
}
```

小 结

本章介绍了栈这个数据结构,其是具备 FILO 特征的线性逻辑结构.可用 STL 提供的现成工具或自行用数组实现.合法出入栈顺序是栈的一个基本问题,方案数是卡特兰数,其代表了一系列有内在联系的计数问题的答案,这种内在联系是某种子问题的分解模式.栈的变化历史记录下来就是树结构.

栈这种结构的意义还远不止于此,由 FILO 规则刻画的问题和规律还有更深刻的意义.这一点在后续的章节里会逐步深入阐述.

习题

1. 车厢调度(etiger25).

---

① 也可设一个哨兵 $H_0 = \infty$.

2. 括号匹配加强版(etiger24).

* **3.** 特朗普的推特(etiger2426).

* **4.** 集体照(etiger244).

5 递　归

本书研究算法原理,通常不对语法①(编码)层面做过多探讨,但本章是一个例外,将用一整章的篇幅深入介绍递归这种语法.对初学者,递归是语法中最难掌握的一种;更重要的是其刻画了一种普遍的事物/方法的模式或结构.递归所代表的客观模式已经超越了语法本身的范畴.另外后续算法的展开也重度依赖对递归语法的理解和熟练掌握.

自相似

递归现象在生活中有很多呈现,其描述所谓"自相似"的一种现象或特征.顾名思义,指事物的局部与整体相似.所谓"事物"则无所不包.以下是一些例子.

递归语法②的实现看似也很简单,是在函数中调用自己的一种语法.某种程度上可以类比数学函数的递推式,如斐波那契数列中 $f_i = f_{i-1} + f_{i-2}$.

> 【例 5-1】 阶乘(一调一递归)
>
> 阶乘是正整数 n 上的函数,表示 $1..n$ 的乘积: $f_n = n! = \prod_{i=1}^{n} i$. 输入 n,求 $f_n(n \leqslant 10)$.

此题显然用一重循环就能解决,这里是为示范,所以不这么做.阶乘函数有如下递推式: $f_n = n \times f_{n-1}$. 此式正体现了自相似特征(n 阶乘的一部分是另一个数 $n-1$ 的阶乘).

对有自相似特征的问题有一个形式化的思路:为算 f_n,先算出 f_{n-1} 即可,后者与 f_n 本身是同类问题(仅参数 $n \to n-1$),则形式化地定义函数如下.这就是一个递归函数.

---

① 很多资料将递归称为一种算法,并与递推算法相提并论.作者不支持这种观点.所谓"递归算法"只是一调一递归的一类很小的应用场景.递归概念远远深广于一维递推.

② 在大多数高级语言中都支持递归,并且写法都类似.

```
int F(int n) {
    return n * F(n-1);
}
```

这个对初学者看似诡异的代码(语法上是对的,编译能通过)很容易引发一些直观理解上的问题或悖论,例如,

- 为什么可以自己调用自己[①]?
- 不会造成死循环吗?
- n 到底等于几?(灵魂拷问的一个问题)

先回答前 2 个问题. 所谓"自己调自己"只是粗略说法,其实只是调用同一个函数名,但参数并不一样 ($n \to n-1$),所以严格说调用的并不是"自己",只是形式上与"自己"相同的操作. 当然仅这样是不够的,事实上上面代码确实会死循环,因为 $F()$ 确实会无限调用下去,所以需要一个终止条件.

反观递推式 $f_n = n f_{n-1}$ 成立本身也是有条件的,即 $n > 0$ 时此式才成立,反复调用 $F()$,参数会越来越小,最终会破坏这个前提,当 $n = 0$ 时,$f_0 = 0! = 1$[②],直接返回 1 即可(而不应再调用 $f_0 = 0 \times f_{-1}$). 如此程序就会在有限步内结束了.

```
int F(int n) {
    if (n == 0) return 1;
    return n * F(n-1);
}
```

新加的这个分支称为递归边界(boundary),一个正确的递归程序至少有一个分支必须是边界(不调用自身而直接返回),并应保证任何分支最终都会调用到边界而终止. 否则就会进入无限调用而产生死循环. 注意边界一般都是写在递归函数的最前面,即先判断未到边界,才可能调用自身,以免其他分支先产生递归调用而陷入死循环. 而运行过程中递归是在最深层次才运行到边界,这造成编码顺序和实际运行顺序相反的情况,请牢记,这是初学者理解递归语法的主要困难的原因之一. 至于"n 到底是几"这个问题,留到下节再回答.

【例 5-2】最大公约数(辗转相除法)

给定非负整数 a,b(不全为 0),最大公约数指能同时整除 a,b 的最大的正整数,记为 $gcd(a,b) = \max\limits_{d|a, d|b} d$ [③]. 输入 a,b,求 $gcd(a,b)$,$0 \leqslant a,b \leqslant 1e9$.

暴力枚举公约数是一种方法,但非最优. 一种古老的[④]方法是辗转相除法(又名欧几里得算法),其原理如下:如 $b > 0$,则 $gcd(a,b) = gcd(b, a\%b)$. 此结论的证明与本章主题关系不大,参见本章附录. 辗转相除法就是一个(二元函数的)递推式,$b = 0$ 时,$gcd(a,b) = a$,这就是边界. 可写出如下代码[⑤].

[①] 类似"人不能自己把自己提起来"这样的感觉.

[②] 也可由 0!=1!/1 倒推出来,这种操作数学上称为延拓. 在高等数学中,阶乘函数可以延拓到除负整数外的整个复平面上(称为 Γ 函数).

[③] 不引起混淆的时候有时直接简记为 (a,b). 不过信息学中用小括号的场合太多,一般都会引起混淆.

[④] 可追溯至公元前 300 年.

[⑤] 建议读者尝试用非递归方式写写看,不是很难,但比起递归写法不自然一些. 理论上所有递归都可用非递归实现,但复杂的递归改写起来难度也比较大.

```
int gcd(int a, int b) {
    if (!b) return a;
    return gcd(b, a % b);
}
```

当 $a > b > 0$ 时，$a\%b \leqslant \min(b, a-b) = \dfrac{a}{2} - \left|\dfrac{a-2b}{2}\right| \leqslant \dfrac{a}{2}$. 这里用到恒等式 $\min(x, y) = \dfrac{x+y}{2} - \left|\dfrac{x-y}{2}\right|$. 也就是每做一次，较大的那个参数至少减半，则复杂度为 $O(\log(a+b))$.

递归语法的底层原理

一般来说学一种语言的语法直接了解其写法和含义即可（如 *for* 循环的 3 个表达式各表示什么），没必要关心语言本身（底层）是怎么实现的. 这是编程语言封装性的体现. 但递归是几乎唯一的例外，为正确熟练运用递归语法，必须对其底层机制有所了解[①]. 首先来了解下普通的不同函数互相调用的原理. 下面是一段示例代码.

```
int Cubic(int n){
    return n * n * n;    // L2
}
int F(int n) {
    int sum = 0;    // L5
    for (int i = 1; i <= n; ++i)    // L6
        sum += Cubic(i);            // L7
    return sum;
}
int main(){
    int ans = F(100);    // L11
    cout << ans << endl;         // L12
    return 0;
}
```

以上是一个简单的自然数立方和的程序，有 3 个函数 main()→F()→Cubic()，现在来说明 C++ 底层以何种方式执行此代码. 首先在主函数 L11 调用函数 F(100)，此时程序不会继续顺序执行 L12，而直接跳转到 F() 函数的 L5. 从 main() 的角度看，程序在 L11 "挂起" 或 "搁置" 了，等待被调用的 F() 函数先执行；同理在 F() 执行到 L7 处，又一次 "暂停" 下来去执行被调用的函数 Cubic(i)，此时 F() 及 L6 的 for 循环都像是被 "冻结"[②] 住，等待 Cubic() 执行；当 Cubic(i) 返回后，F()（中的 for 循环）又被 "唤醒"，继续执行 *sum* 的累加、循环变量 i 递增等工作. 由于调用 Cubic(i) 在循环中，F() 会被反复 "冻结/唤醒" 共 n 次，然后 F() 函数 return，上一层 main() 函数恢复，再从之前停下的位置继续往后执行对 *ans* 的赋值及 L12 的输出. 仅从函数间切换的角度看，运行顺序如下.

---

① 其他语法类似螺丝刀、扳手，很容易掌握；递归就像单反相机，你必须了解其组件、光圈、镜头之类的作用原理，否则无法熟练使用. 指针也许算得上需要了解底层原理的语法，但指针底层也就是内存地址而已，并且信息学竞赛中 99% 的功能都可不用指针实现.

② 这里用了很多带引号的比喻，希望读者有个直观的感受.

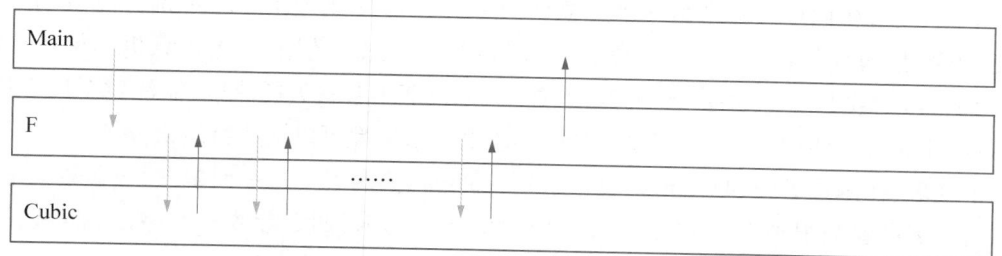

从上图已经能看出点名堂:各函数调用和返回的顺序正是上章所说的"先进后出(FILO)"模式,即调用者早于被调用者开始,而晚于后者结束;被调用的函数结束后,调用的函数从调用位置继续向下执行.这种模式其实超越编程领域而普遍存在.一个通俗的例子:做菜发现没酱油了,则先去打酱油;出门发现没带钱,则先去取钱;取完钱后就可继续打酱油;打到酱油即可继续做菜.编程语言为实现如上过程,在后台设置一个特殊的栈①,即"调用栈".下图是利用断点看到的调用栈(左侧框出来的部分).

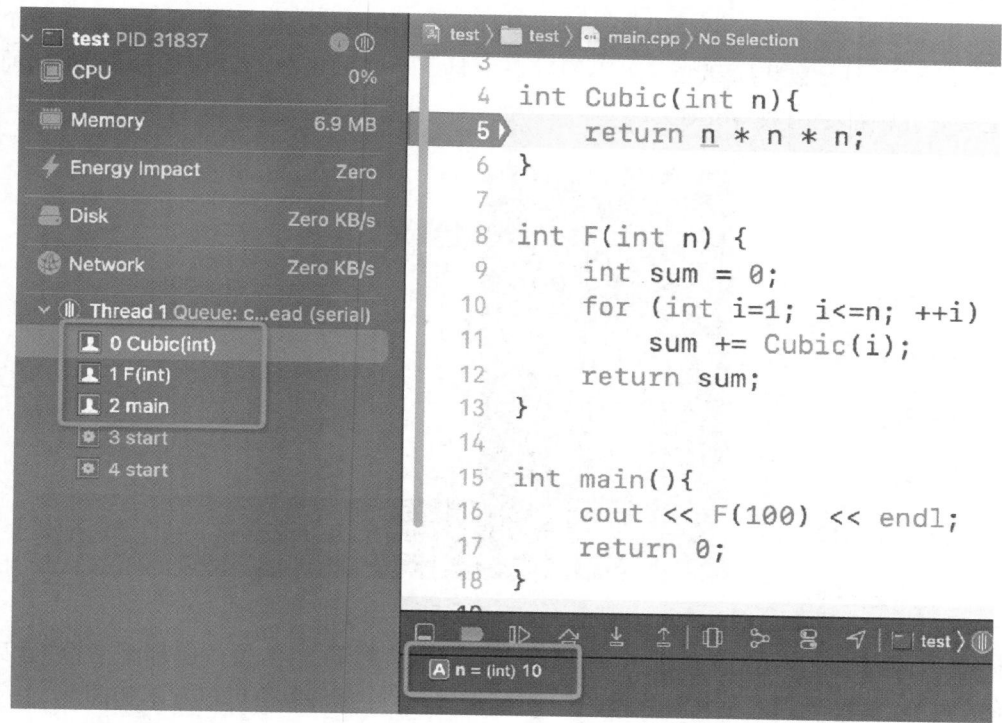

可以看到一些基本特征:

· main()是栈底②.

· 每调用一次函数,会入栈一次.

· 有几层嵌套,调用栈里就有几个元素.

· 当前执行中的是栈顶的函数.

· 当前函数 return,则出栈,回到上一层调用.

· 整个过程是先进后出模式.

调用栈的每个元素称为栈帧(stack frame).读者不需了解栈帧结构的细节,只需知道栈帧中包含(但不限于)如下信息:①此次调用的各参数的值;②本函数声明的局部变量.通俗说,栈帧保存了一次完整函

---

① 所以每一个程序(包括 helloworld),其实在默默使用栈.对更复杂的多线程程序,每个线程各自有一个调用栈.但信息学竞赛只涉及单线程程序,不研究线程相关知识.

② 更下面的 2 个 start 是系统进程层面的信息,与代码逻辑无关.

数调用的上下文,使每次调用看起来是一个独立的"小空间";调用函数时,进入新的栈帧,上一层栈帧信息保持不变,相当于"冻结";return 后调用栈出栈,回到上层,之前(调用前)的信息仍然保持,这也就是函数 Cubic()返回后,函数 F()中算到一半的变量(如 i,sum)值不会丢失的原因.需注意全局变量是不存储在调用栈的,在任何函数调用层次读写全局变量,其效果是结果都可以被所有层次读到.

还有一个现象:在函数 $F()$和 Cubic()里,参数名都叫 n,但两者不是一回事.函数参数只是一个别名,不同的函数取同名的参数很平常①.在嵌套调用 F()和 Cubic()时,两个参数 n 存储在不同栈帧,其值没有关联,好似 n 有两个"分身".

读者如看过电影《盗梦空间》,应对调用栈的概念有所直观认知.电影中每层梦境就对应一个栈帧,梦中梦即在一层函数中调用另一个函数,此时上层梦境相当于冻结②;梦醒③对应于函数返回,上层的上下文仍然保持.而同一个人在不同层梦中有不同身份和状态(上层濒死的人在下层仍然健康),对应于同名参数在不同调用中其实有多个独立的"分身".

现在再看递归语法就不显得那么奇怪了:调用函数无非是在调用栈的一次出入栈,这操作对被调用的是什么函数并无限制,那么函数中调用自己就不奇怪了(做了两层类似的梦),无非是在两个栈帧中存放同一函数的上下文(但参数和局部变量可不同).以下是一个递归函数的调用栈示意,对比前图就不难理解了,只是有好几帧都是函数 work().

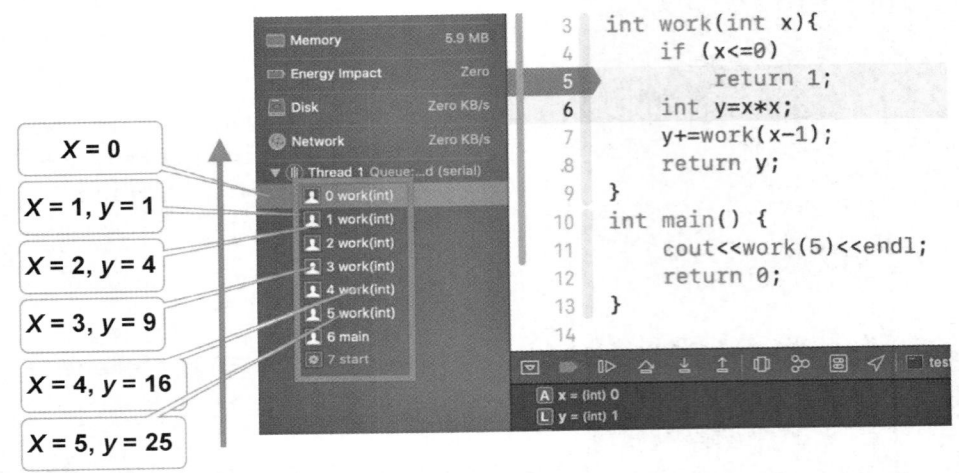

进一步,每次调用函数 work(),参数 x 和局部变量 y 的值都不一样,每一层都有一份"分身".至此就可解释开始的问题(参数 x 到底是几):答案是 x 实际每层都有一个,取值可以互不相同.

上图中可见递归在某一层进入边界(图中为 $x=0$)而终止,并逐层返回.递归函数的返回有一个专门的名词称为回溯(recurse),表示下层完成了,回到上层继续运行,上层的信息由于保留在调用栈中而得以恢复.

每个参数和局部变量"分身"都会占据物理空间,如递归层数太多或调用死循环(如边界写得有误),则最终会导致空间溢出④.这种情况称为调用栈上溢出(overflow),简称栈溢出/爆栈.

一调多递归

之前遇到的递归例子都是每层至多调用"一次"自身,这种情况递归过程是一路到底(边界),然后倒着一路返回.事实上同一个函数中也可多次调用自己,这种情况下运行过程将更为复杂.

① 如写代码需要先开机,再开编程环境,这两个操作都叫做"打开".
② 在电影中上层仍可活动(毕竟是电影),但所谓时间流动远慢于下层,也有冻结的意味.
③ 电影中有好几种方式,kick/失重有点像正常 return,死亡有点像抛出异常返回.
④ 所以形式上看,即使代码只定义一个 int 变量也可以撑爆空间.

【例 5-3】斐波那契数列

Fibonacci 数列定义为 $f_1 = f_2 = 1$，$f_i = f_{i-1} + f_{i-2}$，$i \geqslant 3$. 求 f_n，$n \leqslant 1\,000\,000$

由递推式很容易写成代码

```
int fibo(int i){
    if (i <= 2) return 1;
    return fibo(i-1) + fibo(i-2);
}
```

这里主要来关心这种情况的运行过程,一个函数多次调用自身,调用关系画出来就会出现分叉,形成一个树结构.这个树称为调用树或搜索树,其描述了该程序的整个运行过程.从调用栈角度,到达边界(出栈)后,未必直接回溯到底,而是中途又出现入栈.根据上章所述,一个栈出入的完整历史就是树结构.搜索树就是调用栈的出入历史[1].

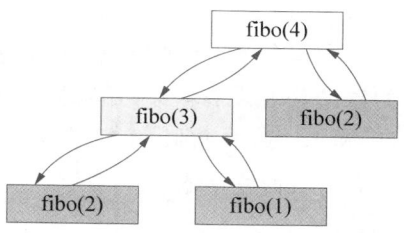

【例 5-4】二叉树的先序遍历

输入 n 和两个数组 lc_i，$rc_i(i=1..n)$，表示 n 个节点和每个节点的左右子节点编号.如无对应子节点,则对应值为 0.保证输入是合法的二叉树,且节点 1 为根节点.输出其先序遍历.先序遍历的意思是先访问根,再以同样规则访问左子树,再以同样规则访问右子树.

样例输入(树结构如右图所示)

```
6
0 1 0 2 0 5
0 3 0 6 0 0
```

样例输出

```
4 2 1 3 6 5
```

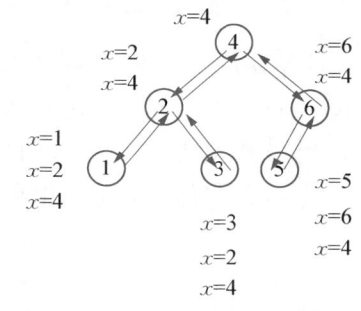

本书不深度涉及树论,但一些最直观基本的概念还是可以谈的.上章讲到栈与树有密切关联,而递归又与栈有紧密关系.则关心递归与树的关系是理所当然的[2],所谓"同样规则访问左右子树",就是自相似的子问题,只需根据题意自然写出代码.

```
void traverse(int x) { // 遍历以 x 为根的子树
    cout << x << " "; // 先访问根节点
    if (lc[x]) traverse(lc[x]); // 访问左子树(如有)
    if (rc[x]) traverse(rc[x]); // 访问右子树(如有)
}
```

---

① 读者需要非常熟悉并了然于胸这个运行过程的图像,才能较好驾驭递归语法.因为递归的运行过程与纸面上看到的代码相差较大(不像普通语法基本是写一句对应运行一句,大体是顺序运行).

② 很多场合直接称树为递归数据结构,因为树结构天生具备自相似特征.

用递归写树的代码非常自然且可读性高,如上代码几乎就是在复述题意一般.其根源是两者都是自相似结构的典型刻画.此题不用递归当然也可以写[①],只是编码难度和可读性相差很大.

一般地,递归过程的搜索树都是隐式的,即并没有实际存储.但树的先序遍历是一个例外,在这种情况下,搜索树就是原树结构本身.

还有个小问题是递归边界在哪里?这里所有递归都在 if 中,如果 lc_x,$rc_x = 0$,函数自然不会调用自己,这种(没有显式写在递归一开始的)边界称为"自然边界".当然也可根据题意,以 $x = 0$ 为显式的边界(空树),则上面代码中两个 if 就不需要了.学习编程不要过于执着于外在形式,边界未必一定是显式写出的一个 if 分支,只要能起到边界的作用即可.

小 结

本章介绍了递归这种语法.递归虽是语法,但其代表了一种问题嵌套/步骤嵌套的普遍模式,此模式的意义超出语法本身,可以称为一种算法思想[②].递归的底层实现是依赖调用栈,因嵌套调用有 FILO 特征.递归、栈、自相似、子问题、树等这些概念互相都有紧密联系.后面章节将利用递归语法,大大提升了对复杂对象的枚举能力.

习题

1. 最小公倍数(etiger118).
2. 中序遍历(etiger840).
3. 快速幂取模(etiger653).
* 4. 对称二叉树(etiger821/luogu5018,NOIP 2018 普及 T4).

附录 辗转相除法的证明 [$gcd(a,b) = gcd(b,a\%b)$]

不妨设 $a > b$(否则结论显然成立).设 d 是 a,b 的任意公约数,根据定义存在正整数 p,q 使 $a = pd$,$y = qd$.于是 $a - b = (p - q)d$,而 $p - q$ 也是正整数,则 d 也是 b 和 $a - b$ 的公约数.同理,b 和 $a - b$ 的公约数也是 a,b 的公约数,则 d 是 a,b 的公约数,当且仅当 d 是 $a - b$,b 的公约数,即其公约数集合一模一样,当然最大值也相同.故 $gcd(a,b) = gcd(b,a - b)$(辗转相减法).反复利用此结论即可.

$$gcd(a,b) = gcd(b,a - \lfloor a/b \rfloor b) = gcd(b,a\%b)$$

[①] 事实上任何递归代码原则上都可用非递归实现.需要手动造一个显式的调用栈.初学递归时偶尔做做这种转化练习是有益的.

[②] 广义来说,所有函数的互相调用都可理解为递归,而程序在某种意义上就是一堆函数互相调用.

6 深度优先搜索

本章回到主线,开始讲第一个真正重量级的算法.第 3 章曾大力"吹捧"暴力枚举在算法中的基础地位,说一切算法的根源都来自枚举,枚举理论上可以解决 $70\%\sim80\%$ 的问题(在不考虑性能的前提下).仅就第 3 章所举的几个例子,似乎言过其实.这是因为当时的枚举"能力"还不够强,只能枚举一些简单的场景.

本章及后续 2 章中将利用第 4,5 章所学到的工具来大大地增强枚举的能力,以接近任何问题都可枚举的目标.本章还将引入子问题、状态等非常基础而重要的概念,这些概念会贯穿后续的更多章节乃至全书.

> **【例 6-1】前 m 名(不定重数循环)**
>
> 快快杯比赛有 n 所学校参赛,编号为 $1..n$,每校参赛人数足够多.输出所有前 m 名所在学校的可能性,每行输出一种可能性(不计顺序).

本章暂不关心算法性能,故例题也不给出数据规模了.如 m 是常数,例如前 3 名,则可写 m 重循环进行枚举[①],但现在 m 是一个输入的变量,不可能让代码本身随输入不同而改变[②],这使传统的多重循环枚举框架无法实现.

先撇开代码实现问题,看一下逻辑层面.可分为以下(看上去很傻的)两步:

(1) 枚举第 1 名.

(2) 枚举剩下的 $m-1$ 名.

第 1 步只需要一重循环;第 2 步则是一个与原问题自相似的同类问题($m \rightarrow m-1$),这与第 5 章所述自相似结构完全吻合.当解决一个问题的一部分(如此处的步骤 2)是一个同类问题时,称这个问题为子问题.把问题项同类但规模变小的子问题转化,是非常多问题的解题思路.

而解决子问题,用递归语法处理自相似逻辑的,则利用第 5 章所述,不难写出以下代码:

```
int p[N]; // 方案,p[i] = 第 i 名是哪所学校
void dfs(int x){ // 枚举第 x~m 名
    if (x == m+1) { // 枚举完一种完整方案
        /* 输出方案 p[1]..p[n] */
        return;
    }
    for (p[x]=1; p[x]<=n; ++p[x]) // 枚举第 x 名
```

---

① 方案数就是 n^m.

② 仅限在信息学竞赛范畴内.其实在实际生产中这种事情是可以实现的,如 asm 之类动态字节码工具.

```
        dfs(x + 1); // 继续枚举 x + 1～m 名
    }
    int main(){
        cin >> n >> m;
        dfs(1);
        return 0;
    }
```

这是第一个 DFS[①] 程序,它实现了变量重数嵌套循环,下面来细致地分析下这段代码(以下这几条内容极其重要!).

• p 是记结果的数组,也就是要枚举的对象(所以现在可以枚举一个数组了).

• 参数 x 表示要枚举第 x～m 名[②]. 参数 x 有重要的逻辑含义,其完整描述了整个子问题的信息. 即知道了 x 就能良好地定义整个子问题. 这样的参数(全体)称之为状态(state). 状态是一个极重要的概念[③],并且不限于 DFS. 状态是准确定义子问题所需的完整信息. 在 DFS 中,状态以递归函数参数的形式出现,每一次递归调用就是解决一个(以状态参数描述的)子问题.

• for 循环部分看似只写了一重枚举,但在循环体中进行了递归调用,实际这个 for 会反复嵌套执行,每层递归调用都会复制一份循环变量 i 的"分身",循环重数由嵌套层数控制,第 x 层递归执行对 p_x 的枚举. 要特别注意的是,程序运行到 for 循环部分时,并未枚举出一种完整方案,而只是枚举了一个方案的一部分,即 $p_1..p_{x-1}$. 这一点是 DFS 枚举的重要特征,即每层递归枚举目标对象的一部分(局部),通过嵌套循环一部分一部分地枚举整个对象. 正是这一点赋予 DFS 枚举复杂对象的强大能力.

• 递归边界(if 语句)控制了循环重数. 从逻辑上理解,当 $x = m+1$ 时说明(一种方案)全部枚举完了. 注意只有运行到边界处,才表示枚举出一种完整方案. 在代码层面,递归边界是写在 for 枚举部分的前面,但实际运行顺序是先调用若干层 for 的递归,最后才会进入 if 部分. 这两者实际执行顺序与编码顺序是相反的.

• 主程序只需根据函数逻辑,要枚举 1～m 名,即 $x = 1$,只需调用 dfs(1) 即可.

递归程序运行过程与代码看上去有很大差异,编码时更要考验对程序逻辑思路的理解,所以递归程序(如 DFS 算法)的学习难度相对较高,但本书坚持以算法内在逻辑和联系为主线. 请读者务必清楚 DFS 的难度只是在其编码实现的技术层面,而在算法逻辑层面,其思想无非是最基本的暴力枚举思想[④],只是因为枚举的对象变得复杂,才使枚举的实现难度变高而已.

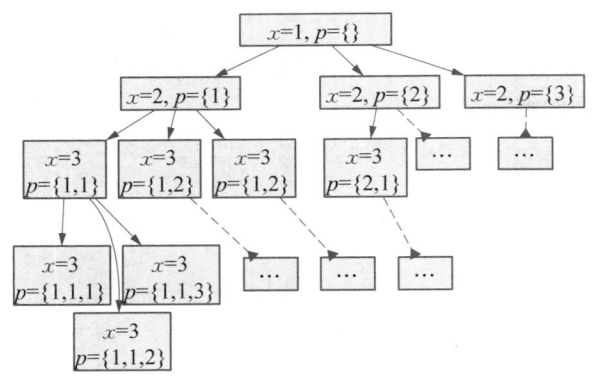

左图是本题代码的搜索树. 参数 x 控制了递归层数,即树的高度;每个节点表示一次递归调用,对应的子树表示一个子问题,由对应子数的根节点的参数(DFS 状态)来描述,每个非叶节点表示一个解的局部;叶节点(边界)表示一种完整的方案. 整个运行过程相当于搜索树上的先根遍历[⑤].

在搜索树上看,如还有子节点未访问,程序会优先(递归)访问子节点,直到叶节点才会返回上层节点(回溯). 简言之就是能往深处走,则优先往深处走,故此算

---

① DFS 名称的由来后文会解释.

② 也可等价定义为"已经枚举了第 1～$x-1$ 名".

③ 后面讲到 DP 的时候,找状态就是最核心的一件事情.

④ 作者在实际教学中,讲到此处也是一个大坎,很多初学者觉得困难较大. 但迈过去的学生在后续学习中则会顺畅不少.

⑤ 也只有递归语法可做到短短几行实现如此复杂的运行逻辑.

法被称为深度优先搜索(depth first search, DFS).

【例6-2】走 L 步(枚举路径)

一个 $n*m$ 的迷宫,有部分障碍物,每次可走到相邻 4 个位置(但不能走出迷宫范围),求从 $(1,1)$ 恰好走 L 步到达 (n,m) 的方案数,允许重复访问同一格.以 'o' 表示某格可通行,以 '#' 表示障碍物.

类比上题非常容易完成.直接写出核心步骤和主要代码.

(1) 枚举第 1 步走到 (x,y).

(2) 枚举剩下 $L-1$ 步.

```
const int dx[4] = {1,-1,0,0};
const int dy[4] = {0,0,1,-1};

void dfs(int x, int y, int l){
    if (l == L) {
        if (x == n && y == m) ans++;
        return;
    }
    for (int k = 0; k<4; ++k){ // 尝试沿方向 k 走一步
        int nx = x + dx[k], ny = y + dy[k];
        if (nx > 0 && nx <= n && ny > 0 && ny <= m
            && g[nx][ny] == 'o'){
            dfs(nx,ny,l+1);
        }
    }
}
```

数组 dx, dy 是一个技术细节,称为位移数组.表示往某个方向走一步,行/列数的变化量.这样可将 4 个方向统一处理.

此题递归函数参数有 3 个,表示已经走了 l 步,目前位于 x 行 y 列,枚举后半程 $(L-l$ 步)的方案.类似上题,此处需要 x,y,l 这 3 个变量来描述子问题的完整信息(知道这 3 个值,后续问题就确定下来).这 3 个参数就是本题状态,DFS 状态不一定只有单个变量,后面还会看到更复杂的状态描述.在 DFS 中如何定义状态(即子问题)是一个核心问题,有了状态基本就可写出 DFS 代码了[①].

【例6-3】枚举排列(全局状态)

快快杯共有 n 个学校参加,每个学校只有一位选手,求所有前 m 名的所有搭配可能性,按字典序排列[②].

[①] 理论上,把每步的枚举值(也就是当前已枚举的局部方案)全部列出来,肯定能完整描述子问题.但这里面会有一些信息是多余的.如本题中"如何走到的 x,y"就不影响后续子问题.当然对暴力枚举,状态信息即使多余也没什么影响,但对第 9 章开始讲的重大优化就有意义了.

[②] 由组合数学知道方案数为排列数 $A_n^m = \dfrac{n!}{(n-m)!}$,本题即枚举所有排列方案.

参考前两题,还是用递归逐个名次枚举.此处核心差异是"每个学校只有一位选手",即同一学校不可重复枚举,这使单独一个参数 x 不足以完整描述子问题,因为后续需要知道哪些学校"已经被用过"而不可再选.既如此,补上需要的信息即可.描述"哪些学校已选过",最简单就用一个 bool 数组:$vst[i]$=学校 i 是否已选.套用之前框架,完整状态为参数 x, vst(所以状态也可包含数组或更复杂的变量类型).

```
void dfs(int x, bool vst[N]){
    if (x == m + 1) {
        print(); return;
    }
    for (p[x] = 1; p[x] <= n; ++p[x])
        if (!vst[p[x]]) { // 没选过的才能选
            vst[p[x]] = true;
            dfs(x + 1, vst);
        }
}
```

但事实上不会如上这样写代码,这不代表之前的分析有错,而是技术原因导致的.第 4 章讲递归实现原理时说过,每次函数调用都会将所有参数(状态)和局部变量复制一个"分身"(副本)在调用栈,这也是递归逻辑能实现的底层机制.但如放置一个大数组在参数里,则每次递归都会复制整个数组,这会使空间开销迅速增大,导致内存溢出.

本题中,vst 数组每次递归其实只会有 1 个位置即 $p[x]$ 由 false→true,每层复制整个数组本身也是浪费.为此从技术实现层面需改用更优的写法.既然大数组状态不适合放参数,那么就放在全局,这样就不会每层都复制一遍了.但这样递归回溯时,vst 这个状态参数又如何恢复之前的值?这并不难,因为明确知道递归前是将 $vst[p[x]]$ 由 false 改为 true,所以在回溯后,手动逆操作(撤销)这一修改即可($vst[p[x]]$=false),这就是全局参数充当状态的实现方式[①].

```
bool vst[N];
void dfs(int x){
    if (x == m + 1) {
        print(); return;//print()为输出 p 数组,这不是关键,故不展开代码
    }
    for (p[x] = 1; p[x] <= n; ++p[x])
        if (!vst[p[x]]) { // 没选过的才能选
            vst[p[x]] = true;
            dfs(x + 1);
            vst[p[x]] = false; // 手动撤回递归前的修改[②]
        }
}
```

一般来说,DFS 中需要大量空间(如 $O(n)$ 级别的数组)描述的状态,这部分参数都写在全局,而回溯

[①] 理论上 x 也可放在全局,递归前将 $x++$、回溯时将 $x--$ 即可.但没这个必要.

[②] 假如递归前的操作没有逆运算怎么办?如 $v[x]=\max(v[x], a)$,这只要在递归前用一个局部变量记录下老的值即可.当然这里基于"一次递归 vst 只变化 1 处"这个前提(增量是 $O(1)$ 的).如一次递归整个 vst 数组发生了 $O(n)$ 级别的改变,而此变化又不可逆,那么就真的没办法了.

时手动撤销修改,故此称之为"全局状态".需注意的是全局状态也是状态,这纯粹是语法实现层面的技术手段.从解题的逻辑层面,全局状态和普通状态没有任何差别,它们都是用来描述子问题信息的参数.

【例6-4】一维染色(约束条件的处理)

对一排 n 个格子进行染色.每个格子可染 RGB 3 种颜色之一.要求相邻两个格子不能同色.输入 n,输出所有可能性[①],按字典序排列.

此题即枚举一个长 n 的字符串,字符串也是数组.不同之处在于多了一个额外的限制(即第 3 章所述的约束条件):相邻格不能同色.处理约束条件对枚举算法本身非常容易:方案都枚举出来了,判断下是否满足约束条件,过滤掉非法方案即可.

```
bool check(){
    for (int x = 2; x <= n; ++x)
        if (p[x] == p[x-1]) return 0;
    return 1;
}


void dfs(int x){
    if (x == n+1) {
        if (check()) print();
        return;
    }
    for (p[x] = 0; p[x] < 3; ++p[x]) dfs(x+1);
}
```

聪明的的读者也许已经感觉到如上写法似乎有点"笨":约束条件不必都放到最后再判断,很多时候中途就已经不满足条件了.这就是第 3 章讲枚举优化时使用的方法,即提前使用约束条件来减少枚举量,这在 DFS 搜索当然也是一脉相承的(记住 DFS 无非是一种比较复杂的枚举法,本质上就是暴力枚举).本章中采取如上笨写法[②],是为让读者先看清解法的逻辑结构:枚举→判断约束→处理合法方案.至于优化性能将在下一章介绍.

小 结

本章介绍了 DFS 算法基础知识.DFS 本质上属于暴力枚举算法,借助递归语法可实现更强的枚举能力.本章介绍了枚举数组/字符串、枚举路径、枚举排列等场景.编写 DFS 代码的核心是对状态的定义,即抽离出描述子问题信息所需的参数集合,这些参数就作为 DFS 递归函数的参数.特别地,当需要数组等大型数据结构来描述子问题时,出于技术上的原因将状态的这一部分参数置于全局,称为全局状态,但逻辑上与其他状态维度地位相同.当有全局状态存在时,递归回溯后需要手动撤销递归前的修改.在后续章节中,将给出更多 DFS 搜索的例子,进一步强化搜索能力,并介绍 DFS 算法性能优化的常用手段.

---

① 方案数不难知道是 $3 \times 2^{n-1}$,有个有趣(但与主题关系不大)的小问题:如要求首尾两格也不能同色(即围成环形),求方案数的解析表达式.读者可当数学题练练.

② 复杂度为 $O(n3^n)$.

习题

1. 排列生成(etiger518).

2. 选数(etiger42).

* 3. 石破天惊(etiger386/zju1937).

* 4. 火星人(etiger66/luogu1088,NOIP 2004 普及 T4).

7 DFS 基础剪枝

上章引入了重要的核心算法 DFS,其地位上可视为枚举算法在复杂情形下的强化实现手段.DFS 搜索本质上还是枚举法,很多方面与第 3 章的枚举法有相通之处.本章暂且换一个角度,先来探讨 DFS 算法的性能优化问题①,其中也有很多奥妙与技巧.DFS 的优化专称为剪枝,原因见后文.剪枝做得好也可有化腐朽为神奇的效果.DFS 剪枝有很多方法,其中不乏高端复杂的,本章先介绍最常见和通用的几种方法.下一章将再回到更加复杂的枚举场景的实现上来.

> **【例 7-1】一维染色(可行性剪枝)**
> 题目略.参见第 6 章例 6-4.

上一章用最朴素的 DFS 框架写出了此题代码,因枚举了所有理论可能的方案,复杂度为 $O(3^n)$ ②.第 3 章中学过枚举法优化,可以利用约束条件减少枚举量或枚举范围,这个原则对 DFS 依然成立.

本题枚举的是数列 $p_1..p_n$(每格的颜色),约束为 $p_x \neq p_{x-1}$,$x=2..n$,这 $n-1$ 个条件间都是 and 关系,即每个都是必要条件,这些条件只要一个不成立,方案也就非法了.而判断其中部分必要条件未必要等到整个方案都枚举出来.当 p_x 被枚举出后,$p_x \neq p_{x-1}$ 就可(提前)判断了:如其不成立,则整个方案已经非法(虽然此时只枚举了部分方案),即无论后半程 $p_{x+1}..p_n$ 取何值,都不可能合法,则整个后半程不需要枚举了.

```
void dfs(int x){
    if (x == n+1) {
        print(); return;
    }
    for (p[x] = 0; p[x]<3; ++p[x])
        if (x == 1 || p[x-1] != p[x]) dfs(x+1);
}
```

$p_x \neq p_{x-1}$ 的条件在枚举中途(而非边界)判断,具体说是一旦能判断了($p[x]$ 枚举后)就马上判断.递归重数还是 n,每次枚举 p_x 原有 3 种取值,但有一种会被 p_{x-1} 过滤掉($x=1$ 除外),实际继续递归的是 2 种,总计算量为 $O(3 \times 2^{n-1})$ ③.

---

① 速度慢可谓枚举法唯一的,也是最致命的问题.
② 这个复杂度在当代信息学竞赛中最多能撑到 $n = 15 \sim 18$.
③ 这个复杂度可以撑到 $n = 25 \sim 26$.

这里递归边界（$x == n+1$）处不再有 check() 判断，直接输出了方案. 这是因为每层判断的虽仅是全部约束的一部分（必要条件），但当到达边界后，全部约束其实都已成立（充分）了，所以不需再判断. 但并非所有题目都是这样的情况，如到边界后约束还未充分①，则剩余部分条件还需再补充判断.

提前判断约束条件（的必要条件），排除中途已知不可能合法的解. 此种优化称为可行性剪枝. 其要点可概括为"局部非法则全局非法"②. 在具体操作中，往往是把复杂的、整体的约束条件，拆解成一系列简单的、局部的必要条件（不一定要拆解完），使其中一部分可以提前判断. 一般来说，越早判断约束条件，优化效果越好，为此有时还可刻意调整枚举顺序，使得局部约束条件尽可能早地被判断掉.

如上章所述 DFS 搜索过程画出来其实是对搜索树的先根遍历. 其所有节点就是状态，叶节点就是解. 可行性剪枝即预知某个子树内无可行解（如下图的节点 RR），则无需遍历这个子树，相当于从整个树中"剪去"这个子树，故称为剪枝.

【例 7-2】棋盘最短路（最优性剪枝）

在一个 $n*m$ 格子的迷宫里，"o"代表空地可行走，"#"代表墙体不可通过. 从左上角 $(1,1)$ 开始，每步可上下左右 4 个方向走动 1 格，求至少几步可达 (n,m)，$n,m \leqslant 10$.

首先题目虽没有说同一位置不可重复访问（不自交），但最优解一定满足此条件③；如不加此约束条件路径方案则会有无穷多种，无法枚举. 暴力枚举状态包括：

(1) 当前走到 x,y.

(2) 已访问过哪些位置 $vst[\ ][\ ]$（全局状态，需 2 维数组）.

```
char mp[N][N];
bool vst[N][N];
void dfs(int x, int y, int len){
    if (x == n && y == m){
        ans = min(ans, len);
```

---

① 一个简单例子是环形版本，即要求首尾也不同色 $p_1 \neq p_n$，则这一个条件还需在边界补判断.

② 剪枝发生时方案还没枚举完，而只枚举了局部.

③ 这步称为"最优决策分析"，最优解（相比一般可行解）往往具备一些额外的约束条件，此种条件有时候不会写在题面中，需要自己去分析得出.

```
            return;
        }
        for(int k = 0; k<4; k++){
            int nx = x + dx[k], ny = y + dy[k];
            if (nx>=1 && nx<=n && ny>=1 && ny<=m
                && mp[nx][ny] == 'o' && !vst[nx][ny]){
                vst[nx][ny] = 1;
                dfs(nx, ny, len+1);
                vst[nx][ny] = 0;
            }
        }
    }
```

纯暴力枚举路径确实很慢,即使仅 $6 * 6$ 的无障碍棋盘,不自交路径也有 100 多万,还需找其他优化手段.此处参数 len 不是状态,是已枚举局部的目标函数值.理论上可以枚举完后再算总长度,但后面的优化必须要 len 这个信息.所以 dfs() 参数也未必全是状态,根据其他需要(如优化需要)也可增加额外信息.

考虑此种可能情况,dfs() 两次调用到同一状态:曾经调用过 dfs(x,y,L1),现又调用到 dfs(x,y,L2).如 $L_1 \leq L_2$,说明用 L_1 步走到(x,y)是可行的,此时虽 L_2 的方案还没有没有枚举完,但其后半程已无需再枚举.因为无论后半程如何,可将前半程"替换"为 L_1 的走法,方案结果仍可行且不变差[①].即从 L_2 无论接怎样的后半程,都不可能得到比当前更优的解.

```
int dist[N][N];
void dfs(int x, int y, int len){
    if (len >= dist[x][y]) return;
    dist[x][y] = len;
    if (x == n && y == m) return;
    for(int k = 0; k<4; k++){
        int nx = x + dx[k], ny = y + dy[k];
        if (nx>=1 && nx<=n && ny>=1 && ny<=m && mp[nx][ny] == 'o'){
            dfs(nx, ny, len+1);
        }
    }
```

① 这个并非永远成立,一般要求优化目标函数对每个局部有单调性(前半程变优,整个方案也变优).求和函数满足此条件.

```
        }
    }
```

为记录每格(x,y)当前最优的len,用一个新全局变量[①]$dist[x,y]$记录当前已调用过的$dfs(x,y,*)$中最优的len,则当且仅当$len<dist(x,y)$时需继续枚举(同时将$dist[x,y]$更新为len).请读者自行思考一下:$dist$应如何初始化以最后输出什么.

关于优化后的复杂度,很难有确定性的结论(与枚举顺序与输入具体数据有关),读者可实测,或定性想一下.$dist$相当于棋盘格每格都摆着一个擂台,只有一路打败当前擂主(杀一条"血路")才可枚举下去.这难度会越来越大,也就是越往后枚举剪枝效果越明显.事实上这个算法就是最短路径的SPFA算法深度优先版本[②].还有一个细节问题:为何没有vst这个状态了? 因为如走到(当前方案)已访问过的位置,则形成一个环,此时一定有$len>dist_{x,y}$,必然不优,这个约束被隐含在$dist$的剪枝中了.

提前排除中途已预知不可能优的解,称为最优性剪枝.其要点可概括为"局部不优则全局不优".操作方法通常为:达到以前调用过的相同状态(半程)的目标函数不比以前优,且后半程没有扭转的希望(例如总代价是前后半程之和),则可以不用继续枚举.

【例7-3】 枚举组合(对称性剪枝)
在$a_1..a_n$中选m个(不可重复)使所选的最小公倍数最大[③].$m\leqslant n\leqslant 20$,$a_i\leqslant 1e6$.

暴力枚举第x个数选哪个,复杂度为$O(n^m)$.考虑到不重复选,可行性剪枝可优化到$O(\mathrm{A}_n^m)=O\left(\dfrac{n!}{(n-m)!}\right)$,$\mathrm{A}_n^m$为排列数,$\mathrm{A}_{20}^{10}\approx 6.7\times 10^{11}$.本题没有其他约束条件,$LCM$也无对参数单调性:$a<b$不代表$LCM(a,c)<LCM(b,c)$,前述两种剪枝都无能为力.

观察目标函数,m个数的LCM与这些数的顺序是无关,即任意交换m个数的顺序,LCM不变,这提供了减少重复(等价)枚举的空间,如枚举过(a_1,a_2,a_3)后,就不用再枚举(a_2,a_3,a_1)[④].

顺序不影响结果,则可指定一种顺序,如$p_1<p_2<\cdots<p_m$,即只枚举下标递增的方案,这样不会影响最后结果,相当于额外增加了一组约束条件.

```
void dfs(int x){
    if (x == m+1) {
        ...; return;
    }
    for (p[x]=p[x-1]+1; p[x]<=n-m+x; ++p[x])
        dfs(x+1);
}
```

实现只需让p_x从$p_{x-1}+1$开始枚举,这样也顺便不需要vst来记录选过哪些了.此处还做了一个可行性剪枝,即p_x也不能太大,因为要保证后面至少还要留$m-x$个数可选.不要小看这种枚举范围的小小优化,在嵌套的递归程序中其优化效果会被成倍地放大.

---

① 注意这只是辅助变量,不是状态. 所以不需要"恢复"任何取值.
② 这个算法在第 K 章介绍. 对不是刻意针对设计的数据,其实际效率还是比较高的,甚至与多项式级算法不相上下.
③ 数学上严格表述如下:求m元组$(p_1..p_m)$,满足$1\leqslant p_1<p_2<\cdots<p_m\leqslant n$,使$LCM_{i=1}^m a_{p_i}$最大. 在不引起歧义的场景下,一般不需那么数学化的表述,俗称为"n个数选m个".
④ 这里其实利用了 max 的幂等性,即 $\max(a,a)=a$. 如不是求 max 而是求计数,则需乘上等效的方案数.

对原任意方案 $(p_1..p_m)$，其交换顺序得到的等价方案有 $m!$ 种，原先这些方案各会被枚举一遍，而规定顺序后有且只有一种会枚举到，故性能提高 $m!$ 倍，$O\left(\dfrac{n!}{(n-m)!m!}\right)=O(C_n^m)$. C_n^m 是大名鼎鼎的组合数，表示 n 个对象中不计顺序选 m 个的方案数[1]，$C_{20}^{10}\approx 1.8e5$，可通过本题(至于 LCM 具体怎么求不是最关键的，不知道的读者参见本章附录).

对称性(symmetry)指某对象进行某种操作/变换后，其本身或某种属性保持不变[2]. 例如，下图的蝴蝶在轴对称操作下保持不变；周期函数在平移一个周期的操作下不变；LCM 函数在任意交换操作数顺序操作下不变[3].

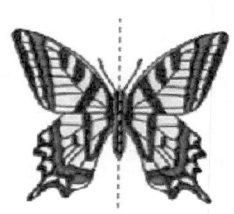
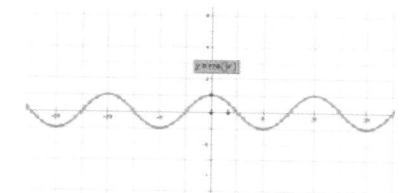

如目标函数在某种操作下相同，则通过此操作互相可达的状态是等价的. 基于此的优化称为对称性剪枝. 其具体操作方法通常是：对等价的一类状态，找某个代表元，只枚举代表元. 特别地，如是对多个参数的顺序对称，则一般就选某种排序状态为代表元，这个规则俗称为"不计顺序则指定顺序".

本题还有另一种切入点. 之前都是枚举"每次选哪个"，此方式会自然引入"先选谁后选谁"的顺序问题. 也可换一角度，枚举"每个数选不选". 这样枚举出来的方案就是天然不计顺序的.

```
void print(){
    for (int x = 1; x <= n; x++)
        if (sel[x]) cout << x << endl;
}
void dfs(int x, int k){ // 枚举到 x，已选 k 个
    if (k == m) { print(); return; }
    if (x == n + 1) return;
    sel[x] = 1;
    dfs(x + 1, k + 1); // 选 a[x]
    sel[x] = 0;
    dfs(x + 1, k);     //  不选 a[x]
}
```

这样写复杂度很显然是 $O(2^n)$，比 $O(C_n^m)$ 要差一些[4]，原因是没有做可行性剪枝(当剩余可选数量已经不够选满 m 个，就不用继续). 读者可尝试自己加上此优化，同样可以做到 $O(C_n^m)$. 此方法本质上是已按下标从小到大为代表元，相当于隐含了一个计数排序，也是"指定顺序"的一种方式，从这个角度看两种写法间的关系就清楚了.

---

[1] 组合数学在信息学竞赛中应用非常广泛. 本书定位和篇幅所限，不对组合数学方面做深入探讨.

[2] 对称性在物理上是很深刻的概念，其与守恒律间一一对应的关系；数学上称为拉格朗日定理.

[3] 有交换律、结合律的二元运算诱导的多元函数都有此种对称性，如加法对加数的顺序对称.

[4] 根据二项式定理，$2^n=\sum\limits_{m=0}^{n}C_n^m\cdot 2^n$ 可理解为 n 个对象选任意个(不计顺序)的方案数，也就是子集数. 所以枚举组合也称为枚举子集.

【例 7 - 4】 Addition Chains(zju1937, 启发式优化)

一个数列 $A_0 \cdots A_m$, 已知 $A_0 = 1$, $A_m = n$, 且序列严格递增. 对每个 $1 \leqslant k \leqslant m$, 存在 $0 \leqslant i, j \leqslant k-1$, 使 $A_k = A_i + A_j$ (i 可与 j 相等). 给定 n, 求 m 的最小值. ($n \leqslant 300$)

此题要枚举的就是所求的数列, 对 A_k 根据题意枚举对应 i, j 即可, 递增条件可作为可行性剪枝. 以下为核心代码.

```
void dfs(int k) {
    if (k >= ans) return;   // 最优性剪枝
    if (num[k-1] == n) ans = k;
    for (int i = 0; i<k; ++i)
        for (int j = i; j<k; ++j){
            num[k] = num[i] + num[j];
            // 可行性剪枝
            if (num[k] > num[k-1] && num[k] <= n)
                dfs(k+1);
        }
}
```

第 k 层递归的循环次数为 $O(k^2)$, 则总复杂度为 $O((m!)^2)$. 但 m 并非不是输入数据, 最粗略地估算 m 必不大于 n, 得复杂度上限 $O((n!)^2)$. 不过直觉感觉最优解应不会太长, 如提前构造一种 m 较小的较优解, 可大大提高最优性剪枝的效果. 一种方案如: 如 A_i 是偶数, 则令 $A_i = 2A_{i-1}$, 否则令 $A_i = A_{i-1} + A_0$, 本质上是对 n 二进制拆分, 以上构造了一种至多 $m = 2\lceil \log n \rceil$ 的可行解, 于是复杂度不超过 $O(((2\log n)!)^2) = O(n^{2\log\log n})$ [1], 这个结果比原先要好得多, 但是仍不足以支持 $n = 300$.

以上说明最优性剪枝效果 (有时) 非常依赖于较优解的好坏, 如 ans 能尽快逼近最优解则剪枝效果更好. 本题中每层递归的枚举顺序并不影响最终结果, 但可利用作优化. 最优性剪枝期望尽快找到 m 较小的可行解, 即期望 a_k 尽快变大以接近 n. 这结论并非绝对, 但大致趋势没错. 而 a_i 本身又是递增的, 则循环 i, j 时改为从大到小枚举, 则大概率地可使 ans 较快地找到比较优的可行解 [2].

调整枚举顺序, 优先枚举概率性较优的值, 使期望较快找到较好的可行解. 此种方法称为启发式优化. 启发式的意思是非严格的, 但大概率优. 之所以不称为"启发式剪枝"是因为此操作本身并无直接剪枝, 只是概率性地加强最优性剪枝的效果.

小 结

本章借助几个典型例题, 介绍了 DFS 优化 (剪枝) 的几种最基本的方法: 可行性剪枝、最优性剪枝、对称性剪枝、启发式优化. DFS 本身一般都是指数级算法, 运行时间对优化会特别敏感, 针对不同具体题目, 精细的 DFS 优化还有很多技巧, 需要通过大量实践总结归纳经验 [3]. 好在 DFS 是一种适用面极广的算法,

---

[1] 这里用到 Striling 公式的推论 $\log n! = O(n\log n)$, 读者不需明白其原理细节.

[2] 实际本题如此修改后即可通过.

[3] DFS 剪枝这话题如详细展开, 本身可以差不多写一本书. 早年的国家集训队论文还有不少专门探讨 DFS 优化技巧的, 有兴趣的读者可以参考本章的参考文献.

在实践中经常会遇到需要写 DFS 暴力的情况, 希望读者多多实践, 在实践中总结经验, 一个优秀剪枝的 DFS 算法有时候能起到意想不到的效果.

习题

1. 格子染色(etiger734, 不要求满分).
2. 创世(etiger1112, 不要求满分).
*3. 游山玩水(etiger531).
*4. 子矩阵(etiger54/luogu2258, NOIP 2014 普及 T4).

附录　LCM 求法

LCM 有结合律, 可逐个求,

$$LCM(a_1, .. a_n) = LCM(LCM(a_1, a_2), a_3, .. a_n)$$

两数的 LCM 则可转化为

$$gcd : LCM(a_1, a_2) = \frac{a_1 a_2}{gcd(a_1, a_2)}$$

参考文献

[1] 黄晓愉. 深度优先搜索问题的优化技巧, 2006 国家集训队论文.
[2] 王知昆. 搜索顺序的选择, 2002 国家集训队论文.

8 DFS 综合建模

本章回到 DFS 本身，继续研究一些更加复杂的枚举场景. 在开始新问题之前，先简单小结一下 DFS 搜索的主要步骤.

(1) 枚举对象：要枚举什么. 可以是较复杂的对象，如数组、路径.

(2) 中间状态(子问题)：枚举中途需要记录哪些信息.

(3) 编写代码：主要就是边界和枚举两步.

(4) 剪枝优化：可行性、最优性、对称性、启发式等.

【例 8-1】枚举重排列

m 个小球各有一种颜色，共 c 种颜色，同色小球不可区分. 选出 n 个排成一行，输出所有排法. 两种排法不同当且仅当存在一个位置颜色不同. $(n, c \leqslant m \leqslant 15)$

此问题数学上称为可重排列问题[①]，如 $n = m$ 称为可重全排列问题，由组合数学可知可重全排列方案数为 $\dfrac{n!}{\prod_{i=1}^{c} n_i!}$，其中 n_i 表示第 i 种颜色的球数；当 $n < m$ 时，方案数就没有相对简单的公式了[②].

如直接枚举第 i 个位置选第几个球，则会出现重复，因为同色球互换顺序是等价的. 可利用对称性剪枝思想，要求每种颜色按该色球编号严格从小到大取，即可避免重复. 这相当于每次枚举第 i 个位置是什么颜色(而非几号球)，这需要状态中记录每种颜色还剩几个球，可用颜色维度的计数器实现. 中间状态为当前枚举到第 x 个球以及颜色计数器 cnt.

```
int cnt[C];
void dfs(int x) {
    if (x == n + 1) {
        print(); return;
    }
    for (p[x] = 1; p[x] <= c; p[x]++) {
        if (cnt[p[x]] > 0) {
            cnt[p[x]]--;
            dfs(x + 1);
            cnt[p[x]]++;
```

---

① 如颜色互不相同，则退化为枚举排列问题.

② 一般重排列计数可以用所谓指数型生成函数解决，但这已超出本书讨论范畴.

```
        }
    }
}
```

【例 8-2】枚举划分

将 $\{1\cdots n\}$ 分为若干个子集，每个数在且仅在 1 个子集中．每个集合内部不计顺序，集合之间也不计顺序，输出所有方案．如 $n=4$ 共有 15 种方案：

$\{\{1\}, \{2\}, \{3\}, \{4\}\}$；$\{\{1, 2\}, \{3\}, \{4\}\}$；$\{\{1, 3\}, \{2\}, \{4\}\}$；$\{\{1, 4\}, \{2\}, \{3\}\}$；$\{\{2, 3\}, \{1\}, \{4\}\}$；$\{\{2, 4\}, \{1\}, \{3\}\}$；$\{\{3, 4\}, \{1\}, \{2\}\}$；$\{\{1, 2\}, \{3, 4\}\}$；$\{\{1, 3\}, \{2, 4\}\}$；$\{\{1, 4\}, \{2, 3\}\}$；$\{\{1\}, \{2, 3, 4\}\}$；$\{\{2\}, \{1, 3, 4\}\}$；$\{\{3\}, \{1, 2, 4\}\}$；$\{\{4\}, \{1, 2, 3\}\}$；$\{\{1, 2, 3, 4\}\}$

首先还是如何处理对称等价意义下不重不漏的枚举方案[①]，涉及的对称性都是顺序，根据上章原则，不计顺序则指定顺序，这里有两类"不计顺序"．

（1）集合内不计顺序：可限制同组内数值从小到大枚举．

（2）集合间不计顺序：需给集合也指定顺序，可将每个集合的最小元素作为其代表，限制各集合最小元素也从小到大枚举．

本题的枚举顺序（及相应中间状态）有不唯一的选择，实现难易程度也不同．

方法 1（按组枚举）：即依次枚举每个子集的每个元素，中间状态包括：当前枚举到第 i 个集合，当前集合最后一个数是 x，以及已被枚举过哪些的标记数组 vst．根据对称性规则，每次枚举下一个数 y（满足 $y>x$ && !vst[y]），或新开一组（新组第一个数一定是还未用过的最小值）．此方法推荐读者自行尝试实现．

方法 2（按值枚举）：既然每个数最终都要分到某组中，也可换个角度：考虑依次把 $1..n$ 分配到哪个组中．这样好处是前述两种从小到大的规定顺序自然成立．中间状态只需要记录处理到第 x 个数和当前已开 i 个组．决策为数 x 加入（现有的）哪组，或自己单开一组．

```
void dfs(int x, int i) {
    if (x == n + 1) {
        print(i); return;
    }
    for (b[x] = 1; b[x] <= i; b[x]++)
        dfs(x + 1, i);  // 加入组 b[x]
    b[x] = i + 1;
    dfs(x + 1, i + 1);  // 新开一组
}
```

以上 $b[x]$ 表示第 x 个数放在第几组．主函数调用 dfs(1, 0) 即可．粗略估算组数显然 $\leqslant n$，则复杂度上限是 $O(n^n)$，但这显然太高估了．如上 DFS 已无任何非法方案的枚举，所以实际复杂度就是最终的方案数，即达到递归边界的次数[②]。

数学上将这方案数称为贝尔数，记为 B_n．另一种等价表述是将 n 个不同的球放到任意个相同的盒子里（盒子非空）的方案数．前 10 个贝尔数为 1, 2, 5, 15, 52, 203, 877, 4 140, 21 147, 115 975．这是一个

---

① 如不能保证这一点，就需要对枚举出的所有方案去重，这实现起来就要麻烦多了．

② 准确说计算量是搜索树的节点数，而一般搜索树的节点数与叶节点数是同量级的，叶节点数就是到达边界的次数．

增长速度在 2^n 和 $n!$ 之间的序列.

与之相关的另一个(更著名的)数是第二类斯特林数 S_{nm}, 表示将 n 个不同的球放到 m 个相同的盒子里(盒子非空)的方案数. 显然 $B_n = \sum_{m=1}^{n} S_{nm}$. S_{nm} 递推式为 $S_{nm} = mS_{n-1,m} + S_{n-1,m-1}$, 右边两项分别表示第 n 个球加入现有的某组, 或独占一组. 此推式与上面的 dfs() 代码是否感觉有一种相似感? 此事读者可先自行思考一下, 后续章节还会重点讨论这个问题.

复杂对象的枚举

下面来看一些真正的较复杂度对象的枚举. 这里选取了一些近年 NOIP 普及组/CSPJ 组真题, 都是历年较难的题目(T3/T4). 此些题目正解都不能纯粹靠枚举, 但利用 DFS 搜索都可得到一定的(甚至较高的)分. 本书不重点讲应试, 但请读者务必知晓在考场上未必必须写出正解. 事实上大部分获奖乃至一等奖选手的有些题都是拿部分分数的[①]. 在考场上遇到不会做的题很正常, 但不代表就要交 0 分. 搜索就是最常用的得分手段之一. 70%~80% 题目都是可以搜的. 虽然效率较低, 但多少总是能拿一点分, 而这些分经常就是获奖的关键. 因此搜索也被称为赛场上的"保命技能". 至于以下题目的正解, 要学完下一部分的 DP 算法才能讲. 而 DP 和 DFS 之间恰好也有密切关联.

【例 8-3】 子矩阵(NOIP 2014 普及组 T4, 局部异构对象的枚举)

从一个矩阵当中选取某些行和某些列交叉位置(保持行列相对顺序)所组成的新矩阵称为原矩阵的一个子矩阵. 如下左矩阵中选取第 2, 4 行和第 2, 4, 5 列交叉位置的元素得到一个 2×3 的子矩阵.

```
9 3 3 3 9
9 4 8 7 4
1 7 4 6 6
6 8 5 6 9        4 7 4
7 4 5 6 1        8 6 9
```

定义矩阵的分值=所有对相邻元素之差的绝对值总和. 如上面右边的子矩阵分值为 21. 给定一个 n 行 m 列的正整数矩阵, 求一个 r 行 c 列子矩阵分值的最小值.

50% 数据, $1 \leqslant r \leqslant n \leqslant 12$, $1 \leqslant c \leqslant m \leqslant 12$.

100% 数据, $1 \leqslant r \leqslant n \leqslant 16$, $1 \leqslant c \leqslant m \leqslant 16$, $1 \leqslant$ 元素的值 $\leqslant 1\,000$.

本题可行方案由所选行和所选列两部分组成, 两者的数量、约束、对结果的贡献有所不同[②]. 一个枚举对象由逻辑/结构不相同的两个或更多部分组成, 称为异构对象. 异构对象的枚举虽复杂些, 但基本思路和步骤仍是一样的.

(1) 枚举对象: 选中哪些行、哪些列.

(2) 状态: 枚举到第 x 行/列(可用一个 $bool$ 变量 row 来区分行列).

(3) 可行性剪枝: 剩余行数/列数必须足够还需要选的数量.

(4) 最优性剪枝: 当前(已确定部分的)差之和<当前最优解.

(5) 对称性剪枝: 先行后列, 编号从小到大枚举.

```
11 R[20],C[20],a[20][20];
```

---

① 如 NOIP 2018 普及组 T3 全国满分率为 3‰, 一等奖获奖率在 20% 左右.

② 虽然行和列是对称的, 但不代表行和列是一样的东西.

```
void dfs(bool row, ll x){
    if (row){
        if (x == r + 1) dfs(false, 1);
        else for (R[x] = R[x-1] + 1; R[x] <= n-(r-x); ++R[x])
                dfs(true, x + 1);
    } else {
        if (x == c + 1) ans = min(ans, calcSum());
        else for (C[x] = C[x-1] + 1; C[x] <= m-(c-x); ++C[x])
                dfs(false, x + 1);
    }
}
```

以上 R，C 为选中的各行/列编号(方案)，a 是原始矩阵. 对行/列的异构枚举，利用 *row* 这个参数，用 if 区分开. 如 row＝true，则枚举 R[x](第 x 行选谁)，否则枚举 C[x]. 两者各自有自己的"边界"[①]，当总共 r 行枚举完后，通过 dfs(false，1)调用后续递归进入 row＝false 情况，即开始枚举列；当 c 列也枚举完后，则整个方案均枚举完成，此时为"真正的"边界，calcSum()为计算一个现成方案分值的函数，请读者遵照题意自行实现即可.

以上可行性和对称性剪枝都已体现在 for 循环的起点和循环条件中，为看清楚异构枚举框架，此代码暂未加入最优性剪枝，完整剪枝代码在本章附录中给出.

复杂度估算：选行的方案数是组合数 C_n^r，总复杂度为 $O(rcC_n^rC_m^c)$，可得前 50 分，如加上最优性剪枝可得 70～80 分[②]. 此题正解是 DFS 套 DP.

【例 8-4】纪念品(CSP 2019 J2T3，嵌套结构枚举)

小伟突然获得一种超能力，他知道未来 T 天 N 种纪念品每天的价格. 某个纪念品的价格是指购买一个该纪念品所需的金币数量，以及卖出一个该纪念品换回的金币数量. 每天小伟可以进行以下两种交易无限次：

(1) 任选一个纪念品，若手上有足够金币，以当日价格购买该纪念品.

(2) 卖出持有的任意一个纪念品，以当日价格换回金币.

每天卖出纪念品换回的金币可以立即用于购买纪念品，当日购买的纪念品也可以当日卖出换回金币. 当然，一直持有纪念品也是可以的. T 天之后小伟的超能力消失，因此他一定会在第 T 天卖出所有纪念品换回金币. 小伟现在有 M 枚金币，他想要在超能力消失后拥有尽可能多的金币.

此题要优化的方案显得更为复杂，即"每天买卖每种纪念品的数量"，但秉承基本方法，只需耐心一点，万变不离其宗.

(1) 枚举对象：每天每种纪念品的净买入量(用负数表示卖出).

(2) 中间状态：当前枚举到第 d 天，第 x 种商品.

     手上剩现金，持有每种商品的数量 cur[](全局状态).

这里枚举对象有两层：首先是每天，每天内部又要枚举每种商品 w 的交易量，所以称为嵌套结构对

[①] 这只是一种选择，并非一定要先枚举完行再枚举列. 比如也可行列交叉枚举. DFS 每一层只枚举对象的一个局部，互相未必有严格顺序要求，这时可自行选择(有利的)枚举顺序.

[②] 普及组赛场上最后 1 题能得 50 分已经很好了.

象.每当上一天的所有商品枚举完后(x==n+1),进入下一天枚举(d+=1,x=1).

```
int cur[N];
void dfs(int d, int x, int money){
    if (d == T+1) ans = max(ans, money);
    else if (x == n+1) dfs(d+1, 1, money); // 跨天
    else for (int i = -cur[x]; i<=money/p[d][x]; ++i){
            cur[x] += i;
            dfs(d, x+1, money-p[d][x]*i);
            cur[x] -= i;
        }
}
```

p[d,x]是输入的第 d 天商品 x 的价格.类似上题,本题同样有 2 种边界.

(1) 外层边界(d==T+1):表示 T 天都枚举完了,得到完整方案.

(2) 内层边界(x==n+1):表示第 d 天枚举完了,开始枚举 d+1 天的第 1 件商品.

可见内层边界其实是复杂对象各部分之间切换(分界);枚举部分 i 的上限由题目限制手上现金不能为负决定.主程序调用 dfs(1, 1, M).

以上代码较清楚地勾画了复杂对象枚举的框架,但具体到本题此代码还有逻辑 bug[①].建议没看出来的读者花时间尝试一下自己找问题(可运行代码调试),对训练逻辑严谨性很有帮助.正确代码在本章附录.本题正解是贪心+DP(背包).

【例 8-5】枚举博弈过程

有 n 堆石子数量为 $a_1..a_n$,双方轮流操作,每次可从任意一堆取走任意数量石子,但不能不取.不能操作者为负.双方都采取最优策略,问先手是否必胜?

本题是一个著名场景——尼姆博弈[②](Nim's game),博弈论中有此问题的解析结论.这里仅用搜索来处理:由于石子数越取越少,总的局面数是有限多的,可全部枚举出来,方案数是 $\prod_{i=1}^{n}(a_i+1)$[③].

判断一个局面(对当前选手)是胜是负,规则如下:

(1) 不能操作的局面为负(终态).

(2) 如操作 1 步可达到一个(对手面临的)负局面,则本局面为胜.

(3) 否则本局面为负(无论怎么走对手面临的都是胜局面).

为方便判断胜负,可就以模拟走步的顺序枚举.状态:每堆石子剩余数量.

```
int a[N]; // 状态(残局)
bool dfs(){ // 返回先手是否必胜
    for (int i=1; i<=n; ++i){
        for (int x=1; x<=a[i]; ++x){
            a[i] -= x;
```

---

① 如读者现在已经看出来或者感觉不对劲,说明的逻辑感觉非常强.

② 尼姆博弈在博弈论中有重要地位,有兴趣的读者请自行查阅相关资料.

③ 由于对称性其实本质不同的方案数会少一些,读者可思考如何实现本题的对称性剪枝.

```
            if (!dfs()) return 1; // 对手负则我胜
            a[i] + = x;
        }
    }
    return 0;
}
```

这里出现了一个新操作：dfs()函数带返回值. 之前为突出暴力搜索,大部分例题都要求输出所有方案,一般在边界直接输出了.实际题目更多是求可行方案全体的某种目标函数,如"是否必胜"、"是否可行"、"方案总数"、"最优方案"等.此时很自然可将dfs()返回值就定义成要求的目标函数,如本题dfs()返回true表示(当前局面)对先手必胜.主函数只要输出初始状态下dfs()的返回值,那么递归过程中的返回值是何含义？DFS状态描述的是子问题(原问题的局部),则dfs()返回值自然表示子问题的解.请读者务必记住这个事情,其是后续章节展开的重要出发点之一.

○ * 高级问题探讨

以上举了两个相对复杂一点的搜索示例.本节简单介绍部分更为高级的搜索场景.由于涉及一些后续知识,初学者可以跳过.

【例8-6】枚举(有标号①)无根树
有编号 $1..n$ 的 n 个点,用 $n-1$ 条无向边连接,使得任意两点间通过所连接的边互相可达,所得到的结构称为无根树.求可能得到的所有不同方案.两种方案相同当且仅当每个点的相邻点编号的集合都相同.

如考虑 n 个点的树结构整体形态则会很复杂.复杂对象枚举的难点是准确提取出哪些信息可描述一个(局部)方案.根据题意,一种方案是枚举每个点的相邻点集合.例如,下图的树对应集合序列为($\{3, 4\}$,$\{3\}$,$\{1, 2, 6\}$,$\{5\}$,$\{1, 4\}$,$\{3\}$),则一种方法是直接枚举这 n 个子集,枚举量为 $2^{(n^2)}$,枚举子集实现参见上一章.当然答案并不是这个数,因为很多子集序列是非法的(构不成一棵合法的树),例如($\{2, 3\}$,$\{3\}$,$\{2\}$)(2与1相邻而1却不与2相邻)或($\{2, 3\}$,$\{3, 1\}$,$\{1, 2\}$)(是一个环形,不是树结构).

根据树的基本特征可以推出这些子集的很多必要条件.例如,

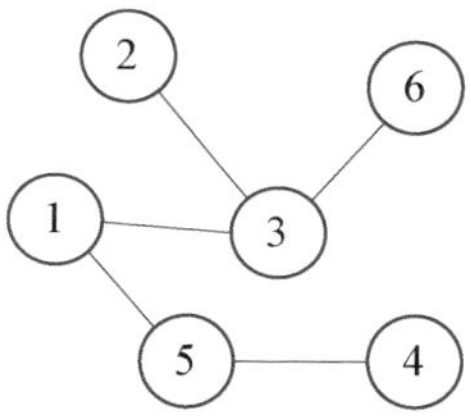

(1) n 个子集的总大小为 $2n-2$.

(2) 如 u 在集合 v 中,v 也必须在集合 u 中.

(3) 任 2 个集合的交集最多有 1 个元素.

(4) i 号集合不能包含 i 本身.

……

这些条件可用于可行性剪枝,但并不能保证加在一起是充分的,所以枚举边界处还需写 check() 来确保方案真的是树②.如上其实是一种对真正复杂对象枚举的建模思路,即用一组数值来描述被枚举对象的

---

① 有标号指 n 个点是可区分的.对应的顶点不可区分称为无标号.两个无标号方案相同,当且仅当存在一种标号方案,使两者在有标号的意义下相同.这个定义对一般结构都成立.显然无标号方案数一定不多于有标号方案数.无标号无根树计数是一个很复杂的问题,本章参考文献[2]对此有阐述.
② 具体实现涉及基础的树论知识,与本章主题关系不大,只需知道 $O(n)$ 时间能够判断即可.有图论/树论基础的读者可以想一想.

完整信息,而对象的合法性则转化为数值之间的一些约束条件.

是否有办法找到合法方案的充分条件,使到达边界的方案一定合法? 可选择树结构本身的某种特定的构造顺序:首先枚举集合 1(点 1 的相邻点集),只要从 $\{2..n\}$ 中任选一个非空子集,都是合法的,同时将 1 加入这个子集每个元素对应编号的集合(必要条件 2);然后从 1 的任意相邻点 u 开始,从没选过的数中再选一个子集,作为 u 新的相邻点,依此类推.相当于每次从现有部分树结构上"长出"若干新节点,每一步都是合法的树,最后也合法.下图为一个演示过程.

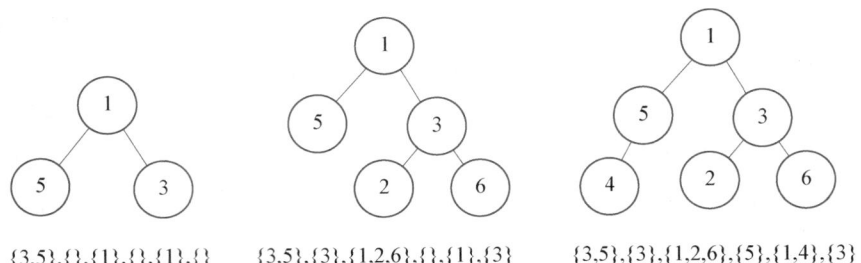

$\{3,5\},\{\},\{1\},\{\},\{1\},\{\}$ $\{3,5\},\{3\},\{1,2,6\},\{\},\{1\},\{3\}$ $\{3,5\},\{3\},\{1,2,6\},\{5\},\{1,4\},\{3\}$

以上过程中途不会枚举到任何(局部)非法情况,但也并不能准确估算出解析的复杂度,因为每一步的枚举量与未选的数值个数有关,情况各不相同.

Prufer 序列

是否有一种描述方式可准确表达一棵无根树的完整信息,又不引入太复杂的约束条件? 这似乎有点苛刻,但对有标号的无根树这种对应真的存在,具体如下:

每次删掉编号最小的度 1 节点,并记下与被删点相邻的(唯一的)那个点的编号,直到只剩 2 个点,得到一个值域在 $1..n$ 的长 $n-2$ 的序列.该序列称为原树的 Prufer 序列.例如前面这个树的 Prufer 序列为 $(3,5,1,3)$

可以证明[①]:不同树的 Prufer 序列不同(唯一性);且对任意长 $n-2$ 且值域在 $1..n$ 的序列 A,都存在一个无根树其 Prufer 序列就是 A(完备性).也就是 n 节点有标号无根树与长 $n-2$ 值域 $1..n$ 的序列间构造了一个一一对应.其最直接的推论是无根树的方案总数 $=n^{n-2}$,此结论称为 Cayley 公式.而本题的枚举也很简单了,只要枚举 Prufer 序列,这对 DFS 而言实现难度近似于 0,复杂度为 $O(n^{n-2})$.

最后不加证明地给出 Prufer 序列反向构造出树结构的方法:设集合 $G=\{1..n\}$,每次取出 G 中不属

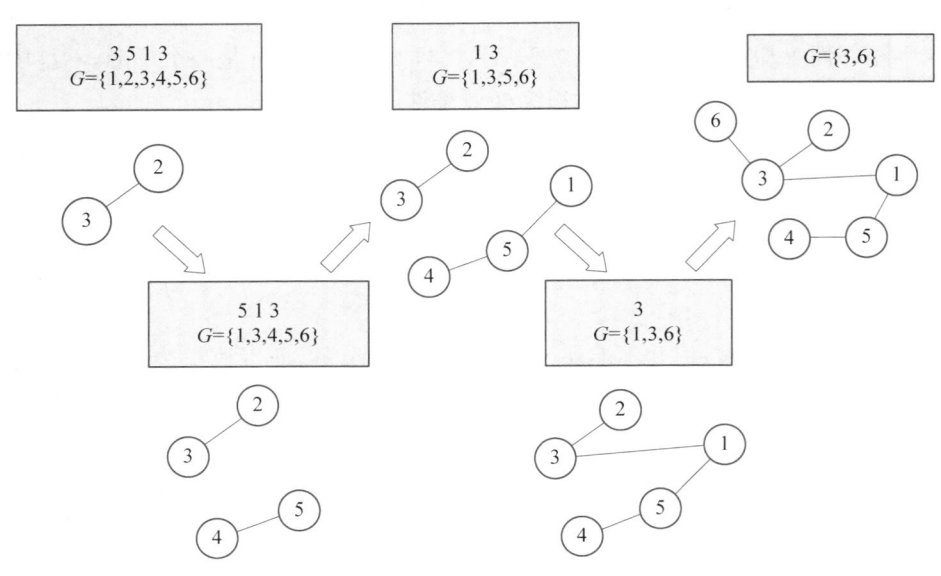

---

① 限于涉及的知识难度,此处不做细节解释和推导.希望了解具体原理的读者可自行查询本章参考文献[3].

于 Prufer 序列的最小数 u，将 u 与 Prufer 序列的首项连边；再将 u 从 G 中删除，并删除序列首项.如此重复 $n-2$ 次，最后将 G 中还剩的两个点连边.

对一个复杂对象的枚举，取决于对其描述方式是否精确，最好是一一对应.而这种对应怎么找并没有一般性的方法，取决于对被枚举对象本身的深刻理解.

小 结

本章从简到繁举了几个枚举对象相对复杂的例子，包括枚举重排列、枚举组合、枚举异构对象、枚举嵌套对象、枚举博弈过程、枚举无根树.当然有限的这么几个例子还是不能概括暴力枚举能做的所有，希望读者通过这几个例子深入体会和发觉其共性，掌握暴力枚举的核心思想和步骤，这样就能触类旁通地实现对各种不同对象的枚举.

下章开始将转入本书第二个大主题动态规划（DP）算法.DP 与 DFS 有密切关联，甚至可说是从 DFS 算法优化衍生而来.请读者花一定时间对暴力搜索多加复习和练习，达到一定的理解深度和熟练度，再开始后续章节的学习会比较有利.

习题

1. 追踪（etiger1457，不要求满分）.
2. 茶卡盐湖（etiger529/hdu1455）.
3. 方格取数（etiger2349/luogu7074，CSPJ 2020 T4，25 分即可）.
* 4. 疑惑（etiger740）.
* 5. 无人驾驶（etiger532）.
** 6. 活力指环（etiger593）.
** 7. 阴山古楼（etiger423/loj10024，IOI 1994）.
** 8. 算符破译（etige2525/luogu5758，NOI 2000）.

附录 1　例 8-3 完整剪枝代码

```
ll n,m,r,c,ans = 2e9,R[20],C[20],D[20][20];

void dfs(bool row,ll x,ll sum){
    if (row){
        if (x == r + 1) dfs(false,1,sum);
        else {
            for (R[x] = R[x-1] + 1;R[x]<= n - (r - x); ++R[x])
                dfs(true,x + 1,sum);
        }
    } else {
        if (x == c + 1) ans = sum;
        else {
            ll tmp = sum;
            for (C[x] = C[x-1] + 1;C[x]<= m - (c - x); ++"C[x]"){
                for (ll i = 2;i<= r; ++i)      //计算增选 C[x]列产生的代价
                    sum + = labs(D[R[i]][C[x]] - D[R[i-1]][C[x]]);   //本列内相邻行之间的
```

```
        if (x>1)   //本列各行与上一列之间的
            for (ll i = 1;i< = r; ++i)
                sum += labs(D[R[i]][C[x]] - D[R[i]][C[x-1]]);
        if (sum<ans) dfs(false,x+1,sum);       //最优性剪枝
        sum = tmp;   //回溯还原
            }
        }
    }
}
```

附录2 例8-4正文做法的漏洞①

这里犯了一个对枚举顺序想当然的错误. 之前说过如顺序不影响结果则可指定顺序(对称性剪枝). 本题则是一个典型的反向错误:对每一天商品的处理顺序,想当然地选择了编号从小到大顺序,即默认了结果与处理顺序无关,但其实(如果处理不当)恰恰每天买卖商品的顺序是可能影响结果的.

关键是"中途资金不能为负"这个条件. 题目只要求每天最终不能欠费,但以特定的物品处理顺序看,中途并非完全不可以欠费. 例如,先买物品1,可以暂时处于"赊账"状态,然后再卖物品2来抵偿,保证每天最终余额非负即可. 而之前代码过于严格地限制"处理完每个商品时"都不能欠费,导致一些可行方案被错误地剪枝.

解决方法有2种. 方法1是调整处理顺序,保证每天必须先卖后买,这样则合法方案真的不会出现中途欠费情况. 但需要额外的状态维度描述当前是在"买"还是"卖"阶段,以及已经处理过哪些商品,实现较复杂. 方法2是保持原先顺序并允许中途欠费,只在每天结束时检查是否欠费. 至于允许欠费的上限,由后面的"偿还能力"决定,即假设把物品 $x+1..n$ 全卖掉,能得到的现金(下面代码中的变量 $budget$).

```
void dfs(int d, int x, int money){
    if (d == t+1) ans = max(ans, money);
    } else if (x == n+1) {
        if (money > = 0) dfs(d+1, 1, money);
    } else {
        int budget = money;
        for (int y = x+1; y< = n; y++)
            budget += p[d][y] * cur[y]; // 最大偿还量
        for (int i = -cur[x]; i< = budget/p[d][x]; ++i){
            cur[x] += i;
            dfs(d, x+1, money - p[d][x]*i);
            cur[x] -= i;
        }
    }
}
```

---

① 正文代码原型为鲁赟丰同学现场提交的代码. 截止本书出版此人已获得 csps 一等奖、NOI 冬令营银牌、NOI 银牌、APIO 银牌、ISIJ 金牌等. 即便是这样的高手早年参赛一不留神也会踩坑.

参考文献

无标号有根树枚举

〔1〕李源. 树的枚举, 2001 国家集训队论文.
〔2〕金策. 生成函数运算与组合计数问题, 2015 国家集训队论文.

Prufer 序列原理

〔3〕http://www. matrix67. com/blog/archives/682.

第二部分

大道至简：DP 算法

　　本部分探讨由搜索算法衍生出的一种有效算法：动态规划（dynamic programming，DP）．DP 是算法学习中一种著名的"听着都懂题不会做"的算法，其原因大致是对其本质和根源不够了解．本部分先用 3 章篇幅介绍从暴力搜索逐步演化出 DP 算法的各核心概念，力图阐述清楚其根本来源；后半部分共 4 章则具体介绍几类常见的 DP 问题场景及基础优化手段．

9 记忆化搜索

前几章介绍了 DFS 算法,其优势是基本可实现任何对象的枚举,最大缺点则是性能低下. 第 7 章虽介绍了一些优化手段,但大部分剪枝毕竟不能改变指数级复杂度的事实[1]. 本部分则将实现对很大一部分枚举场景,一种更深刻的优化,可将复杂度降到多项式级,实现算法性能优化到质变.

本章先从比较熟悉的(递归形式的)DFS 出发,引入状态记忆化的优化手段. 这是动态规划实现的一大基石. 请读者注意思考算法优化的核心原因,即性能到底提高在了哪里.

> **【例 9-1】 划分计数**
> 将 $1\cdots n$ 分为若干个集合,每个集合内部不计顺序,集合之间也不计顺序(参见例 8-4),输出方案数. ($n \leqslant 1000$)

例 8-4 讨论过本题暴力枚举方法,把方案都枚举出来,自然知道了方案数. 答案是贝尔数 B_n,是一个指数级的函数. 很容易稍微修改例 8-4 的输出方案版本的代码,改为计数版本.

```
int dfs(int x, int i) {
    if (x == n+1) return 1;
    int cnt = 0;
    for (int bx = 1; bx <= i; bx++)
        cnt += dfs(x+1, i);
    return cnt + dfs(x+1, i+1);
}
```

代码与上章有两点不同:一是不需输出方案也就没必要开一个数组 $b[x]$ 来存方案,故枚举时就用一个局部变量 bx[2];二是 dfs() 函数定义返回值,含义为子问题的解:枚举到数 x,已开 i 个分组,后续的方案数. dfs() 有返回值这点上章已经提过. 答案 cnt 的计算本质上就是加法原理,即按 x 在哪个分组(或新开一组)将方案数分类. 以上修改完全不影响程序运行过程,故复杂度仍与例 8-4 一样,尚无优化.

但聪明的读者应已看出此代码中有明显的优化点:for 循环中,连续 i 次调用了(参数)完全相同的 dfs $(x+1, i)$,其返回值(子问题的方案数)显然是相同的,那只需一次调用后结果乘 i 即可. 复杂度轻松降为 $O(2^n)$,这基本是指数级算法里最快的了.

---

[1] 有些特殊题目有很强力的剪枝,极端情况下可以让"指数级算法"支撑到 n 接近 100,但也不算是太大的数据规模. 常规情况下指数算法最多只能支撑 $n = 20 \sim 30$.

[2] 其实用 j 就行,取名作 bx 只是为了与上节的 $b[x]$ 对应.

```
int dfs(int x, int i) {
    if (x == n + 1) return 1;
    return i * dfs(x + 1, i) + dfs(x + 1, i + 1);
}
```

这看似简单的优化其实触及十分重大的概念:搜索过程中,多次调用了对同一子问题的枚举,此情况称为重叠子问题.同一子问题即 dfs() 参数值全部相同的调用(如有全局状态需全局状态的值也相同),因为状态的定义就是足以描述子问题的完整的参数集,取值相同的状态表示一模一样的子问题,其解(如方案数)当然也一样,相同的子问题只需要计算一次.重叠子问题是 DFS 可以优化到 DP 的前提和出发点.

回到本题,前面优化的是同一次 dfs() 调用中,for 循环内多次调用重叠子问题.其实重叠子问题也并不限制在同次调用内重复.递归的不同层次和位置也可能调用到相同的子问题.以如上代码为例,考虑 dfs(3,2)这个子问题,就可以通过两种不同路径调用到

dfs(1,1) → dfs(2,1) → dfs(3,2)

dfs(1,1) → dfs(2,2) → dfs(3,2)

不管(前半程)怎么调用路径,调用到 dfs(3,2) 返回值也总是一样的.要避免这种重复计算简单用乘法是不行了.可以当某组参数的 dfs(x,i) 算过第一次后,把结果缓存起来,后面再调用到同组参数,直接拿之前算好过的结果.

```
int f[N][N]; bool ok[N][N];
int F(int x, int i) {
    if (ok[x][i]) return f[x][i];
    if (x == n + 1) return 1;
    ok[x][i] = 1;
    return f[x][i] = i * F(x + 1, i) + F(x + 1, i + 1);
}
```

把函数名由 $dfs()$ 改为 $F()$ 只是为后续叙述方便.数组 f 的两个下标与函数 $dfs()$ 的两个参数完全对应,表示(第一次)调用 $F(x,i)$ 的返回值(子问题 (x,i) 的解),另一个辅助数组 ok 表示子问题 (x,i) 是否已算过[1].这里 x 和 i 的取值范围都是 n,缓存数组的空间复杂度是 $O(n^2)$,对本题的规模来说没有问题[2].而每个状态全局只会算一次,故时间复杂度也为 $O(n^2)$,实现了性能质的提升.

本题所用的加法原理充当了一个更基本意义下的地位,即:原问题的解必可由子问题的解(较快地)得到,此特征称为解对子问题的可加性.计数问题中通常由加法原理保证.这种可加性并非总是存在的.例如对子问题的划分不恰当可能造成不可加;或某些目标函数天生没有可加性,如"去重后的个数"[3].解对子问题的可加性也是 DP 算法的另一基石,否则即使求出子问题的解,也得不到原问题的解.

最后再从搜索树的角度来理解利用重叠子问题优化搜索的过程.首先是原始的 DFS 枚举所有方案,整个搜索树如下.共 26 个节点、15 个叶节点.

每个节点除最后一个子树,前面各子树完全相同,如下面加粗的两个子树,这就是重叠子问题.可把

---

① 也可用 f 本身赋一些特殊初值来起到同样作用,如 $f[x,i] = -1$ 表示没算过.

② 此事很关键,即涉及的状态总数要足够少,可以缓存的下.这要求对子问题的描述要尽量精简.这里引入的数组 f 就是后文要说的 DP 状态.DP 状态与 DFS 状态一脉相承(代表一组重叠子问题),而 DP 难点之一就是找合适且简单的状态.

③ 又称独立访客数(unique visitors,UV),这是一个最常见的没有可加性的目标函数.

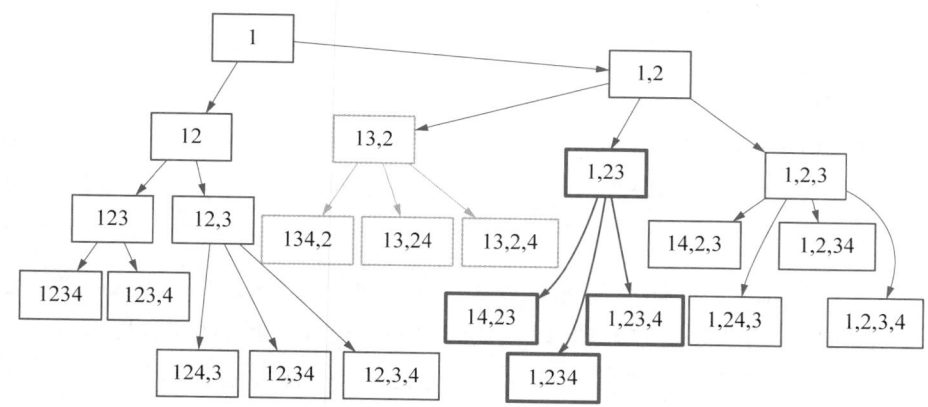

重叠的子树合成一个,并在边上标注倍数即可,得到左下图(节点内的数是 x,i).节点数减少为 15 个,叶节点数为 8 个.

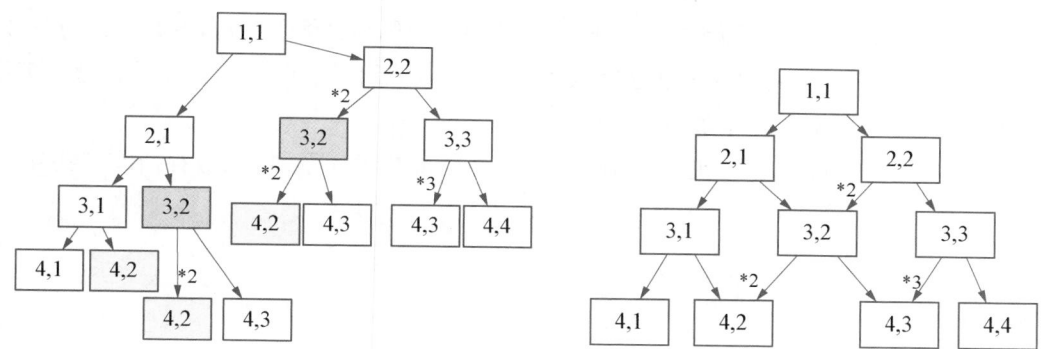

进一步发现同样状态的子树完全一样,如 $(3,2)$ 出现了 2 次,$(4,2)$ 出现了 3 次.则又可将相同的节点合并,得到右上图.此时已不是树结构了,称为有向无环图(directed acyclic graph, DAG)[1].节点数进一步降为 10 个,此时已无叶节点概念,对应"终态节点"(无出边)共 4 个.由于 n 尚小,看似优化并不大,但如前所述,复杂度已由指数级 B_n 降到多项式级 n^2.优化的根源是子问题只需要 x,i 两个参数描述,避免了搜索中大量 (x,i) 相同的中间状态重复计算.

来说点略显哲学的表述.重叠前搜索树的每个节点(DFS 状态),表示一个解的局部;重叠后 DAG 的每个节点(以后称为 DP 状态),表示一个局部的解.解的局部指任意单一方案的一部分(前半程);局部的解指的是子问题(后半程)的解(目标函数),即原问题套到一组子问题上的答案.

【例 9-2】魔鬼的步伐

魔鬼共有 n 级楼梯要走,每一步他只可以向上走 a 级楼梯或者 b 级楼梯,请问走到第 n 级台阶至少要几步? 走不到时输出 -1.$(1 \leqslant n, a, b \leqslant 1000, a < b)$

本题为求合法方案中选最优解(步数最少),称为最优化问题[2].DFS 状态(子问题描述)很容易确定如下:当前走到第 x 层.参照前面,也可给 $dfs(x)$ 赋予返回值为子问题的最优解,即从 x 层走到 n 层的最少步数.枚举的是每一步的走法,即 $x \rightarrow x+a$ 或 $x \rightarrow x+b$.

---

① DAG 是 DP 背后的图论结构,就像树是 DFS 背后结构一样.搜索树合并重叠子问题就得到 DP 的 DAG.

② 抽象说,目标函数可形式上描述为 $ans = F_{s \in S} f(s)$,S 是可行解的集合,f 是可行解的某种属性.F 是一个全局函数.如对计数问题 $F = \sum$,$f(s) = 1$;对最优化问题,$F = \min/\max$.

```
const int INF = 1e9;
int dfs(int x){
    if (x > n) return INF;
    if (x == n) return 0;
    return min(dfs(x + a), dfs(x + b)) + 1;
}
```

INF 表示无穷大,对非法状态(如 $x > n$),因子问题的解只会被用到求 min,可令非法状态的"解"为 INF,这样形式上可与普通状态一并处理. 以上代码中并未处理无解的情况,按理说返回无穷大表示无解,但实际上 INF 不是真正数学上的 ∞,其也会经过运算,一种常用判据是 dfs$(x) >$ INF/2 表示无解.

return 那一行的逻辑其实理论上很深刻(默认用了很多性质).

首先,无论从 x 走 1 步到 $x + a$ 还是 $x + b$,再往后走到 n 的步数也要最小,即子问题 $dfs(x + a)$ 或 $dfs(x + b)$ 也必须最优. 最优解的子问题也必须最优,这种特征称为最优子结构,可直观记为"整体最优则局部最". 最优子结构是解对子问题的可加性在最优化问题中的具体表现. 求和是一种典型的满足最优子结构的目标函数,因为 sum 对每一个加数都单调①.

最后对相同的状态 x,$dfs(x)$ 可能多次调用到,即存在重叠子问题. 可以缓存所有状态第一次算出的值.

```
int f[N];
int F(int x){
    if (x > n) return INF;
    if (x == n)   return 0;
    if (f[x]) return f[x];
    return f[x] = min(F(x + a), F(x + b)) + 1;
}
```

最后一行用了赋值表达式,除节省行数,更为突出了核心步骤. 该行刻画的是此题中子问题最优解间的递推关系,用式子写出: $f_x = \min(f_{x+a}, f_{x+b}) + 1$,此式称为状态转移方程②. 其与代码中唯一差别是代码中等号右侧是大写的 $F(x + a)$,这是因在求 $f(x)$ 时,并不知道 $f[x + a]$ 有否算过,而 $F()$ 函数正是(尝试)计算状态(子问题)的最优解,$f[x]$ 则是存储该解③. 如状态 $x + a$ 第一次调用到,则递归会现计算其解并记录在 $f[x + a]$;如不是,则递归会在第 3 行直接返回(之前算好的)$f[x + a]$. 状态转移方程则只是抽象地表达子问题最优解间的定量关系,并不涉及具体怎么算,所以都以小写,表示计算完成后,这些式子都应成立. 而算法就是求解这些 f 的过程.

转移方程本身不是新冒出来的,而是前述各性质的数学表达. 更多实际情况下,将根据题意及状态设计,直接写出决策、转移方程. 这就是 DP 算法. 上面这种写法称为记忆化搜索,是 DP 算法的递归版本④.

---

① 一个典型的没有最优子结构的目标函数的(按位)异或. 如本题改求每次走到台阶数的异或最小,则整套理论就不成立了.

② 这个名称只是沿用,这式子其实并不是什么"方程",准确说是递推式. 因为求解并不需要"解方程". 以后会遇到类似的但真的是方程的式子,而那种时候恰恰不是(典型的)DP 了.

③ 用对应大小写表示求解和存储子问题的解,是一种较好的命名规范.

④ 有些资料将记忆化搜索作为一种单独算法,此观点不太准确. 记忆化搜索只是 DP 的一种实现方式.

可 DP 问题的基本特征要素小结

$ans = F_{s \in s} f(s)$	计数问题	最优化问题
形式化描述	$F = \Sigma, f = 1$	$F = \max/\min, f = $ 任意函数
状态	描述子问题的完整信息(参数)集合	
决策	某种分类(如按局部属性)	某一步的走法,某局部属性
解对子问题的可加性	加法原理,容斥原理等	最优子结构
转移方程	以上特征的集成与定量表达	
重叠子问题	性能比 DFS 优化的根源	

记忆化搜索建模及编码框架小结

0. 符合如上各特征(实际建模最主要的是找最优子结构).
1. 定义中间状态,即描述子问题的参数集(越精简越好).
2. 开一个数组 f 来存储子问题的解,每个维度对应(DFS 状态)的每个参数.
3. 写出决策集、转移方程.
4. 编码.
    4.1. 定义计算状态的函数 F,参数与 f 对应.
    4.2. 边界、非法状态等不依赖子问题的状态,直接求出.
    4.3. 否则如该状态已计算过,直接返回 f 的值.
    4.4. 否则遍历决策集进行计算,即转移方程,注意引用其他状态要递归.
    4.5. 算好结果存在 f 中并作为返回值返回.

最后,单对本题而言记忆化搜索也不是最优解法.利用数论知识有 $O(\log n)$ 做法[①],但这不在本书讨论范畴内.

【例 9-3】棋盘格二连通最短路

在棋盘格上,小明站在第 1 行第 1 列的位置(左上角),罗马在第 n 行第 m 列的位置(右下角).小明每一步只可向右走一格或者向下走一格.到达 i 行 j 列需付路费 a_{ij},求一条路径使得沿途的总费用最小(包含起点和终点).

此处做一个小变化:将状态定义成从起点走到 i 行 j 列的最小费用,而非(之前的)从 i 行 j 列走到终点的最小费用.本题及很多 DP 解法中这两者是等价的.之所以要这么反过来描述是符合历史遗留的传统习惯,以免读者看到其他一些 DP 资料时不理解.之前一直强调状态描述的子问题,子问题指原问题的局部,严格说中间状态是一个分界面,把原问题分成了两个局部,即:从开始到某状态和从某状态到结束.一般用前半程还是后半程做子问题均可[②].

（1）状态:$f_{ij} = $ 从起点走到 i 行 j 列的最小费用.

---

① 核心是扩展欧几里得算法.
② 其实要满足时间反演对称性.即假设时间倒流,同一个解的目标函数不变.当然也有反例,等遇到这种情形时再作讨论.

(2) 决策：前一步①是往下还是往右走的.

(3) 转移方程：$f_{ij} = \min(f_{i-1,j}, f_{i,j-1}) + a_{ij}$.

```
int F(int i, int j){
    if (i == 0 || j == 0) return INF;
    if (i == 1 && j == 1)  return a[1][1];
    if (f[i][j]) return f[i][j];
    return f[i][j] = min(F(i-1,j), F(i,j-1)) + a[i][j];
}
```

函数 F() 前两行为递归边界，写成式子为 $f_{0,j} = f_{i,0} = \infty$，$f_{11} = a_{11}$. 这两个式子也称为 DP 转移边界. 这里边界的含义有所推广，递归边界是纯语法的概念，而转移边界有逻辑含义. 根据 f 的定义，$f_{11} =$ 从起点走到 (1, 1) 最小费用，而起点就是 (1, 1)，可直接得到其答案. 这种不需要决策（并转移到其他状态），直接得到答案的状态就称为转移边界，可理解为"转移到头了". 如定义子问题为"前半程"，则转移边界往往是起始情况，即"刚开始"的状态.

$f_{0,j}$，$f_{i,0}$ 这些属于非法状态（根据定义不可能达到的）. 非法状态一种处理办法是直接避免引用到，如本题决策一般有两种，但如 (i,j) 是第一行或第一列，则只有一种决策. 也就是在最后一行转移时，特判下两种决策的各自是否可行. 例如，$i = 1$ 就不进入 $F(i-1,j)$ 这个调用，这样保证不调用到非法状态；另一方法是对非法状态赋予特殊的值，使其即使被调用到也不影响结果. 如状态在被转移时只出现在 min 中，则令 $f = \infty$，这样转移时不需特判. 一般来说采用后者方法在编码上和逻辑上会更清晰一点，此时非法状态在形式上也属于转移边界的一种.

【例9-4】时光机

一台时光机能完成 m 种穿越行为. 第 j 种可以（带着时光机）从公元 a_j 年穿越到公元 b_j 年（保证 $a_j > b_j$）. 现在是 2022 年，问一次连续的穿越旅程最多经历多少个不同年份（包含 2022 年）.

本题本身没什么难度，按之前步骤即可. 首先有最优子结构：走到 i 的年份最多，则走到上一步也要最多②.

(1) 状态：$f_i =$ 从起点到 i 年最多经历几个年份.

(2) 决策：上一步从哪年穿越来.

(3) 转移方程：$f_i = \max\limits_{b_j=i} f_{a_j} + 1$（到 i 须以某种方式 j 终点为 $b_j = i$）.

(4) 边界：起始状态 $f_{2022} = 1$.

```
int F(int i){
    if (i == 2022) return 1;
    if (f[i]) return f[i];
    f[i] = 1;
    for (int j = 1; j <= m; ++j)
```

---

① 定义前半程为状态对应子问题，则决策就是"前一步怎么来的"而不是"下一步怎么走"，这种决策要"倒推一步"其实有点别扭，但多年来大家已经这么做了（原因应该是非递归写法时这种定义下计算顺序是"正向"的，非递归写法在下章介绍）.

② 因为 $a_j > b_j$ 年份只会越跳越早，不会出现重复访问同一年份. 所以不用关心已访问过哪些.

```
        if (b[j] == i)
            f[i] = max(f[i], F(a[j]) + 1);
    return f[i];
}
```

与前面稍不一样的是题目没限制终点在哪里,所以最终答案并非某特定 f_i. 这有两种办法,一是根据定义枚举所有可能的终点 $ans = \max\limits_{i=1}^{2002} f_i$;另一种是增加一个虚拟的哨兵节点 0,令其他所有点都穿越到 0,则 $ans = f_0 - 1$. 这说明的有时最终结果一定就是单一状态[1],只要根据算出的状态可间接求出结果即可[2].

最后说一个技术优化,代码中为找 $b_j = i$ 的 j,遍历了所有 m 种方式,总复杂度为 $O(nm)$. 这事情可以预处理:在输入时即将 m 种方式按 b_j 的值分组,则每次只需要直接遍历 $b_j = i$ 的分组[3].

```
vector<int> g[N];
......
for (int j=1,a,b; j<=m; j++) {
    cin >> a >> b;
    g[b].push_back(a);
}
```

此处每个 $g[i]$ 是一个向量,存的是 $b_j = i$ 对应的各 a_j. 则在决策时只需遍历 $g[i]$ 即可. g 这个结构称为邻接表(第I章还会正式从图论角度介绍). 对每个 i, $g[i]$ 只会被遍历 1 遍,而 g 的元素总数就是 m,则复杂度为 $O(n+m)$.

```
int F(int i){
    if (i == 2002) return 1;
    if (f[i]) return f[i];
    f[i] = 1;
    for (int j=0; j<g[i].size(); ++j)
        f[i] = max(f[i], F(g[i][j]) + 1);
    return f[i];
}
```

【例 9-5】最长雪道

在 $n*m$ 格子的雪山地图里,每格都有高度值. 地图是四向连通的,找一条严格从高到低的下降雪道,使长度最长. 起点和终点不限. $(1 \leqslant n, m \leqslant 1000)$

(1) 最优子结构:一条雪道要最长,走一步后后半程也要最长.

(2) 状态:$f_{xy} =$ 从 (x, y) 出发最多能走几步.

(3) 转移方程:$f_{xy} = \max\limits_{k=1}^{4}\{f_{x+dx_k, y+dy_k} \mid h_{x+dx_k, y+dy_k} < h_{xy}\} + 1$.

---

[1] 如果是,这种状态定义称为自然状态. 尝试自然状态往往是第一选择.
[2] 后面学了基础图论后,本题其实是无环图单源最长路径模板题.
[3] 语法上常用 C++ 自带的变长数组向量来实现. 或自行模拟链表的所谓链式前向星. 本书原则上不介绍语法知识,不了解向量的读者请自行查阅相关资料.

(4) 答案：$ans = \max\limits_{x=1}^{n}\max\limits_{y=1}^{m} f_{xy}$.

dx, dy 是位移数组(参见第 5 章). 本题中来初步探讨下这么一个问题：各状态 f_{xy} 的值是以何种顺序被算出的? 目前这与求解答案并无关系, 但这是后续章节要研究的重要话题. 根据代码框架, 要算出 f_{xy}(函数 $F(x, y)$ 返回), 递归调用的 $F(x+dx[k], y+dy[k])$ 必须先行返回, 也就是转移方程右侧的状态 $f_{x+dx_k, y+dy_k}$ 必须先于左侧的状态 f_{xy} 算出, 这就是 DP(实际)计算顺序的最基本原则.

由此容易想到的隐患是这种递归(顺序依赖关系)会不会出现循环调用(依赖)? 即递归中如发生回到当前递归路径上的同一状态[1], 则递归将陷入死循环最后栈溢出. 回顾之前的各题及本题, 要么是决策过程本来就不可能成环(如例 9-2), 要么是题目条件保证了递归不成环(如例 9-4 的 $a_j > b_j$ 条件), 本题也是有高度严格递降的要求 $h_{x+dx_k, y+dy_k} < h_{x, y}$ 保证了不会回到已经过的格子. 那么一般情况或者题目没有明确约束的时候, 如何判断这个问题? 这将在第 B 章进行详细讨论.

另一方面, 如预知依赖关系无环, 则递归写法不需要关心实际各状态的计算顺序. 因为递归先进后出的模式, 如 f_{xy} 依赖的(转移方程右侧)的某状态还未计算, 则程序会自动将 (x, y) 先"搁置"(在调用栈), 并现算被依赖的状态. 这使得编码时不需要显式地给出以何种顺序来计算, 这是递归写法的一个优点. 后面讲 DP 非递归写法时, 计算顺序将是一个不得不考虑的因素.

> **【例 9-6】** 货郎问题/旅行商问题(最短 Hamilton 回路)
>
> 货郎问题(traveling salesman problem, TSP)是一个著名问题. 一个旅行商人要拜访 n 个城市各一次且仅一次, 最后回到出发城市(方案称为 Hamilton 回路). 已知城市 i, j 间距离为 d_{ij}, 求总距离的最小值. ($n \leqslant 20$)

枚举(不自交)路径这事是容易的, 中间状态包括：当前所在的点 i 和已访问过的点的集合 V(全局状态).

```
bool v[N];
int dfs(int k, int i){
    if (k == n) return d[i][1];
    int ans = INF;
    for (int j = 1; j <= n; ++j)
        if (!v[j]) {
            v[j] = 1;
            ans = min(ans, d[i][j] + dfs(k + 1, j));
            v[j] = 0;
        }
    return ans;
}
```

参数 k 表示已经走了几步. 此值其实就是当前 v 数组有几个 1, 所以 k 其实是个冗余参数, 只是为编码方便(否则每次要遍历 vst 得到 k)[2]. 这里 dfs() 返回的是后半程的最优解, 边界 $k == n$ 处还要走回点 1, 所以返回不是 0 而是 $d[i][1]$. 下面用之前方法转成记忆化搜索.

---

① 注意是一次递归调用到 2 个相同状态, 如经回溯后再到达已访问过的状态, 这不算循环.
② 编程不是死板的事情, DFS 的参数集完全可以根据需要多传一些额外信息.

状态：f_{iV} = 目前在 i，已访问顶点集为 V，后半程的最小代价[1].

决策：下一步走到 j ($j \notin V$).

转移方程：$f_{iV} = \min\limits_{j \notin V}\{f_{j, V \cup \{j\}} + d_{ij}\}$.

V 是一个集合，怎么能做 f 的下标？有此想法的读者没有将建模思路和编码实现区分开来. 这里说的状态是逻辑层面的，所谓状态的值[2] $f(i, V)$ 无非是状态参数 (i, V) 的一种函数，（数学上）函数概念本身就是一种映射，并不限制自变量是数. 这里状态转移方程都是在逻辑层面写的，因此不限制状态参数为整数.

V 的取值有 2^n 种，i 有 n 种，所以状态总共有 $n2^n$，加上枚举 j 也是 $O(n)$，复杂度为 $O(n^2 2^n)$. 虽还是指数级算法[3]，但比完全暴力的复杂度 $O(n!)$（枚举全排列）优. 至于本题代码怎么实现，需要一些技术手段，有兴趣的读者参见本章"高级问题探讨"，其实现称为状态压缩 DP.

最后来探讨下 DP 性能优化的本质，即"时间是从哪里省出来的". 思考此问题可对优化手法获得更深刻的认知. 考虑"已访问集合 V"与完整的方案（前半程的路径）相比，"丢失了"哪些信息？这就是 V 中各点的访问顺序. 访问同一组点，可能有不同的顺序（如下图两种方案）.

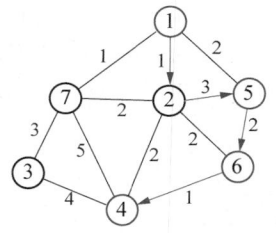 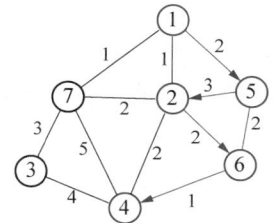

关键是子问题的解与这个顺序信息无关，前半程的具体访问顺序并不影响后半程的最优方案. 这个特征非常重要. 对暴力枚举优化切入点怎么找？正是这种"不影响子问题解的无关信息"，把这种信息剥离掉，保留尽量精简的必要信息，则状态数就变少，算法性能也就随之提升. 这就是 DP 算法高效的核心本质. 下图是一个形象化的演示.

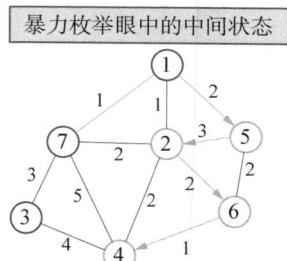 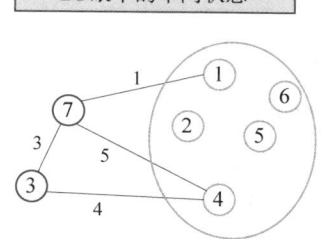

暴力枚举眼中的中间状态　　　DP 眼中的中间状态

⚙ * 高级问题探讨

编码实现例 9-6. 唯一问题是怎么存 $f[i, V]$，因为语法限制数组下标只能是非负整数. 那么就想一种办法把集合映射到整数即可[4]，并且映射后能方便实现 $\in$，$\cup$ 等运算的对应. 集合映射到整数最常用的

---

[1] 通常将要求最大值的目标函数称为"收益"，要求最小值的称为"代价".

[2] 不引起歧义的情况下，以后不再可以区分状态 (i, V) 和状态值 $f(i, V)$，而笼统地称为"状态". 当然实际上两者是不同概念. 状态是描述子问题的一组信息，状态值是该信息上的一个函数.

[3] TSP 问题是一个著名的 NPC 问题，其可证明目前没有有效算法.

[4] 此时更一般性地叫做散列或哈希 (Hashing).

方法是二进制压位,即用 n 位二进制数表示 $\{1..n\}$ 的子集,其第 $j-1$ 位为 1 当且仅当 j 在集合中.以下代码涉及所谓二进制按位运算语法,大部分高级语言都支持该语法.本书不专门介绍语法知识,不了解按位运算语法的读者可自行查阅资料.

```
int f[N][1<<N];
int F(int k, int i, int V){
    if (k == n) return d[i][1];
    if (f[i][V]) return f[i][V];
    f[i][V] = INF;
    for (int j = 1; j<= n; ++j)
        if (!(V & (1 << (j-1))))
            f[i][V] = min(f[i][V], d[i][j]
                    + F(k+1, j, V | (1 << (j-1))));
    return f[i][V];
}
```

注意用二进制数表示集合完全是编码实现的一种技术手段.很多资料上对此类题目直接在转移方程中将下标运算写作位运算形式,对熟悉的读者来说并无区别.本书还是坚持直接用集合作为维度,这样更能表达抽象的建模思路.

小 结

本章介绍了通过缓存同一状态的值,从暴力 DFS 优化到有效算法的过程.为承上启下,本章仍然采用递归的写法,但其本质已有所不同.DFS 枚举的是所有可行解,记忆化搜索枚举的则是由重叠子问题去重后的代表一类等价子问题的状态空间.状态空间相当于对等价子问题缩点,故规模大大低于原始搜索树.本章虽未正式引入 DP 算法,但其一些核心概念(状态、边界、决策、转移方程等)都已引入.下章将真正脱离 DFS 而转入正式的 DP 算法.

习题

1. 无聊的函数(etiger2547).
2. 魔鬼的步伐 2(etiger452).
3. 捡金币与收费站(etiger311).
*4. 旅行计划(etiger157).
*5. 关键路径(etiger167).

A 从DFS到DP

本章正式引入动态规划算法.前面章节已进行了大量铺垫,大部分核心概念都已引入,记忆化搜索本身就是DP的一种实现方式.本章所说DP特指(传统意义下的)非递归的实现方式.其核心本质区别不大,但在有些方面还是有所差异.本章将给出DP建模的核心要素和步骤,并通过一些各异的场景予以演示,每个例子中都会阐述某些有代表性的细节.最后简单介绍DP调试查错的方法.关于递归与非递归方式的关系和异同将在下一章中详细阐述.再后面的第C至F章则具体介绍一些更细的常见DP场景分类.

> **【例 A-0】** Fibonacci 数列
> $f_0 = f_1 = 1$, $f_i = f_{i-2} + f_{i-1}$, $i \geqslant 2$,求 f_n(不考虑数值溢出问题).

本题是一个引子问题,f_i 本身形式上可视为状态,递推式 $f_i = f_{i-2} + f_{i-1}$ 可视为转移方程,根据第9章框架可写出如下代码(记忆化搜索).

```
int F(int i) {
    if (i <= 2) return 1;
    if (f[i]) return f[i];
    return f[i] = F(i-1) + F(i-2);
}
```

但直觉上这问题写成递归形式显得有点刻意[①],不如直接 for 循环解决.

```
f[1] = f[2] = 1;
for (int i=3; i<=n; ++i) f[i] = f[i-1] + f[i-2];
```

之前一直是以递归形式来写代码,是为方便理解子问题之类概念,并不表示递归是唯一或最好的写法.回忆记忆化搜索的起源:对搜索树上重复调用的子问题(DFS状态)进行合并,得到数量较少的DP状态.而转移方程是这些状态值之间定量的互相计算关系.最终目的无非是(利用转移方程)算出某个或某些最终状态的值("解方程"),实现这一递归未必是唯一的方式.

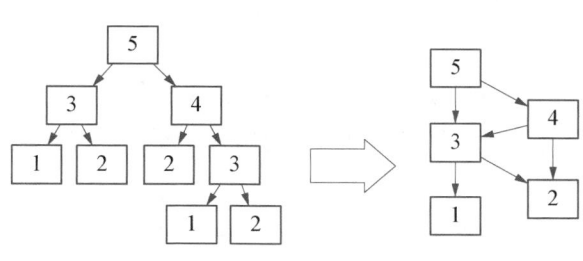

对转移方程 $f_i = f_{i-2} + f_{i-1}$,要计算某 f_i,只要其方程右边的状态先于左边的算出来即可(这点第9

[①] 更高级的 Fibonacci 数的求法,记忆化搜索其实并不刻意(如倍增法).不过这里选择 Fibonacci 数列只是为了举例,并不是为关心 Fibonacci 数本身的特征.

章已提到过)①.该条件对计算顺序提出了一些限制,即不是任意的计算顺序都是可行的,但可行的顺序也未必唯一②.

记忆化搜索本质上是利用递归语法"绕开"或"隐藏"了计算顺序的一种手段.其巧妙利用递归的语法特征:如方程右边所依赖的子问题还未算出,则先"搁置"本层计算(在调用栈),递归现算被依赖的子问题;递归 return 后,子问题的解也就有了.而记忆化又保证了同一子问题不被重复计算.其计算顺序如左下图表示③.所谓"绕开"不是指合法的顺序不存在,而是指不需预先知道计算顺序,而程序可"智能"地自己找到满足条件的计算顺序.

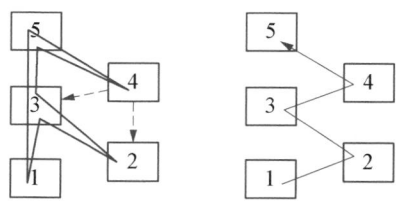

递归方法虽巧妙,但未必就是最优方案.本题就代表了一大类情况,即合法的顺序天然存在或很容易显式找到.如 $f_i = f_{i-2} + f_{i-1}$ 这样的转移方程,右边状态的下标都严格小于左边,则 i 从小到大的自然顺序就是(一种)合法顺序,最小的 $i = 1, 2$ 就是边界,按此顺序计算转移方程即可.下一章中将全面深入地讨论递归与非递归写法的关系及优劣.本章先着重于怎么(非递归)实现.本章例题大多自然顺序就是合法顺序.至此终于可正式推出本部分核心算法:鼎鼎大名的动态规划算法(dynamic programming, DP)④.

【例 A-1】棋盘格二连通最短路

题目参见例 9-3.

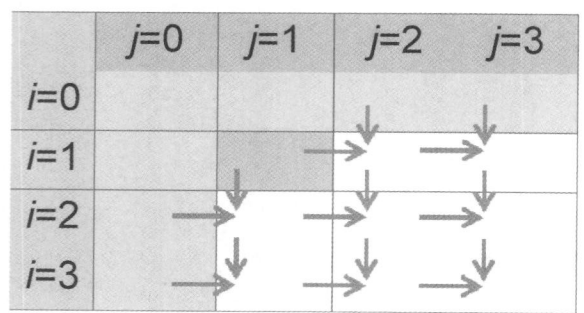

第 9 章已用记忆化搜索实现本题,本章从状态转移顺序角度用非递归重新实现.

(1) 状态:f_{ij} = 从起点到 (i, j) 的最小代价.

(2) 决策:最后一步如何走到 (i, j),

$$f_{ij} = \min(f_{i-1, j}, f_{i, j-1}) + a_{ij}$$

(3) 边界:$f_{11} = a_{11}$, $f_{0j} = f_{i0} = \infty$.

(4) 答案:$ans = f_{nm}$.

(5) 计算顺序:i 从小到大,j 从小到大.

左上图是对应搜索树缩点后的有向无环图,这个图称为 DP 状态转移图⑤.如将走一步的代价视为"边长",则此问题可以视为特殊的最短路径问题⑥.

---

① 关于状态计算顺序问题会一直穿插于后续章节,甚至超出 DP 算法范畴,延伸到最短路算法部分.
② 下一章会彻底地讨论 DP 状态计算顺序的充分性问题.本章暂且只讨论一些具体例子和必要条件.
③ 后面会知道这其实是状态转移图上的深度优先遍历.
④ 关于这个名字的来源笔者也未找到特别合理的说明.规划应指决策和状态转移(选择最优决策)的动作;动态大致指每个状态的最优决策取决于子状态的值而不能独立确定.但这样也仅限勉强自圆其说,其实记忆化搜索这个名称倒是更接近本质,但这个名字已被默认为指递归版本.
⑤ 这个问题中转移图的点正好一一对应棋盘格的格子,这并非普遍情况.
⑥ 本书第三部分将专门讨论最短路径问题,其与 DP 有密切联系.

```
f[1][1] = a[1][1];
for (int i=1; i<=n; ++i) a[i][0] = INF;
for (int j=1; j<=m; ++j) a[0][j] = INF;

for (int i=1; i<=n; ++i)
    for (int j=1+(i==1); j<=m; ++j)
        f[i][j] = min(f[i-1][j], f[i][j-1]) + a[i][j];
cout << f[n][m] << endl;
```

本题以近似模板的方式列出了常规动态规划解题的基本步骤和代码框架,主要包含 5 个基本要素.

(1) 状态:描述子问题需要的参数,是整个 DP 的基础与核心,也是最大难点.原则上可通过 DFS→记忆化搜索→DP 来获得,但实际要求更严:如状态总数不能太多(存的下).找合适状态往往需要经验与对题目本质的深刻认识,可以说找对状态是完成算法的一半.暴力搜索有时可辅助寻找状态.

(2) 决策:决策是每个状态中枚举"一步"(解的局部)的各选项,从而转化为其他状态.状态和决策往往作为一个整体考虑,一个不能决策转移的状态设计(如没有最优子结构)不足以构成算法.决策的数学表达形式就是转移方程①,转移方程形式上给出计算子问题解的具体细节,代码就是依据转移方程写的.一般转移方程都以 $f_{i,j,\ldots} = \cdots$ 这样的递推式形式②给出,但并非唯一的表达形式.

(3) 边界:不依赖其他状态而直接可得出的值的状态.以前半程为子问题时,边界对应解的初始状态,很多时候比较简单,往往也是容易忽略的方面(会不自主地把注意力集中在看似核心的转移方程上).特别有一些非法状态作为边界的一部分时容易被遗忘.相当大一部分 DP 代码最后错在边界没有设置完善而非转移方程.

(4) 答案:答案可视为边界的对偶面,即终态状态.有时题目要求的答案并非是某个单一的终态状态,可能需要再进行某些二次运算(如求若干状态的最值).

(5) 计算顺序:这也是初学者容易忽略的.开始的简单问题的顺序都比较自然,容易养成忽视计算顺序的习惯.计算顺序的问题本身将在下一章中从理论上解决,但不代表这个问题不需要思考.主要原因是理论允许的顺序往往不唯一,而挑选好的顺序会带来额外的好处.

【例 A-2】 最长下降子序列(longest decreasing subSequence,LDS)

输入一个序列 $a_1..a_n$,子序列指从原序列任选若干项,保持原先相对顺序形成的新序列.求最长的子序列,其值严格下降. $n \leqslant 100\,000$. 形式化地说,求最大的 k,使存在下标序列 $1 \leqslant i_1, i_2, \ldots, i_k \leqslant n$,使 $i_x < i_{x+1}$ 且 $a_{i_x} < a_{i_{x+1}}$,$x = 1..k-1$.

本题是一个经典问题,归属于最优子序列场景,即优化对象是一个子序列.对刚接触 DP 的读者,还是从搜索思路引导一下.枚举子序列最简单方式是依次枚举 $a_1..a_n$ 是否选中,复杂度为 $O(2^n)$. 但这样不方便判断相邻项下降的约束条件,为此可增加一个状态维度来记录上一项选中的是谁.

(1) 状态:$f_{ij} = a_i..a_n$ 中选 LDS 长度,i 之前选中的是 j($j < i$).

如无前项,可设哨兵 $a_0 = \infty$ 作为虚拟的必选首项.

---

① 有些资料将转移方程说成 DP 的核心,本书观点则反之:刻意弱化转移方程的地位,强调状态和决策的重要性.一方面转移方程不可能凭空得到;另方面有了清晰合理的状态和决策设计,写出转移方程是水到渠成的.所以本书不将转移方程作为 DP 独立要素,而只视为决策的数学形式.

② 有趣的是转移方程其实并不是一组典型的"方程",或者说这"方程"已经以某种解好的形式给出了.只要代入求值,不需要解方程.事实上后面会遇到真正的"方程",彼时的做法却不是典型的 DP.

(2) 决策:①a_i 不选;②a_i 选中(需满足 $a_i < a_j$).

$$f_{ij} = \max\{f_{i+1,j}, (f_{i+1,i} + 1)[a_i < a_j]\}$$

(3) 边界:$f_{n+1,j} = 0$(同理,设哨兵 $a_{n+1} = -\infty$).

(4) 答案:$ans = f_{1,0}$.

(5) 复杂度:$O(n^2)$.

为判断约束条件需要,可在状态中加入额外维度(信息).这在 DFS 也遇到过,如例 8-3.最优子序列问题也可以直接枚举选中的项,这样的好处是枚举到的一定是选中项,不需要额外记录 j 这个维度,但每次决策数(选下一项)变为 $O(n)$.对于相邻项之间有约束(如递降)的情形特别合适.

(1) 状态:$F_i =$ 以 a_i 开始的最长下降子序列.

(2) 决策:下一项选 a_j:$F_i = \max\limits_{j > i,\, a_j < a_i} F_j + 1$.

(3) 边界:$F_{n+1} = 0$.

(4) 答案:$ans = F_0 - 1$.("-1"是因为虚拟的 $a[0]$ 实际上不算一项)

以上两种方法数学上是一回事,只是把 j 视为状态还是决策[1].从逻辑角度两种思路则有所不同,一种是决策原序列,一种是决策子序列.这种逻辑上殊途同归而数学上等价的一题多解是很常见的,通常表示同一事物从不同角度的理解.最后,本题还有 $O(n\log n)$ 的更优解法,在本书第 V 章再介绍.

【例 A-3】俄罗斯套娃 4

有 n 个独立的俄罗斯套娃,编号 1 到 n.i 号套娃的高度为 h_i,宽度为 w_i.如想将套娃 i 套在另一个套娃 j 外面,i 必须比 j 有更大高度和更大的宽度,即 $h_i > h_j$ 且 $w_i > w_j$.求最多可以将多少个套娃套在一起.($n \leqslant 100\,000$)

本题本质上也是最优子序列问题:依次选一个给定序列的若干项,要求选出的相邻项满足某种(局部)约束,如"递降"或"套的上"[2].用数学语言表达更清楚:求最大的 k 及下标序列 $1 \leqslant i_1, i_2, \dots, i_k \leqslant n$ 使 $h_{i_x} < h_{i_{x+1}}$ 且 $w_{i_x} < w_{i_{x+1}}$.

这与上题几乎完全相同,除上题中下标本身充当 h 的地位(相当于 $h_i = i$),而这不影响解题.

(1) 状态:以 i 开始(最里层是 i)最多能套几个.

(2) 决策:i 外面套的是 j:$f_i = \max\limits_{h_j > h_i,\, w_j > w_i} f_j + 1$.

唯一要考虑的是计算顺序:如何保证右侧先于左侧计算?观察求 max 的条件,可按 h 或 w 递减的顺序计算.事实上,原始编号 i 并无意义(或结果对编号顺序对称),则不妨指定 h 从大到小对物品重新编号,则转移方程可改写为 $f_i = \max\limits_{j > i,\, w_j > w_i} f_j + 1$,这就与上题相同.此类相邻项有约束的最优子序列问题,均可尝试如本题这样的思路[3].

【例 A-4】先知剑

先知剑有 k 个能量槽,每个槽可处于激活或封印状态.第 i 个能量槽如激活可提供 E_i 单位收益.

---

① 数学上的详细证明参见本章附录.

② 这里概念稍微有点推广,并不要求所选项的下标是递增的(也就是子序列可能"回头"),这一点不影响问题的本质.无非是决策下一项时允许包含前项左侧的选项.

③ 这类问题也称为序列 DP.第 C 章还会专门深入研究这个话题.

为避免能量过于集中引发链式反应,连续一段被激活的能量槽长度不能超过 k. 求最多可获得多少单位的总收益?($1 \leqslant k \leqslant n \leqslant 100\,000$,$1 \leqslant E_i \leqslant 1e9$)

此题也是最优子序列问题[1]. 先做一个简单的补集转化[2]:E_i 总和固定,决策激活项总和 max 等价于决策未激活项总和 min. 问题转化为选总和最小的若干位置,使相邻选中项下标差不超过 k. 这就是相邻项有约束的最优子序列问题.

(1) 状态:$f_i = 1..i$ 项中最后一个选 i,最小代价.

(2) 决策:上一项选 j:$f_i = E_i + \max\limits_{j=\min(i-k-1,\,0)}^{i-1} f_j$.

(3) 边界:$f_0 = 0$(哨兵 $E_0 = 0$ 必选,保证第一段激活长度也 $\leqslant k$).

(4) 答案:$ans = \sum\limits_{i=1}^{n} E_i - \min\limits_{i=n-k}^{n} f_i$.

(5) 计算顺序:i 从小到大.

(6) 复杂度:$O(nk)$.

本题又以前半程为子问题,此事非特殊情况以后就不再刻意强调了. 以上基本建模已平淡无奇,此题主要为说明非递归写法下对性能优化的好处,这也是非递归写法最重要的优势. 转移方程右侧的 max 是求(f 本身的)区间最值,且 $i \to i+1$ 时,被求最值的下标范围最多少了一个 $i-k-2$ 及多一个 $i-1$. 一些有序化数据结构可优化这种动态求最值场景,如 STL 自带的 multiset[3]. 以下为用 multiset 优化版本核心代码,复杂度为 $O(n\log k)$[4].

```
multiset<ll> s;
s.insert(0);
for (ll i = 1; i <= n; i++) {
    f[i] = E[i] + * s.begin();
    s.insert(f[i]);
    if (i >= K+1) s.erase(s.find(f[i-K-1]));
}
for (ll i = n-K; i <= n; ++i)
    ans = max(ans, sum - f[i]);
```

因采用自然顺序,计算很有规则,即求 f_i 时很清楚地知道哪些状态已算过,哪些还没算过,前后两个状态决策集相差多少等. 规则的计算顺序往往容易进行进一步优化,这在递归版本(记忆化搜索)难以实现,彼时根本不能预知实际计算顺序,也无法按时序增量式维护 multiset.

【例 A-5】最大连续子序列和

输入序列 $a_1..a_n$,求数组中最大连续(非空)子序列和.($n \leqslant 1\,000\,000$)

---

[1] 虽题意中激活顺序不影响结果,但考虑到处理约束条件方便显然以从左到右顺序选最合适.

[2] 这不是必须的,但直接做(以激活位置为子序列)有一些微妙细节问题,推荐读者自己尝试一下.

[3] 本书不讲语法,因此不对有序化容器(set,multiset,map,priority_queue 等)详细介绍. 但对参加信息学竞赛的选手这些常用容器是必须熟练掌握的. 对此不了解的读者可自行查阅相关资料.

[4] 事实上本题还是一种特殊的动态最值场景:蠕动区间最值,此可用所谓单调队列优化到 $O(n)$. 本书第 Y 章将详细介绍单调队列.

本题也可照例从 DFS 按套路转过来,枚举每一位选不选,连续的约束条件可额外记录下上一位有没有选.但这样做就有点教条了,因为连续子序列一共就 C_{n+1}^2 个(确定左右端点即可),直接枚举也就 $O(n^2)$,再从 DFS 绕就不值得了.

DP 虽然植根于 DFS,但终究是一种独立算法.实际 DP 建模大多是直接找最优子结构、设计状态(如本题).近两章中为阐述两种算法的本质关联,以及为 DP 建模提供一种托底的思路.后续章节将逐渐淡化 DFS 的影响而直接进行 DP 建模.

注意一个区间和 $[l,r]$ 最大,则 $[l,r-1]$ 必是以 $r-1$ 为结尾的最大和子段,连续性体现为"以 r 结尾"的约束条件,此信息需要加入状态中.DP 状态为了满足约束条件有时须加一些额外参数,相当于将子问题进一步细分.此操作称为状态具体化,可能导致最终答案不是单一状态的值.

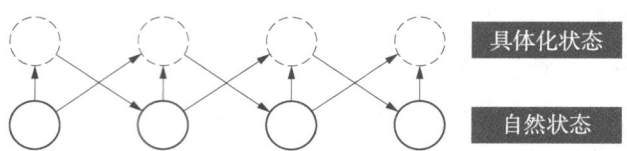

因为从题面里不一定直接看得出状态需要"扩充"什么信息(如固定右端点),这一步骤往往依赖经验和对问题的认知深度.

(1) 状态:$f_i = $ 以 a_i 结尾的最大和连续子序列.

(2) 决策:上一项选不选(要求连续).

$$f_i = \max\{f_{i-1} + a_i, a_i\} = \max\{f_{i-1}, 0\} + a_i$$

(3) 边界:$f_0 = 0$.

(4) 答案:$ans = \max_{i=1}^{n} f_i$.

(5) 复杂度:$O(n)$.

作为一种(做完题后)推荐的习惯,来研究下这里 DP 比暴力枚举优化在了哪里[①].$O(n)$ 来源于状态数,而暴力枚举的方案数是 $O(n^2)$.前面说过 DP 状态代表了一类子问题的解,此处即所有以 i 结尾的区间.以 $S_{lr} = \sum_{i=l}^{r} a_i$ 表示区间和,则由最优子结构,如 $S_{lr} \neq f_r$,则 $[l,r]$ 后面再延长也不可能是最优解,即 $\forall r' \geqslant r, ans \neq S_{lr'}$(局部不优则整体不优),这些确定不优的 $[l,r']$ 不用枚举.从这个角度说,本质上是最优性剪枝.

本题还有另一种不完全依赖 DP 的做法,利用前缀和上面的 f_i 可写成如下形式.这里减数是前缀和的前缀 min,可以预计算,于是不需要决策,直接算出即可.

$$f_j = \max_{i=1}^{j}\{S_j - S_{i-1}\} = S_j - \min_{i=0}^{j-1} S_i$$

【例 A-6】取石子问题

有 n 堆石子,数量分别为 $a_1..a_n$,Alice 和 Bob 分别从一端拿走一整堆石子(Alice 先手).两人

---

① 优化在哪里是算法优化和对比的永恒问题.希望读者能习惯思考这样的问题.分析复杂度可以识别出算法优劣,但有时并不告知性能优化的原理.如能想清楚好算法到底快在哪里(如少算了哪些东西),哪怕是定性的结论,也能对算法优化的本质有更深入的认识.

都希望自己尽量多拿到石子,并都采用理论上的最优策略,问 Alice 最多可拿到多少石子. ($n \leqslant$ 2 000)

本题(形式上)属于博弈问题[①],其最优子结构源于"双方都选择理论最优策略". 具体说不管先手怎么走,会留给对方一个残局;而对方(下一轮的先手)面对残局也采取最优策略. 则(当前先手面对的)"残局"就是状态[②]. 根据题意每次只能从两端拿,则残局一定是原序列的一个区间.

(1)状态:f_{ij}=还剩第 $i \sim j$ 堆,先手最多能拿到多少.

(2)决策:取第 i 堆还是第 j 堆.

$$f_{ij}=\max\left\{\sum_{k=i}^{j} a_k - f_{i+1,j}, \sum_{k=i}^{j} a_k - f_{i,j-1}\right\} = S_j - S_{i-1} - \min\{f_{i+1,j}, f_{i,j-1}\}$$

(对方也选最优策略,而总数固定,剩下的是我方的)

(3)边界:$f_{ii}=a_i$.

(4)答案:$ans=f_{1n}$.

(5)复杂度:$O(n^2)$.

唯一需考虑的是计算顺序. 本题按普通的自然顺序(i, j 从小到大)是不可行的,否则右侧 $f_{i+1,j}$ 会晚于 f_{ij} 计算. 当然可用记忆化搜索回避这个问题. 至于本题有否显式的计算顺序以实现非递归计算,请读者先自行思考下. 在下章及第 D 章中再详细讨论计算顺序问题.

【例 A-7】 砌砖头

lester 不好好学编程所以找不到工作,只能去砌墙.墙由不超过 N 块砖头组成,高 H 层,最下一层有 M 块砖头.其他每层的砖头数只能等于下层砖头数±1.砖头不一定要用完.求一共有几种砌法.($N \leqslant 10\,000$, $M \leqslant 100$, $H \leqslant 30$)

按常识从下往上砌,中途影响后续(子问题)的参数很明显有 3 个:还剩 n 块砖,还要砌 h 层,当前层的砖数 m.

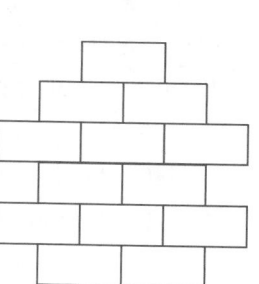

(1)状态:f_{mhn} = 当前层 m 块,还剩 h 层(含当前)和 n 块砖(含当前)的方案数.

(2)决策:上一层放 $m+1$ 还剩 $m-1$.

$$f_{mhn}=f_{m+1,h-1,n-m}+f_{m-1,h-1,n-m}$$

(3)边界:$f_{m1n}=1$, $f_{mhn}=0 (n<m)$[③].

(4)答案:$ans=f_{MHN}$.

(5)计算顺序:自然顺序(n, m, h 从小到大).

DP 本身没有什么特别,这里探讨下有效状态数问题. 根据数据规模,状态总数为 $N(M+H)H \approx 3.9e7$,虽可存下但已有些勉强. 很多状态其实是无效的[④],以下是两种例子(设 $N=22$, $H=5$, $M=4$):不

[①] 博弈论也是信息学竞赛涉及范围,但不在本书讨论范围内,本不讨论博弈论相关内容.

[②] 双方的当前得分也并不影响后续决策.

[③] 也可视为非法状态.计数问题非法状态处理相对容易一些.因为非法状态计数为 0,而一般数组也都初始化为全 0. 所以有时有些非法状态能被兼容掉,当然并非鼓励计数问题忽视对非法状态考虑.

[④] 注意无效状态和非法状态的微妙差异.非法状态指根据参数直接可判定不成立(如当前层有 m 块而剩余砖总数 $n<m$);无效状态是参数本身合法但对答案无贡献(本身为 0 或不影响终态).

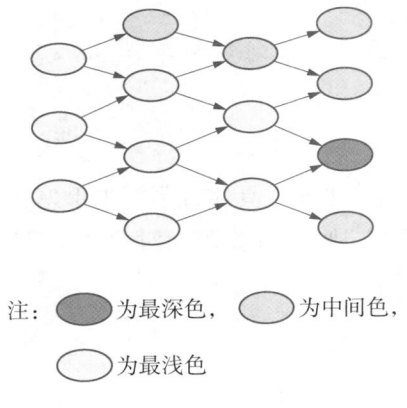

注：⬤ 为最深色，⬭ 为中间色，

⬭ 为最浅色

可能达到的状态，如 $f_{8,3,1}$，因为第 3 层不可能有 8 块转（由转移方程自然会算出 $f_{8,3,1}=0$，但该计算性能开销是浪费的）；对结果无贡献的状态：如 $f_{8,2,15}$，这个状态可以达到（第 5 层 7 块、第 4 层 8 块），根据转移方程也可算出 $f_{8,2,15}=f_{9,1,7}+f_{7,1,7}=0+1=1$. 但其不会对答案产生贡献，因为还剩 3 层靠剩余 7 块砖不可能完成.

从（抽象的）状态转移图看，设左图最深色节点为终态，则最浅色部分是对答案有贡献的状态，而中间色的 5 个状态（即使值不是 0）不会贡献到答案. 但在非递归形式 DP 时，中途不会预知哪些状态无效，还是会去计算参数范围内的所有状态.

上章所说记忆化搜索（递归写法）是规避（至少一部分）无效状态的方法之一. 记忆化搜索是从目标状态倒推（其所依赖性的状态），这保证被递归到的子问题一定对终态有贡献的. 如左上图中，从最深色节点倒推则自然不会访问到中间色部分的无效状态（虽然并不知道这些无效状态具体是哪些）.

至于优化的计算量有多少，很难通过理论准确计算，不过可以让程序自己统计. 因记忆化搜索对相同参数组合只会计算一次，只要在每次递归时做一个计数即可. 对 $N=10000$，$H=30$，$M=100$，实际得到约仅 5 万多种有效状态，而有定义的状态数如前所述有约 4 千万. 当然递归与非递归各有优劣，本题递归的优势明显是因特定的题目设置导致实际有大量无效状态，甚至大部分有定义的状态都是无效的. 这种情况不是所有题目都有[①]. 至于什么题目有，没有简单的判据，还是要依赖经验核对题目本质的认知.

本解法还遗留一个问题：记忆化搜索虽可避免部分无效状态的计算量，但不能解决空间问题，即预先识别不出哪些是无效状态，还得开完整的 3 维数组. 至于让空间也只存有效状态的方法，已超出本书涉及的范畴[②].

【例 A-8】方格取数（CSP 2020 J2T4）

有 $n \times m$ 的方格图，每个方格中都有一个整数. 有一只小熊想从图的左上角走到右下角，每一步只能向上、向下或向右走一格，并且不能重复经过已经走过的方格，也不能走出边界. 小熊会取走所有经过的方格中的整数，求它能取到的整数之和的最大值.

20% 的数据，$n, m \leqslant 5$；

40% 的数据，$n, m \leqslant 50$；

70% 的数据，$n, m \leqslant 300$；

100% 的数据，$1 \leqslant n, m \leqslant 1000$，方格中的数绝对值 $\leqslant 10\,000$.

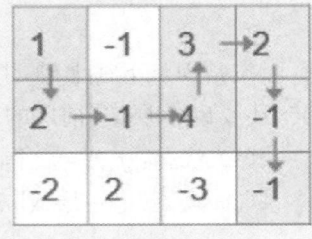

此题是近年联赛中一道质量较高的题，此题对诠释 DFS、DP 关系及考察 DP 掌握程度非常有效. 本章与下章都将探讨此题. 本题属于棋盘格最长路径场景，约束条件是只能往 3 个相邻方向走[③]且格子不能重复走（图论中称为简单路径）. 棋盘格简单路径的 DFS 状态早就说过（例 6-2）.

(1) 目前走到的格子 (x, y)（x 行 y 列）.

(2) 有哪些格子已访问，$vst[N][M]$（全局状态）.

每步至多有 2 种决策（不能往回走），暴力 DFS 复杂度 $O(nm \times 2^{nm})$. 可得 20 分. 这也是出题人设置

---

① 大部分 DP 问题无效状态占比还是较低的.

② 涉及使用状态散列表优化 DP，散列不在本书讨论范围内.

③ 现场想当然或错看做 4 个方向的人不少，审题错误导致 0 分. 此题如真是 4 方向就基本只能搜了.

$n,m \leqslant 5$ 部分分的目的.

如直接将 (x,y,vst) 作为 DP 状态,则 vst 的值域太大(2^{nm} 种). vst 是为保证简单路径的,本题的特殊情况下,此约束可以简化:如要重复访问某格,而又不能往左走,则只能是同列的格子,但同列中又不能(往右)绕回来,所以简单路径当且仅当每步不回头.

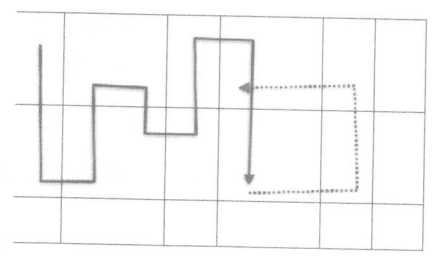

"不重复访问"是全局约束,而"不回头"是局部约束. DFS/DP 都是通过逐个局部的决策在子问题间转移,局部约束往往比全局约束好处理. 所谓"不回头"就是每步走向不能与上步相反,只要额外记录一个方向参数(只有 3 种取值)而不需记录整个棋盘的访问情况. 这就是之前说的"精确提取"对答案有影响的状态信息,这里显然如"(x,y) 左侧各格子访问过与否"并不影响后面子问题的解,这些信息就可从 DP 状态中剥离出去.

(1) 状态:$f_{xyk}=$ 以方向 k 进入格子 (x,y),前半程的最大收益.

$k=0,1,2$ 分别表示向下、右、上走.

(2) 决策:上一格自然是 $(x-dx_k, y-dy_k)$,能决策的只有进入上格的方向.

$$f_{xyk}=\max_{i \neq anti_k} f_{x-dx_k, y-dy_k, i} + a_{xy} \quad (anti_k \text{ 表示 } k \text{ 的反方向})$$

(3) 边界:$f_{x,1,0}=\sum_{i=1}^{x} a_{i1}$(不能往左走,以第 1 列整列为边界较方便).

(4) 答案:$ans=\max\{f_{nm0}, f_{nm1}\}$(右下角只有 2 种方向进入).

(5) 复杂度:$O(9nm)$(写系数 9 只是强调与方向有关的维度有贡献).

```
const ll dx[3]   = {1, 0, -1};
const ll dy[3]   = {0, 1, 0};
const ll anti[3] = {2, -1, 0};


for (ll x = 1; x <= n; ++x)
    f[x][1][0] = f[x-1][1][0] + a[x][1];
for (ll y = 2; y <= m; ++y)
  for (ll x = 1; x <= n; ++x)
    for (ll k = 0; k < 3; ++k){
      f[x][y][k] = -INF;
      for (ll k2 = 0; k2 < 3; ++k2)
        if (k2 != anti[k])
          f[x][y][k] = max(f[x][y][k]
               ,f[x-dx[k]][y-dy[k]][k2] + a[x][y]);
    }
cout << max(f[n][m][0], f[n][m][1]) << endl;
```

看似完美,但上述代码是有错的,且不止一个. 读者不妨先自行尝试找找看,能否自行发现问题[①].

DP 查错简介

本书主要介绍算法原理,原则上不讲代码调试. 但 DP 应用太广且调试方法对加深理解其原理也有帮

[①] 逻辑错误,并没有语法、打字方面这类低级错误.

助,故本章破例以上题为例简单介绍 DP 查错的基本方法[①].就使用题面中图片所显示的样例为输入,以上代码样例输出就不对(正确输出为9,实际输出为5).查找方法很简单,依次将算出的状态值打印出来查看[②].推荐打印中间结果时多打一些提示性内容,方便查看,例如,

cout<<"f[" <<x<<","<<y<<","<<k<<"] = "<< f[x][y][k]<<endl;

打印结果如下图(分成 4 栏显示仅为排版原因).

```
f[1,1,0]=1    f[1,2,0]=-1   f[1,3,0]=3    f[1,4,0]=2
f[1,1,1]=0    f[1,2,1]=0    f[1,3,1]=3    f[1,4,1]=5
f[1,1,2]=0    f[1,2,2]=-1   f[1,3,2]=3    f[1,4,2]=2
f[2,1,0]=3    f[2,2,0]=-1   f[2,3,0]=7    f[2,4,0]=4
f[2,1,1]=0    f[2,2,1]=2    f[2,3,1]=6    f[2,4,1]=6
f[2,1,2]=0    f[2,2,2]=-1   f[2,3,2]=4    f[2,4,2]=-1
f[3,1,0]=1    f[3,2,0]=4    f[3,3,0]=4    f[3,4,0]=5
f[3,1,1]=0    f[3,2,1]=3    f[3,3,1]=1    f[3,4,1]=3
f[3,1,2]=0    f[3,2,2]=2    f[3,3,2]=-3   f[3,4,2]=-1
```

结果 5 显然是错的,但不一定错在最后一步,可能是前面错误的中间结果导致的最后结果错.所以一定要找第一个算错的状态值.打印顺序与计算顺序相同,只要从前往后找,判断状态值正误的方法是根据状态定义代入数据手算.

(1) 错误 1:$f_{2,1,1}=0$,此状态应为无效状态(不可能向右进(2,1),边界漏考虑).

修补:初始化 $f_{i,1,1}=f_{i,1,2}=-\infty$,$i=1..n$[③].

(2) 错误 2:$f_{1,2,0}=-1$,也是无效状态,又是漏考虑的非法边界[④].

修补:初始化 $f_{1,j,0}=f_{n,j,2}=-\infty$,$j=2..m$.

以上 2 个问题根源都是对非法边界的漏处理.不过修正后样例输出仍是 5,说明还有其他错误.查找方法还是一样,先请读者自行尝试下,答案会在下章给出.

小 结

本章主要介绍(非递归形式)DP 算法的建模方法.DP 属于偏重数学、思维方向的算法,难在找最优子结构、状态等逻辑分析,编码相对简单[⑤].DP 不是一个孤立的算法(虽然很多资料确实将其当做一种孤立算法直接教).这里再捋一下其来源:

(1) 绝大多数算法的最源头是(暴力)枚举.

(2) DFS 是枚举复杂对象的实现手段,DFS 状态的组织结构是搜索树.

(3) 合并重叠子问题(避免重复计算),优化为记忆化搜索,即 DP 的递归版本.

(4) 非递归方式实现同样的问题,即传统的 DP 算法.DP 状态组织结构是 DAG.

(5) DP 和记忆化搜索本质上是对计算顺序的两种不同选择(见下章).

---

① 当然思想并不仅限于 DP 的查错.

② 有些有编程经验的读者可能喜欢单步调试,这种方法当然很有用.这里推荐输出日志的好处是在没有调试条件的环境下也可查错(如线上环境,或目前官方比赛所用的调试功能很差的 DevC++).

③ 可能有疑问的是 $f_{1,1,0}$,(1,1)是初始格,没有"进入"一说,但可虚拟从(0,1)向下,不影响后续转移.

④ 如前所述,易出错的往往不是看似复杂的转移方程,而恰恰是看似简单的边界设置.

⑤ 当然也有编码复杂的 DP 题目,这里仅指基础 DP.

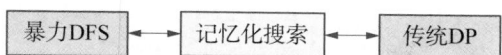

暴力DFS ⟷ 记忆化搜索 ⟷ 传统DP

习题

1. 黄金道(etiger586).
2. 俄罗斯套娃 2(etiger588).
3. 最长上升序列简单版(etiger190).
*4. 参差不齐(etiger664).
*5. 股神 2(etiger451).

附录 例 A - 2 两个转移方程等价性的数学推导

$f_{ij} = \max\{f_{i+1,j}, (f_{i+1,i}+1)[a_i < a_j]\}$，记 $F_i = f_{i+1,i}$，则

$$F_i = f_{i+1,i} = \max\{f_{i+2,i}, (F_{i+1}+1)[a_{i+1} < a_i]\}$$

$$= \max\{f_{i+3,i}, (F_{i+2}+1)[a_{i+2} < a_i], (F_{i+1}+1)[a_{i+1} < a_i]\} = \cdots\cdots$$

$$= \max_{j=1}^{n-i}(F_{i+j}+1)[a_{i+j} < a_i] = \max_{j>i, a_j<a_i} F_j + 1$$

B 拓 扑 排 序

本章研究 DP 的计算顺序问题,此问题并不限于 DP,可推广到一般图论上. 当然 DP 和图论本就是密切关联的,故本章也会对涉及的一些图论基础术语和知识点做简单介绍,亦为后续章节作准备. DP 计算顺序的总体原则前已提出:转移方程右侧的状态先于左侧计算. 本章将详细研究可行计算顺序的特征、如何构造以及一些特殊计算顺序的关联和各自的优势.

【例 B-0】砌砖头(阶段的概念)
题面参见例 A-6.

先以上节已解决的此题为引子. 状态定义参见上章,直接写出转移方程的形式,

$$f_{mhn} = f_{m+1,\,h-1,\,n-m} + f_{m-1,\,h-1,\,n-m}$$

此类方程的计算顺序很简单,因为方程右侧 h 这个维度出现的所有值都小于左侧,显然按 h 从小到大计算即可. 如转移方程中出现这种特征的维度,此种维度称为阶段[①],存在阶段的转移方程计算顺序问题是平凡的. 阶段不一定唯一,如本题中维度 n 也可作为阶段. 这样也说明了对同一转移方程可行的计算顺序未必唯一,甚至可能很多.

【例 B-1】基因序列
有 n 个物种,物种 i 的基因序列用字符串 S_i 表示,$i=1..n$,S_i 互不相同. 如 S_i 是 S_j 的子串则称自物种 i 继承物种 j,求至多能找到多少个物种两两间都有继承关系.

此题主要介绍方法概念,故不设数据规模. 题意属于最优子序列场景(类似例 A-2),即找一个相邻项有约束条件的有序子集[②]. 可借用 LDS 的分析方法.

(1) 状态:$f_i =$ 最后选 S_i,至多选几个(相邻都是继承关系).

(2) 决策:上一项(S_i 直接继承自)S_j:$f_i = \max\limits_{S_i \text{是} S_j \text{的子串}} f_j + 1$.

(3) 答案:$ans = \max\limits_{i=1}^{n} f_i$.

这里状态关系是"子串依赖母串"合法顺序,不那么容易直接看出. 当然记忆化搜索可以. 但本章就是研究计算顺序的,还是希望显式得到一个可行顺序.

---

① 有些传统材料要求右侧只能出现左侧减一的值(如 $h-1 \to h$),其实并没必要那么严格.
② 虽题意与选择顺序无关,但实际显然应依次选出若干字符串,使相邻项都有包含关系.

直接得到整个顺序并不容易,可尝试找找局部顺序.如哪些状态可以第 1 个计算[1]? 这并不难,当且仅当 S_i 不是任何其他串子串时,可以第 1 个计算.这样的串一定存在,否则如每个串都是某其他串的子串,则子串关系必然有环,而题意说 S_i 互不相同,这不可能.后续过程类似数学归纳法,假设已算好一部分 f_j, f_i 能算的充要条件是 S_i 不是任何 f 还没算出的 S_j 的子串.同理这样的 S_i 必存在.于是一种计算方案就产生了:每次找一个不是任何未计算过的串的子串的 S_i[2],由转移方程算出 f_i,直到算完.以下是示意性代码.

```
for (int i = 1; i <= n; ++i) {
    for (int j = 1; j <= n; ++j) {
        if (ok[j]) continue;
        bool flag = 1;   // 是否可以算
        f[j] = 1;
        for (int k = 1; k <= n; ++k) {
            if (j != k && s[k].find(s[j]) != string::npos) {
                if (!ok[k]) flag = 0; // 依赖项没算过
                else f[j] = max(f[j], 1 + f[k]);
            }
        }
        if (flag) ok[j] = 1; // 依赖项都算过,则可算
    }
}
```

此代码复杂度为 $O(Ln^3)$,L 是字符串长度范围,并不如记忆化搜索[3],不过这里暂不考虑性能问题.输出依次选中的 i 就是实际计算顺序,此顺序其实就是拓扑排序,但此概念本身通常从图论引出,故待下题再给出正式定义.

仅对本题而言有更直接的顺序.如 S_i 是 S_j 的子串又不相等,必有 $|S_i| < |S_j|$,则利用长度递降顺序计算即可保证可行.这其实引出了另一个更值得研究的问题:是否能找到状态的一个函数 Φ(如本题中 $\Phi_i = |S_i|$),使得方程右侧的 Φ 总大于左侧的 Φ.如存在称 Φ 为转移方程的势函数[4].如能找到势函数,则其(数值)排序就是可行的计算顺序[5].关于势函数是否存在及如何构造,本章最后的高级话题探讨中有一些讨论.

【例 B-2】旅行计划

Lester 去某国家旅游.共有 N 个城市,通过 M 条道路连接,Lester 准备从其中一个城市出发,并

---

[1] 第一个计算的没有任何状态值已知,故其必不依赖任何其他状态.其实就是边界.

[2] 其实是一种贪心法,本书第 P 章将介绍贪心法.

[3] 一个初步优化是预计算两两串的子串关系,则可降为 $O(Ln^2 + n^3)$.进一步,判断子串关系用 find() 方法,其单次复杂度为 $O(L)$.利用一些高级数据结构,如后缀自动机(SAM),可在 $O(nL)$ 时间内预计算 n 个串两两的包含关系.再利用下文的增量式手段,最终可以做到 $O(Ln + n^2)$.当然 SAM 不在本书讨论范畴内.本题只关心 DP 部分,对字符串部分优化不做深入.

[4] 势函数在其他算法和建模中还有别的定义.总体来说是一个比较抽象的概念.大致可将任何值域是整数(或任何全序集)的函数称为势函数.

[5] 相当于一种隐式的阶段.

只往东走,直到某城市 i 停止.第 j 条道路从城市 $x_j \rightarrow y_j$,$j=1..M$(x_j 靠西,y_j 靠东),求终点为 i 最多能游览几个城市(起点不限),对所有 $i=1..n$ 给出答案.($N \leqslant 100\,000$,$M \leqslant 200\,000$,保证有解)

本题首先是多组问询($i=1..n$).先解决单个问题(固定 i).本质上此题也属于找一个相邻项有约束条件(存在道路)的一个有序子集[①],所以也可借用最优子序列的建模思路.

(1) 状态:$f_i=$ 以 i 结尾可访问的最多城市数.

(2) 决策:从前驱 j 走到的 i:$f_i=\max\limits_{i=y_j} f_{x_j} + 1$.

发现 f_i 正好就是题述对 i 问询的答案,所以这题形式上的"n 个问询"其实是一起求出来的,并不需要真的算 n 次."方程右边状态"为 $\{f_j \mid i=y_j\}$,也就是到达 i 的所有道路的起点集合.对计算顺序而言,每条道路 $x_j \rightarrow y_j$ 等价于一个约束条件,状态 f_{x_j} 先于 f_{y_j} 计算.

一些图论基本概念

这里稍微岔开引入一些图论基本概念(其实图的概念已呼之欲出了):将 n 个城市视为 n 个抽象的点,$x_j \rightarrow y_j$ 视为一个箭头,称为有向边,则形成一个抽象的点和箭头组成的结构,这就是有向图(directed graph).本题给出的就是一个 n 点 m 边的有向图,计算顺序可表述如下:求将顶点重新以 $1..n$ 编号(表示第几个计算),使每条边起点编号小于终点编号.满足如上条件的对应原始编号的顺序就称为拓扑排序

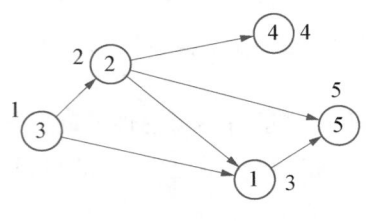

(topological order),如左图的 3,2,1,4,5 就是一种拓扑排序.方案不一定唯一.本题合法计算顺序即如上定义的有向图的拓扑排序.将 DP 状态视为点,位于转移方程左右的状态间加有向边,则转移方程都可用一张有向图表示,称为状态转移图.特别的,本题中的转移图就是题面定义的图.则将本题结论应用到任何转移方程的转移图上,就解决了所有 DP 计算顺序问题,即 DP 的合法计算顺序当且仅当是转移图上的拓扑排序.

Kahn 算法

例 B-1 给出的(贪心法)思路稍加推广就是拓扑排序一种求法,用图论语言表达如下:每次找一个不是任何起点未选的边的终点的点.另一种等价说法是:每次选一个没有入边的点,并将该点及其所有出边删除(该点选后那些依赖它的顺序限制已达成,相当于限制不存在了),如下图所示.此称为 Kahn 算法.

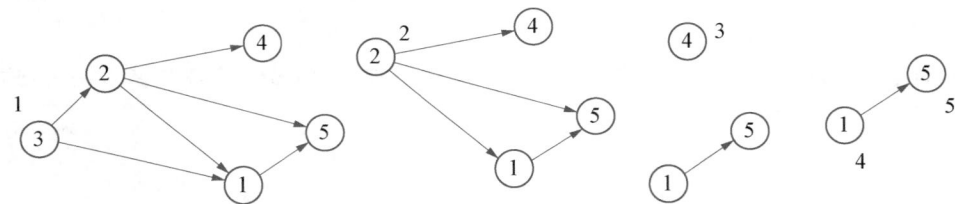

图论中将以 u 为终点的边数称为入度,记为 inDeg(u),则即选 0 入度点.这样点不一定只有一个,所以拓扑排序也不唯一[②].以下是预处理部分代码.

---

① 从图论看这是无权图上的最长路径问题.

② 如拓扑排序是唯一的,当且仅当图中存在长 n 的简单路径(Hamilton 链);能否统计拓扑排序的数量?此问题已被证明是 NPC 问题,即目前没有多项式级别算法.存在性、唯一性、方案数、最优解是讨论一种新对象的 4 个常见问题.

```
vector<int> g[N];
for (int x, y, i = 1; i<= m; ++i){
    cin >> x >> y;
    d[y]++; // 入度
    g[x].push_back(y);
}
queue<int> q; // 待处理点(0 入度点)队列
for (int i = 1; i<= n; ++i) {
    if (d[i] == 0) {
        f[i] = 1; q.push(i);
    }
}
```

（1）入度用一个数组 d 记录，并动态更新.

（2）删边需遍历一个点的所有出边，如枚举所有边会比较浪费，优化方法参见例 9-4，即预先将边按起点分组（称为邻接表）.

（3）0 入度点不一定唯一，故需要一个容器来存储当前 0 入度的待选点集合. 习惯上常用的是队列（queue）[1]，但其他容器也完全可以. 如题意有额外要求，如求字典序最小拓扑排序，则可用 set 替代 queue.

这里插一句题外话，很多资料或传统观念中将栈和队列视为平等地位的两种数据结构. 此观点仅片面地考虑了两者先进后出与先进先出对应这一特征. 事实上栈的意义远比队列深刻得多，如栈与括号序列、Catalan 数、树、递归等都有密切联系（可复习第 4,5 章）；而队列则单纯的多，其出队顺序与入队顺序是相同的，一般只充当一个类似管道的工具而已[2]，因此本书专门用了一章介绍栈，队列则一笔带过.

```
for (int u,k = 1; !q.empty(); ) {
    t[k++] = u = q.front(); q.pop(); // 选一个 0 入度点 u
    for (int i = 0; i<g[u].size(); i++) // 删所有出边
        if (--d[g[u][i]] == 0) q.push(es[u][i]);
}
for (int i = 1; i<= n; ++i) // DP 转移
    for (int j = 0; j<g[t[i]].size(); j++)
        f[g[t[i]][j]] = max(f[g[t[i]][j]], f[t[i]] + 1);
```

有了之前的准备，求拓扑排序就很简单了：每次出队 1 个点 u 并加入拓扑排序（用数组 t 记录）、删所有出边（对面点的入度 -1），删后对点入度变为 0，则将其加入待选择队列. 最后按 t 数组的下标顺序计算转移方程. 因每个点只出入 q 一次，复杂度为

$$O\left(n + \sum_{u=1}^{n} outDeg(u)\right) = O(n+m)$$

本题保证有解. 下面讨论一般情况下拓扑排序存在性问题. 如上述 Kahn 算法能正常执行（每个点都成功出队），则拓扑排序自然存在. 无解唯一的可能性是 q 提前为空，即点还没删完，但找不到 0 入度点

① 关于 queue 的语法默认读者已掌握，如没有可以自行上网查询，非常简单.
② 至于一些衍生，如优先队列，其实只是借队列的名字，实际结构一般是堆；而单调队列（第 Y 章介绍）是双端队列的一种.
这些都不是最原始纯粹的队列，而都做了本质层面的推广.

· 093 ·

了. 这说明剩余每个点都有入度,则沿入边倒走下去,一定会形成环[1];反之,有环(循环依赖)显然不存在拓扑排序. 则拓扑排序存在当且仅当约束关系无环,据此,Kahn 算法的另一用途是有向图判环.

递归版本

记忆化搜索可以"绕过"顺序问题,但程序实际执行总有一个现实的顺序,只是该顺序在一个"黑盒"中,事先并不知道. 看似程序可"智能"地自己找到某种拓扑排序. 那么用记忆化搜索能否显式得到实际计算顺序呢? 当然可以,只要记录下实际计算完成的顺序. f_u 计算完成是递归调用 $F(u)$ 返回的时刻,则在 return 之前记下 u 的值就能得到拓扑排序了. 这是求拓扑排序的第二种做法.

```
int F(int u){
    if (f[u]) return f[u];
    f[u] = 1;
    for (int i = 0; i<es[u].size(); i++)
        f[u] = max(f[u], F(es[u][i]) + 1);
    t[++k] = u; // 拓扑排序
    return f[u];
}
```

如只是 DP,算出状态值就行了,并不需要拓扑排序的具体方案. 这里只是把 DP、记忆化搜索、拓扑排序等概念间的关系讲说明白.

递归/非递归写法的本质关系

DP 的合法计算顺序就是状态转移图上的拓扑排序,所以转移图不可有环[2](在图论里称为有向无环图,DAG). 在此前提下拓扑排序一般不唯一,Kahn 算法/记忆化搜索找到的就是其中的 2 种. 以上章例题 A - 5 为例,其转移方程如下:

$f_{ij} = S_j - S_{i-1} - \min\{f_{i+1, j}, f_{i, j-1}\}$,以 $n = 5$ 为例,左下图为转移图.

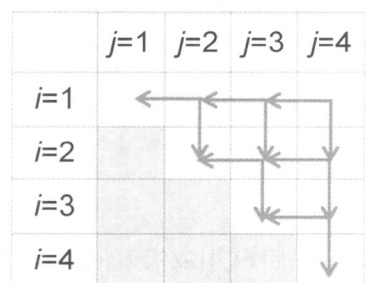

当时没给计算顺序而让读者自行思考. 记忆化搜索采用的是转移图上的"深度优先遍历的回溯序"[3],回溯序指递归返回的先后顺序. 当然 DFS 回溯序本身也不是唯一的,取决于多个决策的选择顺序,中上图为其中一种[4]. 这个转移图也有显式的可行顺序,如右上图(先 i 从大到小,再 j 从小到

---

[1] 这种环会带着一个尾巴,形似希腊字母 ρ,称为 ρ 环.

[2] 本书下一部分其实就会解决有环的某些情况下如何处理.

[3] 深度优先遍历也叫 DFS(虽然叫 depth first traverse 更合适,不过 DFT 在信息学中另有他指),严格定义在本书第三部分再介绍. 其与之前说的深度优先搜索(depth first search)稍有不同:遍历一般指显式的访问对象,如访问棋盘格一格;搜索是指在抽象的状态空间上的中间状态. 当然 DFS 搜索也可视为搜索树上的 DFS 遍历,在此意义下两者又有共性.

[4] 图中的编号从小到大就是计算顺序. 红线部分为递归调用/回溯的路径,形成的这个结构称为转移图的 DFS 生成树. 本书第四部分将专门探讨生成树相关算法.

大)[1],这顺序非递归两重循环即可实现,可形象称之为层序.

从更高的高度来看待顺序问题:计算顺序合法,只要是拓扑序即可.拓扑序不唯一,其中任何一种都行,这是一种(拓扑序互换意义下的)对称性.根据第 7 章不计顺序则可指定顺序.在对称方案中选特定一种(如 DFS 序或层序),相当于获得一些额外的条件,从而获得额外的好处.

DFS 回溯序(记忆化搜索)的好处就是不需显式构造顺序,递归会"自己"找到顺序;层序的主要优势是在层序上容易发展出更多的优化手段(如例 A–4).本书篇幅所限,对 DP 优化的话题后文只会提及一些个别方法,但也足以看到层序的优势了.

【例 B–3】车站分级(NOIP 2014 普及 T4)

一条单向铁路线上依次有编号为 $1, 2, \cdots, n$ 的 n 个火车站.每个车站都有一个级别,最低为 1 级.有若干趟车次在线路上行驶,每一趟都满足如下要求:如这趟车次停靠了车站 x,则始发站、终点站之间的所有级别 $\geqslant$ 车站 x 的都必须停靠.

车站编号	1	2	3	4	5	6	7	8	9
车站级别＼车次	3	1	2	1	3	2	1	1	3
1	始	→	→	→	停	→	→	→	终
2		始	→	→	停	→	终		
3	始	→	→	→	停	→	→	→	终
4				始	停	停	→	→	终
5		始	停	→	停	→	→	→	终

如上表是 5 趟车次的运行情况.其中前 4 趟车次均满足要求,而第 5 趟车次由于停靠了 3 号火车站(2 级)却未停靠途经的 6 号火车站(亦为 2 级)而不满足要求输入 m 趟车次的所有停靠站编号,要使他们全部满足要求,求这 n 个车站至少分几个不同级别.($1 \leqslant n, m \leqslant 1000$)

此题是 NOIP 史上一道经典好题,第一个关键是题意转化[2].原题是一个全局约束,很难处理,要设法转为局部约束.所谓"如停了 x,级别 $\geqslant x$ 的也必停",换言之即"同一线路途径不停的站级别必小于停的站"[3],这就是只涉及某 2 个站的局部约束.

设站 i 的等级为 L_i,则约束条件可写为 $L_i \geqslant L_j + 1$,$i \to j$,这里 $i \to j$ 表示在某路线上,i 站停靠而 j 未停靠.这样的约束条件最多有 $O(mn^2)$ 个.则问题本质变为:给定一组有序二元组 $\{i \to j\}$,求一组正整数 $\{L_i\}$.

(1) 约束条件:$\forall i \to j, L_i > L_j$.

(2) 优化目标:最小化 $\max L_i$[4].

---

[1] 此方程实际是典型的区间 DP,此事在第 D 章还会专门提及.

[2] 很多选手现场直接死在对题述复杂的约束条件理解上(俗称没看懂题).

[3] 必要性是显然的,读者也可很容易自证充分性.注意约束条件转换必须是充要的.

[4] 题目要求级别数最少,严格说是最小化 $\{L_i\}$ 的 UV.不过并不关心具体编号值,显然选 $1, 2, \cdots$ 这样编号即可,则级别数就等于最大级别.

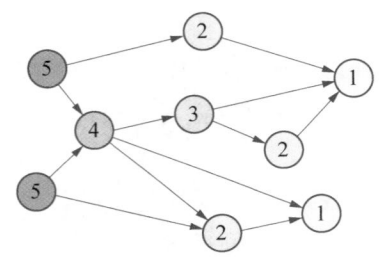

如 $i \to j$ 关系有环,显然无解[1],否则按拓扑排序逆序可解出 $L_i = \max\limits_{i \to j} L_j + 1$,这显然就是最优解(容易验证所有不等式满足且 L_i 不可能再小).此处算法间的界限已经不很泾渭分明了.$L_i = \max\limits_{i \to j} L_j + 1$ 也可视为(最优 $\{L_i\}$ 间的)转移方程(有最优子结构:L_i 最小,i 所指向的任意 L_j 也要最小).以拓扑排序逆序直接推出各 L_i 的最小值,过程更像是贪心法或图上递推.其实算法之间未必有明确的边界,要重点是理解算法的思想核心,分类并不重要.

下面来看下 L_i 的图论意义,对没有后继的 $L_i = 1$,其他 $L_i =$ 最大后继值 $+1$,可赋予 L_i 图论解释,即 $L_i =$ 从 i 出发的最长路径[2].从这角度看,本题与上题其实完全相同(除箭头方向相反),最后答案 $M = \max L_i$ 则是全图的最长路径.

另方面,L_i 的值域显然是 $\{1..M\}$,考虑点集 $C_j = \{i \mid L_i = j\}$,$j = 1..M$(数学上称 C_j 为 $i \to L_i$ 关于 j 的原像).显然 C_j 内的点互不可达,否则违反约束关系,称 C_j 为拓扑独立集,表示 C_j 中的点在拓扑排序中相对顺序不固定.所有 C_j 给出了一个拓扑独立集覆盖,即将原节点集划分为若干个拓扑独立集,M 则是满足条件的组数最少的划分,称为最小拓扑独立集覆盖.

于是答案 M 就有了两种含义:无环图最长路径 $=$ 最小拓扑独立集覆盖.这两者相同不是巧合,其背后有更一般的理论支撑是所谓 Dilworth 定理.其是对一类对偶性问题本质的深刻描述.本章高级话题讨论中将进一步探讨.

本题是一道较有难度的好题,除如上建模难点,编码也有一些细节问题.这里不给出详细代码,推荐读者自己尝试一下.

> **【例 B-4】方格取数**
> 题目参见例 A-7.

本章基础内容结束前将上章没有彻底改对的这道题继续排查下去.上章通过输出中间变量发现了边界设置遗漏的问题,修复该问题后,对样例数据的日志输出如下,结果还是不对.

```
f[1,1,0]=1      f[1,2,0]=-1000000000000   f[1,3,0]=-1000000000000   f[1,4,0]=-1000000000000
f[1,1,1]=0      f[1,2,1]=0                f[1,3,1]=3                f[1,4,1]=5
f[1,1,2]=0      f[1,2,2]=-1               f[1,3,2]=3                f[1,4,2]=2
f[2,1,0]=3      f[2,2,0]=-1               f[2,3,0]=7                f[2,4,0]=4
f[2,1,1]=0      f[2,2,1]=2                f[2,3,1]=6                f[2,4,1]=6
f[2,1,2]=0      f[2,2,2]=-1               f[2,3,2]=4                f[2,4,2]=-1
f[3,1,0]=1      f[3,2,0]=4                f[3,3,0]=4                f[3,4,0]=5
f[3,1,1]=0      f[3,2,1]=3                f[3,3,1]=1                f[3,4,1]=3
f[3,1,2]=0      f[3,2,2]=-1000000000000   f[3,3,2]=-1000000000000   f[3,4,2]=-1000000000000
```

```
1  -1  3   2          ↑ 2
2  -1  4  -1          → 1
-2  2  -3 -1          ↓ 0
```

发现第一个值不对的状态值是 $f_{1,2,2}$(向上进入 $(1,2)$),正确答案是 1,输出 -1.将 $x = 1$,$y = 2$,$k =$

---

[1] 此问题一般形式在有环情况也是有意义的,这类问题称为差分约束系统,本书第 L 章将详细介绍.

[2] 这里以路径上的点数而非边数定义路径长度,这只会恒相差 1.故此问题本质是个无环图最长路径问题.DP 和图论(在转移图上)经常是可互相转化的.事实上最优路径问题正是以 DP 为出发点.

2 代入转移方程：$f_{1,2,2}=1+\max\{f_{2,2,1},f_{2,2,2}\}$. 输出看 $f_{2,2,1}=2$, $f_{2,2,2}=-1$, 似乎 $f_{1,2,2}$ 应该算出 1? 这里就请注意 $f_{2,2,1}=2$ 这条是在 $f_{1,2,2}$ 之后输出的, 说明计算 $f_{1,2,2}$ 当时, $f_{2,2,1}$ 还没有算, 其值还是初始的 0, 所以得出 -1 的错误答案. 这是一个典型的转移方程正确, 计算顺序错误导致的错误代码.

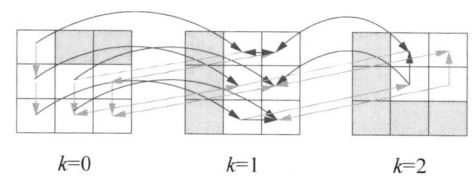

$k=0$ $\qquad$ $k=1$ $\qquad$ $k=2$

出错的根源是 (潜意识里) 误将格子 (x,y) 本身当做了状态而忘记了 k 的维度. 真正的状态转移图并不是原棋盘格, 而相当于将其复制成 $k=0,1,2$ 共 3 份, 并且 3 份上的依赖关系是不同的[①].

那么正确的顺序是什么？当然可用算法预计算拓扑排序, 不过这里还是存在简单的 (直接可识别的) 拓扑排序的.

```
const ll dx[3]   = {1, 0, -1};
const ll dy[3]   = {0, 1, 0};
const ll anti[3] = {2, -1, 0};
```

转移方程 $f_{xyk}=\max\limits_{i\neq anti_k} f_{x-dx_k,y-dy_k,i}+a_{x,y}$, k 只有 3 种, 不妨分开写.

$$f_{xyk}=a_{xy}+\begin{cases} max\{f_{x-1,y,0},f_{x-1,y,1}\} & k=0 \\ max\{f_{x,y-1,0},f_{x,y-1,1},f_{x,y-1,2}\} & k=1 \\ max\{f_{x+1,y,1},f_{x+1,y,2}\} & k=2 \end{cases}$$

对列数 y 从小到大即可, 因为没有状态依赖比自身 y 更大的状态；对 x 的计算顺序不同 k 值要求不同, 需区分对待. $k=0$ 时 x 需从小到大；$k=1$ 随意, 因为只依赖 $y-1$ 的状态；$k=2$ 需从大到小.

```
void update(ll x, ll y, ll k) { // 决策部分封装
    f[x][y][k] = -INF;
    for (ll i = 0; i<3; ++i)
        if (i != anti[k])
            f[x][y][k] = max(f[x][y][k]
                ,f[x-dx[k]][y-dy[k]][i] + a[x][y]);
}
...
for (ll x=1; x<=n; ++x)
    f[x][1][0] = f[x-1][1][0] + a[x][1];
for (ll y=2; j<=m; ++j){
    f[1][j][0] = f[n][j][2] = -INF;
    for (ll i=1;    i<=n; ++i) update(i, j, 1);
    for (ll i=n-1; i>=1; --i) update(i, j, 2);
    for (ll i=2;    i<=n; ++i) update(i, j, 0);
}
```

对不同的 k, 决策是一样的, 但状态计算顺序不同, 所以将决策部分封装成函数 update() 以便处理. 然而, 以上代码里其实还剩有一个 bug, 请读者自行练习用这样的方法寻找问题 (可上机验证).

本题刻意将排查过程拆在两章写, 可能带来一些阅读上的不便. 一个目的是希望读者再重温一遍查

---

① 此概念称之为分层图, 本书第 N 章还会专门研究.

错方法,因为实践中要反复用到这套方法;另一方面这第二个 bug 就是 DP 计算顺序的问题,与本章主题较符合.

* 高级问题探讨

Dilworth 定理

这是对例 B-2 和 B-3 背后关联本质的一般性结论,会有一些抽象.越普适的东西越抽象,这是普遍的规律[①].给定集合 X,由 X 中元素组成的有序二元组的集合 R 称为 X 上的二元关系:$R = \{(x, y)\}$,$x, y \in X$(定义不要求是有限集).R 是对 X 上两个元素具备某种关系的抽象刻画,如 $(x, y) \in R$ 则称 (x, y) 有关系 R[②];如 $(x, y) \in R$ 或 $(y, x) \in R$ 称 x, y 可比较,否则称 x, y 不可比.

如二元关系 R 满足如下性质,则称 R 为严格偏序关系.如实数集上的小于关系、人类集合上的祖先关系等都是严格偏序关系.

(1) 反自反性:$\forall x \in X \Rightarrow (x, x) \notin R$.

(2) 反对称性:$\forall (x, y) \in R \Rightarrow (y, x) \notin R$.

(3) 传递性:$\forall (x, y) \in R, (y, z) \in R \Rightarrow (x, z) \in R$.

对 X 的子集 A,如 A 中元素两两可比较,称 A 为 R 的一条链;如 A 中元素两两不可比,则称 A 为 R 的一条反链.如 X 本身是链,则称 R 为 X 上的全序.

Dilworth 定理:对任意有限集上的严格偏序关系,

$$最长链 = 最小反链覆盖;最长反链 = 最小链覆盖$$

(反)链覆盖指若干条并集为 X 的(反)链.

对有向无环图,定义节点集上的二元关系:$R = \{(u, v) \mid u \text{ 在 } v \text{ 上游}\}$,上游指从 u 出发沿边走 ≥ 1 步能到 v.不难验证 R 是严格偏序关系,其定义的链就是(有向)路径,反链就是拓扑独立集.根据 Dilworth 定理,

(1) 最长路径 = 最小拓扑独立集覆盖(如下图中为 5).

(2) 最小路径覆盖 = 最大拓扑独立集(如下图中为 3).

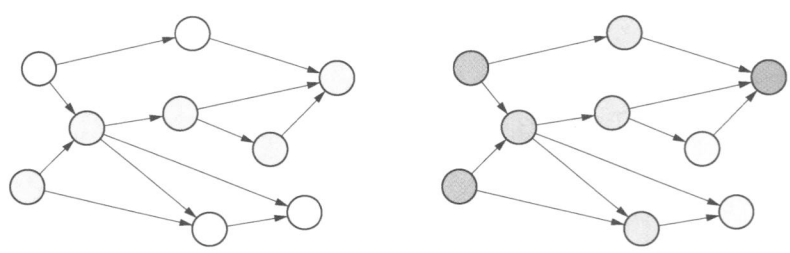

Dilworth 定理是一个很深刻的规律,以后还会遇到其他看似迥然不同的例子.

sort 与弱序

sort()是最常用的 STL 排序函数,为实现复杂结构对象的排序,STL 提供了一个定义排序规则用的比较器函数,其形式为

---

① 最普适的适用于一切的规律,也是最抽象的概念,往往被称之为"道"、"禅"之类.

② 对有限集,可能的二元关系共 $2^{|X|^2}$ 种.

```
bool cmp(const int &x, const int &y);
```

int 可换成别的任何类型. 其定义是:cmp()返回 true,当且仅当 x 应排在 y 前面. 比较器定义的就是元素间的先后关系,拓扑排序的限制也(部分)是先后关系,能否利用 sort()实现拓扑排序(形式上如下伪代码)?

```
bool cmp(const int &x, const int &y) {
    return x→y 有边;   // 就表示 x 排在 y 前面
}
```

对常用的排序规则相信读者都知道怎么实现 cmp(). 这里讨论其反向问题,怎样的双参数 bool 函数 $cmp(x,y)$ 可以作为比较器传给 sort. 听上去有点奇怪,但实际 cmp()不是随便乱写都能行的. 例如下面的写法就会造成异常,也没有意义.

```
bool cmp(const int &x, const int &y) {
    return 1;
}
```

这涉及 sort 一点点底层原理. C++官方文档对比较器的定义是[1]:接受排序范围内 2 个元素并返回 bool,表示第 1 个参数是否排在第 2 个之前,在其定义的严格弱序关系下. 这里"其定义的"指二元关系 $R=\{(x,y)\mid cmp(x,y)=1\}$,严格弱序关系指满足以下条件的二元关系.

(1) R 是严格偏序关系.

(2) R 的不可比关系有传递性,即如 x,y 和 y,z 都不可比,则 x,z 也不可比.

如实数上的<关系就是严格弱序,因为(x,y)不可比指 $x<y$ 和 $y<x$ 都不成立,那么只能 $x=y$,而实数相等关系显然可传递. 而≤就不是严格弱序,所以 cmp()中不可出现如 $x.a<=y.a$ 这样写法. sort()要求 cmp()定义的关系是严格弱序,如能找到包含所有约束(x,y)的严格弱序(称为原偏序诱导的弱序[2]),则通过此弱序 sort()才可得到拓扑排序.

转移图的势函数

如存在关于状态的函数 $F(x)$,这里 x 是抽象的状态,F 值域是实数或其上有全序关系的集合,满足 $\forall x→y,F(x)>F(y)$. 则 $R=\{(x,y)\mid F_x>F_y\}$ 就一个偏序诱导的严格弱序,可直接 sort()得到拓扑排序. 例如,例 B-1 中的字符串长度函数为

```
bool cmp(const int &x, const int &y) {
    return F(x) > F(y);
}
```

一个平凡的势函数是 $F(x)=x$ 在拓扑排序中的排名,显然符合定义. 而排名又互不相同,则拓扑排序其实是原偏序诱导的全序;另一个方案是例 B-3 的结果 $F(x)=L_x$,容易验证 $\{(x,y)\mid L_x>L_y\}$ 是严格弱序,这个解给出了值域最小的可行的势函数(最小值域就是对应无环图的最长链).

所以(有向无环图的)势函数一定是存在的. 不过以上两个解的定义本身就先依赖了拓扑排序,对求拓扑排序本身是一种循环依赖,并无实际用处. 是否有不依赖拓扑排序本身的一般性方法构造势函数,暂

---

[1] Binary function that accepts two elements in the range as arguments, and returns a value convertible to bool. The value returned indicates whether the element passed as first argument is considered to go before the second in the specific strict weak ordering it defines. (http://www.cplusplus.com/reference/algorithm/sort/).

[2] 弱序条件比偏序严,相当于多加了一些额外约束,使偏序成为弱序.

时没有结论. 但在很多题目中, 约束关系有额外的特殊性, 有时可以直观找出可行的势函数, 如例 B-1.

习题

1. 旅行计划(etiger157).
2. 车站分级(etiger171/luogu1983).
*3. 排水系统(etiger2434/luogu1983, NOIP 2020 T1).

C 序列 DP

本章起将用 3 章篇幅介绍若干 DP 算法基础应用场景. 通常将从题意得到解法的过程称为建模. 信息学题目的解题主要步骤就是：审题、建模、编码、测试. 题目千变万化, 故建模是其中最难的一项. 场景则是介于题目与解法之间的一个层面, 可理解为一类本质有共性的(通常有建模套路的)问题集合或模板. 如能将具体题意转化为某种特定场景, 则对应解法也相对容易找到, 从而降低建模难度和时间[1]. 通常所说的训练/刷题等其一部分目的就是总结和熟悉各类场景, 以便应用到没有遇到过的新问题. 动态规划作为一个常见算法, 也有一些典型问题场景. 本章先介绍其中(相对最简单的)一个.

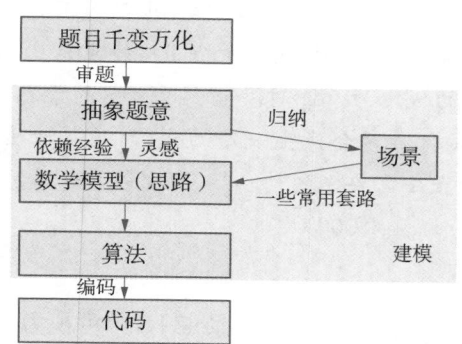

【例 C-1】 钢条切割

一根长 n 英寸的钢条可锯成(总长为 n 的)若干段, 每段长度都是整数. 长 i 英寸的钢条价值是 $p_i, i = 1..n$, 求总价值的最大值. ($n \leqslant 2000$)

此题最优子结构较明显：锯掉最后一段后, 剩余长度的切割方案也要最优.

(1) 状态：$f_i = $ 切割(剩余的)长 i 的钢条, 可获最大收益.

(2) 决策：最后一段长度为 j. $f_i = \max\limits_{j=1}^{i}\{f_{i-j} + p_j\}$.

(3) 复杂度：$O(n^2)$.

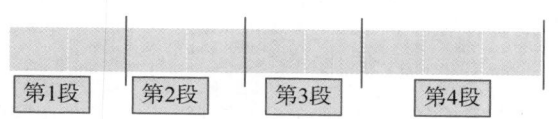

---

[1] 但场景与算法并非教条地绑定在一起, 不可机械对应. 场景只是提示可能的建模/思考方向.

下面尝试提取此问题的数学本质,以便推广.先列出最优化问题的 3 个要素:

(1) 决策对象:序列 $a_1 .. a_n$ 的切割方案,严格说是分割点序列:$0 = i_0 < i_1 < \cdots < i_k = n$($k$ 是段数).

(2) 约束条件:无.

(3) 优化目标:最大化 $\sum_{x=1}^{k} W(i_{x-1}, i_x)$($W$ 是关于一段的任意目标函数).

本题中[①]$W(l, r) = p_{r-l}$,但 W 可以是关于某段的任意目标函数,其具体形式没有要求[②],只要总代价是每段代价之和,则由于加法对每个加数都有单调性[③],这求和号里就包含了(通用的)最优子结构:去掉最后一段,前 $k - 1$ 段的总收益也要最大.可以得到以下通用的 DP 建模.

(1) 状态:切割前缀 $a_1 .. a_i$ 的最大收益.

(2) 决策:上一段的最后位置为 j(分割点).

(3) 转移方程:$f_i = \max\limits_{j=0}^{i-1} \{f_j + W_{ji}\}$.

此场景有很多通用的点,如目标函数 W 具体形式不限、求最大还是最小值皆可等.这使其能容纳较多具体问题,只要形式上满足其要求,解法也可以套用"公式".这类问题即称为序列 DP 场景.

【例 C-2】索道选址

大牛山从山脚到山顶共有 n 个景点,排成一条直线.山顶为景点 n,且只有这一条登山路线.当地政府决定架设若干条索道,起点都是山脚(可视为景点 0),终点是山上某景点.山顶(景点 n)必须建索道站.在景点 i 修建索道站点的代价为 A_i.对没有索道直达的景点,游客会乘坐到高于该景点且最近的站点,再向下走到目的地.步行游客会产生一定的代价,值等于索道终点与目的地编号之差.例如索道站点在景点 3,6,则去景点 4 需要先到景点 6,然后向下走到景点 4,代价为 $6 - 4 = 2$.求一种建索道方案使代价总和最小.($n \leqslant 100\,000$)

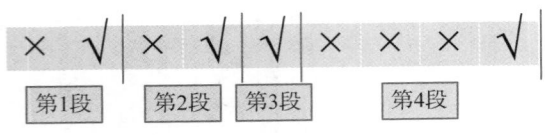

第1段　第2段　第3段　　第4段

景点 $1 .. n$ 可视为一个序列,题目要决策一个子序列(建索道的景点集合),可将相邻选中项间视为一段,则"子序列"和"切割方案"可视为同一个东西.

题目有两种代价且规则不同,但注意给定选址方案,每段的代价是独立的,且总代价是每段之和,这就符合序列 DP 场景,其每段代价为

$$W_{lr} = a_r + \sum_{i=l+1}^{r} (r-i) = a_r + \sum_{i=1}^{r-l-1} i = a_r + C_{r-l}^2$$

(1) 状态:$f_i =$ 只考虑景点 $1 \sim i$ 的最小代价(i 必建).

(2) 转移方程:$f_i = a_i + \min\limits_{j=0}^{i-1} \{f_j + C_{i-j}^2\}$.

(3) 复杂度:$O(n^2)$.

本题还可优化到 $O(n)$,这属于 DP 决策优化的范畴.篇幅所限不在本书讨论范围内,感兴趣的读者可自行调研四边形不等式或斜率优化[④].

---

① l 的含义是"上一段的最后位置".当前段其实是 $[l+1, r]$(或半开闭 $(l, r]$),如此定义 l 只是一种约定规范.

② 作为一种问题场景通常需要有类似这样的通用部分,才能使得场景可以适用足够多的情形.

③ 任何加数变大,总和也变大.单调性本身也是一个重要概念.本书第五部将专门介绍单调性算法.

④ 这些优化只有在写出(原始的)转移方程后才能看得出.所以写 DP 时未必要求转移方程一上来性能就满足题目要求,写出方程才可能进行进一步优化.

【例 C-3】参差不齐

n 名电影演员依次排成一排,第 i 人的颜值为 y_i. 希望挑选 m 个人拍一张电影海报,这 m 个人的前后顺序不能发生变化.定义颜值参差不齐度＝相邻两人颜值差的绝对值之和.求这 m 人的参差不齐程度最少是多少?($m \leqslant n \leqslant 800$)

本题也是决策一个子序列 $1 \leqslant i_1 < i_2 \cdots < i_m \leqslant n$,最小化 $\sum\limits_{k=2}^{m} |y_{i_k} - y_{i_{k-1}}|$.这形式上(几乎)就是序列 DP 场景:$W(l, r) = |y_r - y_l|$[①].不同点首先是给定了分割点的个数为 m(分成 $m+1$ 段),这可以在状态中增加一维来解决;其次是总代价只涉及后 $m-1$ 段的贡献,即第一段 $(i_0, i_1]$ 不贡献到目标函数,这一点可以通过修改边界来解决,即将 i_1 视为边界而非决策(见下).

(1) 状态:f_{ij}＝前 i 人中选 j 个(a_i 必选)最小代价.

这里是以"选中点"为分割点,所以右端点是必选的[②].

(2) 转移方程:$f_{ij} = \min\limits_{k=1}^{i-1} \{ f_{k, j-1} + |y_i - y_k| \}$.

(3) 边界:$f_{i, 1} = 0$,$f_{1, j} = \infty (j > 1)$.

之前经常采用设置一个哨兵 y_0,将第一段也包含进来.

但本题做不到,因为不存在 y_0 使所有 $|y_i - y_0|$ 都是 0.

故只能以 $j = 1$(选中第一个人)为边界.

(4) 答案:$ans = \min\limits_{i=1}^{n} f_{im}$.

(5) 复杂度:$O(mn^2)$.

这里稍微多说两句关于边界和无效状态:一般二维状态需设置一维边界,包括 $j = 1$ 和 $i = 1$ 两部分,如下图所示(i 为行数 j 为列数).

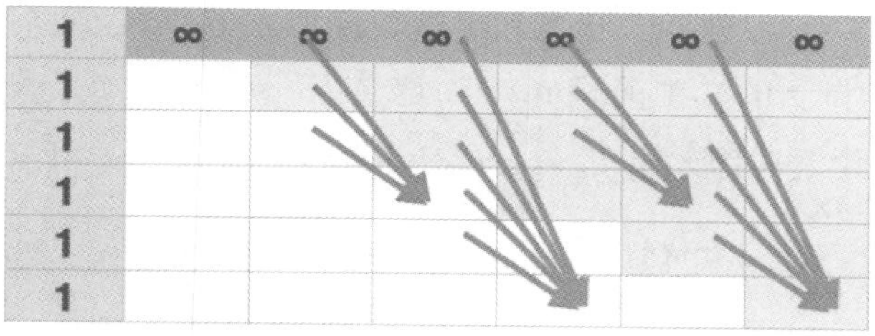

但本题无效状态并非只有 $f_{1, j}(j > 1)$(上图深灰色部分),所有 $j > i$ 的状态都是非法的(根据定义 i 个人中不可能选出多于 i 个),即上图浅灰色部分.但并未直接设置 $f_{ij} = \infty (j > i)$,有否问题?

这种情况要看转移图的具体形式.本题 f_{ij} 依赖的子问题为 $f_{k, j-1}$,$k = 1..i-1$,图中即 (i, j) 左上方的位置.对 $j > i$ 的无效状态,其依赖的子状态也都是无效状态,即使将其当做有效状态去算,得到的值也还是无穷大.这就不需人为设置所有无效状态,只要设置一些无效状态的边界即可.并非所有转移方程都有此特征.

这样处理带来的一个小细节是:被"推算出来的无效状态"虽然也是"无穷大",但计算机中并无数学

---

① 可能有读者介意这表达式里的 y_l 属于上一段,但并无影响.序列 DP 框架中 $W(l, r)$ 只要形式上由该段的左右端点(不论是开/闭都可)唯一决定即可,并不限制只能与该段"内部"有关.

② 上章相邻项有约束的最优子序列问题中,也是以"选中项"为状态的,这里 $|y_r - y_l|$ 虽不是约束条件,但要求 y_l 和 y_r 都是选中项,才能知道对目标函数的贡献.

意义上真正的 ∞,往往只是用一个足够大的数 INF[①] 来充当无穷大. 被推算出的无效状态值虽也足够大, 但并不一定等于 INF 了,因为转移中一样会加上 $|y_r - y_l|$ 这样的额外项. 如需要判断最终状态是否有解,若用 $f_{nm} = INF$ 判断就错了,一种常用的写法是 $f_{nm} > INF/2$.

【例 C-4】混双配对

从 n 个男生与 n 个女生中选各若干人配成混双,男生年龄为 $a_1..a_n$,女生年龄为 $b_1..b_n$,被选出的男女生中,按编号第 k 小的男生与编号第 k 小的女生配对. 一对配对的实力值为其年龄的乘积. 求如何选择可使实力值总和最大. 注意并非选出的人越多越好,参见下作图例子.($n \leqslant 2000$)

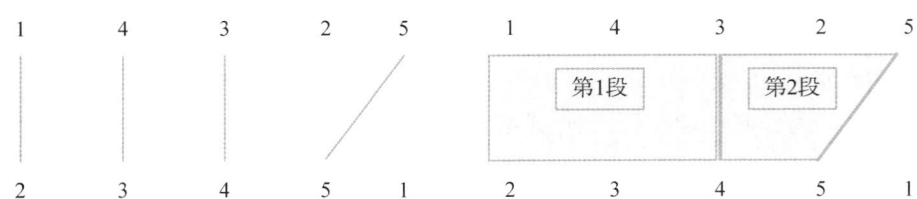

本题决策的是两个序列各选一个(等长)子序列. 选定后的配对规则是从左到右一一对应,等价于原序列选一些两两不交叉的配对线,可视为两个序列同时切割. 一个序列切割可以前缀为状态,两个则分别贡献一个前缀(联合前缀).

(1) 状态:$f_{ij} = $ 最后一对配对为 (a_i, b_j) 的最大收益.

(2) 决策:上一对选 (i', j'). $f_{ij} = a_i b_j + \max\limits_{i' < i, \, j' < j} f_{i'j'}$.

(3) 边界:$f_{0,0} = 0$,$f_{0,j>0} = f_{i>0,0} = -\infty$.

(4) 答案:$ans = \max\limits_{1 \leqslant i, \, j \leqslant n} f_{ij}$.

(5) 复杂度:$O(n^4)$.

以上最直接地暴力推广一维序列 DP,状态和决策数都平方了一下. 现进行优化,首先介绍从纯数学入手:方程右侧第二项是 f 自己的二维前缀 max[②]. 定义 $F_{ij} = \max\limits_{i' \leqslant i, \, j' \leqslant j} f_{i', j'}$,则不难得其递推式[③] $F_{ij} = \max\{F_{i-1, j}, F_{i, j-1}, f_{ij}\}$,代入转移方程 $f_{ij} = a_i b_j + F_{i-1, j-1}$ 消去 f_{ij},得 F_{ij} 的转移方程

$$F_{ij} = \max\{F_{i-1, j}, \, F_{i, j-1}, \, F_{i-1, j-1} + a_i b_j\}$$

答案正好为 $ans = F_{nn}$,复杂度为 $O(n^2)$. 此优化技巧称为状态前缀化. 当转移方程右侧出现状态本身在连续区间/区域上的某目标函数,可借用第 1 章概念改用其前缀化函数为新的状态,反推原状态(差分),则可简化转移方程.

从逻辑角度也可达到同样目的. 本题并不涉及相邻分割点之间的数值运算($a_i b_j$ 是"分割内部"贡献),并不需限制 i, j 正好是匹配的一对(类似一维情形不需限制 a_i 必选). 可直接从逻辑上重新定义如下状态:

(1) 状态:$F_{ij} = a_1..a_i$ 和 $b_1..b_j$ 间(任意)匹配的最大收益.

不难发现这就是前面的二维前缀 max.

(2) 决策:如 a_i 和 b_j 匹配则剩余只能从 $a_1..a_{i-1}$,$b_1..b_{j-1}$ 选.

[①] 大到合法状态不可能取到,如本题中 $INF = 1e9$ 足够.

[②] 忘记的读者请复习例 1-8.

[③] 与二维前缀和不同,由于 $\max(x, x) = x$(这个特征称为幂等性),不需用容斥原理去减 $F_{i-1, j-1}$.

最大收益为 $F_{i-1, j-1} + a_i b_j$.

否则 a_i 和 b_j 至少有 1 个不选,最大收益为 $\max\{F_{i-1, j}, F_{i, j-1}\}$.

综合两种情况可得到如前相同的 F_{ij} 的转移方程.

【例 C-5】航线问题

一条河的南岸和北岸总共有 n 对城镇,每对城镇间可通航.要求任何两条航线不得在河中交叉.问至多能建几条航线?输入 n 行每行 2 个正整数 a_i, b_i,表示一对可通航的城镇分别到河源头的距离,保证 a_i, b_i 各自互不相同.如下图共 7 条可选航线,但至多选出 4 条不交叉的.($n \leqslant 100$, a_i, $b_i \leqslant 100\,000$)

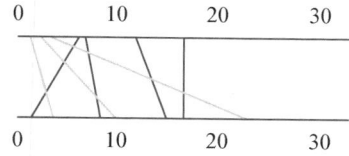

本题可转化为上题建模,将有码头且可通航的位置间设置收益为 1,没有的设置收益为 0(或 $-\infty$),开通的一条航线视为一组配对.

状态:F_{ij} = 北岸(坐标)$0 \sim i$,南岸 $0 \sim j$ 间建航线,最大条数.

$$F_{ij} = \max(F_{i-1, j}, F_{i, j-1}, F_{i-1, j-1} + 1 \text{ 或 } 0)$$

这样做的缺点是 i, j 是以 a_i, b_i 的值域为范围,记为 $L = 100\,000$,则复杂度 $O(L^2)$ 过高.其实 a_i, b_i 的绝对数值并不影响答案:例如将所有 a_i, b_i 增加 10 倍答案不变,只有 a_i, b_i 的相对大小才有意义.具体有两种优化路径.

一是等价地修改输入的值,在不改变相对大小的前提下修改 a_i, b_i 的值,使值域减小[1].最简单的做法是以 a_i, b_i 各自的排名作为新值,即可保持相对大小,而排名的值域就是 n.如此预处理后,复杂度变为 $O(n^2)$.

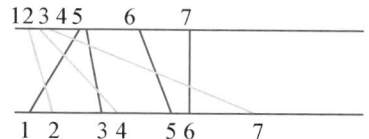

另一思路是从逻辑出发,直接从航线而非坐标下手,被选出的相邻航线间两个端点都有递增约束.

(1) 状态:f_x = 以航线 x 为(选中的)最右的一条,最多总共能选几条.

(2) 决策:上一条选航线 y:$f_x = 1 + \max\limits_{a_y < a_x, \, b_y < b_x} f_y$ [2].

航线原始编号也不影响结果,可以 a_i 递增重新编号,则 $a_y < a_x \Leftrightarrow y < x$ [3],方程变为 $f_x = 1 + \max\limits_{y < x, \, b_y < b_x} f_y$,这就是最长上升子序列问题(例 A-2).这可如此理解:a_i 排序后,b_x 的意思是北岸第 x 个码头与南岸哪个码头通航.由于北侧编号已排序,不交叉相当于对应选中的南侧编号也要从小到大,这就是 $\{b_i\}$ 上升子序列的定义.本题展示了建模过程中所谓问题转化:原始题意看不出本质上就是最长上升子序列问题.本书第 V 章还会回到这个问题并给出更优解法.

---

① 这类操作统称离散化."只与相对大小有关"其实是一种对称性,离散化就是选此对称性的代表元.

② 这个式子也称为 2 维偏序最长路径问题:如将 (a_i, b_i) 视为坐标,相当于给定平面上 n 个点,$f(x)$ 表示从 x 出发每次只往左下方向走到其他点,至多能走几步.

③ 严格来说这个式子要求 a_i 没有并列才成立,读者请自行思考下有并列情况如何修改(不难).

【例 C-6】最小方差

$x_1..x_n$ 的方差定义为 $\sigma^2 = \frac{1}{n}\sum_{i=1}^{n}(x_i - \bar{x})^2$($\bar{x}$ 是 $x_1..x_n$ 的平均数)[①]. 现给定数列 $a_1..a_m$,要求切分成 n 段,使每段之和(共 n 个和)的方差最小(注意是和的方差不是方差的和). 输出最优的 $n^2\sigma^2$,可证明其一定是整数.($1 \leqslant n \leqslant m \leqslant 5000$)

本题形式上很符合序列切割的特征,设第 i 段和为 s_i,则总代价 $= n\sum_{K=1}^{n}(s_K - \bar{s})^2$. 但这里 $\bar{s} = \frac{1}{n}\sum_{i=1}^{n}s_i$ 又包含所有 s_i,这形式上的求和项对每一段并不是独立的. 这里首先需对方差的表达式做些数学推导:

$$n^2\sigma^2 = n\sum_{K=1}^{n}(s_K - \bar{s})^2 = n\sum_{K=1}^{n}s_K^2 - 2n\bar{s}\sum_{K=1}^{n}s_K + n^2\bar{s}^2$$

其中第二项里 $\sum_{K=1}^{n}s_K$ 就是 $n\bar{s}$,代入得 $n^2\sigma^2 = n\sum_{K=1}^{n}s_K^2 - n^2\bar{s}^2$. 这里第一项就是每段独立加和形式了,而第二项 $= (\sum_{K=1}^{n}s_K)^2 = (\sum_{i=1}^{m}x_i)^2$ 是个常数. 问题转化为最小化 s_i 的平方和,即 $W_{l,r} = (\sum_{i=l+1}^{r}x_i)^2$,这才是标准序列 DP. 此题需固定段数,所以状态要两维

(1)状态:$f_{ij} =$ 前缀 $a_1..a_i$ 位分 j 段的最小代价.

$$f_{ij} = \min_{k=0}^{i-1}\{f_{k,j-1} + (S_i - S_k)^2\}\ (S \text{ 是 } x \text{ 的前缀和}).$$

(2)复杂度:$O(nm^2)$.

此复杂度对题述规模仍不能通过,本题进一步优化方法已超出本书范畴. 感兴趣的读者可自行调研四边形不等式或斜率优化. 本题说明当一个问题看似不符合某场景时,有时可通过一些手段,如数学推导、变形、拆分等,使其(或其一部分)变为符合经典场景.

小 结

本章探讨了第一个常见问题场景:序列 DP,给出了其基本的数学描述以及其一些基础应用和变形(如决策子序列、双序列切割等). 顺便介绍了如状态前缀化这样的 DP 优化技巧(但更多 DP 优化知识已超出本书范畴). 请读者在阅读后多总结有通用性的内容,如问题场景是怎么抽象出来的,不同问题之间怎么转化等,其次再关注具体问题及解法本身.

习题

1. 魔拟赛 3(etiger733).
2. 怒海潜沙(etiger418,不要求 100 分).
*3. 最小方差 2(etiger2524).
*4. 黄浦江(etiger899).

---

① 数学上方差定义还可推广到一般随机变量. 本题也可视为一个随机变量 x 等概率取 $x_1..x_n$ 中某个值.

D 区间 DP

本章讨论 DP 第二个基础场景区间 DP，区间 DP 也是在一维序列上. 在学习过程中请注意区分区间 DP 与序列 DP 的差异，并思考一些看似区间特征不明显的问题，是如何转化成经典场景的.

> **【例 D-1】钢条切割 2**
>
> 一个钢条长 n 英寸，要切割成长固定为 $a_1, \ldots a_m$ 的 m 段，保证 $\sum_{i=1}^{m} a_i = m$，且要求这 m 段在原钢条上的顺序必须严格按 $1 .. m$ 从左到右排列. 每次将一条长 L 的钢条锯为两段需花费 L 单位体力. 求完成任务最少需花费多少总体力？($m \leqslant 100$)

本题情节看似与例 C-1 相似，实际有本质区别①. 一个困难是中间状态（子问题）不像之前问题那么明显. 遇到这种情况，不妨先尝试做几步试试. 设第 1 次切割在 a_k 后，则变为长 $a_1 + \ldots + a_k$ 和 $a_{k+1} + \ldots + a_n$ 两部分，这就是 2 个子问题，而再切这两段的各自收益也需要最优，即最优子结构.

这里出现的子问题不止包括（序列 DP 那样的）前缀，还有后缀；而再切下去还可能出现由任意连续下标组成的中间一段 $a_i .. a_j$，下标范围是区间 $[i, j]$，故称为区间 DP，即以区间为状态.

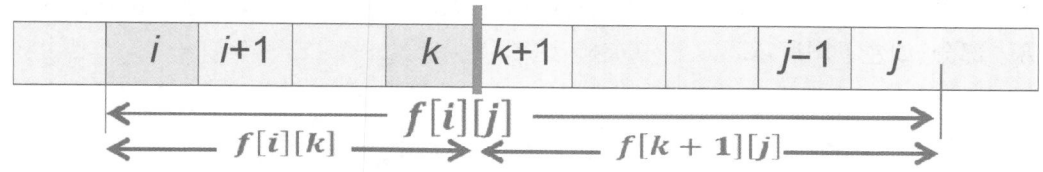

(1) 状态：f_{ij} = 切割区间 $a_i .. a_j$ 的最大收益.

(2) 决策：第一刀切在 a_k 后：$f_{ij} = \min_{k=i}^{j-1} \left\{ f_{ik} + f_{k+1,j} + \sum_{x=i}^{j} a_x \right\}, i \leqslant j.$

(3) 答案：$ans = f_{1,n}.$

(4) 复杂度：$O(n^3)$（x 维度求和用前缀和优化）.

需要说一下边界：这里虽也是 2 维状态，但并非寻常的 $i = 0$ 或 $j = 0$ 是边界. 根据转移方程，右边的状态是左边状态的子区间. 所以边界是没有子区间的区间，也就是 $[i, i]$，根据定义长 1 的钢条不可能切割，故边界为 $f_{ii} = 0.$

```
for (int i = 1,a; i <= n; ++i) {
    cin >> a;
    s[i] = s[i] + a;
```

---

① 读者可以用上章方法（序列 DP）尝试一下，看看差异在哪里.

```
            f[i][i] = 0;
    }
    for (int i = 1; i <= n; ++i) {
        for (int j = i + 1; j <= n; ++j){
            f[i][j] = INF;
            for (int k = i; k <= j - 1; ++k)
                f[i][j] = min(f[i][j],
                    f[i][k] + f[k+1][j] + s[j] - s[i-1]);
        }
    }
```

以上代码是错误的,读者能否发现问题? 下面用之前所述打印日志手法再次演示下 DP 查错. 以下为一组结果出错的日志输出.

```
6
5 6 1 5 5 5
27
f[1][1]=0    f[1][2]=11   f[1][3]=12   f[1][4]=17   f[1][5]=22   f[1][6]=27
f[2][1]=0    f[2][2]=0    f[2][3]=7    f[2][4]=12   f[2][5]=17   f[2][6]=22
f[3][1]=0    f[3][2]=0    f[3][3]=0    f[3][4]=6    f[3][5]=11   f[3][6]=16
f[4][1]=0    f[4][2]=0    f[4][3]=0    f[4][4]=0    f[4][5]=10   f[4][6]=15
f[5][1]=0    f[5][2]=0    f[5][3]=0    f[5][4]=0    f[5][5]=0    f[5][6]=10
f[6][1]=0    f[6][2]=0    f[6][3]=0    f[6][4]=0    f[6][5]=0    f[6][6]=0
```

第一个出错的是 $f_{1,3}=12$(正确为 19),将 $i=1$,$j=3$ 代入转移方程:$f_{1,3}=\min\{f_{1,2}+f_{3,3}, f_{1,1}+f_{2,3}\}+12$. 从上图看此式结果似乎缺应为 19,但仍然是计算顺序问题,在算 $f_{1,3}$ 时 $f_{2,3}$ 还没算过,其值当时还是 0[①]. 对区间 DP,简单的自然顺序(i,j 从小到大)是行不通的.

寻找可行顺序有多种办法,最无脑(但实现最麻烦)的是显式预计算拓扑排序(Kahn 算法);记忆化搜索绕过顺序问题也是一种可行方法[②]. 对二维状态画出转移图是一个棋盘格,根据转移方程(i,j)依赖其右侧和下方一部分,如左下图所示.

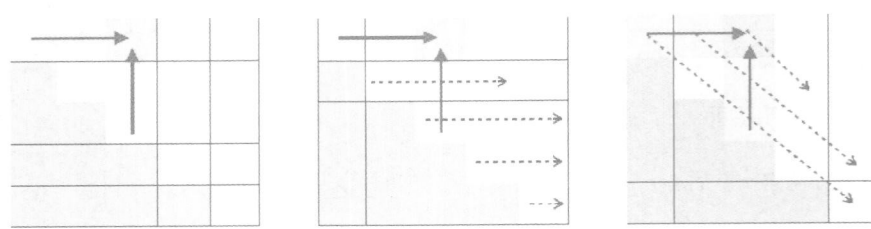

容易看出自然顺序(从上到下,从左到右)不可行;而一种明显的可行方案是:先从下到上,再从左到右(如中上图所示).

```
for (int i = n; i >= 1; --i)
    for (int j = i + 1; j <= n; ++j) ...
```

另一种可行顺序逻辑含义请清楚:注意长度较大的区间只会依赖长度较小的区间,故可按长度从大到小的顺序来计算. 在转移图上如右上图所示. 相当于以 $len(l,r)=r-l+1$ 为势函数. 数学上等价于换

---

① 如还看不出,就将当时的 $f_{1,3}$,$f_{2,3}$ 也打印出来,则肯定能发现问题了.
② 本题其缺点是空间无法优化,这一点将在下两章专门讲述.

元法：$f_{i,j} = g_{i,j-i+1}$，可反解出以 g 表达的转移方程. 以上是区间 DP 最常用的两种计算顺序.

$$g_{iL} = \min_{l=1}^{L-1} \left\{ g_{il} + g_{i+l,L-l} + \sum_{x=i}^{i+L-1} a_x \right\}$$

序列 DP 与区间 DP 的异同

字面上两者都涉及对一个序列的"切割"，解法上前者只需一维状态（前缀），后者则要二维状态（区间）. 从决策对象看，序列 DP 中答案（目标函数）与分割顺序无关，即决策的是一个分割点集合；而区间 DP 则与切割顺序有一定关系[①]. 严格说，区间 DP 决策的是一棵二叉树的结构. 如下图是一种切割方案的示意图，表示父节点比子节点先切，而无祖孙关系的两个点先后关系则无限制.

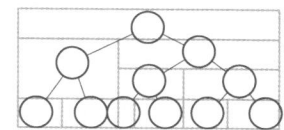

【例 D-2】扫地僧

Lester 为练成绝世武功前往少林寺扫地. 少林寺有 n 棵树，围成一个圈，第 i 棵树下有 a_i 片树叶. lester 每次将相邻两堆扫到一起，消耗体力为两堆叶数之和. 求将所有树叶扫到一堆，最多要消耗多少体力. 如右图所示情况，最大值为 $14+18+22=54$. ($n \leqslant 2\,000$, $a_i \leqslant 1\,000\,000$)

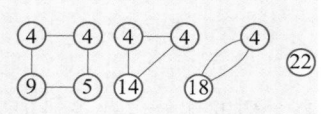

环形问题一般与序列问题相差不大，且有一些固定手段可处理. 先分析中间过程，由于只能相邻合并，中途某一堆一定是原始的连续若干堆（可能越过第 n 堆回到第 1 堆）合出来的，且这一堆以后就一直在一起. 而总收益是每次之和，则（从初始）合出这一堆的过程也必须最优，这是最优子结构. 环上的"连续一段"[②]用左右端点也可描述，这里使用一种更自然的方式，即左端点＋长度：以 (i, L) 表示区间 $a_i \ldots$ $a_{(i+L-2)\%n+1}$.

（1）状态：$g_{iL} = $ 合并从 i 开始长 L 的一段，最大收益.

（2）决策：最后一次合并前，两堆也都是区间，其长度分别为 $l, L-l$.

$$g_{iL} = \min_{l=1}^{L-1} \left\{ g_{i,l} + g_{(i+l-1)\%n+1, L-l} + \sum_{x=i}^{i+L-1} a_{(x-1)\%n+1} \right\}$$

最后一项为最后合二为一的收益，可用例 1-4 的方法做到 $O(1)$.

（3）边界：$g_{i,1} = 0$.

除了下标加法在模 n 意义下[③]，可发现转移方程与上题（以 g 为状态时）几乎完全一样. 这并不是巧合：本题的"合并"过程，如把时间反转倒着看，就是上题"切割"过程，且每次操作的代价/收益数值计算方式也一样. 唯一不同的环形设置，这只是独立处理下即可.

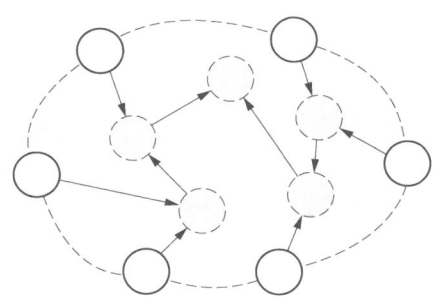

---

① 但也不是全部相关. 如第一刀切完后，两个子问题之间顺序就无影响了，仅子问题内部顺序有影响.

② 也可理解为区间概念在环上的推广. 关于常用处理方法参见例 1-4.

③ 以后类似情况在不引起歧义时，就直接说"运算在模 n 意义下"而不在表达式中显式写取模细节了.

最后看下答案,容易误写作 $ans = g_{1,n}$. 如此相当于限制 a_1 和 a_n 间不能合并,则回到序列情形了. n 元环上相邻位置共 n 对,而合并次数是 $n-1$,因此对任意可行解,有且仅有一组相邻位置从来没有合并过(如上图所示),如以此位置切开则答案就是正确的. 但并不知道最优解的分割位置是哪一个,则可以枚举所有可能性: $ans = \max\limits_{i=1}^{n} g_{i,n}$. 以 (i, L) 为状态是区间问题链→环常用手段.

【例 D-3】加分二叉树(NOIP 2003 提高组 T3)

设一个 n 个节点的二叉树的中序遍历为 $1, 2, 3, \cdots, n$. 每个节点 u 都有一个正整数分数 d_u,每个子树 u 有一个"加分",计算方法为:$S_u = S_{lc[u]} S_{rc[u]} + d_u$. $lc[u], rc[u]$ 表示节点 u 的左右子节点编号. 规定空子树的加分为 1,叶节点的加分就是本身的 d_u. 求符合条件的整棵树的最高加分.($n \leqslant 300$)

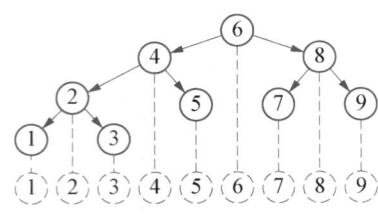

本题乍一看要决策的对象是"一棵二叉树的结构"(枚举树). 虽然树结构确实也可枚举,但较复杂. 这里重点是利用已知中序遍历这个约束条件来简化. 中序遍历是二叉树序列化的一种[①],核心特征是每个子树的中序遍历都是整个中序遍历的一段. 具体说,如知道根节点,则其在中序遍历中分割出的前后缀就是对应左右子树的中序遍历. 这样中序遍历上的区间就描述了一个子问题. 根据乘法的单调性,(确定根节点后)左右子树的加分也要各自最大,这就是最优子结构. 这里子问题来源于树的自相似特征,再通过中序遍历映射成区间.

(1) 状态:$f_{ij} = $(节点 $i..j$ 组成的)中序遍历为 $i..j$ 的子树的最大加分.

(2) 决策:根节点选 k. $f_{ij} = \max\limits_{k=i}^{j} \{ f_{i,k-1} f_{k+1,j} + d_k \}$.

(3) 边界:$f_{ii} = d_i$(叶节点).

不要忘记还有空树的边界:$f_{i,i-1} = 1$,此项在 $k=i$ 或 j 时出现在方程右侧.

(4) 复杂度:$O(n^3)$.

【例 D-4】删除括号

一个字符串包含 3 种括号:(),[],{}. 合法的串左右括号必须与同种括号配对(不区分不同类型括号间优先级),例如([])和[()]是合法串,(([])、([])为非法串. 求至少需要删除几个括号,才能使其合法. 输入串长度 $\leqslant 1000$.

(合法)括号序列本身与树结构有密切关联(参见例 4-4),但本题涉及非法括号序列的处理,不太方便从树的自相似性角度找子问题. 还是用"从局部试一试"的方法找思路,考虑最左侧的位置 s_1.

(1) s_1 最终被删(如[[]]→[]),则问题转化为子问题 $s_2..s_n$.

当然如 s_1 本身是右括号,则必须删.

(2) s_1 最终保留,则必与右边某个同类右括号 s_k 匹配,即 $(s_2..s_{k-1}) s_{k+1}..s_n$,则转化为 2 个子问题:$s_2..s_{k-1}$ 和 $s_{k+1}..s_n$.

这两部分(都是区间)也要删成合法序列且都要最优.

[①] 序列化(Serialization)是复杂结构映射成线性结构的操作,可视为散列的一种,给定序列化结果相当于给出了树结构的一个必要条件(有些情况下是充要条件). 树序列化本身是树论的重要课题,但不在本书讨论范围内.

(3) 状态：$f_{ij}=$ 将 $s_i..s_j$ 删成合法序列，至少要删几个.

$$f_{ij}=\max_{k=i+1}^{j}\{f_{i+1,j}+1,\ f_{i+1,k-1}+f_{k+1,j}\mid s_i\ \text{匹配}\ s_k\}$$

这里边界需要关注一下. 容易想到的是 $f_{ii}=1$，但注意方程右侧有 $f_{i+1,k-1}$，当 $k=i+1$ 时此项为 $f_{i+1,i}$，貌似是非法状态（左端点比右端点大），实际代表"空串"（长度为 0），逻辑上仍是合法括号序列，因此还须设置 $f_{i+1,i}=0$（而非 ∞）. 计算顺序方面，此转移方程虽细节与前 2 题略有不同，但转移关系仍满足"大区间依赖小区间"的基本特征，故选择长度从小到大即可.

最后提一个小问题，既然不限制不同括号类型的优先级，为何还要引入 3 种括号（数学上就是为区分优先级才引入多种括号）？本题如只含（）有何本质区别？本章高级问题探讨中将说明这个问题.

【例 D-5】切蛋糕（最优三角剖分）

给定一个凸 n 边形蛋糕的各顶点坐标，要求将蛋糕切成 $n-2$ 块. 每刀只能沿蛋糕某两点连线的直线切，且任何两刀在非顶点处不得相交. 如切 i,j 两点连线，会造成 $C_{ij}=|x_i+x_j||y_i+y_j|\%p$ 的代价[1]，求最小总代价.（$n\leqslant 100$）

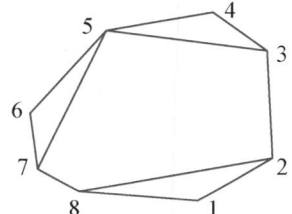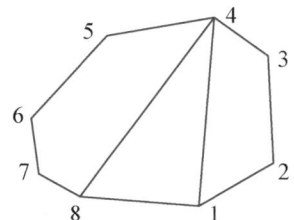

如上图这样将多边形划分为不重叠的以多边形顶点为顶点的三角形，称为多边形的三角剖分[2]，是计算几何算法的一个重要话题，但不在本书讨论范畴. 本题最优子结构较明晰：切完一刀后，自然分成两个（也要最优的）子问题. 难点是子问题的描述. 如左上图所示是一种可能的中间状态，中间的五边形也要最优切法，其顶点编号为 $\{2,3,5,7,8\}$ 不是连续的，这样的话可能状态共有 2^n 种，即用 n 位二进制数表示来实现（参加例 9-6），空间也无法存下.

这里要利用下对称性：对同一方案，目标函数与切割顺序无关，则可选择一种特定的顺序，使得如上复杂的中间状态不出现. 注意周长上的每条边最终属于唯一的某三角形，考虑 $(1,n)$ 这条边，设其最终所属的三角形为 $(1,n,k)$，如右上图所示为 $n=8$，$k=4$，则规定最先切这两刀 $(1,k)$，(n,k). 则剩余两个子问题为 $1..k$ 和 $k..n$，两者编号都仍是连续的，此顺序可保证涉及的子问题顶点编号总是连续.

(1) 状态：剖分多边形 $(i,i+1,..,j)$ 的最小代价.

(2) 决策：边 (j,i,k) 组成一个三角形：$f_{ij}=\min_{k=i+1}^{j-1}\{f_{ik}+f_{kj}+C_{ik}+C_{jk}\}$.

(3) 边界：为使 k 至少有 1 种决策，有效状态要求 $j-i\geqslant 2$.

而右边极端情况会出现 $f_{i,i+1}$ 这种状态，表示 $n=2$ 的退化情况.

此边界取值为 $f_{i,i+1}=0$，$i=1..n-1$.

从较高层面看，如上优化是所谓优化建图思想的一种应用. DP 可视为转移图上的某种图论问题；在

---

[1] 不用去想这表达式本身的奇怪属性的实际含义. 但其多少暗示了解法与代价的表达式细节关系不大.

[2] 三角剖分定义本身不限凸多边形. 如读者还记得，第 4 章说过凸多边形的三角剖分方案数是卡特兰数，后者又与栈、树有密切联系，所以本章也经常看得到树结构的影子.

图论中,图结构经常具备对目标函数的对称性,即以某种方式修改图,结果不变①. 在此情况下,可修改原图以达到简化建模或优化性能的效果. 下面是一个简单的示意性例子,实线边权为 1,虚线边权为 0,在求最短路的意义下,如下两个图等价,但右下图的边数少了 2 条.

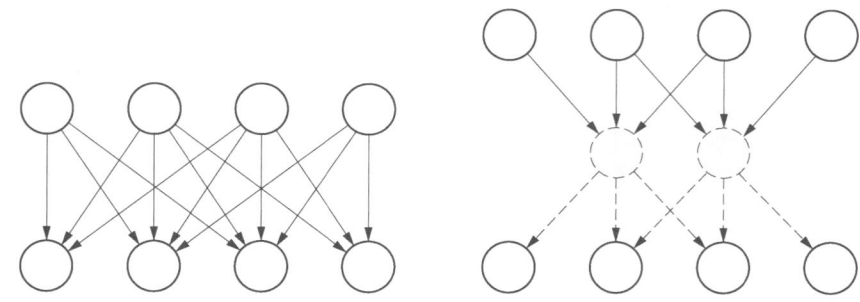

> 【例 D-6】表彰
>
> 有 n 个领导排成一排,第 i 个人的坐标为 x_i. 开始时 Lester 站在 x_K,他必须与所有领导握手致谢. Lester 移动速度为 1,握手时间忽略. 领导 i 每等 1 单位时间会增加 w_i 的不悦度. 求所有人不悦度总和最小值.$(1 \leqslant K \leqslant n \leqslant 1000, x_i, w_i \leqslant 1000)$

此类决策一种操作顺序的问题,常见的是在时间维度上找中间状态. 如本题在中途,对结果有影响的信息,粗略看有很多:当前时间、所在的位置、已经握过手的集合,总取值范围为 $O(nT2^n)$,T 表示时间范围(上限估为 $O(n^2)$).

这里利用最优解分析的思想,即寻找最优解是否具有某些(额外的)必要条件,来减少状态的数量②. 因握手不需要时间,则经过任何未握过的领导时"顺便"握一下,不会有损失,即(至少存在一种)最优解中途走过的范围内一定都握过,此范围是一个区间.

(1) 状态 1:$f_{tkij} = t$ 时刻位于 x_k,已访问过 $i..j$,最小代价.

解决了"已访问集合"的复杂度,但状态数仍有 $O(XTn^2) \sim O(n^5)$③. 先处理维度 t,记录绝对时间的目的只是为计算第一次访问某人时,其贡献的代价. 而总代价是求和,不一定要等到每个人真的被访问到再统计. 可这么理解:任意时刻还未访问的所有人都在(以 w_i 的速度)积累不悦度,不妨将某时刻已积累的代价也算成当前代价的一部分. 如此则从 t 时开始,后半程对代价的贡献就是纯粹的增量(与 t 值本身无关). 这种技巧称为费用提前计算,以下为两种理解下当前代价的示意图,最终两者一致的原因本质上是利用加法交换律.

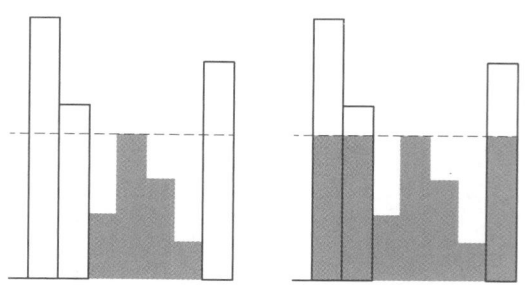

---

① 修改的方式可能有很多,如删边、缩点、加边、拆点、修改边权、反向等等. 后文还会经常涉及.

② 可视为最优性剪枝的一种(不符合条件的一定不优).

③ 如果是在赛场上,n^5 也是能得分的,没必要急于否定. 这里 X 是下标范围,本题中与 n 同量级.

(2) 状态 2：$f_{kij}=$ 当前位于坐标 x_k，已访问过 $i..j$ 的最小代价（含累积部分）.

状态数已降为 $O(n^3)$. 现来看 k 维度，再次用最优解分析：如在一个非第一次访问的人处折返，显然是无意义的，即访问到一个新人前，方向（决策）不会改变[1]. 也就是只关心每次访问到下个新人的状态，期间只能走直线. 从 (k,i,j) 开始，访问到下一个新人只能是 $(i-1,i-1,j)$ 或 $(i,j+1,j+1)$.

(3) 状态 3：$f_{ij}=$ 已访问过 $i..j$ 且当前位于 x_i 的最小代价.

$g_{ij}=$ 已访问过 $i..j$ 且当前位于 x_j 的最小代价[2].

(4) 决策：上个人访问完是在左端还是右端.

从七个位置走到 x_i/x_j 期间，所有还未访问的人积累代价.

$$f_{ij}=\min\{f_{i+1,j}+(x_{i+1}-x_i)T_{i,j+1},\ g_{i+1,j}+(x_j-x_i)T_{i,j+1}\}$$

其中，$T_{ij}=\sum_{k=1}^{i}w_k+\sum_{k=j}^{n}w_k$（单位时间累积的代价）.

未访问过的人是一个区间的补集，即 1 个前缀 ＋1 个后缀.

g 的转移方程基本对称，就不重复列了.

(5) 复杂度：$O(n^2)$.

计算顺序遵守区间 DP 规则即可. 由最优解分析得到最优走法其实一定是如下的左右锯齿状，决策这样的方案比从所有解中找最优解显然容易的多.

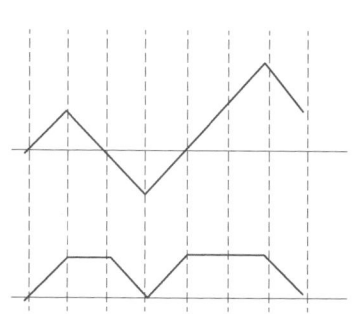

* 高级问题探讨

【例 D-7】 删除括号（单一版）

有一串字符串，只包含()，请问至少需要删除几个括号才能正确配对. 例如(()) 和 ()() 均认为合法，而(() 和 (均为非法.

例 D-4 的区间 DP 复杂度为 $O(n^3)$，优化要利用括号种类相同这一特殊性[3]. 第 3 章中讲过此类括号序列合法的充要条件：①左右括号个数相同；②任何前缀上左括号个数≥右括号个数.

以上条件可以一种直观的方式表达出来：类似第 3 章所述的上三角行走[4]，从原点 $(0,0)$ 开始，如遇到左括号则向右上斜走一步 $(x,y)\to(x+1,y+1)$，否则向右下斜走一步 $(x,y)\to(x+1,y-1)$. 则前述充要条件可等价表达为：整条折线不低于 x 轴且终点在 x 轴上. 删一个括号可视为对应步改为向右平走 $(x,y)\to(x+1,y)$. 问题转化如下：给定 $(0,0)$ 出发的折线，将最少的长度改平，使满足前述条件.

---

[1] 即只有一种决策，则中途的状态就没必要了. 对应转移图上两点间只有一条无分支的路径，则这条路径可压缩成一条边.

[2] 也可以设一个 bool 维度来统一成 f，这只是不同的写法. 笔者个人建议遇到这种 2 值的状态维度，直接分两个函数写会清楚一些.

[3] 可配对的括号对数多于例 D-4，如[）不合法，但(()合法.

[4] 就是差一个 45°旋转.

(1) 状态：$f_{ij} =$ 使折线走到(i, j)最少要删几个.

(2) 决策：s_i 删不删.

如 $s_i = '('$，$f_{ij} = \min(f_{i-1, j} + 1, f_{i-1, j-1})$；

如 $s_i = ')'$，$f_{ij} = \min(f_{i-1, j} + 1, f_{i-1, j+1})$.

(3) 边界：$f_{0, 0} = 0$，$f_{0, j > 0} = \infty$.

(4) 复杂度：$O(n^2)$.

处理单一类型括号序列问题，以上这种图像分析有助于形象理解问题，且也可以描述非合法括号序列、增删括号等操作. 此技巧称为折线法.

本题还可进一步优化. 首先如原折线有低于 x 轴部分，设最低到达 $-y$，则至少要删 y 个右括号. 删一个右括号相当于 ↘ 改 →，即其后整个后缀抬高一单位，则尽量删靠左的不会吃亏，最优即删最靠左的 y 个右括号. 此时整条折线不会低于 x 轴，再删左括号使括号数匹配即可，同理左括号删越靠右越好. 而这也不会新造成低于 x 轴的情况，因为被删位置右边只剩右括号，折线只会降，而最右端又不低于 x 轴. 以上所删个数都是必须的，而又可行，这就是最优解. 设开始有 r 个右括号，先删 y 个还剩 $r - y$ 个，左括号也需剩 $r - y$ 个. 共删 $n - 2(r - y)$ 个，这就是答案. r，y 都可 $O(n)$ 计算，复杂度为 $O(n)$.

小 结

本章介绍区间 DP 场景，在计算时需要注意一下顺序的问题. 建模难点主要在于如何找到以区间所代表的状态. 有时在没有思路的情况下，可以尝试手动决策一两步试试，以寻找状态和最优子结构，这个做法对一般问题都可试. 本章实际例题求解中也涉及一些具体技巧，如环形场景的处理、优化建图思想、最优解分析、费用提前计算、折线法等.

习题

1. 删除括号（etiger461）.

2. 加分二叉树（NOIP 2003 提高组 T3，etiger43）.

3. 扫地僧（etiger377，目前只要求 60 分即可）.

*4. 括号序列（CSP 2021 S2T2）.

*5. 有刺客（etiger462）.

E 背包问题 1

从本章起讨论 DP 的第三个也是变化最丰富的基础场景:背包问题.其外延之广泛几乎可以单独写一小本书.有些资料上甚至将其视为一种独立算法[①].鉴于篇幅较长,将拆为两章讲述.本章着重介绍比较基本的模板问题及核心思想.下章将介绍更外延的一些变形和加强版本.

【例 E-1】01 背包
你的包至多能装 W 公斤的物品.有 n 种财物可选,每种只有 1 个,第 i 种重 w_i 公斤,价值 v_i 元.求能带走(总重不超过 W)的最大的总价值是多少?
($w_i \leqslant W \leqslant 2\,000$, $n \leqslant 2\,000$, $v_i \leqslant 1e9$)

本题即鼎鼎大名的 01 背包模板题.01 指每个物品要么不拿(0 个),要么全拿(1 个),不能"拿一半".生活常识很容易误导一个(启发式的)错误的贪心法[②]:每次拿(剩下能拿的)性价比最高的物品.一个经典反例如下:

$$n = 3 \qquad W = 200$$
$$w[1] = 99 \quad v[1] = 100$$
$$w[2] = 100 \quad v[2] = 101$$
$$w[3] = 100 \quad v[3] = 101$$

性价比 100/99＞101/100,贪心法会选物品 1,2,总价值＝201;而最优解为物品 2,3,总价值＝202.原因是总价值＝性价比×总重量,贪心法确实保证了性价比最优,但所选物品不一定填满最大载重 W,导致(实际)总重量小,因此不能保证乘积最优[③].事实上不确定最优解实际占多少总重正是 01 背包最大的难点.

下面尝试 DP.物品取到中途的中间状态信息包括:还剩多少载重、还有哪些物品可选,这两者可能数值有 $O(W \times 2^n)$ 种(剩余物品集是 $\{1..n\}$ 的子集).可利用一下选择顺序的对称性:同样一组物品选择顺序与结果无关(本质是目标函数的加法交换律),可指定一种(选取物品的)顺序,不妨就按原始编号从小到大顺序取,到物品 i 时还可选的就是物品集 $\{i+1, \cdots n\}$,只需一个参数 i 即可[④].

(1) 状态: f_{ij} ＝前 i 种物品选不超过 j 总重量的最大收益.

最优子结构:不管选不选 i,剩余空间装其他物品也要收益最大.

---

① 这种理解是不准确的,背包只是 DP 算法一个比较大的应用场景而已.
② 鉴于本书的章节设计考虑,在第 P 章再详细介绍贪心法.
③ 不过这个贪心法启发性还是很大的:①假如贪心法正好装满 W,则一定最优;②如物品可线性切割,则贪心法是对的,这个问题称为部分背包;③数据足够随机,贪心法很可能很接近最优解;④某些特殊情况下局部的贪心法可成立(详见下章).如要卡贪心法可使物品性价比尽量接近甚至相同.
④ 选中的物品子集就是一个(不限个数的)枚举组合问题,规定顺序后不需要 vst 集合,参见例 7-3.

（2）决策：物品 i 是否选中（能选的前提是 $j \geqslant w_i$）.

$$f_{ij} = \max\{f_{i-1,j},\ f_{i-1,j-w_i} + v_i \mid j \geqslant w_i\}$$

（3）边界：$f_{0,j} = f_{i,0} = 0$.

（4）答案：$ans = f_{nW}$.

（5）计算顺序：自然顺序（i 是阶段）.

（6）复杂度：$O(nW)$.

```
const int N = 2009, M = 2009;
int n,W,w[N],v[N],f[N][M];
...
for (int i = 1; i< = n; i++)
  for (int j = 0; j< = W; j++) {
    f[i][j] = f[i-1][j];
    if (j > = w[i])
        f[i][j] = max(f[i][j], f[i-1][j-w[i]] + v[i]);
  }
cout << f[n][W] << endl;
```

注意维度 j 的大小是 W，即背包大小的值域是需要枚举的. 这点是背包问题解法的核心特征[1]. 如上代码空间复杂度也是 $O(nW)$，下面先做空间优化，此方法不限于背包问题.

在如下图所示的转移图中，每个状态依赖上方与左上方的 2 个子状态. 首先观察到这里的阶段 i 只依赖于 $i-1$（上一行）. 即当算到第 i 行时，前 $i-2$ 行已经没用了. 没用的空间就可拿来重复利用[2]，每一时刻有用的其实只有两行：当前行 i 和上一行 $i-1$. 则可以只开两行的空间交替充当"当前行"和"上一行"，此技巧称为滚动数组.

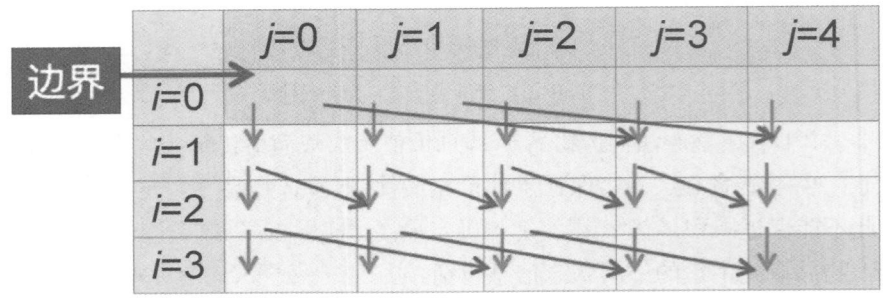

```
int n,W,w[N],v[N],f[2][M];
....
for (int i = 1; i< = n; i++)
  for (int j = 0; j< = W; j++) {
    f[i%2][j] = f[1-i%2][j];
    if (j > = w[i])
```

---

[1] 也算是一种缺点. 即背包重量必须有一个可枚举的离散化的最小粒度. 例如若 w_i 不是正整数的话整个算法就不能成立了. 这一特点是为处理物品不能切割特征不得已引入的，因为不能知道实际填充的重量，只能把这个维度枚举出来. 本章高级话题讨论中将简单探讨实数背包问题.

[2] 这是空间优化的最基本原则.

```
        f[i%2][j] = max(f[i%2][j],f[1-i%2][j-w[i]]+v[i]);
    }
cout << f[n%2][W] << endl;
```

实现时用行数模 2 表示实际占哪行,则当前行和上一行自然就分在 f 的不同两行. 空间复杂度为 $O(W)$. 对任何转移方程,只要存在某维度 i 只依赖 $i-1$ 情形,都可使用滚动数组优化,注意滚动的维度在代码中必须写作最外层循环. 这是因为一行完全算完后才能废弃.

本题空间还可优化到更加极致,上面只用到"每个状态只依赖上一行",更精确是"只依赖左上方". 即当计算到 f_{ij} 时,上行的右半行 $f_{i-1,\,j+1\sim n}$ 也已经没用,这部分可以更早地重用,来存第 i 行已算出的 $f_{i,\,j+1\sim n}$ 这些内容. 为实现此目的,维度 j 必须从大到小来计算(此顺序也是合法的拓扑排序).

	j=0	j=1	j=2	j=3	j=4
i=0					
i=1	←	i,j-w		i-1,j	
i=2	←			i,j	
i=3	←				

```
for (int i = 1; i <= n; i++)
    for (int j = W; j >= w[i]; j--)
        f[j] = max(f[j], f[j-w[i]] + v[i]);
cout << f[W] << endl;
```

以上是 01 背包最经典的代码,核心只有 3 行. j 从大到小其下限 $w[i]$ 直接保证了 $j \geqslant w_i$ 这一条件; f_j 赋值的那行,赋值号右边的 f_j 还是上一行的值,如 $f_{i-1,j}$、$f_{i-1,j-w_i}$;求出 max 值后,得到的当前行值 f_{ij} 直接覆盖到 f_j,这时赋值号左边的 f_j 表示的已经是当前行的值(此时 $f_{i-1,j}$ 已无用,立刻覆盖);而 $j < w_i$ 时,按转移方程 $f_{ij} = f_{i-1,j}$,而 f 数组本身压到了一行,这相当于 f_j 不变,正好也不需要额外判断. 以上代码在空间操作上是非常精妙的,这种精妙的操作是依赖于特定的计算顺序. 这也是 DP 非递归写法(层序)的优点[1].

最后来总结 01 背包的数学本质.

(1) 枚举对象:给定 2 个序列 $w_1..w_n$, $v_1..v_n$ [2],决策组合系数 $x_1..x_n$.

(2) 约束条件:$\sum_{i=1}^{n} x_i w_i \leqslant W$, $x_i = 0, 1$(资源限制).

(3) 优化目标:$\max \sum_{i=1}^{n} x_i v_i$(收益最大).

W 可视为持有的一种"资源",v 视为收益. 每个物品有各自收益和代价两种属性. 背包问题即在资源有限的前提下,求收益最大化的子集问题. 只要数学形式能转成如上形式[3],则可用背包问题解决(即使原问题并不像背包问题).

---

[1] 如用记忆化搜索则无法使用滚动数组.

[2] 实现层面,至少要求有一组可枚举(如正整数).

[3] 数学上这属于线性规划(linear programming)的一种特殊情况. 线性规划一般性算法(如单纯形法)较为复杂,已超出本书讨论范畴. 在联赛级别信息学竞赛也不会涉及一般性的线性规划问题.

【例 E-2】海淘

你有 m 元美元以及无限多的人民币,希望在美国或者中国购买共 n 件商品.第 i 件商品在美国的价格为 a_i 美元,在中国的价格为 b_i 人民币.要买全所有物品,至少花费多少人民币?(注:不可将人民币兑换成美元)

本题乍一看并不像背包问题.但审视其数学本质就清楚了.

(1) 枚举对象:物品 i 用人民币还是美元买.

设 $x_i = 0,1$ (0 表示用人民币,1 表示用美元).

(2) 约束条件:美元最多 m 元: $\sum_{i=1}^{n} x_i a_i \leqslant m$.

(3) 优化目标:人民币最少, $\min \sum_{i=1}^{n} (1-x_i) b_i$.

如上约束条件已经是背包的形式,优化目标还需转化一下,

$$\min \sum_{i=1}^{n} (1-x_i) b_i = \sum_{i=1}^{n} b_i - \max \sum_{i=1}^{n} x_i b_i$$

第 1 项 b_i 总和是固定的常数,可提到求最值外面,负号使 min 变 max,即等价于最大化 $\sum_{i=1}^{n} x_i b_i$,这就是标准背包问题的目标函数.以 a_i 为重量、b_i 为价值、m 为载重求标准 01 背包即可(最后答案用 b_i 总和减一下).

其实也可予以上推导逻辑解释(虽然并不必须):美元总数有上限,相当于资源.花 a_i 美元资源买物品 i,可省下 b_i 人民币,相当于收益(省下代价).此题说明将问题以数学化形式表达有助于发现其本质.

【例 E-3】低价 01 背包

题面同上题. ($w_i \leqslant W \leqslant 1e9$, $n \leqslant 1000$, $v_i \leqslant 100$)

使基础复杂度 $O(nW)$ 超时多种可能,本题是最简单的一种变形.背包解法基础就是枚举资源的值域 W,W 很大就直接否决了经典做法,需找别的突破口.本题特点是价值 v_i 的值域较小,总收益不会超过 $nv \leqslant 10^5$.则可将资源与收益地位互换,转而枚举收益而决策代价.

(1) 状态: $f_{ij} =$ 前 i 种物品获得恰好获得 j 收益,至少需要占多少总重.

(2) 决策:物品 i 是否选中. $f_{ij} = \min\{f_{i-1,j}, f_{i-1,j-v_i} + w_i\}$.

(3) 答案: $ans = \max_{f_{nj} \leqslant W} j$ [①]

(4) 复杂度:j 的最大值为 nv,故复杂度为 $O(n^2 v)$ [②].

资源 w 和收益 v 是两种竞争的维度,这种模式在不限于背包的很多最优化问题中都存在.状态中维度 j 表示枚举(固定)其中一个维度,优化另一个维度,此思想称为控制变量法.而枚举哪个优化哪个常常是对偶的,此题利用的就是反转资源和收益地位,固定收益,决策最小资源消耗.当有 2 种对偶维度可选

---

① 这一步也称为枚举答案,即遍历所有可能的总收益 j,找可行的最优的 j,判据就是 $f_{nj} \leqslant W$.本书第 W 章将专门讨论枚举答案这一方法.

② 严格说是 $O\left(n \sum_{i=1}^{n} v_i\right)$.

时,原则是选值域较小的维度为状态,值域较大的维度为状态的值.

【例 E-4】完全背包

你的包至多能装 W 公斤的物品.有 n 种财物可选,每种有无限多个,第 i 种(每个)重 w_i,价值 v_i.求能带走的最大的总价值?($w_i \leqslant W \leqslant 2\,000$,$n \leqslant 2\,000$,$v_i \leqslant 1e9$)

本题与上题相似,只是局部条件不同.本题完全可以独立做,但作为方法论的练习,先尝试用已解决问题(01 背包)的解法尝试推广,发现哪一步不可行/有差异时,设法加以推广或修正.

(1) 状态:f_{ij}＝前 i 种物品选不超过 j 重量(可重复选)的最大收益.

(2) 决策:物品 i 是否选,选几个.

(差异部分,自然推广到决策选几个,最优子结构仍成立)

$$f_{ij} = \max_{k=0}^{j/w_i}\{f_{i-1,\,j-kw_i} + kv_i\}$$

(题目虽说"无限"多,但容量 W 有限,不需真的决策到无穷大)

(3) 复杂度:$O\left(nW\sum_{i=1}^{n}\dfrac{W}{w_i}\right) \leqslant O(nW^2)$.

沿上题老路自然推广可以走通,只是复杂度高了一个级别.以下演示用 3 种途径分别来优化上述方法.

方法 1:数学硬推

令 $j \to j - w_i$ 代入转移方程,得

$$f_{i,\,j-w_i} = \max_{k=0}^{j/w_i-1}\{f_{i-1,\,j-(k+1)w_i} + kv_i\} = \max_{k=1}^{j/w_i}\{f_{i-1,\,j-kw_i} + (k-1)v_i\}$$

$$= \max_{k=1}^{j/w_i}\{f_{i-1,\,j-kw_i} + kv_i\} - v_i \text{(第 2 个等号是换元 } k \to k-1)$$

与原方程比对,发现 max 部分只差一项,联立两式得

$$f_{ij} = \max\{f_{i,\,j-w_i} + v_i,\ f_{i-1,\,j}\}$$

复杂度降为 $O(nW)$,以上是完全背包实际采用的方程.

方法 2:转移图找规律

根据原方程,状态 (i, j) 依赖于 $i-1$ 行以 w_i 为间隔的若干状态,转移图局部如下图所示.

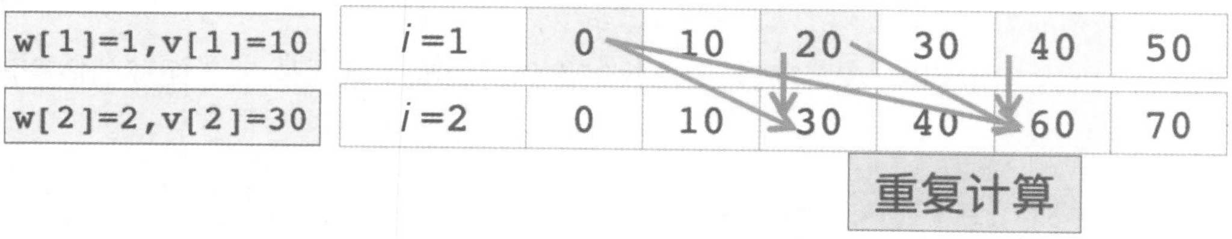

不难发现 f_{ij} 和 $f_{i,\,j-w_i}$ 的依赖项只差一项 $f_{i-1,\,j}$,单独补上即可.重复的各项对应 k 相差 1,kv_i 项里会多加一个 v_i,于是也得到 $f_{ij} = \max\{f_{i,\,j-w_i} + v_i,\ f_{i-1,\,j}\}$.

方法 3:决策重构(找逻辑含义)

以上都是直接优化转移方程数学形式,也可从逻辑下手:物品无限多,取过 1 个物品 i 后,剩余 $j-w_i$

空间仍可选物品 $1\sim i$,这也是同类子问题.可改决策为选不选物品 i,如不选,则转为 $f_{i-1,j}$,如选（1 个）物品 i,则转为 $f_{i,j-w_i}$.如此也得到 $f_{ij}=\max\{f_{i,j-w_i}+v_i,f_{i-1,j}\}$,并赋予了 max 内两项的逻辑解释.

完全背包数学场景与 01 背包基本一致,将约束中 $x_i=0,1$ 改为 $x_i=0,1,2\cdots$ 即可.下面研究完全背包计算顺序,转移图如下图所示.每个状态 (i,j) 依赖其正上方与正左侧两个状态 $(i-1,j)$ 和 $(i,j-w[i])$.利用滚动数组优化空间,观察到左上方状态可以马上覆盖,还是可将本行新算出的 $f[i,j]$ 直接覆盖到 $f[j]$ 位置,但 j 的计算顺序要改为从左到右.同理,当 $j<w_i$ 时,$f_{ij}=f_{i-1,j}$ 直接不需处理.

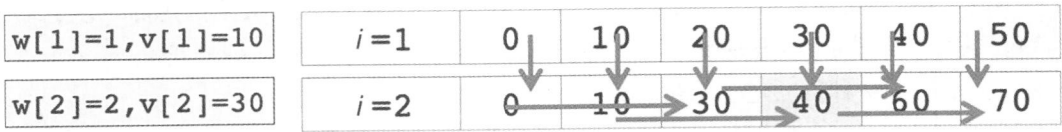

```
for (int i = 1; i <= n; i++)
    for (int j = w[i]; j <= W; ++j)
        f[j] = max(f[j], f[j-w[i]] + v[i]);
```

	$j=0$	$j=1$	$j=2$	$j=3$	$j=4$
$i=0$					
$i=1$				$i-1,j$	
$i=2$	$i,j-w$			i,j	

比对 01 背包和完全背包,转移方程只有一个 $i-1$ 和 i 的区别,(滚动数组优化后)代码写出来也几乎一样,唯一区别是 j 的计算顺序.j 从大到小就是 01 背包,j 从小到大就是完全背包.

(1) 01 背包:$f_{ij}=\max\{f_{i-1,j-w_i}+v_i,f_{i-1,j}\}$.

(2) 完全背包:$f_{ij}=\max\{f_{i,j-w_i}+v_i,f_{i-1,j}\}$.

形式上,01 背包和完全背包似乎非常相似,但这种相似性是表观的.其实两者是有本质不同的.前面先引入 01 背包,再推广到完全背包,并将滚动数组纯粹视为空间优化,此过程惯性思维造成了一些错觉.其实完全背包比 01 背包要单纯的多,或者说完全背包才是最纯粹最基础的背包问题[①].

回忆 01 背包为什么要引入维度 i?是为解决"物品取过不能再取"的全局约束,本来需要值域 2^n 的全局状态,再利用了物品顺序对称性才简化到单一的维度 i;对完全背包,取走任一物品,剩下的取法并不会受影响,那么 i 这个维度一开始就根本就没必要引入(取物品的顺序也不需要限制).

(1) 状态:$f_j=$(任意物品放入)载重为 j 的背包可获的最大价值.

(2) 决策:选某物品 i.$f_j=\max_{i=1}^{n}\{f_{j-w_i}+v_i\mid j\geqslant w_i\}$.

这就得出了一维状态的转移方程,代码与滚动数组优化后的唯一差别是 i,j 循环的嵌套顺序相反,复杂度还是 $O(nW)$.

【例 E-5】小容量完全背包
题面同上题.$(w_i\leqslant W\leqslant 1000,n\leqslant 1\text{e}7,v_i\leqslant 1\text{e}9)$

---

① 先讲 01 背包一是历史原因;二是为展示前面的推广方法论和优化手段(这些东西不限于背包问题).如直接给出完全背包一维解法,再讲二维优化到一维就显得鸡肋了.

此题特点是物品种类特别多. 注意到物品/背包重量只有 1000, 而种类数上限则远大于 1000, 说明有大量物品是重量相同的. 对重量相同又有无限多的物品, 价值小的那些永远不会被选中(否则换成等重量价值更大的显然更优). 故 $n > W$ 的完全背包中, n 其实是假的, 最优解真正可选的只有至多 W 种物品, 则预处理选出每种重量下价值最大的物品, 其他物品直接无视. 复杂度为 $O(n + W^2)$. 这种小完全背包常作为其他题目的一部分出现.

> **【例 E-6】混合背包**(背包对物品集的增量式特征)
>
> 你的包至多能装 W 公斤的物品. 有 n 种财物可选, 第 i 种重 w_i, 价值 v_i. 某些物品只有一个, 有些物品有无限多个. 求能带走的最大的总价值. ($w_i \leqslant W \leqslant 2\,000$, $n \leqslant 2\,000$, $v_i \leqslant 1e9$)

此题是 01 和完全背包的结合. 观察状态定义: $f_{ij} = $ 前 i 种物品选不超过 j 重量的最大收益, 此定义中并不涉及物品 i 是 01 还是完全, 强调的只是"前 i 种物品". 物品 i 的具体类型体现在决策中, 即选物品 i 后能否再选同种物品决定了依赖子状态 $f_{i, j-w_i}$ 还是 $f_{i-1, j-w_i}$. 但无论那种情况, 最优子结构都成立. 也就是背包问题中, 各种物品的选择方式是互相独立的. 第 i 轮转移体现物品 i 的选择特征, 但转移完后, 这特征对后面的物品并无影响, 因为后续子问题只关心还剩多少空间. 那么对每个 i 以各自的方式转移即可, 相当于把两种转移方程直接拼接起来, 就得到混合背包的转移方程. 后文还会提到单种物品的更多选法, 也都一样互相独立.

$$f_{i, j} = \begin{cases} \max\{f_{i-1, j}, f_{i-1, j-w_i} + v_i \mid j \geqslant w_i\} & \text{0/1,} \\ \max\{f_{i-1, j}, f_{i, j-w_i} + v_i \mid j \geqslant w_i\} & \text{infinite} \end{cases}$$

从另一个角度看, i 从小到大转移过程中可视为物品一个个动态加入. 算完第 i 轮时, 当时的 f_j 相当于仅考虑前 i 个物品的背包问题的解[①]; 每算一轮新加入一个物品而更新问题的解, 这正是之前所说增量式求解过程. 所以背包问题天生具备(对物品集的)增量式特征. 换言之对一个已知的解, 随时新加一个物品, 只需 $O(W)$ 时间即可得到新的解.

为了以后方便及突出增量式的特征, 将本题代码以如下封装形式给出.

```cpp
int n,W,f[N];
void handle01(int f[],int w,int v){ // 新增 01 物品
    for (int j = W; j >= w; --j)
        f[j] = max(f[j], f[j-w] + v);
}
void handleINF(int f[],int w,int v){ // 新增无限物品
    for (int j = w; j <= W; ++j)
        f[j] = max(f[j], f[j-w] + v);
}
...
cin >> n >> W;
string typ;
for (int i = 1,w,v; i <= n; ++i) {
```

---

① 只有重量维度的这个状态数组 $f[j]$ 称为背包数组, 背包数组其实是一个背包问题的完整的解. 虽然在题目中一般最后只关心 $f[W]$, 但所有的 $f[j]$ 必须被全部求出才能得到 $f[W]$. 所以背包数组整体才是背包问题的解(目标函数). 这根源于基础背包解法的核心特征, 即枚举资源维度的值域.

```
cin >> typ >> w >> v;
if (typ == "01")  handle01(f, w, v);
if (typ == "INF") handleINF(f, w, v);
}
cout << f[W] <<endl;
```

以上写法很明确地看出每个物品加入后对 $f[j]$ 进行一轮更新,结构非常清楚.后文再加入其他特征的物品时,只要新写一个 handle() 函数即可.注意这里将全局数组 f 作为参数也传进去,这是为了代码封装性更好考虑.实际如只有一个背包数组情况下,直接从 handle() 里引用全局的 f 也可.

【例 E-7】分组 01 背包

你的包至多能装 W 公斤的物品.有 n 种财物可选.每种物品只有一个,但有多种选法①.第 i 种物品有 C_i 种选法,选法 k 重量为 w_{ik},价值为 v_{ik}.求能带走的最大的总价值.($w_{ik} \leqslant W \leqslant 1\,000$, $n \leqslant 1\,000$, $C_i \leqslant 100$, $v_{ik} \leqslant 1e9$)

本题无非是单种物品的选择方法更复杂了,但物品之间仍然独立,状态定义还是一样.决策时物品 i 有 C_i+1 种方式,分别表示不选和选哪种.这问题也可将 k 种选法视为 k 种不同物品,这 C 种物品是选法有耦合(至多选 1 个),必须一并决策,视之为一个分组.这是一个重要结论:选法有耦合一组物品需要视为一个对象统一决策,此思路可解决一些更复杂的带局部耦合的背包问题变形.

(1) 分组背包转移方程: $f_{ij} = \max\limits_{k=1}^{C_i}\{f_{i-1,j}, f_{i-1,j-w_{ik}} + v_{ik} \mid j \geqslant w_{ik}\}$.

(2) 复杂度: $O(nWC)$.

根据增量式特征,只要新写一个 handle() 即可.由于有多种 w_{ik},无法直接用 j 的循环下限保证 $j \geqslant w_{ik}$,只能显式判断.另外滚动数组要求一个 $f[j]$ 完全算完后才能算 $f[j-1]$,故 j,k 的循环不能换顺序(读者可想想换了会发生什么).

```
void handleGroup(int f[],int c,int w[],int v[]){
    for (int j = W; j>= 0; --j)
        for (int k = 1; k<= c; ++k)
            if (j>= w[k])
                f[j] = max(f[j], f[j-w[k]] + v[k]);
}
```

因输入信息就多了一个维度 C,复杂度多一个因数 C 也是意料之中的.本题还有一种简单变形,要求每种物品必须选一个②,称为分组 1 背包(不能不选).对应转移方程只要去掉 $f_{i-1,j}$ 那项即可.利用滚动数组时,要在 k 循环外加一句初始化 $f_j = -\infty$ 表示不取是非法状态.

【例 E-8】多重背包

你的包至多能装 W 公斤的物品.有 n 种财物可选.物品 i 有 C_i 个,每个重量为 w_i,价值为 v_i.求能带走的最大的总价值?($w_i \leqslant W \leqslant 1\,000$, $n \leqslant 10\,000$, $C_i \leqslant 1\,000$, $v_i \leqslant 1e9$)

---

① 例如,手机有低配版、高配版.

② 例如,要买登山装备,登山杖、登山靴、旅行包各有多种类型,但每样必须要买一个.

本题是上题的特例,取 $w_{ik}=kw_i$,$v_{ik}=kv_i$ 即可. 物品 i 实际可选的上限为 $\min(C_i,j/w_i)$,不选恰好可用 $k=0$ 表示. 则根据上题方法,

$$f_{ij} = \max_{k=0}^{\min(C_i,j/w_i)}\{f_{i-1,j-kw_i}+kv_i\}$$

复杂度为 $O(nWC)$.

本题优化必然要用到 w_{ik},v_{ik} 的特殊性,即与 k 成正比. 之前提到有耦合(非独立)的物品应视为一组统一决策. 本题则恰要做相反的事①:C_i 个物品 i 应是非独立的一组,共 C_i+1 种选法. 这里要将这一组拆开成等效的若干独立物品.

以 $C_i=15$ 为例,可拆成 $1,2,4,8$ 个物品各自一组(重量和价值都乘相应倍数),每组捆绑在一起视为单个 01 物品. 由于 $k=0\sim15$ 的任一种可行决策都可由这 4 个 01 物品拼凑出来(如 $k=13=8+4+1$)且拆法是唯一的,不会遗漏和新增任何之前的情况. 即对物品 i 来说,视为 15 个相同物品还是 $1,2,4,8$ 倍的 01 物品,所有可能方案是一一对应的. 则用 4 个独立 01 物品替代 15 个同类物品,结果不变. 这种技巧称之为等效拆分. 每个 01 物品决策需要 $O(W)$,每个分类拆出至多 $O(\log C)$ 个 01 物品,则复杂度为 $O(nW\log C)$.

$m=14$,可将物品组合成	1件套装	2件套装
等效为 $O(\log m)$ 个01物品	4件套装	7件套装

当然 15 是一个比较特殊的数值:$15=2^4-1$,对其他 C_i 值,可把最后剩下的那些(凑不满 2 的整次幂的)物品作为最后一组,如 $18=1+2+4+8+3$. 这时会有一些微妙的不同:之前和之后的同种决策,方案数可能不同,例如 $k=11$ 既可选 $1+2+8$,也可选 $8+3$. 则严格说新问题与原问题并非完全等价,不过对求最大总价值来说这并不影响结果②.

编码时由于之前已封装过单个 01 物品的转移,拆分后调用之前的 handle01() 即可,代码就非常好写且可读性高. 以上方法称为多重背包的二进制拆分解法. 此问题还有更优的 $O(nW)$ 解法,本书第 Y 章再详细介绍.

```
void handleMulti(int f[],int c,int w,int v){
    for (int k=1; k<=c; c-=k, k*=2)
        handle01(f, k*w, k*v);
    handle01(f, c*w, c*v);
}
```

【例 E-9】粉刷匠

Windy 有 n 条木板需要被粉刷. 每条木板被分为 m 个格子. 每个格子要被刷成红色或蓝色. Windy 每次粉刷,只能选择一条木板上一段连续的格子,然后涂上一种颜色. 每个格子最多只能被粉刷一次. 如 Windy 只能粉刷不超过 T 次,每块板至少刷一次. 问最多能正确粉刷多少格子? 一个格子如果未被粉刷或者刷错颜色都属错误粉刷. ($N,M\leqslant50$,$T\leqslant2500$)

---

① 算法有趣之处就是万事没有绝对的.
② 因为 max 有幂等性(重复值不影响最值). 如题目强化为最优解计数,则不能直接等效. 读者可想想怎么做,其实也不难.

本题是一个稍复杂些的综合题.读者不妨先自己尝试一下,以检验对整个DP的掌握熟练度.本题难点在于决策对象较复杂:每一条木板都要给出粉刷方案,而 n 条之间又有互相影响.所以关键在于将这种影响设法先解开,不难发现对任意木板,只要确定其总共刷几次,其具体刷法就与其他木板无关了,并且这块板的刷法也要最优.

首先解决(给定次数时)单板的最优解.因"刷错"和"不刷"代价相同,不妨就规定每格都刷到,则必是红蓝相间地刷满整条木板,而收益等于每段收益(刷对格数)之和.这符合第 C 章的序列 DP 场景.

$$W_{lr} = \max\{\text{这段中红色数量},\text{这段中蓝色数量}\}$$

某段上红蓝色的总数不难预计算前缀和后 $O(1)$ 解决.代入标准序列 DP 即可.每条最多刷 $\lceil m/2 \rceil$ 次就可完全达标,再多也没用,这就是 k 的范围.

(1) 状态: g_{ijk} = 板子 i 的前 j 格刷 k 次,最大收益.

$g_{ijk} = \max\limits_{l=0}^{j-1}\{g_{i,l,k-1} + W_{l,j}\}$,维度 i 其实是独立的,不同板子互不影响.

(2) 复杂度: $O(nm^3)$.

然后要决策 T 次如何分配给各木板.这里 T 就成为了一种资源.设第 i 条木板刷 k_i 次,则 $\sum\limits_{i=1}^{n} k_i \leqslant T$,优化目标为 $\max\sum\limits_{i=1}^{n} g_{i,m,k_i}$,这是标准分组 1 背包,其中 $w_{ik} = k$, $v_{ik} = g_{imk}$, $W = T$,复杂度为 $O(nmT)$.总复杂度为 $O(nm(T+m^2))$.

⊶ * 高级问题探讨

> *【例 E-A】实数 01 背包
> 同 01 背包,只是 w_i, v_i, W 均为正实数.

这里只是简单探讨,故不设数据规模.实数不可枚举性导致背包解法的最基础要素:枚举资源值域,无法进行.似乎肯定不能做.但注意真实能取得到的总量 $\sum\limits_{x=1}^{n} x_i w_i$ 还是有限多的,毕竟 x_i 只能取 0,1.也就是最终真的有影响的资源的取值还是有限多的,至多 2^n 种①.如令 S_i = 前 i 种物品能取到的所有可能总重的集合,则理论上可以如下 DP.

状态: f_{ix} = 前 i 种物品取总重 x 的最大价值,$x \in S_i$,

$$f_{ix} = \max(f_{i-1,x}, f_{i-1,x-w_i} + v_i), \quad x \in S_i,$$
$$S_i = \{x, x+w_i \mid x \in S_{i-1}\}, \quad S_0 = 0.$$

以上形式上看似可行,但 w_i 是实数,很难指望两种取法的总重精确相同,也就是大概率 $|S_i| = 2^i$,则复杂度就是 $O(2^n)$,这就跟暴力枚举无异了.这似乎走入了死胡同,但其实还有一个很大的优化空间——最优性剪枝.

对特定 i,如存在 f_{ix} 对 x 的逆序对即 $x < y \& f_{ix} \geqslant f_{iy}$,则 y 这个状态就不需要了(占重量又大,收益又低),只需动态维护 f_{ix} 关于 x 递增的部分②,则保留的状态数将大大小于 2^n.粗略估算下,长 2^n 的序

---

① 广义上也是一种离散化,只是这种含子集和的离散化效果比较差,因为结果是指数多的.
② 具体实现细节可借助 set,map 之类有序化容器,这里不深入展开了.

列中保留一个上升子序列,期望长度为 $\sqrt{2^n}=2^{n/2}$,虽仍是指数级,但复杂度比暴力开了个根号已经相当不错了.

对整数背包,因 W 限制和整数的离散性 $|S_i|\leqslant W<<2^i$,根据抽屉原理,总重 j 会有大量重复,相当于前面逆序对"压成" $x=y\& f_{ix}\geqslant f_{iy}$,所以只需在 f_{ix} 直接求 max,其本质是一脉相通的.

小 结

如开篇所述,即使只考虑模板背包问题,也不止上面这些内容.其中有一些问题需要与一些暂未述及的其他算法相结合.下章将讨论更多的背包变种问题.本书后面的章节里,还会遇到背包场景的例题.学习背包问题应从简到难,抓住一些核心本质(如枚举资源值域、对物品的增量式等),才可以不变应万变.

习题

1. 海淘(etiger752).
2. 樱花(etiger39).
3. 凑和(etiger110).
*4. 星球大战(etiger350).
*5. 数硬币(etiger1075).

F 背包问题 2

本章将研究背包场景更多方面变化的外延问题,以及与其他一些算法的结合.还有一些与后续算法相关的背包问题,将放在后续章节对应的部分再讲述.

> **【例 F-1】可撤销背包(FILO 动态背包)**
>
> 你的包至多能装 W 公斤的物品.一开始没有任何物品,进行 m 次操作,每次操作或新增一个新物品 w_i, v_i,或删除现存物品中最后加入的那个.保证有物品可删.物品都只有 1 个.求每次操作后当前物品中能带走的最大的总价值?($w_i \leqslant W \leqslant 2\,000$, $m \leqslant 2\,000$, $v_i \leqslant 1e9$)

所谓动态背包场景,即求条件有变化的多次背包问题[1].暴力做法是每次当一个新的 01 背包重算,复杂度 $O(m^2W)$.多组问询常用思路之一就是增量式,即考虑增删物品后背包数组 f_j 的变化情况.其中增是容易的,因为背包问题对物品集本身就是增量式的,新增物品额外调用一次 handle01() 即可.

背包问题并不支持完整的"减量式"[2],即随机删一个物品,无法很快得到新的结果[3].但本题是一种特殊的删法:每次删最新的(FILO),这种操作可以不理解为删,而视为"时间回退"或"撤销新增(Ctrl+Z)",即回到上一版本(这里视每加一个新物品为一个新版本).而上一轮的背包数组是已知的,因为当前轮结果就是从上一轮转移而来.由于背包问题对物品集就是增量式算的,所以天生携带了历史版本的信息,只是不要用滚动数组抹掉之前的结果即可.

```
int n,m,W,f[N][M];
....
string op;
int T = 0; // 轮数(版本号)
for (int i=1,w,v; i<=n; ++i) {
    cin >> op >> w >> v;
    if (op == "put") { // 增量式(不用滚动数组)
        cin >> w >> v;
        T++;
        for (int j=0; j<=W; ++j) f[T][j] = f[T-1][j];
```

---

[1] 属于多组问询类场景的一种.

[2] 也许有读者提出删物品 (w, v) 能否等价于加一个物品 $(-w, -v)$? 这个想法在这里是不成立的.因为背包决策的每个物品 i 是相互独立的,即使增加了这个"反物质",最优解也不能保证 (w, v) 和 $(-w, -v)$ 同时选中而起到预期的抵消作用.负重量背包问题本身倒是一个可研究的问题,本书第 K 章还将提及此事.

[3] 从转移方程看,$f_{i,*}$ 也无法倒推出 $f_{i-1,*}$,因为 max 操作不可逆.一般减量式都比增量式更难满足.

```
        handle01(f[T], w, v);
    } else T--; // 倒退时间戳
    cout << f[T][W] <<endl;
}
```

此处 T 表示当前版本号,新增物品前将 $T-1$ 行复制一遍到 T 行是为兼容 handle01 之前的写法,这并非必须;撤销时直接将 T 回退到上一版本即可,结果是现成的;后续再新增时自动覆盖掉原先已被撤销的 T 轮的数据[1]. 复杂度为 $O(mW)$.

本题思路不限于背包问题. 一般地,维护某种带版本信息的对象,如需支持版本回退,又不支持"减量式"逆掉增量,则一种理论上总是可行的办法是把历史版本全部存下来[2]. 下面再看一个与历史版本有关的更强版本.

【例 F-2】可持久化背包

你的包至多能装 W 公斤的物品. 一开始没有任何物品,并设版本号 T 初始为 0. 进行 m 次操作,每次或新增一个新物品并将版本号 $+1$,或回退到曾经的某个版本 $t < T$(注意 T 不变,即此时如再新增,仍为 $T+1$ 版本,而非覆盖 $t+1$ 版本,之后还可能回到原 $t+1$ 版本). 物品都只有 1 个. 求每次操作后当前物品中能带走(总重不超过 W)的最大的总价值是多少?($w_i \leqslant W \leqslant 2\,000$, $m \leqslant 2\,000$, $v_i \leqslant 1e9$)

本题要求回退到指定历史版本,且还不能覆盖掉已被回退的版本,即要求保留所有出现过的历史版本[3]. 回退到版本 t 好办,但回退后再新增虽是在版本 t 上增量,但结果不能覆盖老的版本 $t+1$,而存在到全新的 $T+1$ 版本.

```
int t = 0, T = 0;
for (int i=1,w,v; i<=m; ++i) {
    cin >> op;
    if (op == "put") {
        cin >> w >> v;
        T++;
        for (int j=0; j<=W; ++j) f[T][j] = f[t][j];
        handle01(f[T], w, v);
        t = T;
    } else {
        cin >> t; // 直接以输入更新 t
    }
    cout << f[t][W] <<endl;
}
```

这里 t 表示当前版本,T 表示当前存在的最大版本. T 永远不回退,回退的是 t,从 t 上新生成的版本

---

[1] 其实维度 T 就是一个背包数组组成的栈.

[2] 这个逻辑与递归维护局部变量和全局变量的历史版本是一致的. 局部变量全量副本在调用栈,所以总是可以恢复;全局变量没有副本,其要恢复历史版本就只能通过逆操作手动撤销.

[3] 这比"Ctrl+Z"更严格,例如输入"ABC",再按"Ctrl+Z",再输入"D",则 C 这个版本就恢复不出来了.

号为 $T+1$. 如将版本生成之间的生成关系画出来,上题是背包数组组成的栈;本题则是在此基础上保留完整的历史版本记录,形成的就是各版本背包数组组成的一棵树.树可视为栈的历史这件事在第 4 章就已说过.

【例 F-3】随机删动态 01 背包(可行性版本)

你的包至多能装 W 公斤的物品.一开始没有任何物品,进行 m 次操作,每次操作或新增一个新物品,或随机删除现存物品中的一个.物品都只有 1 个.求每次操作后当前物品能否正好装满(总载重为 W)的背包?($w_i \leqslant W \leqslant 2\,000$, $m \leqslant 2\,000$)

本题是支持随机删物品的动态背包,之前说过背包问题不能支持随机减量式.但本题并非完整的 01 背包,其没有价值 v 的维度,只要判定重量能否正好装满[1].虽然可行性问题本身也不具备随机可减性(W 可装满,不能判断 $W-w_i$ 可否装满),但其升格版本计数问题有可减性:即改求装满 W 重量的方案数[2],而可行当且仅当方案数 >0.

(1) 状态:f_{ij} = 前 i 次操作后,正好凑满 j 重量的方案数.

(2) 边界:$f_{0,0}=1$, $f_{0,j>0}=0$.

以往背包问题都是"不超过 j 重量",因此 $f_{0,j>0}$ 属合法状态,表示背包空着;本题及有些其他情况下,j 需要设置成"等于 j 重量",这时 $f_{0,j>0}$ 就是非法状态了.这两种状态定义经常转移方程写出来是一样的(选不选物品 i,剩余空间等于还是等于,小于还是小于),区别就在边界,这一点初学者容易忽视.

下面来看决策,取决于第 i 次操作是加还是删,设被增删的物品编号为 k.加物品好办:$f_{ij}=f_{i-1,j}+f_{i-1,j-w_k}[j \geqslant w_k]$;删物品可利用补集转化:删后的任意可行方案,删前必也可行,只要从删前的方案数 $f_{i-1,j}$ 减去删后非法的方案数.后者等于 $f_{i-1,j}$ 中选了物品 k 的方案数.对任何这样的方案,考虑除物品 k 外剩余物品,其总重量是 $j-w_k$,占据这部分重量的物品可从删之前的物品集中选,但不可选物品 k,这正是删 k 之后(第 i 轮)的物品集.如此一一对应求的非法方案数就是 $f_{i,j-w_k}$.则删物品的转移方程为 $f_{ij}=f_{i-1,j}-f_{i,j-w_k}$,复杂度为 $O(mW)$.

最后还有个小问题是方案数是指数级的,整数变量存不下.这只要散列一下即可,例如将方案数模一个大素数 $1\,000\,000\,007$.虽然理论上可能造成误判,但概率小到可忽略不计.关于散列的详细知识不在本书讨论范围.

---

*【例 F-4】可过期动态背包(FIFO 动态背包)

你的包至多能装 W 公斤的物品.一开始没有任何物品,进行 m 次操作,每次操作或新增一个新物品,或删除现存物品中最早加入的那个.保证有物品可删.物品都只有 1 个.求每次操作后当前物品中能带走的最大的总价值是多少?($w_i \leqslant W \leqslant 8\,000$, $m \leqslant 8\,000$, $v_i \leqslant 1e9$)

本题与例 F-1 看似一字之差,却有本质不同.删最早的物品,是先进先出的方式,删后的物品集不是"历史版本",而是之前没出现过的(从已有版本删一个的)新版本,但最优化版本的背包问题(目前)不支持减量式.

---

[1] 有的资料将这类问题单独称为整数拆分场景,也有一定道理.不过本书所涉及的范畴内,整数拆分只是背包问题的一个子类,因此不作区分.整数拆分问题还有另一类独立解法,称为生成函数解法,但这个话题超出了本书的讨论范畴.

[2] 一般来说计数问题难于可行性问题,但需要减量式的场景下,有时只能尝试提升问题本身难度.因为加法有逆运算而 bool 的 OR 运算没有.为得到答案去求题目没要求的更多东西,此事也不算少见.

从时间轴看每次求的是某区间(时间段)上的物品集,故也可视为区间背包问题的一个特例. 一般性的区间背包问题也是可做的,需要用到索引类数据结构,如线段树,且复杂度较高. 本章高级话题讨论中将初步探讨此问题.

本题可利用 FIFO 的特殊性,巧妙转化为 FILO 删,其出发点是背包对选择物品顺序的对称性,即:对一组物品,背包数组与以何顺序加入物品无关. 将一组物品逆序放入重算一遍,其前缀集(逆序的历史版本)就是原序下的后缀集合(FIFO 删队首留下的就是当前的后缀).

但问题尚未完全解决,无论前缀后缀都需有一端固定,另一端动态,才可通过保留历史版本的方式快速计算. 而本题中物品集区间左右端点都在变化,如每次以当前右端点为准反向重算,则整体复杂度仍无优化.

这里要用到背包数组对物品集切割的结论:如已知物品集 A/B 分别对应的背包数组为 f_j,g_j,求物品集 $A \bigcup B$ 的背包数组 h_j. 即将 j 划分成 A/B 物品各自占据的部分,如 A 中物品占据为 x,则 B 中物品占据不超过 $j-x$,这就分解为两个独立的也要最优的子问题,$h_j = \max\limits_{x=0}^{j}\{f_x + g_{j-x}\}$. 求整个 h_j 数组的复杂度是 $O(W^2)$,但本题只需求 h_W,故一次合并复杂度为 $O(W)$.

在此基础上,对问询区间进行巧妙的动态拆分可达到目的,如右图所示.

(1)步骤 1:开始若干操作必是新增,按正常增量式计算即可.

(2)步骤 2:第一次出现删操作时,设此时最后加入的物品为 M,从 M 到 1 倒算背包数组 g. 这里 f,g 都留历史(不用滚动数组),为方便,让 g 按真正的时间戳倒着存储,即 $g[i, *]$ 由 $g[i+1, *]$ 转移来. 则 $g[2, *]$ 就是删后的答案.

(3)步骤 3:如继续(从头部)删,答案直接从 g 的历史获取;如又新增,则 f 数组从物品 $M+1$ 开始向后重新增量式计算($f[M+1, *]$ 不从 $f[M, *]$ 而从 0 重新开始,因为物品 $1\sim M$ 的贡献已算在 g 中),当前答案由 g 的一部分和 f 的一部分根据前面的式子合成出来.

(4)步骤 4:如 g 全部删完,要继续删时,以当前最后的物品为新的 M 重复步骤 2,3. 如此反复直到完成所有操作. 以下代码中 L,M,R 分别表示当前最早的物品、f,g 的分割点、当前最新的物品. 第一维用全局统一的编号.

```
int n, m, w[N], v[N], W, f[N][M], g[N][M];
....
int L = 0, M = 0, R = 0;
while (m--) {
    cin >> op;
    if (op == "put")  { // 延长右侧
        R++; cin >> w[R] >> v[R];
        for (int j = 0; j <= W; ++j) f[R][j] = f[R-1][j];
        handle01(f[R], w[R], v[R]);
    } else if (++L > M) { // 删左侧
        for (int i = R-1; i >= L; --i){ // 重建左侧
            for (int j = 0; j <= W; ++j) g[i][j] = g[i+1][j];
            handle01(g[i], w[i], v[i]);
        }
```

```
        M = R;
        for (int j = 0; j<=W; ++j) f[R][j] = 0; // 清空右侧
        }
    }
    int ans = 0; // 合并答案
    for (int j = 0; j<=W; ++j)
        ans = max(ans, f[R][j] + g[L][W-j]);
    cout << ans <<endl;
}
```

每个物品被正反算过各 1 次,合并答案为 $O(W)$,总复杂度为 $O((n+m)W)$. 本题属于区间背包问题的一个特例,即问询区间左右端点都递增[①]. 对于最一般的随机区间背包问询,则需更高级的数据结构支持. 本章高级话题讨论中将对此问题作初步探讨,而完整解决区间背包问题则超出本书讨论范畴.

至于最一般的动态物品集背包问题,即支持随机增删物品的最优化版本. 方法也是有的,称为线段树分治,此算法也超出本书讨论范畴. 关于动态背包的问题暂时就讨论至此,下图为几种情况的解法小结.

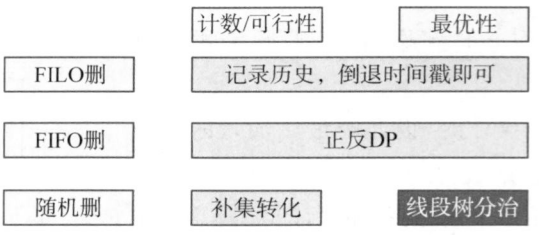

【例 F-5】 迟到的暑期福利(广义资源)

学校发暑期福利,给了你共能容纳 V 体积的背包,最大承重量为 W. 允许到超市任意选购商品. 超市有 n 种物品,每种物品有无限件. 物品 i 体积为 v_i,价值 p_i,重量 w_i. 求能得到的最大价值? ($w_i \leqslant W \leqslant 100$,$v_i \leqslant V \leqslant 100$,$n \leqslant 100$,$p_i \leqslant 1e9$)

本题本身无非是多了一个新约束维度"体积",很自然将其加入状态即可.

(1) 状态:f_{ijk} = 物品 $1 \sim i$ 放入 j 容积和 k 载重背包的最大价值.

$$f_{ijk} = \max\{f_{i-1,j,k}, f_{i,j-v_i,k-w_i} + p_i \mid j \geqslant v_i, k \geqslant w_i\}$$

(2) 复杂度:$O(nWV)$.

值得阐述一下的是此题推广意义:背包问题是资源和收益两个维度的竞争,即有限资源下获得最大收益的线性组合,解法核心要枚举资源值域($j = 0..W$). 本题相当于有两种资源 V,W,约束条件对两者独立,可视为一种广义资源 (j,k),"值域"是 $[0,V] \times [0,W]$,即数学上的笛卡尔乘积. 在此意义下本题与模板问题就统一了,只是资源形式不是一个数而是一对数,转移方程可形式化写为

$$f_{i,\vec{A}} = \max\{f_{i-1,\vec{A}}, f_{i-1,\vec{A}-\vec{w_i}} + p_i\}$$

这里抽象的矢量 $\vec{A}$、$\vec{w}$ 表示资源占用状态和单个物品属性,本题中 $\vec{A} = (j,k)$、$\vec{w_i} = (v_i, w_i)$,对其他更复杂的结构化的资源约束,包括多种资源维度间有耦合的情况,都可套用此种理解视为标准背包问题.

[①] 这种区间序列称为蠕动区间,本书第 X 章将专门介绍.

背包解法核心是枚举资源值域,既然枚举了所有情况,加什么约束基本都可应对,因此背包问题对资源维度的推广性是很高的.如本题加一个非线性的约束,如 $(\sum_{i=1}^{n} x_i w_i)^2 + (\sum_{i=1}^{n} x_i v_i)^2 \leqslant R^2$,做法也几乎不变,只要决策的时候排除掉不满足条件的(落在半径为 R 的圆外的)部分状态即可.当然缺点是要枚举资源维度越多,值域也越大,并直接影响复杂度.

> **【例 F-6】少物品 01 背包**
> 你的包至多能装 W 公斤的物品.有 n 种财物可选,每种只有 1 个,第 i 种重 w_i 公斤,价值 v_i 元.求能带走的最大的总价值?($w_i \leqslant W \leqslant 1e18$, $v_i \leqslant 1e18$, $n \leqslant 40$)

本题 w 和 v 的范围都属不可直接枚举的规模,但物品只有 40 种且每种只有一个,即纯暴力枚举选法也就 $2^{40} \approx 10^{12}$,这个量级都比 10^{18} 小.枚举选法的好处就是中间状态不需要关心当前总重 j,则可避免枚举 W 这个巨大的值域[①].40 这个数据规模不太常见(通常 $O(n^4)$ 算法会出 50 或 100,$O(n^5)$ 一般会出 30),猜测是有用意的,40 针对的最典型复杂度是 $O(2^{n/2})$(当然并非绝对),其暗示一种"折半搜索"思路:将物品等分为 2 组,分别对组内的选法进行暴力枚举,得到每组各 $2^{n/2}$ 种的总重+总价值的局部方案,记为 $(W_i^{(1)}, V_i^{(1)})(W_i^{(2)}, V_i^{(2)})$,$i=0..M-1$, $M=2^{n/2}$(姑且认为 n 是偶数,不关键).从 0 开始编号是为使 i 的二进制分解就是对应的选物品的方案.最后从左右各选一组拼成整体方案:$ans = \max\limits_{i,j=1}^{M} \{V_i^{(1)} + V_j^{(2)} \mid W_i^{(1)} + W_j^{(2)} \leqslant W\}$.如再枚举 i,j 则复杂度还是 $O(2^n)$,相当于还是暴力枚举所有方案.用枚举优化的思想,减少枚举对象,枚举 i,快速求出最优的 j:

$$ans = \max_{i=1}^{M} \{V_i^{(1)} + \max_{W_j^{(2)} \leqslant W-W_i^{(1)}} V_j^{(2)}\}$$

内层 max 是对 $\{V_j^{(2)}\}$ 的条件 max,条件是 $W_j^{(2)} \leqslant W-W_i^{(1)}$.将 j 按 $W_j^{(2)}$ 递增重新编号,则内层 max 是 $\{V_j^{(2)}\}$ 的一个前缀 max,可预计算.复杂度为 $O(n2^{n/2})$,前面的 n 是排序导致的.

```
struct obj { int w, v; } o1[1<<21], o2[1<<21];
bool cmp(const obj &a, const obj &b) {
    return a.w < b.w;
}
....
const int M = 1 << (n/2); // 奇数可加一个虚拟物品 w[n+1]=v[n+1]=0
for (int i=1; i<=n/2; ++i) { // 加入物品 i 和 i+n/2
    for (int j=0; j<(1<<(i-1)); ++j) {
        o1[j+(1<<(i-1))].w = o1[j].w + w[i];
        o1[j+(1<<(i-1))].v = o1[j].v + v[i];
        o2[j+(1<<(i-1))].w = o2[j].w + w[i+n/2];
        o2[j+(1<<(i-1))].v = o2[j].v + v[i+n/2];
    }
}
```

---

① 所以本题不是 DP? 正是这样.读者不要陷入思维定势,认为背包就一定动态规划.当背包 DP 的基本要求(枚举资源值域)无法达到时,DP 是无法进行的.更有很多披着背包外衣的其实不是(典型)背包场景的问题.所以千万不能教条.

```
sort(o1, o1 + M, cmp);
sort(o2, o2 + M, cmp);
for (int i = M - 1, j = -1, mxv2 = -1e9; i >= 0; -- i) {
    while (j < M - 1 && o2[j + 1].w <= W - o1[i].w)
        mxv2 = max(mxv2, o2[++ j].v);
    ans = max(ans, o1[i].v + mxv2);
}
```

这里用逐个物品加入的形式求 $(W_i^{(1, 2)}, V_i^{(1, 2)})$，如将 i 本身视为压缩存储的物品集，则这部分也可视为状压 DP. 两重循环部分的 i, j 称为联动指标，其整体复杂度是线性的(因为 i, j 全局都单调只增或只减). 此事会在第 X 章详细介绍.

【例 F-7】拆分数问题

输入正整数 n，将其拆成若干正整数之和，求方案数. 加法不计顺序. 例如，5 有 7 种拆法：
$5 = 5 = 4 + 1 = 3 + 2 = 3 + 1 + 1 = 2 + 2 + 1 = 2 + 1 + 1 + 1 = 1 + 1 + 1 + 1 + 1.$ $(n \leqslant 100\,000)$

正整数拆分计数是背包问题的一个重要子场景，可将加数 i 视为第 i 种物品，n 视为载重，这里也是约束恰好装满 n. 可套用经典的完全背包来做.

(1) 状态：$f_{ij} =$ 拆成 $1..i$ 之和(不计顺序)的方案数，

$$f_{ij} = f_{i-1, j} + f_{i, j-i}.$$

(2) 边界：$f_{0, 0} = 1$，$f_{0, j > 0} = 0$(恰好装满的要求体现在非法边界上).

(3) 复杂度：$O(n^2)$.

优化此题必然要依赖物品的特殊性：$w_i = i$. 例 F-4 和例 F-6 都涉及物品集切割. 本题也可利用此技巧，将加数分为较小的数 $1..D$ 和较大的数 $D+1..n$ 两类，则每种完整方案中小数和大数分别占据 n 的一部分. 设小数之和为 x，则大数之和为 $n-x$，再设 $F_x, G_x =$ 小 / 大数部分的方案数，则答案 = $\sum_{x=0}^{n} F_x G_{n-x}$. 其中小数部分直接套用标准背包，复杂度为 $O(nD)$；大数每个加数有下限，则项数有上限 n/D，可从项数下手.

(1) 状态：$g_{ij} =$ 用 i 个大数加出 j 的方案数 ($G_x = g_{n/D, x}$).

(2) 决策：是否有(至少一个)加数 $= D+1$.

如是则去掉这个加数，剩余 $i-1$ 个大数之和为 $j-D-1$.

否则说明每个加数都 $> D+1$，则将每个加数 -1 后仍为大数，总和 $-i$.

加法原理：$g_{ij} = g_{i-1, j-D-1} + g_{i, j-i}$.

(3) 复杂度：i 不超过 n/D，故为 $O(n^2/D)$.

综合两部分取 $D = \sqrt{n}$ 时复杂度最优，即 $O(n^{1.5})$. 此建模思想称为根号分治(例 1-9 提到过).

最后，本题还有另一种完全不同的解法，复杂度也为 $O(n^{1.5})$，要利用数学上的所谓五边形数定理. 此解法比较不具备推广价值，且与本章主题无关，在此不作详细介绍. 有兴趣的读者可自行查阅相关资料.

【例 F-8】性价比背包

你的包至少需要装 W 公斤的物品. 有 n 种财物可选，每种只有 1 个. 求能带走最大的性价比是多少？$(w_i \leqslant W \leqslant 2\,000, v_i \leqslant 1e9, n \leqslant 2\,000)$

本题为何限制总重量的下限？因为否则直接取走单体性价比最高的一个物品就行了. 总重实际上限自然不超过 nW，不过这太粗糙：如总重超过 $W+w$，则丢弃一个已选的最低性价比物品，会抬高整体性价比且不违反条件，所以实际总重至多 $W+w \leqslant 2W$.

此题属于最优性价比子集问题，也称 01 分数规划. 其通用解法是二分答案，复杂度为 $O(nW\log v)$，此算法将在本书第 W 章介绍. 很多资料将此题视为分数规划模板题并声称是典型的 DP 不成立的"反例"：k 个物品性价比 $\sum_{i=1}^{k} v_i / \sum_{i=1}^{k} w_i$ 最优，不等价于前 $k-1$ 个性价比 $\sum_{i=1}^{k-1} v_i / \sum_{i=1}^{k-1} w_i$ 也最优.

以上观点只对了一半. 性价比（商）确实不具备最优子结构，但在给定总重量（分母）的前提下，性价比最高等价于总价值（分子）最大，是有最优子结构的. 而背包问题解法中恰恰是枚举（固定）总重量 $=j$，所以只需要决策最大价值（分子），DP 可以成立. 最后再枚举分母即可.

（1）状态：前 i 个物品中选恰好 j 总重，可获最大价值，

$$f_{ij} = \max\{f_{i-1,j}, \ f_{i-1,j-w_i} + v_i\}$$

（2）边界：$f_{0,0}=0$，$f_{0,j>0}=-\infty$（"恰好装满"版本边界，注意无效状态）.

（3）答案：$ans = \max\limits_{j=W}^{2W}\{f_{n,j}/j\}$.

（4）复杂度：$O(nW)$（优于分数规划解法）.

【例 F-9】小物品完全背包

你的包至多能装 W 公斤的物品. 有 n 种财物可选，每种有无限多个. 求能带走的最大的总价值是多少？（$w_i \leqslant 2000$，$W \leqslant 1e9$，$v_i \leqslant 1e9$，$n \leqslant 2000$）

本题与下题研究物品相对背包特别小的情况（$w << W$），本题为完全背包. 根据 W 的范围无法枚举其值域. 例 F-7 中用了物品集切割的方法，这里是背包容积大，采用一种类似思路：切割背包. 将 W 切割为两个 $W/2$ 的子背包[1]，对完全背包，物品对两个子背包也是无限多. 两个子背包也必须收益最优，这形成一个 W 折半的最优子结构，如此继续每次二分[2]. 当然这么做显然有问题：对任意可行方案，不保证总能在不切割物品的前提下分成两个等容量背包. 下图就是一个反例. 即对半切原问题不完全等价，有些原合法方案被遗漏了.

这时可注意单个物品重量并不大，可放宽一点：切割成 $W/2 \pm k$ 两部分，其中 $0 \leqslant k \leqslant w/2$.（任何方案）在中点附近 w 范围内，总能找到至少一个切割点. 枚举所有 k 分治下去，再对 k 求最值，就不会漏掉解. 当 $j >> w$ 时，用如上二分法[3]. 设载重为 j 的背包最大收益为 f_j，则 $f_j = \max\limits_{k=0}^{\lceil w/2 \rceil}\{f_{j/2-k}, \ f_{j/2+k}\}$；当 $j \sim w$ 时直接用 DP 算 f_j. 每二分一层，需计算的 j 的范围增大一个 w，则二分最后层需要计算 $O(w\log W)$ 个 f_j，算每个 f_j 为 $O(w)$，故总复杂度为 $O(nw + w^2\log W)$.

---

① W 为奇数的话就差 1 单位，这不重要.

② 其实属于分治法，广义说整个 DP 也是分治思想应用的一种. 限于篇幅本书不系统研究分治法.

③ 因并非严格等分，可用一个 map 记忆化 j 维度需要算到的值.

```
const ll M = 2009, D = 2009;    //D = O(W)是二分粒度的下限
ll n, W, f[M];
map<ll,ll> F;

ll solve(ll j){
    if (j <= D) return f[j];
    if (F.count(j)) return F[j];
    ll ans = 0;
    for (ll k = 0; k <= (D-9)/2; ++k)
        ans = max(ans, solve(j/2-k) + solve(j/2+k));
    return F[j] = ans;
}

for (ll i = 1,w,v; i <= n; i++) {
    cin >> w >> v;
    for (ll j = w; j <= D; ++j)
        f[j] = max(f[j], f[j-w] + v);
}
cout << solve(W) << endl;
```

* 高级问题探讨

【例 F - A】小物品 01 背包

你的包至多能装 W 公斤的物品. 有 n 种财物可选, 每种有无限多个. 求能带走的最大的总价值是多少?($w_i \leqslant 50, W \leqslant 100\,000, v_i \leqslant 1e9, n \leqslant 10\,000$)

01 背包情况更复杂一些. 切割背包的话两个子问题有耦合(每种物品只有 1 个). 此处数据规模特征是 w 范围特别小[①], 即物品都很"碎", 或最优解中实际填充的比例很高 $\left(\geqslant 1 - \frac{w}{W} \approx 99.95\%\right)$.

回忆背包问题一开始抛弃贪心法, 是因为贪心只能保证性价比优而不保证填充率, 总价值 = $W *$ 填充率总重量 * 性价比. 但本题保证最优解填充率 $\geqslant 99.95\%$, 也就是填充率能变化的相对余地很小, 则性价比就会起主导作用.

那是否用贪心法能保证(大概率)正确呢? 也没那么乐观, 例如取 $w_i = v_i$ 则性价比贪心相当于盲选. 故纯贪心不行, 则可考虑部分贪心[②], 即先按性价比从高到低选, 到一定的阈值再用 DP 或其他方法. 关键是阈值的选取, 一种实操方便的办法是 DP 不超时前提下取尽可能大一点阈值, 这在比赛中很实用, 但毕竟不是严谨的做法.

设纯贪心得到的解为①, 真正的最优解为②, 两者的总重量分别为 W_1, W_2, 则显然 $W_2 - w <$

[①] 有读者对比例 E-5, 也是 w 特别小, 是否可按 w 取值分类, 减少决策? 这里有所不同, 彼时是完全背包, 同 w 的物品只有一种可选; 本题是 01 背包, 只能得到同 w 的物品一定按 v 从大到小选, 靠这点不足以降低复杂度.

[②] 部分贪心本身是一种有一定应用场景的方法, 有兴趣的读者可参阅高逸涵的国家集训队论文.

$W_1 \leqslant W_2$（贪心解性价比高，总重不可能比最优解再大）. 总可通过一系列如下两种操作之一，从①变为②.

(1) 操作 1：删一个在①中不在②中的物品.

(2) 操作 2：增加一个在②中不在①中的物品.

如当前总重 $\leqslant W_2$，则执行操作 2（不可能找不到这样的物品）；否则执行操作 1. 这中途总重量可临时超过 W，但必保持在 $(W_2 - w, W_2 + w)$ 范围内. 此范围只有 $2w - 1$ 个值，根据抽屉原理，操作 $\geqslant 2w$ 次，中途一定有 2 次总重相同. 设整个过程为①→③→④→②，其中 $W_3 = W_4$. ①是贪心出来的单体最高性价比的部分物品，③→④过程拿走了一些①的，加入了一些②的，总性价比不会变高，而 $W_3 = W_4$，则有 $V_3 \geqslant V_4$. 则省略③→④直接①→③→②，总价值不会变低. 但②又是最优解，故得一个操作次数更少的方案，总价值不变.

(1) 结论：一定存在一种如上的操作方案，操作次数不超过 $2w$.

(2) 推论：最优解与贪心解间至多相差 $2w$ 个物品.

本题 $w \leqslant 50$，而 $W/w \approx 2000$，即①与②有 97.5% 以上的物品是一样的.

那么可否先贪心直到剩余载重为 $2w^2$，再对未选的物品 DP？这么做是错的，因为只证明了"至多差 $2w$ 个物品"，但没有证明是哪 $2w$ 个（可能包含单体性价比很高的）. 正确做法是先对载重 $W' = 2w^2$ 做一次含所有物品的 DP，记录所有实际总重 $j = 0..W'$ 的最优方案. 则最优解的"零头"部分一定在这 $W' + 1$ 种方案内，剩余部分载重 $W - j$ 用贪心法. 复杂度为 $O(nw^2 + n\log n)$，其中 DP 和 W' 次贪心的复杂度都是 $O(nw^2)$.

---

*【例 F-B】区间背包问询

你的包至多能装 W 公斤的物品. 有 n 种财物可选，每种物品只有 1 个，第 i 种重 w_i 公斤，价值 v_i 元. 有 m 个问询，问物品 $l \sim r$ 中能带走最大的总价值是多少？($w_i \leqslant W \leqslant 64$, $v_i \leqslant 1e9$, $n \leqslant 10000$, $m \leqslant 10000$)

本题是对区间物品集的静态背包问询，静态指物品序列不发生变化. 此类问题有系统的理论，但不在本书范围内. 这里仅做初步探讨. 核心想法是预计算一些特定物品集对应的解，再通过可加性合并. 例 F-4 已经给出两个 01 物品集的背包数组如何合. 复杂度为 $O(W^2)$[①].

$$h_j = \max_{x=0}^{j}\{f_x + g_{j-x}\}, \quad j = 0..W$$

接下来想法是预计算一些设计好的区间物品集上的背包数组，再用如上方法拼接出任意区间的答案. 一种方案是借助线段树，线段树不在本书讨论范围内，只给出复杂度 $O(nW\log n + mW^2\log n)$，本题规模下优于暴力 $O(mnW)$.

*完全背包广义矩阵快速幂优化

此部分涉及比较高级的概念，篇幅所限不对具体原理做详细解释. 对矩阵快速幂没概念的读者可不看. 完全背包直接有一维转移方程

$$f_j = \max_{i=1}^{n}\{f_{j-w_i} + v_i \mid j \geqslant w_i\}$$

[①] 借助一些高级数学方法，包括凸性分析和卷积，这个复杂度还可优化. 但已超出本书讨论范畴.

该式对 $j > w = \max\limits_{i=1}^{n} w_i$ 转移是"平行的",可写成如下广义矩阵乘法:

$$
\begin{bmatrix} f_j \\ f_{j-1} \\ f_{j-2} \\ \cdots \\ f_{j-w+1} \end{bmatrix} = \begin{bmatrix} \cdots & \cdots & v_i & \cdots & v_{i'} & \cdots \\ 0 & -\infty & -\infty & \cdots & -\infty & -\infty \\ -\infty & 0 & -\infty & \cdots & -\infty & -\infty \\ \cdots & \cdots & \cdots & \cdots & \cdots & \cdots \\ \cdots & \cdots & \cdots & \cdots & \cdots & \cdots \\ -\infty & -\infty & -\infty & \cdots & 0 & -\infty \end{bmatrix} \begin{bmatrix} f_{j-1} \\ f_{j-2} \\ f_{j-3} \\ \cdots \\ f_{j-w} \end{bmatrix}
$$

矩阵乘法定义为 $C_{ij} = \max\limits_{k=1}^{n}\{A_{ik} + B_{kj}\}$,这种乘法是满足结合律的.中间方阵第 1 行的规律是 v_i 放在第 w_i 列,$i = 1..n$.如多个 w_i 相同则放 v_i 最大的那个.这种仅上三角和下次对角线有值的矩阵乘法只需要 $O(w^2)$,利用矩阵快速幂,复杂度为 $O(w^2 \log W)$.这就是里例 F-9 背后的数学本质.

小 结

本章介绍了背包问题在不同的较极端参数范围内的一些特殊解法[①],以及一些变形和衍生问题.借助这些例子希望对读者产生启发性的作用.本章说明一个简单的基础问题可能变化出的内容之多,建议读者在学习过程中也能养成多思考多推广的好习惯,特别是基础题,不要满足于就题论题.在诸多变化之中,有些东西是基本不变的,如最优子结构、枚举资源值域,这种横向对比提炼出的不变的东西,往往与算法本质核心相关,所谓万变不离其宗.背包问题当然不仅限于本章与上章的这 20 多题,还有一些与其他算法结合的背包版本,还会在后续章节中逐步提及.

习题

1. 分赃啦(etiger1098).

2. 数硬币(etiger1075).

*3. 国王聚会(etiger1936).

*4. 精益求精(etiger868).

DP 综合练习题集

5. 传球游戏(etiger47).

6. 三角形牧场(etiger52).

7. 素数和分解(etiger146).

8. 二级背包问题(etiger381).

9. 二二二(etiger433).

A. 过河卒(e617).

B. ABCD 染色(etiger651).

C. 王城(etiger705).

D. 货币系统(etiger823,NOIP 2018 提高 T2).

*E. 守望者的逃离(etiger57).

*F. Market(etiger248).

---

① 说明同一个问题在不同的数据规模下难度和解法可能完全不同.读者在解题的时一定要配合数据规模综合考虑.

*G. 线性组合(etiger257).

*H. 拆迁(etiger431).

*I. 红岸(etiger541).

*J. 神谕之冠(etiger583).

第三部分

隐藏的序：最短路算法

本部分将进入基础图论范畴.最短路可以说是初等图论中最经典的问题,其将计算顺序的问题发展到一个新的高度,在某种意义下可视为 DP 在有环图上的推广.本部分从 DP 计算顺序的推广出发,引入简单的最短路算法雏形 BFS 算法,进而推广到一般正权图、负权图上.后半部分探讨一些最短路的衍生和变形问题.

G 连通性问题：0权图最短路

本章和下一章是 DP 向基础图论的过渡，将着重从计算顺序角度下手，研究"转移方程有环"情况下的处理手段，这些方法也颇具代表性．本章先讨论最简单的一种场景：连通性与连通块问题．

连通性（connectivity）概念很直观，如在画图板上给右图美眉的头发染色，只需使用画图板的"填充"工具点击头发区域的任意位置，整个头发就会被涂成指定颜色．这个"头发"就是一个连通块．从图论[①]眼光看，连通性指两点之间（通过路径）可到达，连通块则是一个两两可达的点集．基础连通性场景只关心"通不通"，即可行性问题．由于无定量因素所以比较简单；下一章则涉及"最少几步可达"的最优化问题．

【例 G-1】 发洪水（单源连通性问题）

$n*m$ 的地图上发洪水了，水从第 a 行 b 列涌入．'o' 代表空地，'#' 代表障碍物．积水格子上的水可蔓延到相邻 4 个空地格子，但不能越过地图边界或进入障碍物．输入 n，m，a，b 和原始地图，输出被淹后的地图，'*' 代表被淹格子．（$n, m \leqslant 1000$）

本题是最简单的连通性模板问题，即求从特定起点可达的所有位置．这里"可达"为通过规则（四向连通）可到达；也可将相邻格子间视为一条边而理解为存在一条路径连接起止点，也就是连通．因图像直观，相信不少读者自己也能解决此题（或至少有一些直观想法）[②]，但这里还是以一种看似绕路一点的方式来求解．目的是介绍解题思想和算法关联．

设 $f_{ij} = i$ 行 j 列最终会否被淹，根据题意除起点外 (i, j) 被淹当且仅当是空地且有一个相邻格被淹：$f_{ij} = OR_{k=1}^{4} f_{i+dx_k, j+dy_k}$，$dx[k]$，$dy[k]$ 是 4 方向的位移数组．如将 f_{ij} 形式上视为"状态"[③]，前式则相当于转移方程．还可容易地得到其他一些对应元素，如边界：$f_{ab} = 1$，$f_{障碍物} = f_{0,j} = f_{i,0} = 0$．

万事俱备？只欠的"东风"就是计算顺序．这个"转移方程"的转移图显然有环，如相邻格之间是互相依赖，故没有拓扑排序[④]．这种有环的，看似不可解"转移方程"正是这几章要解决的核心问题．

从直观模拟入手，设一开始除起点外 $f_{ij} = 0$ 表示开始都未淹到．根据转移式形式，如某个式子不成立，

---

① 还未正式引入图的概念，但直观理解还是很容易的．如读者确实没有图的基本概念，可稍微往后翻一下第 I 章开头部分．

② 由于其直观性及代码也不难写，有些教材直接（在 DFS 搜索之前）独立地介绍 DFS 遍历、BFS 遍历．此做法有一定合理性．本书较晚介绍是为体现其在基础算法中的地位：连通性问题是位于 DP 和基础图论的最短路算法之间，处于承前启后的地位，而 DFS 搜索则是所有算法源头地位．

③ 因为其并非严格意义的 DP 状态，这里 f_{ij} 并不代表子问题．不过形式相似有时候足以说明问题．

④ 这时式子倒是更像是是方程了，f_{ij} 是未知数．典型的 DP 转移方程其实只是递推式．

只可能是右边为 1 而左边为 0,则把左边项也改成 1 就能使该式成立,且不可能破坏已经成立的式子[1]. 则有一种简单直观的调整法:不停寻找 $f_{ij} = 0$ 而相邻格有 1 的非障碍格(i, j),将其 f_{ij} 改为 1,直到找不到.

```
const int dx[4] = {1,-1,0,0};
const int dy[4] = {0,0,1,-1};
....
g[a][b] = '*';
bool flag = 1;
while (!flag){
    flag = 0;
    for (int x = 1; x<=n; x++)
        for (int y = 1; y<=m; y++)
            if (g[x][y] == 'o')
                for (int k = 0; k<4 && !flag; k++){
                    if (g[x+dx[k]][y+dy[k]] == '*') {
                        g[x][y] = '*';
                        flag = 1;
                    }
                }
}
```

flag 表示本轮是否有变化.这方法看似粗糙,但其思路可适用较多的类似场景.上述代码每轮至少有一个 f_{ij} 由 0 变 1,而 f_{ij} 总数 $\leqslant nm$,复杂度为 $O((nm)^2)$[2].

在优化之前先说一点关于顺序的话题.如上算法每轮是无脑扫整个棋盘,并不关心 f_{ij} 的更新顺序,因为题目也只关心哪些格子可以访问到,没问这些格子以什么顺序被访问;不过程序运行总是有顺序的,即总有一种实际的 $f_{ij} = 1$ 计算顺序,左下图是一个例子(格子里的数是计算顺序).

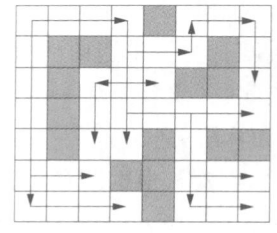

实际 $f_{ij} = 1$ 格子终究是由某个相邻格推过来的,即从 $f_{ij} = OR_{k=1}^{4} f_{i+dx_k, j+dy_k}$ 此式推出来的.怎么解释实际顺序中不符合"转移方程"右侧先于左侧计算的原则? 这要考虑到该式的特殊形式:(i, j) 虽形式上依赖所有 4 个相邻格,但真正"起作用"的只有一个.如右上图所示,只把 f_{ij} 实际由那个相邻格推出(第一次变成 1)作为依赖项,这才是实际的依赖关系(另 3 个是几已经无所谓了),它确实是无环的[3].换句话

---

[1] 从方程角度看所有 $f_{ij} = 1$ 显然是一组解.但本题求的其实是符合初始状态且最少的解,而调整法每次改为 1 的都是"不得已"的位置.

[2] 实际情况下轮数远不到 $n*m$,如上图图中两轮就结束了.读者可思考下最坏情况怎么构造,以及随机数据下的轮数的期望值.胡钧泽同学在课程论文中研究过一般随机无向图下此问题的数值解,参见本章参考文献.

[3] 像本题中每个状态只"有效"依赖一个前置状态,有效的转移图其实是一棵树,图论中称为生成树(后续章节和本书第四部分将专门研究生成树).从 (i, j) 到根节点的路径就是连通(i, j) 的一种方案.

说,原转移图里只有一个无环的子图真正起作用,只是在得到答案前,并不知道这个子图是什么(只知道它最终存在),这种情况以后多次遇到.

增量式实现调整法

每次扫全图直观上就比较浪费.第一,f_{ij} 已经为 1 的格子不需再扫;第二,上轮没变 1 的格子(四周都是 0),除非其有一个相邻格变 1,才会触发其本身变 1.即如上轮 (i, j) 的相邻格都没变,则下轮也不需再扫 (i, j).这可保证那些离起点很远的格子不用一开始就被反复扫.更具体说,每格最多只需处理 1 轮,即第 1 次有邻格变 1 的下一轮.可维护一个集合 Q 用来放置变 1 的格子①,每次从 Q 中取出任意格进行处理,将其还为 0 的相邻格变 1 并加入 Q,直到 Q 为空.每次只更新有变化的部分,其实是增量式思想的一种变形,是优化调整法的常用技巧.

Q 有多个元素时并不关心其处理顺序,但实际总有一种具体顺序.最常用是队列和栈的 FIFO/FILO 顺序,下面先给出使用队列版本.

```
struct Node { int x, y; };
char g[N][N];
queue<Node> q;
....
q.push((Node){a,b}); // 开始只有起点待处理
g[a][b] = '*';
while (!q.empty()){
    Node now = q.front(); q.pop();
    for (int k = 0; k<4; k++){
        int nx = now.x + dx[k], ny = now.y + dy[k];
        if (nx>=1 && nx<=n && ny>=1 && ny<=m
            && g[nx][ny] == 'o') { // 新触发待处理的入队
            q.push((Node){nx,ny});
            g[nx][ny] = '*';
        }
    }
}
```

这里在入队时就将格子设为 '*',而不是出队之后,两者最终结果是一样的(该被淹的早晚会淹).但入队更新能保证每个格子只入队一次,复杂度为 $O(nm)$.如出队时再设可能造成同一个点(被多个相邻格)重复入队,使性能变差.

0	1	3	5		18	24	28
2			7	9	12		32
4		15	10	13			35
6		21	14	19	25	29	33
8		26	20		30		
11	16	22			34	36	38
17	23	27	31		37	39	40

0	1	2	3		7	8	9
37		4	5	6			10
36		38	39	40			11
35		24	23	22	14	13	12
34		25	26		15		
32	33	27			16	17	18
31	30	28	29		21	20	19

根据先进先出特征,可想像如上代码实际处理顺序:是从起点开始一层层向外扩散,先处理起点直接

---

① 这个操作与第 B 章的 Kahn 算法类似,可以参考.

相邻格,再处理与相邻格相邻的(二度相邻),依此类推. 左上图是一个具体顺序的例子示意图. 此过程与现实中水波扩散或颜色蔓延比较相似,故也称为洪水填充法或种子染色法,而正式名称是广度优先遍历(breadth first search,BFS)[①],广度优先指先把一个点的相邻点访问完,再访问相邻点的相邻点. 这么做有一个额外好处是访问到每一格的轮数就是从起点到该格的最小步数. 这使 BFS 成为最短路径算法的雏形和出发点,这将在后续章节深入展开.

下面改用栈充当 Q. 对本题结果无区别,实际计算顺序为先进后出特征,即持续向前更新相邻格,直到没有可更新的,再回溯. 参见右上图. 此先进后出实现称为深度优先遍历(depth first search,DFS),注意这个 DFS 与之前所学 DFS 搜索有所不同,后文会专门解释. 因系统本身有个调用栈,可借助递归语法来简化实现,即让调用栈来充当 Q,而无需显式开一个 stack.

```
void dfs(int x, int y){
    g[x][y] = '*';
    for (int k = 0; k<4; k++){
        int nx = x + dx[k], ny = y + dy[k];
        if (nx>=1 && nx<=n && ny>=1 && ny<=m
            && g[nx][ny] == 'o') dfs(nx, ny);
    }
}
```

此代码与之前学的 DFS 搜索也颇为形似,说明两者有一定的逻辑关联[②]. 下面就来说明一下以前学的 DFS 搜索和现在说的 DFS 遍历之间的关系[③]. 这段有一点抽象,如一时理解不了也无大碍.

DFS 搜索与 DFS 遍历

这两者都有一个形式上的 DFS 参数集的全集(可能调用到的所有参数取值的组合),称为状态空间. 对本题的 DFS/BFS 遍历,其状态空间就是棋盘本身,称为显式状态空间,如左下图,DFS 遍历就是访问每个格子一遍. DFS 搜索其状态是子问题,通常是复杂解的一部分,如全排列的一部分或棋盘上的半条路径. 这种状态空间是搜索树,往往是指数级,无法显式存储,只是 DFS 根据一定的规则访问所有子问题,称为隐式状态空间. DFS 搜索做的是访问每个可行解的局部,如画出搜索树,DFS 搜索是对这个搜索树(而非原棋盘格)的遍历,从此意义说两者也可认为是一回事,只是遍历的状态空间不同. 右下图是 DFS 搜索全部路径时实际遍历的状态空间示意图局部.

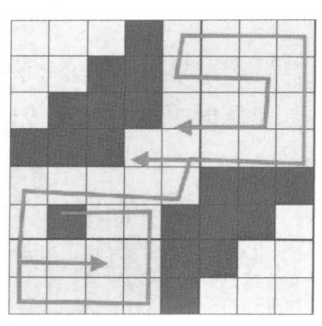
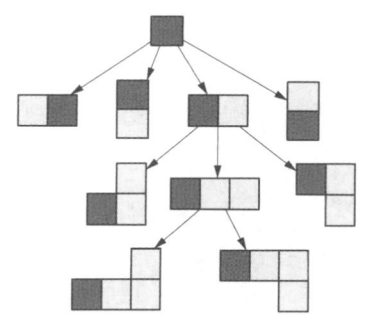

---

① 直译为广度优先搜索,其实遍历更合适. 关于这两个术语的异同将在后文进行讨论.

② 本书采用这样的哲学观点:形似的东西即使表面上是不同问题或来源,一般都有深层次的原因,或者说在某种意义下有关联. 完全无关的两者因纯粹巧合导致表现形式一样,本书认为是极少的.

③ 由于名字正好一样,很多资料上将两者直接混为一谈,笔者认为此做法是不合适的,至少很容易误导初学者. 虽然之间确实有相同的部分,但是还是有某种层面上的差别.

有没有"BFS 搜索"呢?虽 BFS 被叫做广度优先"搜索",但 BFS 实用的场合基本都是"遍历",即显式状态空间(如棋盘格、图). 真正的搜索场景状态空间是搜索树,一般树的"广度"(每层的节点数)与深度是呈指数级关系. DFS 搜索只需要存储当前搜索路径,即数量与深度成正比的状态;而 BFS 需存一整层的状态,从空间来说比 DFS 多得多. 所以一般很少用 BFS 去做暴力搜索.

DFS 遍历与 BFS 遍历

对显式状态空间的遍历,DFS 和 BFS 是两种不同访问顺序(对应 2 个不同生成树). 在只求连通性的场景下两者没有什么区别[1]. 但在不同的衍生问题上有各自优势. BFS 最大优点是沿 BFS 生成树走一定是步数最少的方案,故 BFS 可用来求步数最少意义下的最短路;DFS 生成树则有更深刻的特征,本章高级话题以及后续章节再予讨论[2]. 本章后续无特别说明时默认采用 DFS 顺序.

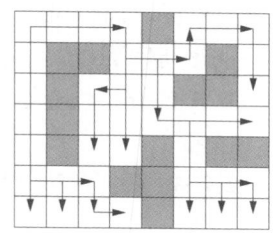 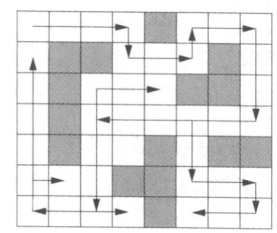

只考虑连通性时可认为走一步没有代价,即边权为 0,某点与其连通的点距离都为 0,不连通的点可视为距离无穷大. 在此意义下连通性问题可视为 0 权图上最短路径问题,这只为方便把后续更多算法关联起来.

> **【例 G-2】** 受灾情况(连通块基本信息统计)
>
> 在 $n * m$ 格的地图上发洪水了,'o' 代表空地,'#' 代表墙体. 所有空地都积满了水. 现要部署若干台抽水机. 每台抽水机只能部署在固定的某块空地上. 如果两块空地是八向连通的,且其中一块被抽干,则另一块也会抽干. 问共需多少抽水机才能抽干所有空地,及每台抽水机各自抽干多少块空地. ($n, m \leqslant 100$)

本题为对连通块[3]统计的更多基本信息,即基于连通块的目标函数. 一台抽水机可抽一个连通块,要求连通块的总数及每个连通块的面积.

连通块是在遍历过程中一点点被"扩展"出来的,如目标函数支持此增量式,就可在遍历过程中顺便累计目标函数. 具体说:已知集合 A 的目标函数,现新增一个元素 x,可较快求出 $A \cup \{x\}$ 的目标函数,常见的基本目标函数如 max、sum 等都满足此条件. 求面积其实就是 sum. 可将面积作为 dfs 返回值. 为方便起见用 int 定义地图:空地为 0,障碍物为 -1,输入时预处理下即可.

```
// 返回当前连通块从 x,y 出发还能新增多少面积
int dfs(int x,int y,int id){
    assert(g[x][y] == 0); // 应保证 x,y 之前是 0
    g[x][y] = id;
```

---

[1] 也可称连通性的存在性问题对遍历顺序有对称性.

[2] 总的来说还是 DFS 遍历用途多于 BFS. 除最短路问题,其他用到 BFS 遍历顺序特点的场景远少于 DFS. 这从另一个侧面验证了之前的看法:栈的意义远比队列深刻.

[3] 严格定义连通块指双向连通意义下的等价类,参见本章高级话题讨论. 当前就按常识理解即可.

```
    int S = 1;
    for (int k = 0; k<4; k++){
        int nx = x + dx[k], ny = y + dy[k];
        if (nx>=1 && nx<=n && ny>=1 && ny<=m
            && g[nx][ny] == 0)
            S += dfs(nx, ny, id);
    }
    return S;
}
```

简单介绍下 assert(断言)语法,也称为代码打桩. 语义很简单:传一个 bool 参数,如值为 true 则什么也不做,否则终止程序并抛出错误(OJ 表现为 RE),本地自测将提示出错位置. 此语法可检查某些逻辑上先验成立的条件,如本题调用 $dfs(x, y)$ 必须是 x, y 第一次被访问到(才会贡献面积). 万一程序写错导致断言不成立,系统会明确指出何处运行情况不符合预期,这比自行定位查错要方便的多. 可视为一种程序正确性自检功能,在竞赛中对提高查错效率非常有用.

代码中还附带了一个 id 参数,用以标志每个位置属于哪个连通块,后续题目会用到. 最后主函数中遍历所有连通块.

```
int cnt = 0;
for (int x = 1; x<=n; x++)
    for (int y = 1; y<=m; y++)
        if (g[x][y] == 0) // 新连通块
            cout << dfs(x, y, ++cnt) << endl;
cout << cnt << endl;
```

找一个连通块复杂度上限为 $O(nm)$,主程序里又两重循环,看似为总复杂度为 $O(n^2m^2)$. 但实际每个 x, y 只会全局访问一次,过后 $g[x, y]$ 就不是 0 了,所以总复杂度还是 $O(nm)$,或这样表达:$O(所有连通块的总面积) = O(nm)$. 此框架还可计算任何具有增量式的连通块的其他目标函数.

【例 G-3】病毒扩散

在 $n*m$ 格的地图上爆发了疫情,'o' 代表安全区,'#' 代表无人区,'*' 代表感染区. 如一个安全区的至少 2 个相邻区域是感染区,则该区也会被感染. 无人区永远不会被感染. 求最后有哪些区域被感染. $(n, m \leqslant 1000)$

此题可称为规则演化场景,即某目标函数以特定规则不停变化,求终态①. 前题的"转移方程"也可写作:$f_{ij} = \left[\sum_{k=1}^{4} f_{i+dx_k, j+dy_k} \geqslant 1\right]$,即相邻有 1 格被淹,则本格被淹. 本题可视为其推广:$f_{ij} = \left[\sum_{k=1}^{4} f_{i+dx_k, j+dy_k} \geqslant 2\right]$. 秉承之前的思路,一个点被感染后,可能触发相邻的 4 个格子感染,可放入待处理集合处理. 这里用 BFS 的方式写一遍,以作参考. 这里用到 C++ 的短路语法:最里层那个 if 中,前面的项如已为 false,后面的项会直接忽略,++cnt 也不会执行.

_____

① 数学上可视为目标函数的反复迭代. 对状态数有限的封闭系统,终态可能是一个固定状态,称为不动点;也可能出现循环节,其长度称为庞加莱周期. 对开放系统,也可能没有稳定的终态.

```
for (int x = 1; x <= n; x ++)
    for (int y = 1; y <= m; y ++) {
        cin >> g[x][y];
        if (g[x][y] == '*') q.push((Node){x,y});
    }
while (!q.empty()){
    Node now = q.front(); q.pop();
    for (int k = 0; k < 4; k ++){
        int nx = now.x + dx[k], ny = now.y + dy[k];
        if (nx >= 1 && nx <= n && ny >= 1 && ny <= m
            && g[nx][ny] == 'o' && ++cnt[nx][ny] >= 2) {
            g[nx][ny] = '*';
            q.push((Node){nx,ny});
        }
    }
}
```

同样地,为避免一个 'o' 格同时被两个别的格子判定为感染,造成重复入队,在其自己入队而非出队时就将其更新为 '*'. 复杂度为 $O(nm)$. 这类问题还可推广到更一般情况, f_{ij} 不仅可从 0 变 1,也可从 1 变 0. 这个模型有现实意义,如模拟菌类繁殖或社会性聚居之类现象. 其终态可能会出现各种有意思的情况,有兴趣的读者可自行模拟.

> **【例 G-4】攀亲戚(图上连通性)**
>
> 你发现自己和皇帝长得很像:都有两个眼睛一个鼻子,你想知道皇帝是不是你远房亲戚. 你掌握的信息有 m 条:第 i 条信息包含 a_i, b_i,表示 a_i 和 b_i 是亲戚. 你的编号是 0,皇帝的编号是 1,最大编号为 $n-1$,请问能否推理出你和皇帝是(直接或间接的)亲戚?注意亲戚关系有对称性和传递性. (n, $m \leqslant 100\,000$)

可将 n 个人画成 n 个点,在 a_i, b_i 间画一条连线,表示(直接的)亲戚. 所谓间接亲戚是沿所画的线走若干步可以到达,这正是连通的定义,故本题与之前无本质区别,即求图上两点的连通性[①],或是否在同一个连通分支. 连通分支指极大连通子图,极大指不真包含于任何其他连通子图. 此是严谨的定义. 通俗说就是连在一起的一块,即直观理解意义下的连通块.

解法亦同前,可从点 0 出发遍历能走到的所有点(也就是 0 所在的连通分支),看是否包含点 1 即可. 唯一的技术问题是怎么遍历给定点 u 的所有相邻点 v. 如每次枚举所有边会造成复杂度过高,可用例 9-4 中用过的结构,预先将边按照起点分好组,存在一个变长数组列表里,这种结构称为邻接表. 注意无向图的两端都可做起点,所以每条边会出现在 2 个分组中.

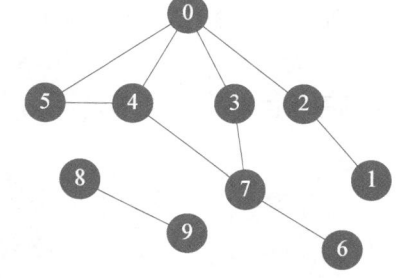

---

① 棋盘格本身也可视为一种特殊的图(网格图).

```
vector<int> g[N];
bool vst[N];

void dfs(int u){
    vst[u] = 1;
    for (int i = 0; i<g[u].size(); i++)
        if (!vst[g[u][i]]) dfs(g[u][i]);
}
....
for (int i = 1,u,v; i<=m; i++){
    cin >> u >> v;
    g[u].push_back(v);
    g[v].push_back(u);
}
dfs(0);
```

每个 u 只会计算 1 次,故复杂度为 $O(\sum_{u=1}^{n}(1+g[u].size))=O(n+m)$. 本题也可用 BFS 遍历,请读者自行完成. 请记住与棋盘格遍历无本质差别,区别只在于每步走到 4 个相邻格还是输入指定的若干个相邻点.

*高级问题探讨

等价关系

第 B 章高级话题中提到过抽象的二元关系的概念,即由集合 X 元素的若干二元组组成的集合. 如 X 上的二元关系 R 满足:

(1) 自反性:$\forall x \in X, (x, x) \in R$.

(2) 对称性:$\forall (x, y) \in R \Rightarrow (y, x) \in R$.

(3) 传递性:$\forall (x, y) \in R, (y, z) \in R \Rightarrow (x, z) \in R$.

如亲戚关系、无向图的连通关系都是等价关系;而认识关系(无对称性)和集合的有交集关系(无传递性)则不是等价关系. 对等价关系 R,可按 R 将 X 进行唯一的划分①,使每组内元素两两有关系 R,而组间元素都无关系 R. 这每个分组称由关系 R 定义的等价类. 例如,亲戚关系的等价类是亲族;无向图连通关系的等价类就是连通分支.

【例 G-5】攀亲戚 2(加边动态连通性)

同上题,但要求每输入一条信息 a_i, b_i 都输出答案,即根据当前已知的信息,问能否推理出你和皇帝是亲戚?(n, $m \leqslant 100\,000$)

---

① 对 X 是有限集合的情况简单说明如下:对 $|R|$ 用归纳法,设对 R 成立,考虑 $R \cup \{(x, y)\}$,如 x, y 已在同一分组,则分组不变;否则就将 x, y 所在的两个分组合并,由对称性和传递性可证明这两个分组中两两都有关系. 本书第 R 章还将对这个概念做更具体的诠释.

静态→动态是一种常见的问题推广模式，读者可多思考某静态问题能否推广到动态情形. 本题是一种特殊的动态问询，即"增量问询". 即对初始没有任何边的图，每次加一条新边，并问询 0 和 1（当前）是否连通. 当然每次暴力重算总是可以的，复杂度为 $O(m(n+m))$，优化一般也是通过增量式：想象下加一条边 (a,b) 对连通性会产生什么影响？ 因连通关系是等价关系，只需关心对等价类（连通分支）的影响：如加边前 a,b 已经连通，则连通关系没有任何变化；否则原属的两个连通分支合并，则关键问题只有 2 个.

（1）判断两个点是否连通（在同一连通分支）.

（2）合并两个连通分支.

一种直观方法是维护每个点 u（当前）属于哪个连通分支，记为 $id[u]$. 问题 1 直接判断 $id[a]==id[b]$ 即可；问题 2 则需将所有 $id[u]=id[a]$ 的点改成 $id[b]$，或反之，这步需访问整个分支 $id[a]$，可从点 a 出发重新做一次遍历.

```
void dfs(int u, const int A, const int B){
    assert(id[u] == A);
    id[u] = B;
    for (int i = 0; i<g[u].size();i++)
        if (id[g[u][i]] == A) dfs(g[u][i],A,B);
}


for (int i = 1; i<=n; i++) id[i] = i;
for (int i = 1,a,b; i<=m; i++) {
    cin >> a >> b;
    if (id[a] == id[b]) continue;
    g[a].push_back(b);
    g[b].push_back(a);
    dfs(a, id[a], id[b]);
}
```

这里做了一个小小的优化，即 continue 那行：如 a,b 已经连通了，这边直接不用加，也不会影响任何连通性. 这称为优化建图，后续还会提到. 复杂度取决于每次合并时连通分支 a 的大小，极端情况下，如每次往分支 a 并入一个新点，则最坏复杂度为

$$O(\sum_{i=1}^{n-1} sz(id_a))=O(\sum_{i=1}^{n-1} i)=O(n^2)$$

优化的空间在于每次可选择分支 a 并入分支 b，还是分支 b 并入分支 a. 自然应选较小分支并入较大分支，复杂度为 $O(\sum_{i=1}^{n-1} \min(sz(id_a), sz(id_b)))$，这看似只能优化一个常数，实则不然. 考虑对每个点 u，每次 $id[u]$ 被更新，u 所在连通分支的大小至少增大一倍，则 $id[u]$ 最多更新 $\log n$ 次，复杂度为 $O((n+m)\log n)$ [1]，此技巧称为启发式合并. 实现中只要多维护一个 sz 数组，合并时 sz 简单相加.

以上做法动态维护了所有点的所属分组，不仅 0，1 间可问询，任两点的连通性也随时可知，即可以解决完整的加边意义下图的动态连通性问题. 读者也许会问删边行不行？ 答案是用目前已知的知识不行.

---

[1] 细心的读者可能有一个小问题，虽然每个点至多合 $\log n$ 次，但合并的复杂度并不只取决于 a,b 的点数，还与边数也相关. 这只需要将子图的"点数＋边数"视为"分支大小"即可，结论是一样的（包括稠密图）.

对一种特殊的删法"FILO 删边",可用第 T 章介绍的可撤销并查集；对一般的随机增删边，需用线段树分治或 LCT，两者都超出本书范围。以上各方法的复杂度均为 $O((n+m)\log n)$。

* 无向图 DFS 生成树

DFS 遍历无向图会形成一个生成树[1]，从这树的角度看图上其他边 (u,v) 分布，乍一看似乎可任意分布，其实并不是。设 u，v 中先访问 u，此时 v 未访问，而边 $u{\to}v$ 最终却不在树内，只可能在尝试 $u{\to}v$ 前，通过从 u 的其他子节点先行访问过了 v，则 v 一定是树上 u 的子孙节点，即树外的所有边都是连接树上有直系关系的祖孙节点，这样的边称为后向边，如左下图 $(2,8)$。而无直系关系的边（称为横向边，如左下图 $(16,13)$）是不存在的，这是无向图 DFS 生成树的重要特征。

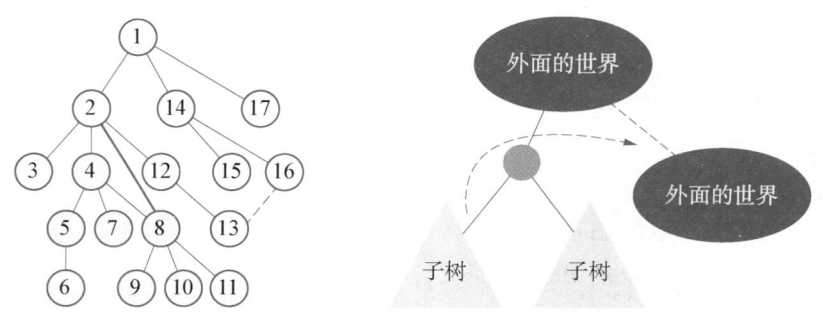

说起来树和图差别应该很大，但在 DFS 意义下，任意无向图都可理解为在树上增加一些后向边得到。左上图中还有一个重要概念即顶点上的数字，这个编号是以 DFS 访问顺序编的，记为 $dfn[u]=u$ 在 DFS 遍历中第几个被访问到，其具有以下基本特征。

(1) 父节点的 dfn 小于子节点。
(2) 子树的 dfn 取值连续。

【例 G-6】战略轰炸

敌方阵地通讯网络共 n 个节点，每个节点都可以与其他一些节点进行双向直接通信。轰炸之前，任意两个节点都可以通过直接或间接通信取得联系。Lester 只能炸毁其中一个节点，与被炸节点的直接通信将全部切断。Lester 希望炸完以后，剩余 $n-1$ 个节点中至少有一对节点之间无法建立直接或间接的通信，求满足条件的轰炸目标可以有哪些。$(n \leq 100\,000)$

本题是另一个方向的推广：破坏连通性场景[2]。在原图上考虑，除了暴力很难有思路，可从 DFS 生成树的角度考虑。只看树的话，删一个点 x 会分裂成多个连通分支，包括 x 的所有子树和 x 上方"外部"一块[3]（根节点没有这块），参见右上图。因无横向边，非直系子树间不可能有边，如这些分支仍连通，只能靠内部后向边连接到外部（准确说是 x 的祖先）。为此定义一个称为追溯值的点权：$low[u]=$ 子树 u 中沿后向边可达点的 dfn 最小值。计算 low 由 3 部分组成：u 自己、子节点的 low、u 出发的后向边，

$$low(u)=\min\{u,\ \min_{v\in son(u)} low(v),\ \min_{u{\to}y\text{是后向边}} dfn(y)\}$$

删 x 还连通的条件是所有子树 v 都能连出去 $\forall v \in son(u)$，$low(v) < dfn(u)$；删 x 不连通的条件是

---

[1] 有向图也有对应版本，本书第四部分会简单提到。
[2] 这个问题其实在竞赛中归属比较高端了，但逻辑上属连通性问题的外延，故也在此简单介绍。
[3] 准确说是子树 x 在原树的补集（原树减去子树 x 部分）。

$\exists v \in son(u), low(v) \geqslant dfn(u)$. 还有一个例外是根节点，其没有"外部"部分. 根的的条件就是子节点数>1个. 这个方法称为 tarjan 算法，求出的满足条件的点称为割点 (cut vertex). 以下涉及一些树遍历的典型代码，没有这方面基础的读者可不用看. 复杂度为 $O(n+m)$. $ctp[x]$ 表示 x 是不是割点.

```
ll n,m,dfn[N],nd = 0,low[N];
bool ctp[N];
vector<ll> v[N];


void tarjan(ll x,ll fa){
    dfn[x] = low[x] = ++nd;
    ll cnt = 0;
    for (ll i = 0,y; i<v[x].size(); i++){
        if (!dfn[y = v[x][i]]){
            cnt++;
            tarjan(y, x);
            low[x] = min(low[x], low[y]);
            if (low[y] >= dfn[x] &&
                (x != 1 || cnt > 1)) ctp[x] = 1;
        } else if (y != fa) {
            low[x] = min(low[x], dfn[y]);
        }
    }
}
```

小 结

本章介绍了基本的连通性问题，从 DP 看似是"有环的转移方程"，但本章场景不关心计算顺序. 连通性在棋盘格还是在一般图上并无本质区别. 判断连通性的方法就是遍历所有连通的点，根据具体顺序常见有 DFS 和 BFS，其各有特点. 其中 DFS 遍历与 DFS 搜索、记忆化搜索在形式上很接近，本质上也有关联 (显式与隐式状态空间). 最后的高级话题介绍了连通性的抽象的数学基础 (等价关系)，以及动态连通性、破坏连通性等话题的初步讨论. 其中一些话题在后续章节还将深入展开.

习题

1. 筛子识别 (etiger466).
2. 点石成金 (etiger464).
3. 攀亲戚 (etiger467).
* 4. 洱海 (etiger489).
* 5. 罗密欧与朱丽叶 (etiger530).

参考文献

[1] 胡钧泽. 带标号无权无向图基本特征概率与期望研究.

H 广度优先搜索：1 权图最短路

本章进一步研究基于连通性的最优化问题，此亦最短路径问题的雏形。对最优化问题计算顺序的对称性就没有了。本章从 DP 计算顺序的角度切入，尝试解决形式上有环的转移方程的计算，得到 BFS 序。这种做法虽非直观，但可揭示 DP 与最短路系列算法的联系。本章还将对 BFS 中"步"的概念进行推广，以解决一些更复杂的基于最小步数的问题。

> **【例 H-1】无人驾驶**
>
> 一个 $n*m$ 的迷宫，'o' 代表空地可以行走，'#' 代表墙体，一辆无人驾驶汽车从 $(1,1)$ 出发，希望到达 (n,m)，每次可上下左右 4 个前进 1 格。问需要至少几步能到达目标？如果无法完成输出 -1。$(1 \leqslant n, m \leqslant 1000)$

最短路径本身存在最优子结构：中途前后半程都要最优。不难写出形式的 DP。

（1）状态：$f_{xy}=$ 从起点走到 (x,y) 的最少步数。

（2）决策：从相邻某格走到 (x,y)。$f_{xy}=\min\limits_{k=1}^{4} f_{x-dx_k, y-dy_k}+1$。

（3）边界：$f_{1,1}=0$，$f_{障碍格}=\infty$。

以上面临的问题与上章一样：依赖关系有环。以下提供多种解决思路，其各自都有推广价值。

方法 1：调整法（略）。参照上章，开始设边界以外的所有 $f_{xy}=\infty$，反复找违反方程的相邻格，即 $f_{xy} > f_{nx, ny}+1$，将左侧 f_{xy} 缩小至等于右侧。此解法细节在第 K 章还将介绍，这里暂不展开。

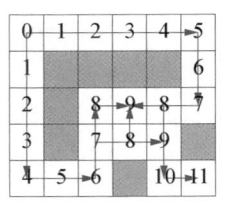

方法 2：寻找隐式顺序。类似上章，min 看似依赖 4 个邻格，真正取到最小的就 1 个。假如事先知道某 $f_{nx, ny} \geqslant f_{xy}$ [①]，则这组 (x,y) 实际上不依赖于 (nx,ny)，故可形式上加上如此限制：$f_{xy}=\min\{f_{nx, ny} \mid f_{xy} > f_{nx, ny}\}+1$，这至少形式上可保证无环。左图是一个例子，数字是 f_{xy} 的真实值。其拓扑排序是以 f_{xy} 本身从小到大的顺序。但这似乎陷入了循环悖论：要按 f_{xy} 本身从小到大计算要知道 f_{xy} 的值，但计算就是为求 f_{xy} 的值。

精细看其实并非真的走不通。显然 $f_{xy} \in \{0 \cdots nm\}$，所谓以 f_{xy} 从小到大顺序可表述为：依次计算 $f_{xy}=0$ 的点、$f_{xy}=1$ 的点、$f_{xy}=2$ 的点……开始虽不知道所有 f_{xy}，但 $f_{xy}=0$ 的点已知（起点）；而 $f_{xy}=i$ 是就是那些与某个 $f_{nx, ny}=i-1$ 相邻且 f_{xy} 本身尚未确定的点。于是知道 $f_{xy}=0..i-1$ 的点集，就可推出 $f_{xy}=i$ 的点集。实际计算顺序是一遍转移，一边（根据当前结果）动态得到的下一步可计算的点。下图是一个例子及其转移顺序。

---

① 事实上当然不知道，但知道相邻格的最终答案 f_{xy} 间总会有固定的大小关系。

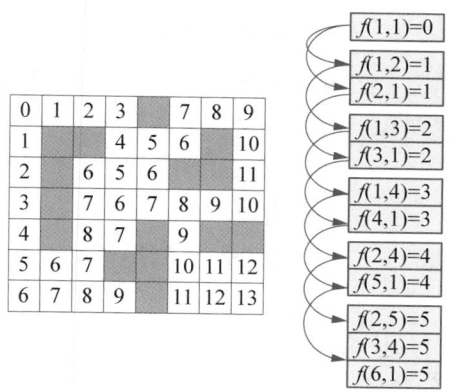

具体实现时,要求与 $f_{xy}=i$ 的全部算完后(这很重要),才能推 $f_{xy}=i+1$,不过并不需显式地将不同取值的 f_{xy} 分开存,因为先被算出的 f_{xy} 也先推别的,符合 FIFO 特征,用队列维护处理顺序即可,也就是上章所说 BFS 顺序.注意求最短步数时不能用 DFS,因为 DFS 第一次访问到的不一定是最少步数,这与单纯的连通性判定问题有所不同.

```
int n,m,f[N][N],vst[N][N];
char g[N][N];
struct grid { int x,y; };
int bfs(){
    queue<grid> q;
    q.push((grid){1,1});
    f[1][1] = 0; vst[1][1] = 1;
    while (!q.empty()){
        int x = q.front().x, y = q.front().y;
        q.pop();
        if (x == n && y == m) return f[x][y]; // 截断
        for (int k = 0; k<4; k++){
            int nx = x + dx[k], ny = y + dy[k];
            if (nx >= 1 && nx <= n && ny >= 1 && ny <= m
                && g[nx][ny] == 'o' && !vst[nx][ny]) {
                f[nx][ny] = f[x][y] + 1;
                vst[nx][ny] = 1;
                q.push((grid){nx, ny});
            }
        }
    }
    return -1;
}
```

以上有个小小的截断优化:当 f_{nm} 算出后就不用再算下去了.每个点至多出入队列 1 次,复杂度为 $O(nm)$.其实 BFS 是很直观的,聪明的读者也许不难自己想到"逐次求 1 步可达、2 步可达……"这种思路.本书以略繁琐的方式从 DP 引出 BFS,是为了表达两种算法之间的关联,以及介绍处理此类方程有环情形的方法论.

* 方法 3:升维破环

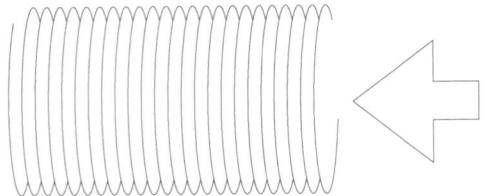

有些环结构在一个额外维度上拉开,就可以变无环,这是处理有环问题的一个常用思路.左图是一个形象化理解:一个等距弹簧从正右方看去,其在侧面上的(二维)投影就是一个圆环;但在三维中看这个弹簧是没有环的(任意"两点"在三维中不重合).

对路径类问题一个天生无环的维度是"经过的边数",因为路径总是逐条边接出来.

(1) 状态:f_{dxy} = 从起点走 d 步到 (x,y) 是否可行.

因步数 d 已在状态维度中,f 的值就不再是"最少步数"了.

(2) 决策:上一步从相邻某格走到 (x,y):$f_{dxy} = OR_{k=1}^4 f_{d-1, x-dx_k, y-dy_k}$.

(3) 边界:$f_{0,1,1} = 1$,$f_{0,\text{else}} = f_{d, \text{障碍格}} = 0$.

(4) 答案:$\min\limits_{f_{dnm}=1} d$.

升维后的转移方程中 d 只依赖 $d-1$,状态图无环,代价是性能会变差.d 最大是 $O(nm)$,则理论上最坏复杂度为 $O((nm)^2)$.下面来优化.首先是状态前缀和思想,重构新定义状态为

$$F_{dxy} = \text{从起点走至多 } d \text{ 步到 } (x,y) \text{ 的是否可行}$$

这使 F 对 d 有单调性:$F_{d-1, x, y} = 1 \Rightarrow F_{dxy} = 1$.转移方程理解为多一种决策"第 d 步原地不动":$F_{dxy} = OR_{k=1}^5 F_{d-1, x-dx_k, y-dy_k}$,取 $dx_5 = dy_5 = 0$.之后与方法 2 类似,关注 F 对 d 增量部分,即 $F_{d-1, x, y} = 0$ 且 $F_{dxy} = 1$ 的 (x,y),其一定与上轮的增量部($F_{d-2, nx, ny} = 0$ 且 $F_{d-1, nx, ny} = 1$)相邻.只需将每轮的增量部分用来推下一轮的增量部分,这个过程是先进先出的,用队列维护.而增量部分总共只有 $O(nm)$,这就回到上种方法,而思维上升维是非常套路化的的操作(相比找寻隐式顺序).

由于走"一步"的贡献都是 1,从图论角度相当于所有边的权值都为 1.棋盘格只是一种特殊的图,而如上解法并未用到棋盘格的特殊性,所以可推广到一般图上(将 4 向相邻改成遍历邻接表的相邻点即可),故 BFS 就是一般的 1 权图最短路标准解法,在一般图上复杂度为 $O(n+m)$.

【例 H-2】马踏连营(广义步)

中国象棋的马是最灵活的一种棋子,"马走日字",即横跨 1/2 格+纵跨 2/1 格.8*8 的空棋盘上马可在 7 步内从任何位置跳到任何其他位置.现有个有障碍的棋盘,求马从 a 行 b 列(这格保证非障碍)跳到其他非障碍格的最少步数.(跳不到的格子取步数=-1)

	29	35		33	19	36	40
42				22	37	20	30
17				9	26	31	23
			18	24	10	21	32
38	7	11	4	12			
8	2	27	15				34
16	25	3	5				28
1	14	6	39		13	41	

-1	5	6		6	5	6	7
7	-1			5	6	5	6
4				4	5	6	5
			4	5	4	5	6
6	3	4	3	4			
3	2	5	4				6
4	5	2	3			-1	5
1	4	3	6		4	7	-1

此题没有什么特别的,唯一不同是"一步"不是走到相邻 4 格而是日字走法可达的至多 8 格,其他与前面完全一样.只要调整下位移数组即可.这里强调下 BFS 必须等上一轮完全扩展完,才可以走下一轮.这

轮数是由"步"决定,什么叫"一步"可以有很多变形的定义方式.后面还会看到更复杂的例子.

【例H-3】洱海(有步数上限的连通性)

洱海上有各种有趣的特色活动,分布在 n 个彩船上,彩船 i 的坐标是 (x_i, y_i). 码头位于原点. 码头和每个彩船处都有小舟用于来往,但需要自己来划. Lester 体力有限,每次划船不能超过 d 米 (欧氏距离),且总共只能划不超过 k 次. 求以他的体力,有多少彩船是从起点可到达的.(注:每条彩船是否可达是独立的问题,不需一次性访问多条彩船)

本题求 k 步内可达的点集,即最小步数$\leq k$ 的点集. 这里"一步可达"由一个规则(距离$\leq d$)给出的, 称之为以规则生成的图. 这种情况下通常并不需要显式存这个图,只需在扩展的时以生成规则去找相邻点即可. 因 BFS 本身是按步数递增算,只要算到 k 步截止即可.

```cpp
bool canPass(ll i, ll j){
    return (x[i] - x[j]) * (x[i] - x[j]) +
           (y[i] - y[j]) * (y[i] - y[j]) <= d * d;
}
....
q.push(0);
while (!q.empty() && vis[q.front()] < k){
    ll i = q.front(); q.pop();
    for (ll j = 1; j <= n; j++)
        if (!vis[j] && canPass(i,j)){
            vis[j] = vis[i] + 1;
            ans++;
            q.push(j);
        }
}
```

【例H-4】火车大减价(1—2边权最短路)

国庆假期来了,为鼓励民众出游,共有 x 班火车采取 1 元通行,另 y 班火车是 2 元通行. 地图上共有 n 个城市,你希望从 1 号坐车到 n 号,问至少花费多少钱?如到不了输出—1. 火车是单向的. ($n \leq 100\,000$)

此题比前面多了一种 2 边权的边,可将其拆为 2 条 1 边权边,并虚拟一个中间节点,即可转化为前面的问题. 用标准 BFS 解决,复杂度为 $O(n+m)$.

在求某种答案时,有时可在保证答案相同(或改变可预知)的情况下修改图结构①,这种思想称为"优化建图/图重构",拆边就是其中一种. 这方法后面还会经常

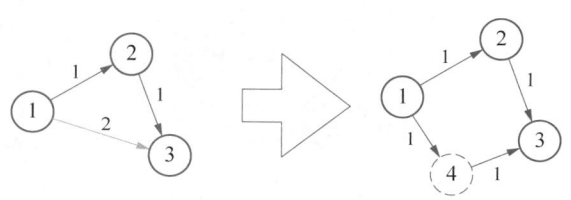

---

① 就是目标函数对图结构有某种对称性.

用到.本题思路推广开去,再加一些优化处理,就可以得到一般正权图的最短路算法(第 J 章介绍).所以不要小看简单的题目.

【例 H-5】不讲武德(2020 上海市小学组 T4)

有 n 个点 $1..n$,点之间有两种走法.常规:可从任意 $i \to j$,代价 $= |i-j|$;捷径:从 $i \to a_i$,代价 $= 1$($a_1..a_n$ 输入给定).求 1 到 n 的最小总代价.($n \leqslant 200\,000$)

此题是一道设计不错的题[①],乍一看是一个 200 000 顶点稠密有向图的单源最短路,这即使学过一般的最短路算法也解决不了,因为边数太多了.这里有一个重要的原则:当题目可套用模板算法但复杂度又过高时,一定要去找其相对模板问题有何特殊性.

本题图结构已经是完全图了,一定是权值有特殊性.$|i-j|$ 的几何意义是数轴上点 i, j 的距离,可将 n 个点视为在数轴上,则常规走法只需保留相邻点间的双向边,因为任何从 i 到 j 的常规走法可拆解为沿相邻点一步步走,代价相同.捷径与输入有关,没什么特殊性,但只有 n 条.这里再次使用优化建图思想将原图等效为如下图所示的边数 $= 3n-2$ 的稀疏图,且边权都为 1.此图上 BFS 即可.

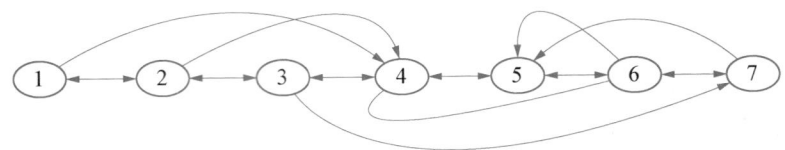

一般地,对图上路径长度问题,如 $u \to v$ 有长 w 的边,而又有另一条 u 到 v 的长 w 的简单路径 P,则 $u \to v$ 这条边可以删掉,因为经此边与沿 P 绕行的代价相同.

【例 H-6】蜀道难

蜀道难,难于上青天.一张西蜀地图被分为 $n \times m$ 个方格,任意方格要么是平地要么是高山.平地可以通过,高山不能.一队驴友从方格 (x_1, y_1) 出发,至少需要转几次弯才能到达目的地 (x_2, y_2)?如到不了输出 -1.($n, m \leqslant 1000$)

本题定义"拐弯"为 1 单位代价,直走(任意长度)则无代价,无非将"步"的概念推广到了更复杂的情形.但求"最少步数"的核心思想还是一样:先求拐 0 个弯可达的格子,再求拐 1 个弯可达的,拐 2 个弯可达的……每拐一个弯,沿新方向直走算同一步.左下图是一个示意图.

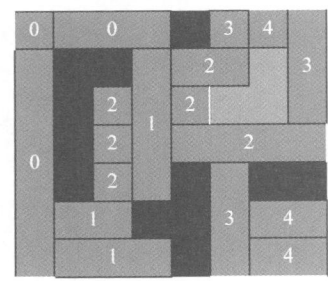 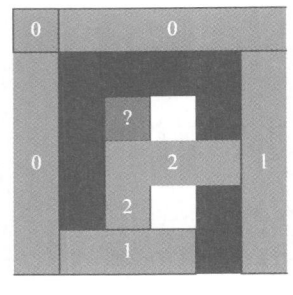 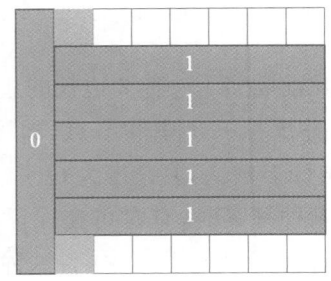

[①] 但当时比赛的测试数据设计过于随意,导致实际区分度很差.所以题目质量不仅与题面/解法有关,数据是否认真设计也很关键.一道好题面配以很烂的数据可能完全体现不出其价值.

以下为核心部分代码（出队＋扩展部分），直接看代码更加清楚．注意$(x,y)\rightarrow(nx,ny)$后不只走一步，而用一个循环一直走到底．这里一个细节是：走到已访问格（$vst=1$）并不能停下来，而要穿过去，直到出界或撞到障碍物为止．否则如中上图情形就会出现问题．每个点出队可能尝试扩展$O(n+m)$个点，最坏复杂度为$O(nm(n+m))$，而且这个上限还是能达到的，如右上图所示．所以本题直接推广 BFS"步"并非最优解．

```
struct grid{int x,y;} s,t;
queue<grid> q;
....
int x = q.front().x, y = q.front().y; q.pop();
for (int i = 0; i<4; ++i) {
    int nx = x + dx[i], ny = y + dy[i];
    while (nx>=1 && nx<=n && ny>=1 && ny<=m
            && !g[nx][ny]){ // vst[nx,ny]=1 要穿过去
        if (!vst[nx][ny]) {
            vst[nx][ny] = 1;
            f[nx][ny] = f[x][y] + 1;
            q.push((grid){nx,ny});
        }
        nx += dx[i]; ny += dy[i];
    }
}
```

另一种更优秀的做法还是优化建图[①]．既然原图的"一步"较复杂，则重构一个图使新图"一步"就是普通的步，且与原图一一对应．本题中"一步"指沿某方向走到底，即一段横向或纵向连续的无障碍格子．就以这种连续段作为点，拐弯相当于两个横纵段相交，在所有相交的段间建无向边，如下图是一个例子．则原图中每条路径与新图中路径一一对应，且原图路径的拐弯数与新图路径长度相同．在新图上，原问题即转化为标准最少步数问题．新图点数和边数均不超过原图点数，复杂度为$O(nm)$．下面给出图重构部分代码，新图用邻接表 es 存储．新图上 BFS 部分是标准代码．

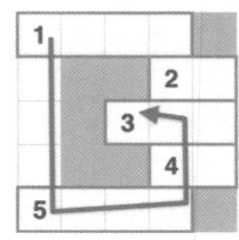 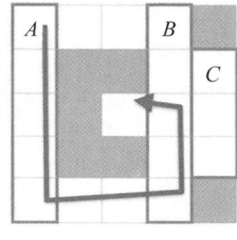 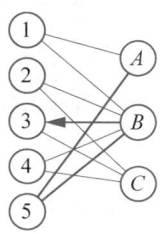

```
// L[i,j],U[i,j]表示(i,j)格属于横向/纵向的第几条段
int L[N][N], U[N][N];
vector<int> es[N*N];
....
int tot = 1;
```

---

① 笔者注：此方法是在课堂上由张子淳同学独立提出的．

```
for (int i = 1,j; i<=n; ++i)
    for (j = 1, ++tot; j<=m; ++j)
        if (!g[i][j]) L[i][j] = tot; else tot++;
for (int i,j = 1; j<=m; ++j)
    for (i = 1, ++tot; i<=n; ++i)
        if (!g[i][j]) U[i][j] = tot; else tot++;
for (int j = 1; j<=m; ++j) {
    for (int i = 1; i<=n; ++i) {
        es[L[i][j]].push_back(U[i][j]);
        es[U[i][j]].push_back(L[i][j]);
    }
}
```

【例 H-7】游山玩水（01 边权最短路）

　　暑假里你打算去游山玩水,准备从 $n*m$ 格的地图左上角玩到右下角,每一步可走到上下左右 4 个方向. o 代表平地, M 代表山路, L 代表湖泊, S 代表沙漠. 在同一类地形间穿梭不产生任何代价,从一种地形走入另一种地形时会产生 1 单位代价. 求最小的总代价?(n, $m \leqslant 2000$)

　　本题以图论看,走一格的代价为 0 或 1,故称为 01 边权最短路问题. 另方面,连续走 0 边权等价于在一个同地形的连通块里,1 边则是跨连通块,也可视为以跨连通块为"一步"的最小步数问题. 先说一种初学者容易想到的错误方法. 因走一格的代价是 0 或 1,直接将 BFS 扩展时增加对应的代价(非固定+1),即

$$f_{xy} = \min\{f_{nx, ny} + [g_{x, y} \neq g_{nx, ny}]\}$$

这式子虽没错,但用 BFS 的计算顺序就不对了. 因为 BFS 必须要求 $f_{xy} = i$ 的全部算完,才可计算 $f_{xy} = i + 1$ 的格子,而朴素的 FIFO 序对上式不能保证这点. 左下图是一个反例:按 FIFO 扩展顺序,(1, 3)位置会被误算为 2.

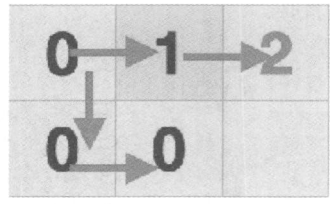 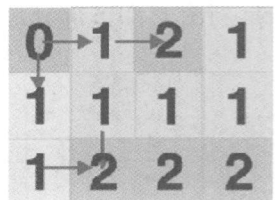

　　一种正确做法还是利用广义"步"的概念,以跨一个连通块为"一步". 此时走"一步"需访问一整个新的连通块(如右上图所示),这又可用 DFS/BFS 遍历. 故实际为"BFS 套 DFS"或"BFS 套 BFS"遍历. 下面是 DFS 代码. 请务必区分两层遍历的逻辑差异:外层遍历连通块间(1 权边),内层遍历连通块内(0 权边).

```
void dfs(int x,int y){
    vst[x][y] = 1; // 这个 vst 专指 DFS 已访问(走 0 边)
    for(int i = 0; i<4; i++){
        int nx = x + dx[i], ny = y + dy[i];
        if (nx>=1 && ny>=1 && nx<=n && ny<=m
            && !vst[nx][ny] && mp[x][y] == mp[nx][ny]){
```

```
            f[nx][ny] = f[x][y];
            // 每个新访问到的都需要入(外层)BFS 队列
            q.push((grid){nx,ny});
            dfs(nx, ny);
        }
    }
}
....
q.push((grid){1,1});
dfs(1, 1); // 先遍历起始连通块
while (!q.empty()) {
    int x = q.front().x, y = q.front().y; q.pop();
    for(int i = 0; i < 4; i++){
        int nx = x + dx[i], ny = y + dy[i];
        if (nx >= 1 && ny >= 1 && nx <= n && ny <= m
            && !vst[nx][ny] && mp[x][y] != mp[nx][ny]){
            q.push((grid){nx,ny});
            f[nx][ny] = f[x][y] + 1;
            dfs(nx,ny); // 每跨地形,需要遍历整个新连通块
        }
    }
}
```

　　另一思路还是图重构：跨连通块算一步，则即以原图的每个连通块为点，相邻连通块间建边，相当于将 0 边权连接的格子缩成一个点，只剩下 1 权边，则转化为标准 BFS 模板问题。

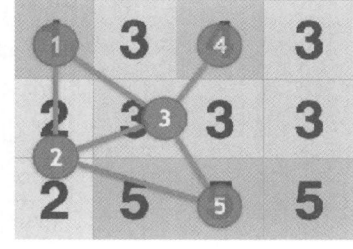

　　以下只给出建图部分代码。其中 $id[x, y]$ 为 x 所在连通块编号，计算 id 在例 G-2 中已介绍过。建新图只需先遍历原图的所有相邻格，然后在其对应的 id 之间建边即可[1]。新图还是以邻接表 es 存储。

```
for (int x = 1; x <= n; x++)
    for (int y = 1; y <= m; y++)
        for(int k = 0; k < 4; k++){
            int nx = x + dx[k], ny = y + dy[k];
            if (nx >= 1 && ny >= 1 && nx <= n && ny <= m
                && id[x][y] != id[nx][ny])
                es[id[x][y]].push_back(id[nx][ny]);
        }
```

　　本题图重构做法的难度相对较低，其将整个解法解耦为建图和遍历两个步骤，则每个步骤独立的思维难度就降低了。新图顶点数等于原图的连通块个数，边数不超过相邻格的对数，都不大于 $O(nm)$。顺便提一句，新图可以在边不相交的前提下画在二维平面上，此种图称为平面图（planar graph），可证明平面图

---

① 各种与"缩点"相关的算法中都是这么做。

的边数与顶点数是同一量级①.

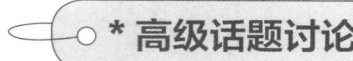

双向 BFS

0	1	2	3			
1			4	5	6	
2		6	5	6		
3		6	6	5	6	
4				4		
5	6			3	2	1
6				2	1	0

这是一种 BFS 优化的小技巧. BFS 可求 1 边权图最短路,指给定起点可一次性求出到其他所有点的最短路. 如终点也是单一的,可从起点终点同时开始 BFS②,当两者在中途相遇时,则前后步数之和再+1 就是答案. 如左图是一个示例,采取这种方式后,会有一些本来需要遍历的格子不用访问了(如左图可少遍历 13 格),算法性能有提升.

```
queue<grid> q[3]; // 多开一个是为下标方便,空队列并无太多开销
int bfs(){
    q[1].push((grid){1,1});
    q[2].push((grid){n,m});
    f[1][1] = f[n][m] = 0;
    vst[1][1] = 1; vst[n][m] = 2; // 区分正反向访问
    for (int o = 1; !q[1].empty() || !q[2].empty(); o = 3 - o){
        q[o].push((grid){-1,-1});   // 哨兵
        while (q[o].front().x != -1) {  //o = 1,2 交替,区分现在扩展哪一侧
            int x = q[o].front().x, y = q[o].front().y;
            q[o].pop();
            for (int k = 0;k<4;k++){
                int nx = x + dx[k], ny = y + dy[k];
                if (nx<1 || nx>n || ny<1 || ny>m
                  || g[nx][ny] != 'o')
                    continue;
                if (vst[nx][ny] == 3 - o)
                    // 与"对方"领地相邻,表示接上了,结束
                    return f[x][y] + f[nx][ny] + 1;
                f[nx][ny] = f[x][y] + 1;
                vst[nx][ny] = o;
                q[o].push((grid){nx,ny});
            }
        }
        q[o].pop(); // pop 掉哨兵
    }
    return -1;
```

---

① 准确说 $e \leqslant 3n - 6$,这是几何欧拉定理的推论.
② 如是有向图则终点开始遍历需要逆着原图方向走.

```
}
```

  主要区别是两个队列交替维护,需知道当前队列出队到什么时候需要停下来换对方,单向 BFS 没有这样的问题.正确做法是当前侧扩展完完整的"一步"后再交由对方处理.一轮次的中途队列中有上轮还未出队和本轮新入队的元素,为了区分两者,所以在每轮开始入队一个哨兵(−1,−1)用以分割.

  双向搜索(也称折半搜索)的优化效果视具体问题而不同.其直接作用是降低一半"搜索深度",实际效果取决于状态数与搜索深度的关系.在棋盘格上一般两者是线性关系,因此通常只能优化一个常数.如状态数与深度呈指数关系,则理论上可将复杂度开一个根号:$O(e^x) \to O(e^{x/2})$.这看似美好,但如状态数是指数关系,广搜的空间性能首先会撑不住.为兼得时间与空间的优化,一种做法是从小到大逐步枚举搜索深度,在不超过指定深度的前提下,进行双向的 DFS(省空间),看能否对向搜到同一状态.这种做法称为迭代加深搜索.

小 结

  本章介绍了 BFS 在求解最小步数类问题的应用,并介绍了若干广义"步"的推广.步的概念可以很复杂,但是需牢记 BFS 的基本要求,特别是一步完全走完才可走下一步.本章附带介绍了一些建模思想和技巧,如隐式顺序的寻找、升维破环、优化建图(如拆点、重建、缩点)、双向搜索等.

📑 习题

1. 奇怪的电梯(etiger32).
2. 蜀道难(etiger85).
3. 数值操作(etiger1949).
*4. 棋盘(etiger443,NOIP 2017 普及 T3).
*5. 游山玩水 2(etiger942).
**6. 最短回文路径(etiger2579).

图论基础概览

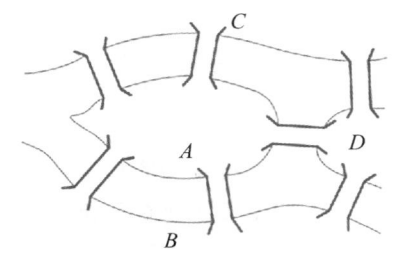

本章正式引入图的概念. 在数学中图论属于离散数学①范畴, 其起源于左图所示哥尼斯堡七桥问题②. 图论在数学上有严格的理论体系, 信息学竞赛对图论的依赖主要在应用层面. 之前各章节已对图的概念做了很多铺垫, 相信读者已有直观的印象. 本章首先引入图以及一系列相关概念定义, 之后讨论图的存储和遍历两个最基本的问题与编码实现. 本章是承前启后的一章, 之前多个章节涉及的概念汇总于此.

图的基本概念

在信息学竞赛范畴, 图 (graph) 可定义为一些抽象的点和边 (两点连线) 组成的结构, 用以抽象地描述一些对象及其间的二元关系. 二元关系是一种高度抽象的结构, 很多问题都可归结于二元关系, 如下图是一些例子, 其中不少图在前面的各不同章节见到过.

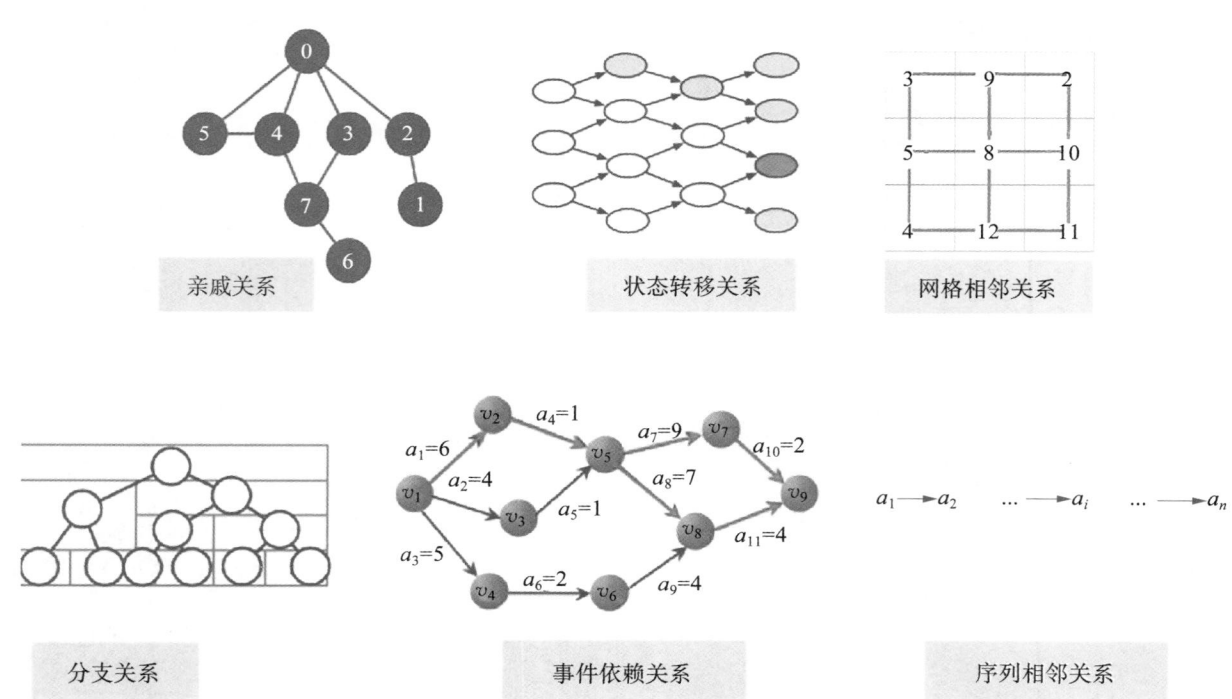

---

① 有说法是属于运筹学. 就信息学竞赛所用图论知识, 更偏向离散数学特征.

② 从如图 $ABCD$ 某地开始不重复地走完 7 座桥, 并回到出发点, 是否可行. 1738 年欧拉解决了此问题, 也就是通俗所说的一笔画问题. 此类路线被称为欧拉回路.

以上各关系画成看似风格各不相同,但本质都是一些"点"和"边",提取此共性就是图的概念. 参考下图介绍一些图相关的基本术语:

- 顶点/节点(vertex/node):抽象的点,一般画成圆点或圆圈.
- 边(edge):连接点的抽象的线,根据有无方向性分为有向边和无向边.

对有向边,起点称为终点的前驱,终点称为起点的后继.

- 权(weight):边或点上附带的值,可视为一种函数,表示某种属性.

顶点与边的编号(index)也可视为一种朴素的权值.

- 路径(path):若干条首尾连接的边.

如最终终点与起点重合,则称为回路(cycle)或环(ring).

如沿路径不会经过任意顶点 >1 次,称该路径为简单路径.

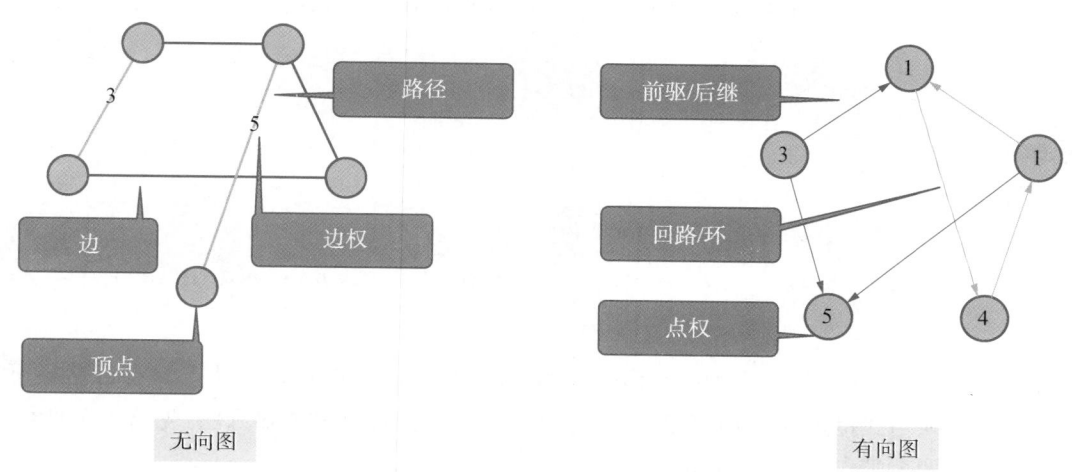

无向图　　　　　　　　　　　　　　　　　有向图

注意图(graph)与画(picture)的区别,图是一个抽象概念,为展示结构往往将图画在二维平面上,但图结构只取决于边的连法及权值等,与画成什么样无关. 例如左上图中有两条边中间有交叉,但不代表交叉点是一个顶点,这个图的顶点数还是 5 个,画出来的交叉只是限于二维纸面的原因;又如以下两个图其实是同一张图①,因为任意两点间连边方式都一样.

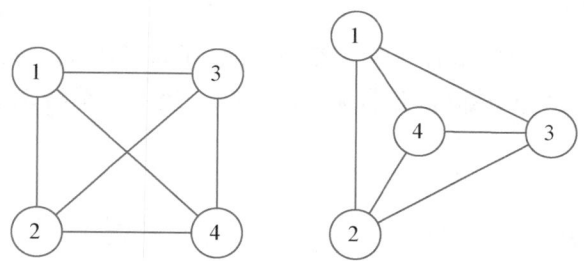

形式上将图抽象记为 $G=(V,E)$,V 表示顶点集合,E 表示边集. 通常无特殊说明,习惯以 n 或 $|V|$ 表示图的顶点数,以 m 或 $|E|$ 表示边数.

- 如两点间有超过一条边,称为重边.
- 如一个点与自己连有边,称为自环.
- 没有重边和自环的图称为简单图.

简单无向图至多有 C_n^2 条边,简单有向图至多有 A_n^2 条边.

---

① 这个图称为四阶完全图,记为 K_4,表示 4 个点两两间有边. K_4 不管画成什么样,都表示同一个图.

· 如图 G 的边数 m 远小于 $O(n^2)$，称 G 为稀疏图，否则称为稠密图①.

有不少问题在稀疏和稠密图上有不同的解法.

连接顶点 u 的边数称为点 u 的度(degree)，度是一种图结构自带的点权，记为 $Deg(u)$. 对有向图，又细分为从 u 出发的和到达 u 的边，数量分别称为出度/入度，记为 $outDeg(u)/inDeg(u)$. 对任意点 u，$outDeg_u + inDeg_u = Deg_u$. 另一个基本恒等式是度数总和等于边数的 2 倍，$\sum_u Deg_u = 2m$，因为每条边对起点和终点的度数各贡献 1. 对于有向图，$\sum_u inDeg_u = \sum_u outDeg_u = m$.

图的存储

学习一种新数据结构时有 4 个基本问题，搞清楚这 4 个问题就基本等于入门该数据结构了：是什么？怎么存？怎么建？怎么用？上节着重介绍了什么是图，本节介绍怎么存储图.

【例 I-1】攀亲戚

题面同例 G-4.

输入格式：

第 1 行 2 个正整数 n, m.（$n, m \leqslant 100\,000$）

后面 m 行每行 2 个正整数 a_i, b_i 表示 a_i, b_i 是亲戚，$1 \leqslant a_i, b_i \leqslant n \leqslant 100\,000$.

以 n 个人为顶点，每条信息可视为联系两个人的无向边(由对称性). 要求从点 0 有否路径可达点 1. 此处特意给出了输入格式描述. 事实上大部分图论的题②，都是以此种方式输入图：先给出顶点数和边数，然后给出每条边的两个端点. 下面讨论如何存图.

首先本题输入本身就是一种方式，即 2 个长 m 的数组 a, b 存储每条边的起止点，此种存储方式称为边表，少数场景下直接用边表即可解题③. 但边表有明显缺点，即只罗列边的信息，没有有效组织边与点的关系，后者是大部分图论建模都需要的信息. 故此需要组织更有效的存储结构，以下是了两种最常见方式.

邻接矩阵(相邻矩阵)

此方法基于二元关系，边集即顶点二元组的子集，可用 $n * n$ 的二维方阵来表示图，其 i 行 j 列代表二元组 (i, j)，即点 $i \to j$ 有没有边. 1 表示有，0 表示没有. 如是无向图，则矩阵沿主对角线翻转对称；如有边权，则就以 i 行 j 列表示 $i \to j$ 的边权即可，此时无边的点间一般用一个特殊值表示，如 $0, -1$ 或 ∞(视具体方便而定).

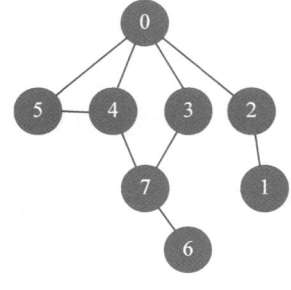

	0	1	2	3	4	5	6	7
0	0	0	1	1	1	1	0	0
1	0	0	1	0	0	0	0	0
2	1	1	0	0	0	0	0	0
3	1	0	0	0	0	0	0	1
4	1	0	0	0	0	1	0	1
5	1	0	0	0	1	0	0	0
6	0	0	0	0	0	0	0	1
7	0	0	0	1	1	0	1	0

---

① 稀疏与稠密并没有非常严格的界限，信息学竞赛中比较典型的稀疏图一般指 $m \leqslant 10n$；如果一定要从理论上划分，则一种可行的方式是以 $m = O(n^{1.5})$ 为界.

② 指问题是建立在图结构上或以图结构为背景，但解法核心不一定就是图论算法.

③ 如本书第 S 章的 Kruskal 算法.

邻接矩阵的最大优点就是实现简单,原理直白. 以下是对例题 I-1 的输入,存成相邻矩阵的示范代码.

```
int m,n,g[N][N]; // g 邻接矩阵
....
cin >> m >> n;
for (int i = 1,u,v; i<= m; i++) {
    cin >> u >> v;
    g[u][v] = g[v][u] = 1; // 无向图
}
```

邻接矩阵有一个缺点是无法支持重边,因为 i 行 j 列只能存一个值;其空间复杂度为 $O(n^2)$,对稠密图没什么问题,对稀疏图则则非常浪费,因为只有 $O(m)$ 个位置非零. 故对稀疏图则需要更优的存储方法.

邻接表

稀疏图优化空间性能,直观想法是把邻接矩阵中有效的数值往左“撸到”一侧,把无效的 0 移到右侧. 则每行相当于一个变长数组,可用 vector 实现,则右边多余的 0 就不存了.

	0	1	2	3	4	5	6	7
0	0	0	1	1	1	1	0	0
1	0	0	1	0	0	0	0	0
2	1	1	0	0	0	0	0	0
3	1	0	0	0	0	0	0	1
4	1	0	0	0	0	0	0	1
5	1	0	0	0	1	0	0	0
6	0	0	0	0	0	0	0	1
7	0	0	0	1	1	0	1	0

0	2	3	4	5	0	0	0	0
1	2	0	0	0	0	0	0	0
2	0	1	0	0	0	0	0	0
3	0	7	0	0	0	0	0	0
4	0	5	7	0	0	0	0	0
5	0	4	0	0	0	0	0	0
6	7	0	0	0	0	0	0	0
7	3	4	6	0	0	0	0	0

以下为对应输入存储代码,这个结构在例 9-4 已经见到过. 代码是一个 vector 数组,$g[u]$ 表示以 u 为起点的边的集合,$g[u][i]$ 表示从 u 出发的第 i 条边的对点编号.

```
vector<int> g[N];
for (int i = 1,u,v; i<= m; i++) {
    cin >> u >> v;
    g[u].push_back(v); // 顶点 u 增加一条出边,对点为 v
    g[v].push_back(u);
}
```

有向图每条边只要存一次,无向图需正反存双向边. 如解法需按终点分组则建图时将 u,v 互换即可. 动态数组空间与实际大小成正比,复杂度为 $O(n+m)$. 另外这种结构也可以支持重边,即在 $g[u]$ 中 push 两个或多个相同的 v.

图的遍历

上节讲了图结构的两种存储和建图方法,最后一个问题是怎么用. 图作为一种基础数据结构用途五花八门,并无特别针对性的用法. 本章中仅讨论对任意数据结构的一种最通用的操作,即遍历(traverse)问题.

顾名思义,遍历指的是(以某种顺序)访问所有节点/边(至少一次).原则上以什么访问顺序都可.有一些朴素的顺序,例如按顶点编号自然顺序访问,或直接循环访问边表,但这些遍历方式获得的信息量太少了(顶点编号和边表一般都是随意乱序标的).

DFS 遍历

第 G 章已经接触过:形式上类似记忆化搜索,以先进后出顺序相邻点访问未访问过的相邻点,走不了则回头.对无向图,从单点开始的 DFS 可遍历其所在连通分支.以下是使用邻接表存图时,DFS 遍历的核心代码.

```
void dfs(int u){
    vst[u] = 1;
    for (int i = 0; i<g[u].size(); i++)
        if (!vst[g[u][i]]) dfs(g[u][i]);
}
```

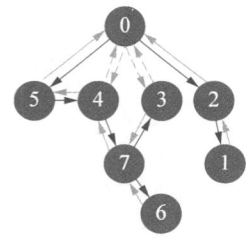

邻接表上可方便地访问 u 的所有出边,如左图所示.深色实线边表示递归访问,浅色实线边表示回溯.这两者构成一个生成树,称为 DFS 生成树;点 u 被第几个访问到记为 $dfn[u]$(深度优先编号);虚线表示遍历到对点以访问过,不需递归的边,在无向图上,这种边的两端一定是 DFS 生成树上的祖孙节点(后向边);对有向无环图,DFS 回溯顺序的逆序是(一个)拓扑排序的逆序[①].在这里把之前及之后若干章节的一些概念都串联起来了.

BFS 遍历

BFS 是以相邻点 FIFO 顺序的遍历,一次 BFS 同样可遍历一个连通分支,且可求达到连通点的最少步数.以下是以邻接矩阵形式存图时 BFS 遍历的写法.相邻矩阵在访问点 u 出边时只能遍历整行,然后根据 $g[u][v]$ 判断,性能低于邻接表.

```
int m,n,g[N][N];
queue<int> q;
....
void bfs(int s){
    vst[s] = 1; q.push(s);
    while (!q.empty()){
        int u = q.front();  q.pop();
        for (int v = 0; v<n; ++v)
            if (g[u][v] && !vst[v]) {
                vst[v] = 1; q.push(v);
            }
    }
}
```

上述阐述中有一件事情可以看到:图怎么存和怎么用是两件独立的事.如 DFS 遍历也可以在邻接矩

---

① 参见第 B 章求拓扑排序的递归写法.

阵上做,也可以在邻接表上做,从逻辑上两者是解耦的两件事情.图论建模也是如此,通常主要考虑在图上的处理步骤,一般不需特意考虑以什么形式存图①.

【例Ⅰ-2】倒提树

首先要稍微推广树的概念.树是一种特殊的图(一般认为无向图),满足:①没有环;②n 个点两两连通;③边数 $m=n-1$ ②.树结构的很多问题并不一定要指定根节点,所以也称为无根树.无根树中相邻点没有明确的父子关系.另有些问题中根节点是确定的,称为有根树③.在无根树中,任意指定一个点为根,都可得到一个有根树.例如下面两张图从无根树的角度看是同一个树,只是选了不同的根节点.

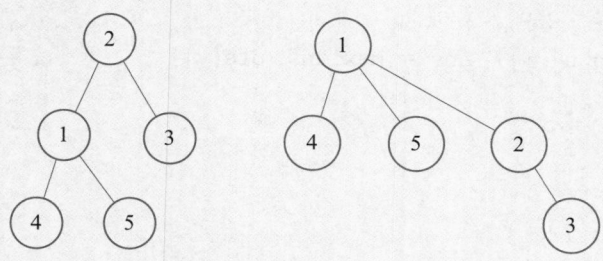

输入一个无根树的 $n-1$ 条边(保证无环),求如选 1 为根节点,所有节点的深度.此操作称为(从节点 1)提树,提树后每条边的父子关系随之确定,成为有根树,这是求解树上问题的一个很基础的操作(即使是有根树,常常都是以边表形式输入,不会显式给出父子关系).

求各点到根节点的距离,似乎用 BFS 合适 ,其实本题 DFS/BFS 都可.树结构上任两点间有且只有一条(简单)路径,所以 DFS 和 BFS 在求距离上也就没本质区别了(第一次访问到就是最短距离).从根节点起每条边先被访问到的一端就是父节点;从已访问节点 u 到未访问节点 v,深度关系即 $d_v=d_u+1$. 以下为邻接表版本的核心代码.

```
void dfs(int u, int fa){
    p[u] = fa;
    d[u] = d[fa] + 1; // 深度 = 父节点深度 + 1
    for(int i = 0,v; i<g[u].size(); ++i)
        if ((v = g[u][i]) != fa) dfs(v, u);
}
```

这里有个小技巧,树上 DFS 时如 u 的某出边对点 v 已访问,只可能 v 是 u 的父节点(因为父节点永远先于子节点访问),递归时避开"走回父节点"只需这种情况.以上第二个参数 fa 就是(上层传下来的)u 的父节点编号.这样会不需要开一个访问标记数组 vst 了.代码中还顺便记录了点 u 的父节点 $p[u]$,表示此函数运行后就理清了每条边的父子关系.计算深度的递推式 $d_u=d_{p(u)}+1$ 可视为一种最简单树上递推,也称为树形 DP④.以上复杂度为 $O(n+m)$.

---

① 不排除一些特定算法中对图的存储方式有依赖,如后续章节的 Kruskal 算法、Floyd 算法等.

② 这 3 条中当且仅当任两条成立,即可推出第三条,所以两条就可保证是树.

③ 无根和有根的概念也不是绝对的.无根树上的问题转到有根树求解或反之,都是很常见的.

④ 树形 DP 这个概念是有点含糊的,大约指的是转移关系在树结构上,最典型的是由儿子状态推出父亲状态(或反之).其实典型的 DP 基础是 DAG,树就是一种特殊的 DAG,从此角度说"树形 DP"反倒是比普通 DP 更简单的特例.

【例1-3】最大可达编号

有 n 个点, m 条边的有向图. 求每个顶点出发能到达的编号最大的点. ($n \leqslant 100\,000$, $m \leqslant 200\,000$)

本题建模稍有难度,用作本章一个综合应用①. 暴力算法很简单:枚举起点各做一次 DFS/BFS,求能访问到的编号 max. 复杂度为 $O(nm)$.

```
int dfs(int u){ // 求从 u 出发可到达的 id 最大的点
    int ans = u; vst[u] = 1;
    for (int i = 0,v; i<g[u].size(); i++)
        if (!vst[v = g[u][i]]) ans = max(ans, dfs(v));
    return ans;
}
....
for (int i = 1; i<=n; i++) {
    for (int j = 1; j<=n; j++) vst[j] = 0;
    cout << dfs(i) << " ";
}
```

先介绍一个与主题关系不大的小技巧:访问标记复用. 如上代码中,每次重置 vst 为 0 就要 $O(n^2)$,能否在不重置 vst 的前提下重复使用? 通常以 $vst[u]=1$ 表示已访问,但整数还有很多值可以用. 在第 i 轮时,以 $vst[u]=i$ 表示 u 已访问,以前的旧值($vst[u]=0..i-1$)都认为未访问即可.

```
int dfs(int u, int s){ // s 表示轮数
    int ans = u; vst[u] = s;
    for (int i = 0,v; i<g[u].size(); i++)
        if (vst[v = g[u][i]] < s)
            ans = max(ans, dfs(v, s));
    return ans;
}
....
for (int i = 1; i<=n; i++) cout << dfs(i, i) << " ";
```

以上并不能完全解决问题,n 轮 DFS 还是平方复杂度. 有读者可能会想到记忆化搜索,因为外层调用一个 $dfs(i)$ 时反正也要递归调用到每个其他节点,能否像第 9 章那样把结果缓存下来复用? 以下为示意性的代码.

```
int F(int u, int s) {
    if (f[u]) return f[u];
    int ans = u; vst[u] = s;
    for (int i = 0, v; i<g[u].size(); i++)
```

---

① 图论问题通常要具体到各分支算法,笼统的图论题目其实很难出,本章主要介绍图论基础概念,故例题较少. 后续章节会讲述图论更具体的场景建模.

```
        if (vst[v = g[u][i]] < s)
            ans = max(ans, F(v, s));
    return f[u] = ans;
}
```

这种想法是不错,但本题这样"记忆化搜索"是错误的. 原因是没有理解 f_u 的精确定义: f_u 表示(第 s 轮)以 s 为起点经 u 可达的最大编号,上述解法忽略了"以 s 为起点"的前提条件. 从不同起点出发导致的 f_u 其实是不一样的,或者说 f_u 看似只跟 u 有关其实是假象,只是因为每轮计算重复利用了 f 数组而已.

左下图是一个反例. 如上代码从 $s=1$ 出发,依次递归调用 $F(1)$,$F(3)$,$F(2)$,此时 3 个 vst 都是 1,点 2 不会再递归调用 $F(1)$,得到 $f[2]=2$,回溯依次算出 $f[3]=3$,$f[1]=3$. 但实际从 2 是能走到 3 的,但"从 1 出发的 vst 标记"阻止了从 2→1→3. 这里留一个思考题:如原图无环,则这种做法是正确的,请读者自己思考原因.

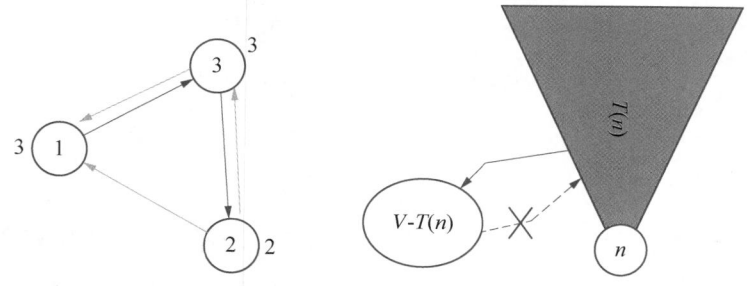

下面说正解. 这用到枚举答案①思想的雏形,其是逆向思维的一种应用. 每个点的最终答案显然在 $1..n$ 中,要求的是最大值. 则首先找答案为 n 的起点 s 有哪些? 将其记为 T_n. 将所有边反向,从 n 出发做一次遍历,访问到的点集就是 T_n.

但如此依次计算 $T_{n-1}..T_1$,不还是要做 n 次遍历吗? 这里关键是对 $\forall v \notin T_n$,(原图中)从 v 出发不可能走到 T_n 中任何点(否则从 v 可达 n,就 $v \in T_n$ 了). 也就是 T_n 中的点被(第 1 轮遍历)访问一遍后,后续遍历不会再访问到这些点,结论对 $T_{n-1}..T_1$ 也一样. 换句话说,在整个 n 轮遍历中每个点(全局)都只会被访问一次,则总复杂度就是线性了.

```
void dfs(int u, int st){
    if (f[u]) return;
    f[u] = st;
    for (int i = 0;i<g[u].size();i++) dfs(g[u][i],st);
}


for (int i = 1,u,v; i<=m; i++){
    cin >> u >> v;
    g[v].push_back(u);
}
for (int i = n; i>=1; i--) dfs(i, i);
```

由以上分析,u 第一次被遍历到就是最后答案了,所以也不需要比大小. 而 $f[u] \neq 0$ 本身又充当了 vst 的作用. 下图为一个示例演示:右侧是原图,左侧是反图上依次进行的各轮遍历. 本题有好几版代码

① 本书第 W 章将详细介绍枚举答案. 上章讲 BFS 隐式计算顺序其实也提到过这种思想.

（包括错误版），请读者认真比对各代码的对错和异同.

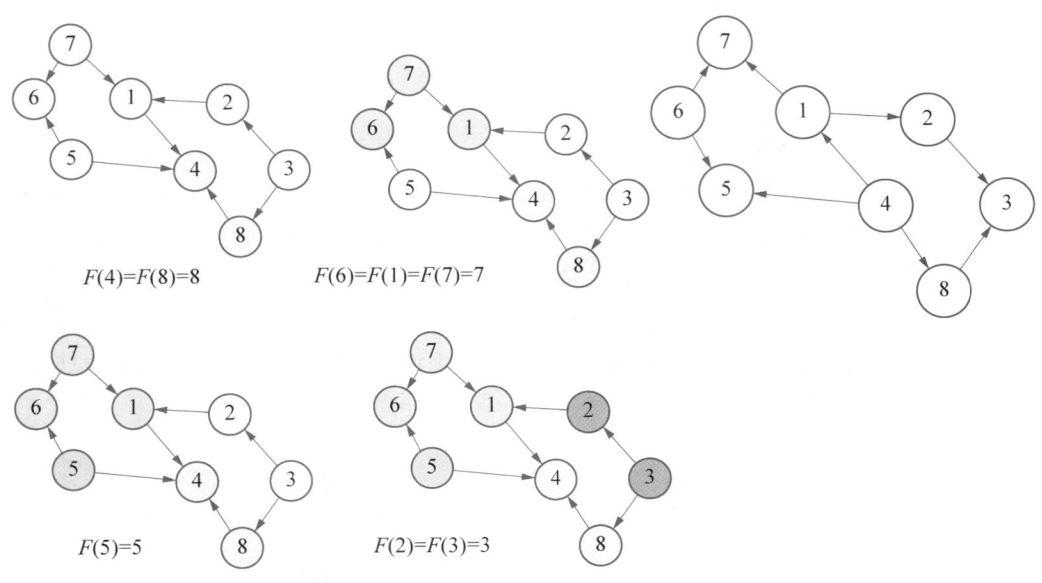

$F(4)=F(8)=8$　　　$F(6)=F(1)=F(7)=7$

$F(5)=5$　　　$F(2)=F(3)=3$

从图论眼光看DP

这个话题之前也提到过，DP 转移图一般要求是无环图，DP 计算顺序对应转移图上拓扑排序. 对于一部分 DP 场景，甚至可以直接用图论算法来求解 DP. 这里来讨论一类特殊的转移方程，即每种决策只依赖一个子状态：如序列 DP 中决策 j 只依赖状态 f_j；01 背包中选不选物品 i 分别依赖子状态 $f_{i-1,j}$，$f_{i-1,j-1}$；而区间 DP 中决策 k 依赖两个子状态 f_{ik}，$f_{k+1,j}$，则不属于此情况.

此类情况中，决策有更具体的图论意义：一次决策相当于从转移图上走一条边，从一个状态转移到另一个状态，而整个方案由一系列决策组成，对应转移图上的一条路径. 问题即转化为图上的最优路径场景，这是基础图论的一类核心问题，通常在有环时也可解. 这就在某种程度上推广了 DP 的应用范畴.

以 01 背包为例，输入如左下图，转移图如右下图. 每一行表示 1 个物品，垂直的边代表不选该物品（边权为 0）；斜向的边表示选该物品，边权为收益 v_i. 则最优解就是从第 0 行走到第 n 行的最长路径问题. 因为这个图无环，此对应只是一种理论结论，可加深对 DP 本质的理解，但对解题并无帮助（无环图最长路径用图上递推，其实就是 DP）. 但后面章节中将看到图论算法能解决一些 DP 解决不了的问题.

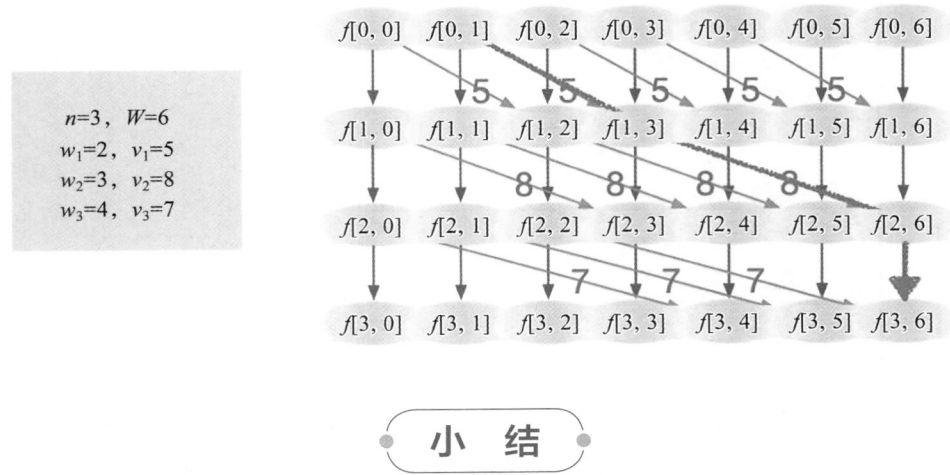

小 结

本章正式介绍了图的概念，并讲解了图的存储和遍历的常用方法. 本章内容并不难，甚至大部分是之前已经铺垫好的.读者要多关注的是 DFS、DP、BFS、记忆化搜索、拓扑排序等概念的汇聚,及其异同与关联.下章起将正式进入具体的基础图论算法.

📑 **习题**

1. 奇怪的电梯(etiger32).
2. 抓住那头牛(etiger112).
3. 图的遍历(etiger576).
4. 倒提树(etiger241).
* **5.** 武林大会(etiger589).

J 单源最短路 1：正权图最短路

本章起介绍基础图论最经典的单源最短路径问题. 在开始具体问题前, 先从宏观角度说一说图论解题的核心步骤. 图论算法本身其实不难, 无非是一些前人解好的模板问题, 关键是怎么把原题的信息对应转化为图论元素, 通俗说就是怎么建图①. 有些问题中图结构是一目了然的; 另一些问题中, 图论元素比较隐蔽或抽象, 需选手自己去分析出图在哪里. 一般而言建图主要为回答如下问题:

(1) 以什么为点;

(2) 以什么为边(有向还是无向);

(3) 以什么为权值(点权或边权);

(4) 问题转化为图上的什么问题.

初学图论时遇到的问题简单, 往往容易忽略一些步骤, (凭直觉)直接编码. 但还是鼓励读者从简单问题开始就养成良好的习惯, 简单也把这 4 个问题依次过一遍.

> **【例 J-0】航班规划 1**
>
> n 个城市编号为 $1, 2, \cdots, n$(n 个顶点). 城市间共 m 条直飞往返航线(m 条无向边). 输入每条航线的起点和终点(输入边表). 求城市 1 到各城市最少要坐几趟航班(求 1 到 i 的路径包含的最少边数, $i = 1..n$), 保证从 1 能到所有城市?($n \leqslant 100\,000$, $m \leqslant 200\,000$, 稀疏图)

本题是一个简单的引子题, 并不需用到新算法. 以上波浪线部分已回答了前述问题 1~4②, 就是要求从 1 到其他点的最少步数(走一条边为一步). 使用第 H 章所述 BFS 遍历即可在 $O(n+m)$ 解决问题.

> **【例 J-1】航班规划 2**
>
> n 个城市编号为 $1, 2, \cdots, n$. 城市间共 m 条直飞往返航线, 输入每条航线的起点, 终点和航行时间. 求城市 1 到各城市最少总时间保证能飞到?($1 \leqslant n \leqslant 1000$, $1 \leqslant m \leqslant 200\,000$, $1 \leqslant$ 航行时间 $\leqslant 1000$)

列一下建图要素, 还是以城市为点、航线为无向边, 航线时间自然就是边权, 所求为从点 1 到其他各点的权和最小的路径. 这就是著名的单源最短路径问题(single source shortest path, SSSP), 单源指起点固定.

---

① 建图往往比解答和算法更重要, 但初学者往往因为开始的题目简单而意识不到这一点.

② 做一两次具体示范后, 后续题目就直接给出抽象后的题意描述了, 不在一项项拆开分析.

解题思想是设法把问题转化到已知问题上去，上题相当于每条边权都认为 1 的特殊情况，本题边权为 $1 \sim 1000$ 的正整数，一个简单粗暴的思路[1]就是将权 w 的边拆成长度为 1 的 w 条边，则问题就转化为上一题了．

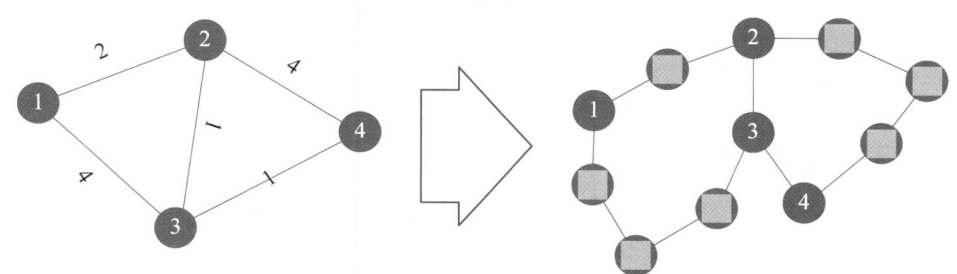

这至少是种可行做法，复杂度为 $O(n + \sum_{e \in E} w_e)$. 缺点也很明显：复杂度与边权值域直接相关，很容构造出极端的例子使得性能变差，如右图所示．

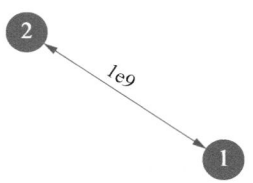

事实上不要轻视这个看似平凡的反例，找到反例经常是解决问题的开始．右图这种极端情况只要做一个单位变换，以 1e9 视为 1 单位即可（因为这唯一的边上只能一次性走 1e9），这个极端特例就能解决了，这个思想就是离散化．

当然事情没那么简单．对一般正整数边权图，无法找到这么一个统一的步长单位来离散化[2]．但分析下离散化的本质：其是（BFS）在时间（步数）维度上有时不需一步一步走，可将某些多步并一步，每次"并"的步数不一定要全局统一．

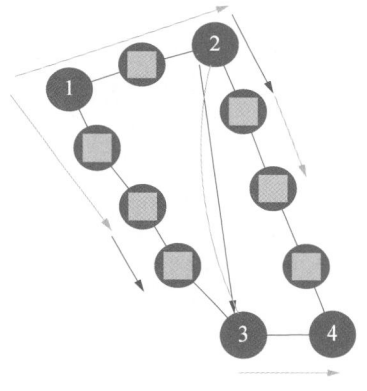

以原始 BFS 过程看，哪些时间点可以合并，哪些时间节点必须停下处理？ 不难发现虚拟出来的中间节点都是"华山一条路"（没有分叉），可一次性处理．而仅当有原图的点被访问到时，才是关键的时间点：一则题目就要求给出该点的答案（当前时刻）；二则经该点时 BFS 遍历可能发生分岔．

至此原理上已得到优化解法：模拟 BFS 过程，但当且仅当有一个原图节点新被访问到时，停下来维护 BFS 状态．原图只有 n 个点，只需进行 n 轮维护，这就保证了复杂度与边权值域无关，离散化的目的也就是此．

Dijkstra 算法

下面讨论具体实现，关键是并不能预知"每个原图节点被访问到的时刻"[3]. 开始只知道起点在 0 时刻访问到，求下一个（最先）被访问到的原图节点是哪个，及那时的时间．单个点 y 被访问的前提是其某个前驱点 x 已访问，如 x 已在 D_x 时刻被访问，则 y 最晚将在 $D_x + w_{xy}$ 时刻访问（从 x 沿 $x \to y$ 走过来），则 y 最晚被访问的时刻为 $d_y = \min_{x \to y} \{D_x + w_{xy}\}$（对还未访问的前驱 x 可令 $D_x = \infty$）[4]．

对所有还未访问的点 y，找使以上 d_y 最小的 $u = \arg\min\{d_y\}$，因 d_y 表示从已访问的前驱走到 y 的最早时刻，则 d_u 时刻前不可能有新点被访问到，即所有 d_y 保持不变，该状态一直维持到 d_u 时刻，此时点 u

---

① 不要小看简单粗暴，简单想法＋精细优化就可能得到优秀的结果．
② 要使每条边都是步长的倍数，则步长得是所有边长的最大公约数，这大概率就是 1．
③ 这就是对应该点的答案本身．推荐读者对比第 H 章找隐式顺序的部分．
④ 这里及后续章节中如无特殊说明，都约定 D_u 表示 $1 \to u$ 的真正的最短路，而 d_u 表示计算中的（当前已找到的）最短路．

正是下一个真正被访问到的点,访问时间就是 $D_u=d_u$,这样就确定出下一个点及其答案.

u 被访问到后,有且仅有 u 的所有后继 v 的 d_v 值可能变化,因为 v 多了一个已访问的前驱 u,根据定义令 $d_v=\min\{d_v,D_u+w_{uv}\}$ 即可.对所有 v 更新完后就回到上一段的状态,再继续找到下个被访问的点 u 并依此类推.以上以演绎方式导出算法的实现步骤,总结如下.请读者记住整个过程本质上就是 BFS+离散化.

(1) 维护数组 d,初始 $d_1=0$,其他 $d_i=\infty$;

(2) 每次找一个未处理过的最小的 d_u;

(3) 设 u 为已处理,其答案 $D_u=d_u$;

(4) 更新 u 的所有后继 v:$d_v=\min\{d_v,d_u+w_{uv}\}$,此操作称为松弛;

(5) 重复步骤(2)至(4)至多 n 次,直到找不到 u 或找到的 $d_u=\infty$.

以上就是鼎鼎大名的 Dijkstra 算法(迪杰斯特拉算法),先给出代码.

```
int n, m, d[N];
struct edge { int t, w; }; // t = 对点,w = 权值
vector<edge> es[N]; // 邻接表

void Dijkstra(int s){
    for (int i = 1; i<= n; i++) ok[i] = 1; // 未处理
    for (int i = 1; i<= n; i++) d[i] = INF;
    d[s] = 0; // 起点
    for(int k = 1; k<= n; k++){
        int u = 0, mn = INF;
        for (int y = 1; y<= n; ++y)
            if (!ok[y] && d[y]<mn) mn = d[u = y];
        if (u == 0) break; // 不连通
        ok[u] = 1; // D[u] = d[u]
    // cout << "d[" << u << "] = " << d[u] << endl;
        for (int i = 0; i<es[u].size(); ++i) {
            int v = es[u][i].t, w = es[u][i].w;
            d[v] = min(d[v], d[u] + w); // 松弛
        }
    }
}
```

此核心代码是 1 套 2 共 3 个循环,外层循环每次确定下一个点 u 及 D_u.代码中并非真的需要区分 D_u,d_u,因为当设置 $ok[u]=1$ 时,d_u 就等于 D_u 且再不会更新.内层循环第一个就是求最值,复杂度为 $O(n^2)$;第二个是松弛,复杂度是每个点的出度之和 $\sum\limits_{u\in V}outDeg_u=m$.总复杂度为 $O(n^2+m)$.对稠密图,此复杂度已不能再优;对稀疏图 $m=O(n)$,复杂度主要由第一项贡献,而这项其实就是(动态)求最值,这一步可用数据结构优化,参见下题.break 那行之所以有用是因为原图可能不连通或存在从起点不可达的点,这些点的 d 永远是 INF.由于本质上就是 BFS,则得到答案的顺序也是从近到远的,即注释的那行如果输出,会发现输出的 d_u 是单调不降的.这个特征在某些题目中有用.

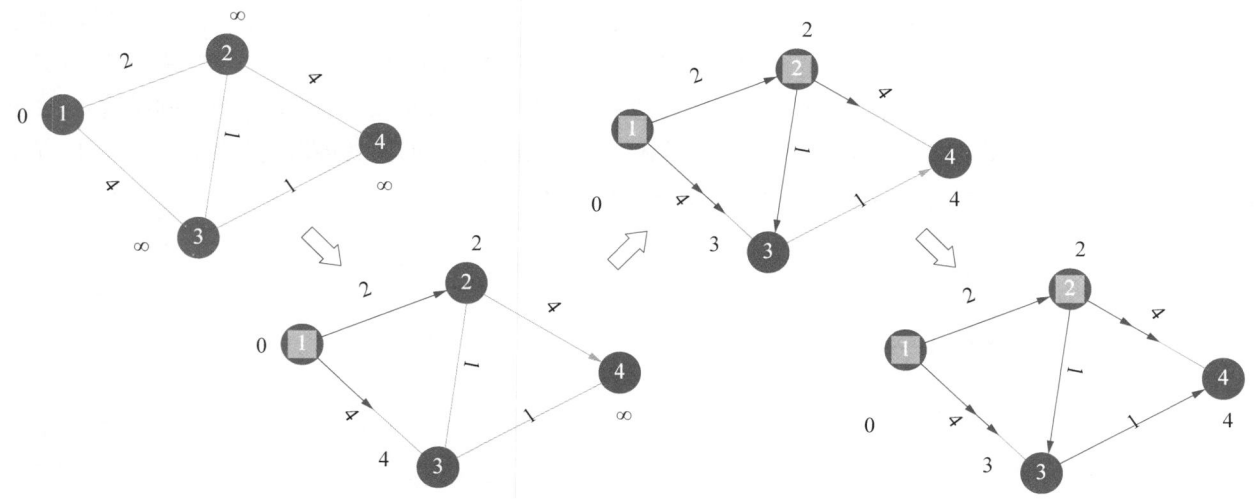

上图给出一个具体的样例示范. 顶点旁边的数字表示当时的 d,依次被计算出的是 $d_1=0$,$d_2=2$,$d_3=3$,$d_4=4$,符合以 d 不降顺序算出. 图中箭头是以 BFS 模拟该时刻情况.

本题是正整数边权,故原始 BFS 步长为 1;如边权带一位小数,可 0.1 为步长,以上方法依然成立;则令原始 BFS 步长趋于无穷小[1],而以上算法与步长无关,即 Dijkstra 算法对任意正(实数)权图都成立. 有负权边时 Dijkstra 算法不成立. 右图是一个反例. 形式上的原因是第 2 轮会确定下方的那个点 $D=2$,但实际从上面绕行的总长更短. 后文还将深入分析负权边 Dijkstra 不成立的本质原因. 至于负权图最短路怎么求解在下一章再介绍.

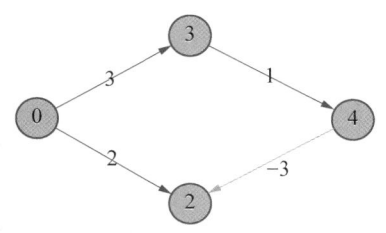

【例 J-2】武林大会(Dijkstra 堆优化)

共有 n 个门派,大会将在 1 号门派举办. 第 i 个门派有 x_i 个人参会. 门派间有 m 条双向通路,第 i 条连接门派 a_i,b_i,每人路费为 c_i. 本次大会的所有路费由你承担,请问总费用至少是多少? 如某门派不能到达 1 号门派则可省下他们的路费,两个门派间可以存在多条路. ($1 \leqslant n \leqslant 100\,000$,$1 \leqslant m \leqslant 200\,000$,$1 \leqslant c_i \leqslant 10\,000$)

本题也是 SSSP 模板题,门派之间是独立的,每个都应选总费用最小的路径,x_i 无非是一个加权,$ans = \sum_{i=2}^{n} x_i D_i$ 到达不了(不连通)的点自动不算. 这里虽是固定终点,但无向图起点终点是对称的[2]. 最大的问题是复杂度. 本题是一个 100\,000 顶点的稀疏图,$O(n^2+m)$ 算法显然不行,需对求最值那部分优化.

```
int u = 0, mn = INF;
for (int y = 1; y <= n; ++y)
    if (!ok[y] && d[y] < mn) mn = d[u = y];
```

被求最值的是数组 d,ok 只会由 false 变 true,说明有些 d_u 要删出求最值范围;同时在松弛阶段 d_u 可能发生更新而变小. 所以是需支持删、改的动态最值场景,改又可拆为删旧值+增新值.

---

[1] 一种形象理解是从起点往里灌水,水沿所有方向匀速流动(不考虑质量守恒),每个点第一次被淹的时刻就是最短路.

[2] 如是有向图,只需将所有边反向一下即可. 所以固定起点还是终点在 SSSP 可视为一回事.

一种可选的工具是 multiset,其支持随机增删意义下动态排序,增删复杂度为 $O(\log n)$,编码也较方便. 但 multiset 自带常数较大[①],另外这里只要求最值,用一个动态排序的数据结构有点浪费. 实际稀疏正权图 SSSP 更多使用优先队列(priority_queue),其是一个支持动态增、求最值、删最值的数据结构[②],关于 priority_queue 用法,属于 C++语法范畴,本书不做详细介绍,如不会的读者可以自行查阅 C++官方文档或网络资料. 以下为优化代码,称为 Dijkstra 算法堆优化版本.

```
struct node {
    int u, d; // 编号,值
    bool operator< (const node& a) const {
        return d>a.d; }
};
priority_queue<node> q;

struct edge { int t,w; };
vector<edge> es[M];
int n, tot, d[N], ok[N];

void dijkstra(){
    for (int i = 1; i<= n; ++i) d[i] = INF;
    d[1] = 0;
    q.push((node){1, 0});
    while (!q.empty()) {
        int u = q.top().u; q.pop();
        if (ok[u]) continue; // 延迟删
        ok[u] = 1;
        for (int i = 0; i<es[u].size(); ++i) {
            int v = es[u][i].t;
            if (d[v] > d[u] + es[u][i].w) {
                d[v] = d[u] + es[u][i].w;
                q.push((node){v, d[v]});
            }
        }
    }
}
```

以上优先队列 q 以 d 值最小为最值(具体语法不多解释),Dijkstra 第一部分直接从 q.top()获取当前 d 最小的顶点 u,并将其删出 q;第二部分松弛基本同前,只是当 $d[v]$ 更新时,新的(更小的)$d[v]$ 入 q 参与后续的求最小值. 这里唯一的问题是更新 $d[v]$ 时,删旧值的操作在哪里?

priority_queue 不支持随机删,松弛后 push 新的 $\{v, d[v]\}$,老的

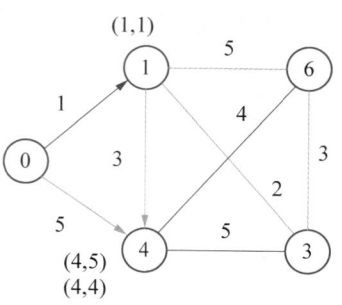

---

① multiset 底层是红黑树,属于平衡树的一种. 平衡树属于索引类数据结构,不在本书范围内.
② 其底层是堆(heap),本章高级话题探讨会对堆的原理做简单介绍.

$d[v]$ 无法立刻删掉. 这将导致同一个 v 在 q 中出现多次, 如上图中点 4 就会先后两次被松弛并进入 q. 因每次松弛 $d[v]$ 都变小, 故最新的 $d[u]$ 一定最早出堆, 即顶点 u 第一次被 pop 时 $d[u]$ 值没有问题; 此后再弹出的 $d[u]$ 其实就是之前废弃的旧值, 这种情况正好可用 $ok[u]$ 来判定 (第一次弹出时 $ok[u]=0$, 后续为 1). 所以就有 if ($ok[u]$) continue; 这句. 此手段也称为延迟删除 (lazy delete, 也叫懒删除), 指本该删除时并不真删, 而通过某方式标记其 "已删" ($ok[u]=1$); 而等方便/需要的时机再真删除; 对本题, 旧值早删晚删不影响结果. 延迟/懒操作 (lazy) 是一种重要的算法思想, 特别在索引数据结构优化中有重要应用.

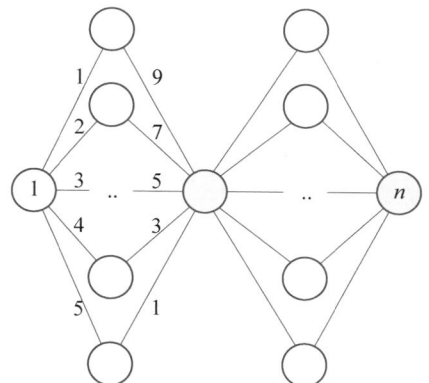

延迟删使每个点 u 只会向后松弛一轮, 松弛总次数为 $\sum outDeg_u = m$, 这也就是出入 q 总次数上限, 故总复杂度为 $O(n + m\log m)$. 如无延迟删, 则老的 $d[v]$ 也会被尝试松弛, 当然这种松弛没有实际效果, 不影响算法正确性, 但极端情况下性能会退化到 $O(n^2\log m)$, 右图为一个例子.

右图中心节点会被松弛约 $n/2$ 次, 每次都会尝试向后松弛 $n/2$ 次, 该节点一个就会贡献 $O(n^2)$ 的复杂度.

【例 J-3】罗密欧与朱丽叶 (最长边最短路)

罗密欧要找朱丽叶. 共 n 个城市, 罗密欧在 1 号, 朱丽叶在 n 号. 城市间共 m 条双向道路, 路程长度都已知. 求找到朱丽叶的路径中最长一段道路最短是多少? 若无法到达输出 -1. ($n, m \leqslant 100\,000$)

本题更换了路径长度的定义方式, 由传统的求和形式 $L(P) = \sum\limits_{e \in P} w_e$, 改为最长边形式 $L'(P) = \max\limits_{e \in P} w_e$ [1]. 之前通过 BFS/流水模拟的方式推演出 Dijkstra 算法, 比较形象, 但难以推广 (并无 max 意义下的 BFS). 为解决本题, 先给出 Dijkstra 算法一个纯数学意义下的证明. 数学的好处是严谨抽象, 不需要关心现实意义, 这使问题本质容易暴露, 并方便推广.

Dijkstra 算法正确性数学证明

唯一要证明是选中 u ($ok[u]$ 变为 1) 时, 当前 d_u 真的是最优解 D_u. 开始 $d_1 = 0$ 显然成立, 对依次求出的 u 用归纳法. 归纳假设: $\forall vst_x = 1 \Rightarrow d_x = D_x$.

设 $1 \to u$ 实际最短路为 P [2].

由于 $vst_u = 0$, 有 $\exists (a, b) \in P$, s.t. $vst_a = 1$ 且 $vst_b = 0$, 则从 1 沿 P 到 a 的长度就是 $1 \to a$ 的最短路 D_a (最优子结构).

同理, 从 1 沿 P 到 b 的长度

$$D_a + w_{ab} = D_b \qquad\qquad ①$$

由 $vst_a = 1$ 可得 $D_a = d_a$ (归纳假设).

由 $a \to b$ 松弛过可知 $d_b \leqslant d_a + w_{ab}$ (松弛的定义).

而边权非负, 则

$$D_b \leqslant D_u \text{ (路径 } P \text{ 上 } u \text{ 在 } b \text{ 后)} \qquad\qquad ②$$

---

[1] 以 max 定义路径并非无现实意义, 如边权代表 "危险度" 而非 "长度", 希望最危险的路段危险度最小.

[2] 并不知道 P 是什么, 但知道 P 一定存在, 这就够了. 所以有时候说数学家是站上帝视角的.

故

$$d_b \leqslant d_a + w_{ab} = D_a + w_{ab} = D_b \leqslant D_u \leqslant d_u \qquad ③$$

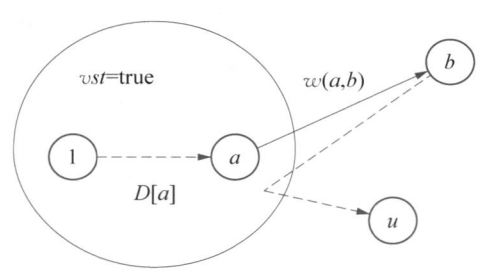

由 $vst_b = 0$，而 u 是 $vst = 0$ 的 d 最小的，故 $d_u \leqslant d_b$. 结合 ③式，等号必须成立，有 $d_u = D_v = D_u$.

证毕①.

此证明字面晦涩，但越抽象的越接近本质. 首先一个收获是证明 Dijkstra 算法也可以支持 0 权边（这用 BFS 解释就很别扭）；更重要的是其中大部分步骤只是基础四则运算、不等式传递性等普适规律，这意味着真正核心的条件并不是很多. 下面对路径长度定义做一般性的推广：

对上图中两条边的有序对到任意全序集上的函数 $F(e_1, e_2)$, $e_1, e_2 \in E$.

F 诱导一种路径长度：$L_F(P_{e_1 e_2 .. e_k}) = F(\cdots F(F(e_1, e_2), e_3)\cdots, e_k)$②.

用 F 替代求和代入如上证明，认真检查各步骤发现真正依赖 F 本身特征只有 2 条.

（1）F 对参数的单调性：

$$a \geqslant b \Rightarrow F(a, c) \geqslant F(b, c), F(c, a) \geqslant F(c, b)$$

即整体最优则局部最优（最优子结构），此保证①式.

（2）F 对参数包含关系的单调性：

$$F(F(a, b), c) \geqslant F(a, b)$$

即整体长度不小于局部长度. 此保证了②这一步成立.

这一点使求和意义下 Dijkstra 算法对负权边不成立.

当求和改为其他目标函数，只要验证新目标函数是否满足如上 2 条即可.

（1）参数单调性：$a \geqslant b \Rightarrow \max(a, c) \geqslant \max(b, c)$, $\max(c, a) \geqslant \max(c, b)$.

（2）包含单调性：$\max(a, b, c) = \max(a, b)$.

即可证明 Dijkstra 算法仍成立，这就是用数学的优点. 此方法可轻松推广到任何其他目标函数. 对本题而言，只要将 Dijkstra 算法松弛部分做如下修改即可：

$$d_v = \min\{d_v, d_u + w_{uv}\} \Rightarrow d_v = \min\{d_v, \max\{d_u, w_{uv}\}\} \qquad ③$$

进一步可发现在 max 意义下，包含单调性这条甚至不依赖边权非负. 也就是说最长边最短意义下，Dijkstra 算法对负权图也成立. 另外稀疏图也可用堆优化以上为广义目标函数的单源最短路的通用讨论. 而具体到最长边最短路这个问题，其意义甚至已超出最短路径的范畴，本书第 L 章还会再次提到此问题.

【例 J-4】雷雨

一个 $n * m$ 的矩阵 R_{ij}，闪电从第 1 行 a 列打出，四向连通，中途会分一个叉，最后打中第 n 行 b 列和 n 行 c 列两个位置. 求闪电经过的所有位置权值和的最小值. 如下图方案的权和为 15. （$1 \leqslant n$, $m \leqslant 1000$, $0 \leqslant R_{ij} \leqslant 1e9$, $1 \leqslant a, b, c \leqslant m$, $b \neq c$）

---

① 还有一个推论，$D_b = D_u$，说明要么 b 就是 u（u 是 P 第 1 个 $vst = 0$ 的点），要么 $b \to u$ 这段都是零边.

② 甚至不需要二元运算 F 有交换律或结合律.

③ 一般地，定义广义松弛：$d_v = \min\{d_v, F(d_u, w_{uv})\}$.

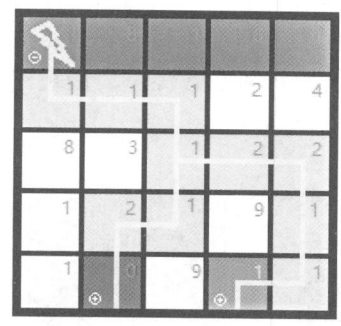 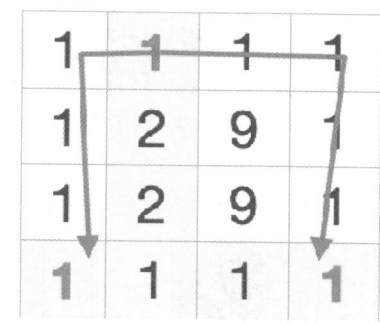

此题是一种有趣的推广:有 1 个起点和 2 个终点的最短路问题,关键是分岔之前共同经过的部分只算一次代价.即代价为两条路径并集的权和,故可称为单源双终点并集最短路.

一种常见的错误做法是单独求 $a \to b$ 和 $a \to c$ 的最短路,再求其并集.上右图就是一个反例,原因是为加大交集部分省下的代价,使单条路径并非是最优的.简单说,最短路的并集未必是并集的最短路.

此题关键在于分岔点,设其为 (x, y),则代价分为 $a \to (x, y)$、$(x, y) \to b$、$(x, y) \to c$ 这 3 部分之和:$ans = \min\limits_{x, y}\{D_{a \to xy} + D_{xy \to b} + D_{xy \to c}\} - 2R_{xy}$(最后一项因为 3 条路径都会计算一次 R_{xy}).只要枚举 x, y,则 a, b, c 到 (x, y) 都应选最短路.用 3 次 Dijkstra 预计算 a, b, c 到所有点的最短路即可即可.复杂度为 $O(nm\log(nm))$.

最后还有个细节问题,最优解为何一定是"人"字形?或说上述 3 条最短路会不会在别处还有重叠(那样的话并集权和计算就有误了).以下证明此事不会发生:首先路径 $a \to (x, y)$、$(x, y) \to b$ 不会再相交,否则从 $a \to b$ 路径就有环了,去掉这个环会更优;而 $(x, y) \to b$ 和 $(x, y) \to c$ 如再次相交于 d,则不如都沿其中一条一起到 d,代价也会变小.则最优解只能有一个分叉.

一定有读者想到本题如推广到 k 个终点的情况(单源多终点并集最短路).不过 k 变大后路径的概念已经淡化了,更多考虑的是连通性.在无向图上此问题等价于求连通给定 k 个点的最小权和边子集[①],不难证明最优解是一个(无根)树,称为最小斯坦纳树.此问题已知最优解法为 $O(n3^k + \text{SSSP}(n2^k, m2^k))$(sosDP+分层图最短路),$\text{SSSP}(x, y)$ 表示 x 个点 y 条边的最短路径复杂度,总之是个指数级算法.当 $k = 2$ 时即普通 SSSP,$k = 3$ 就是本题,而 $k = n$ 则是本书第四部分着重研究的最小生成树问题.

【例 J-5】棋盘(NOIP 2017 普及 T3)

一个四向三连通的 $n*n$ 的棋盘格,每格可能是红黄白 3 种颜色,白色为障碍物.走到同色相邻格没有代价,走到异色相邻格(黄↔红)代价为 1.另外可花费 2 代价使用魔法临时将一个白格变为红/黄色(效果只能维持一轮,即下一步必须回到原始的红格或黄格).求左上角走到右下角的最小代价.($n \leqslant 100$)

此题基础背景是棋盘格上的 01 权最短路,难点在于"魔法"[②],其会使地图变成动态的,即原白格可能出现 3 种实际状态:白、临时黄、临时红.回忆棋盘格最短路,d_{xy} 代表子问题:即从起点走到 (x, y) 的最短路,x, y 是描述中间状态的参数.推广到本题,中间状态除 x, y 还需要一个参数来描述颜色,即状态需要 3 个参数 (x, y, c) 描述,对应 d_{xyc} 表示走到 x, y 且颜色为 c 的最短路.

---

① 仅考虑正权图,负权图可先将所有非正权边都选上,然后按连通分支缩点转为正权图.

② 这类模板问题上加一点额外的特殊变化,有时就称为魔法场景.处理魔法场景最基础的思路是以某种形式处理魔法的效果(如暴力枚举),使问题回归到模板问题上去.

更直观的理解方式是将原棋盘复制 3 份,分别表示无魔法、红魔法、黄魔法 3 种状态下的棋盘,将施法视为"跨层",代价作为边权.从魔法层只能走回普通层,表示魔法只能维持一轮且不能连续施放[1].则魔法逻辑完全由层间的行走规则保证,剩下只要在这 $3nm$ 个点的新图上做普通的最短路径即可.因只有 012 边权,2 权可以拆点,01 边权可 BFS,并不需要 Dijkstra.复杂度为 $O(n^2)$.

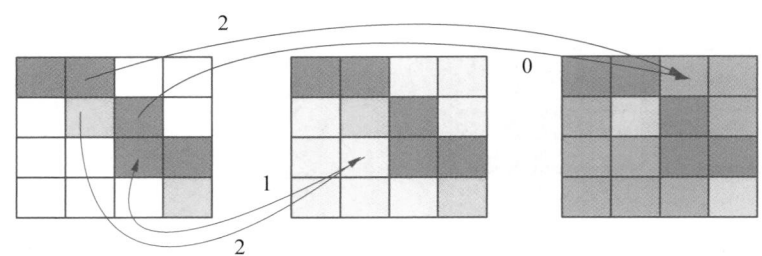

以上这种思路挺重要的,把抽象的 DP 状态转移图和题设的显式的图(棋盘格)联系在一起,使问题可以用 DP 或图论语言灵活转换.这种图重构方式称为分层图建模.本书第 N 章将专门讨论这个话题.

【例 J-6】 最短回文路径

一个正权边有向图,边权为 w_i,每条边还有一种颜色 c_i.求从 1 到 n 的的最短路径,要求颜色序列是回文的,不限制简单路径.($n \leqslant 1000$, $m \leqslant 2000$)

回文特征对前缀没有规约性,即回文路径去掉最后一条边就不一定回文了.不过如同时去掉第一条和最后一条边,回文特征就得以保留[2].在此思想下可如此决策回文路径 $1 \to n$:两端分别从 1, n 出发,每次同时正/反走一条同色边,直到相遇或到达一条边的两端.此回文特征始终保持,且所有回文路径都可这样获得.当两端固定在 x, y 时,后续子问题也要最优,符合最优子结构.

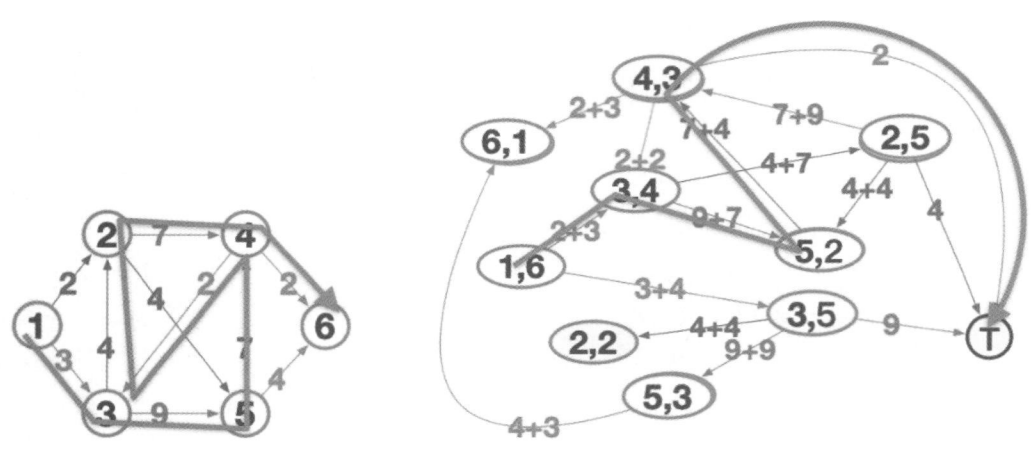

具体地,以顶点二元组 (x, y) 为状态,如上对向走一步为决策,形成一张新转移图,边权为正反两步的边权和.在新图上问题就转化为求 $(1, n)$ 到回文中心的普通最短路问题.回文中心有两类:一是原图的单个点 u,对应新图点 (u, u);二是原图的边 $u \to v$,对应新图的点 (u, v).注意后一种情况 $u \to v$ 这条边权也须加上,可加一个虚拟点 T,并对所有 $(u, v) \to T$ 加一条长度 $w(u, v)$ 的边,再以该点为终点.上图是一个新旧图对应的例子.复杂度为新图上 SSSP,新图点数显然为 $O(n^2)$,边数估算如下:

① 此方法下,如题目允许连续施法也是一样能做的.
② 这也是处理回文问题通用思路,从两端往中间考虑,或者从中间(称为回文中心)往两边考虑.

$$\leqslant \sum_{x \in V} \sum_{y \in V} outDeg_x \times inDeg_y = \sum_{x \in V} outDeg_x \sum_{y \in V} inDeg_y = m^2$$

【例 J-7】血魔（图上最近点对）

给定有向正权图及指定的 k 个点，求指定点之间两两最短路的最小值。（$n \leqslant 100\,000$，$m \leqslant 500\,000$，$2 \leqslant k \leqslant n$）

首先区分一下本题与所谓多源最短路问题，后者指求出两两点之间所有最短路长度，本题只要求两两最短路的最小值[①]。一次 Dijkstra 可求特定起点到各点的最短路，可枚举起点再做 k 次 Dijkstra，复杂度为 $O(km \log m)$。

首先对终点做一个小优化。如前所述，Dijkstra 本质是 BFS，其 d_u 按求出的顺序单调不降。故只要第一个是关键点的 d_u 算出后，（该起点）就不需再算下去。此称为最近点的截断优化。当然这只能优化常数，极端情况下不能降低复杂度，如左下图所示的星状图。

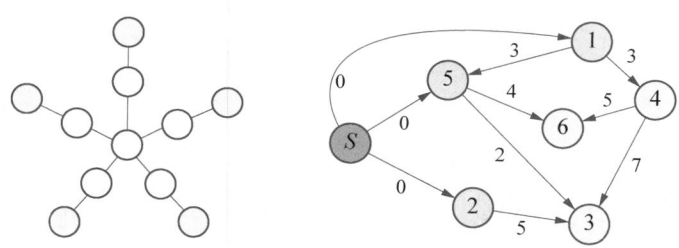

下面对多起点优化，这里有个技巧：增加一个虚拟源点（又称超级源）S，S 到各起点都连一条 0 权单向边，再以 S 为起点求 SSSP，如右上图所示。则得到 d_u 是所有起点到 u 的最小距离。如右上图中点 1、2、5 中到点 3 的最近距离为 5→3（长 2），而从 S 到 3 的最短路就是 $S \to 5 \to 3$。超级源只是讨论问方便，写代码时不需要真的加这些边，直接在开始时将多个起点的 d 都设为 0 即可（即使显式建 S 第一轮松弛后也就是这种状态）。

正交测试

问题尚未解决，目前一次 Dijkstra 能求两组点之间的最近距离，但组内的点间距离尚未计入，所以算一次不够。问题转化为：每轮将 $1..k$ 个点分两组 A、B，使任何两点在至少一轮中被分在不同组，至少要几轮。

令 $x_{uj} = [$第 j 轮 u 分在 A 组$]$，$j = 1..R$，$u = 1..k$。u 的各次分组情况形成一个 R 位二进制数 $X_u = (x_{u1} x_{u2} \cdots x_{uR})_2$，要求 $X_1 .. X_k$ 互不相同，则 $2^R \geqslant k \Rightarrow R \geqslant \log k$（必要条件）。取 $x_{uj} = u$ 的二进制第 j 位则 $X_u = u$，显然可行且 $R = \lceil \log k \rceil$。此方案称为二进制正交测试。总复杂度为 $O(m \log m \log k)$。

* 高级话题探讨

堆结构原理简介

堆（heap）是一个带点权的完全二叉树，满足父节点的权值都大于（或小于）子节点，则根节点就是最

---

① 多源最短路将在第 O 章介绍。其已知最优复杂度为 $O(n^3)$。

大/小值. 如下图是一个大根堆的例子. 该结构可以支持高效地插入和删最值, 所以是优先队列的良好实现方式[①].

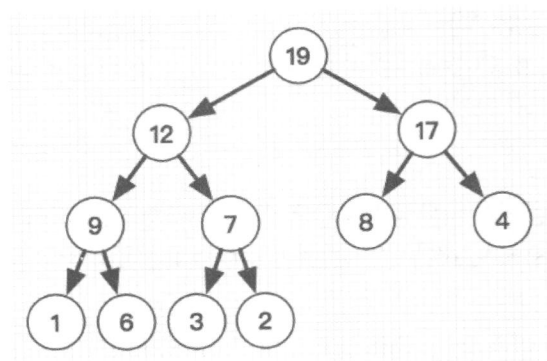

堆的增删都依赖调整法. 插入时先直接加在完全二叉树尾部位置, 如值与父节点大小关系不符合定义, 则不停与父节点互换, 直到符合; 删根的时候, 先用二叉树最后一个节点替代根, 再与其最优的子节点不停互换. 下图是示意图.

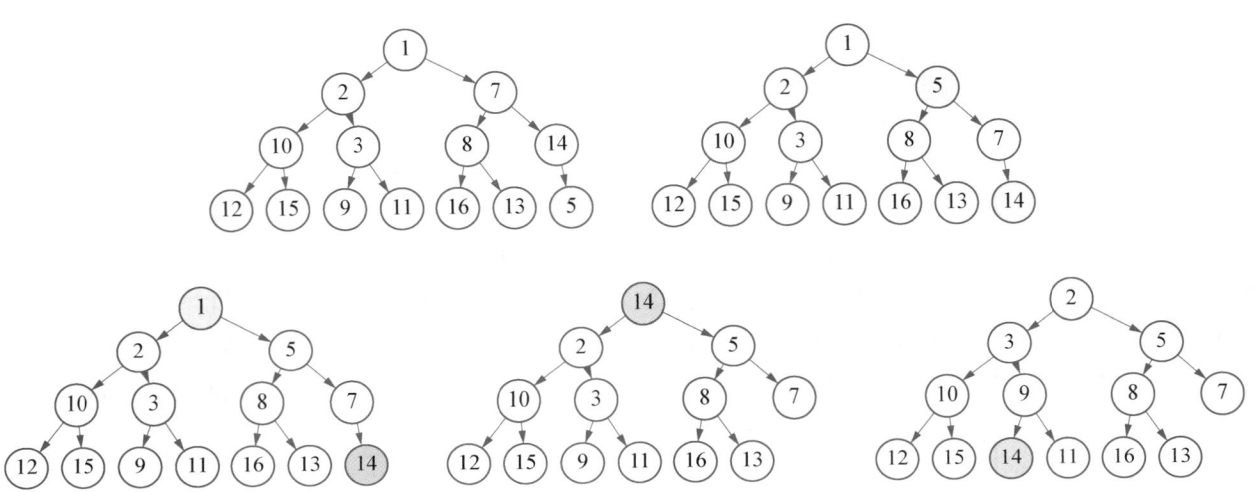

另一种看似相似的数据结构是二分查找树(binary search tree, BST), 其也是二叉树, 要求左儿子值大于父节点且右儿子小于父节点. BST 支持动态随机增删和动态排序, 功能强于堆, 但朴素的 BST 不能保证平衡(高度 $\sim \log n$), 复杂度会退化. 为此有一些额外手段来保持 BST 的平衡性, 此种优化过的 BST 统称为平衡树[②]. 平衡树有多种具体实现方式, 其中的一种称为红黑树(red-black tree, RBT)的实现就是系统 set/multiset 底层的主要实现方式.

小 结

本章从 BFS + 离散化角度导出 Dijkstra 算法, 可求非负边权图的单源最短路径问题. Dijkstra 算法思想融合了 BFS、DP、图论等各分支, 可说是基础算法中最经典的算法之一. 在稀疏图上, Dijkstra 可借助数据结构而实现更优的复杂度; 对广义方式定义的路径长度, 给出了充要的判据以确定 Dijkstra 算法是否成

---

① 注意逻辑上区分, 优先队列是一个抽象的概念, 支持插入、查最值、删最值的数据结构都可称为优先队列. 而堆是一种具体数据结构, 在单次操作 $O(\log n)$ 级别上实现了优先队列.

② 篇幅所限, 平衡树不在本书讨论范围内.

立,其中某些情况下甚至可突破边权非负的限制.Dijkstra 算法是按实际最短路长度从小到大的顺序求出的(虽然运行之前并不知道此顺序),这一点在有些场景下可以用以优化性能.

习题

1. 最小花费(etiger152).
2. 请柬(etiger161).
3. 武林大会 2(etiger638).
4. 海禁(etiger1035).
*5. 二巨头(etiger763).
*6. 加工零件(etiger1485,CSP 2019 J2T4).
*7. 排兵布阵(etiger987).
**8. 重力球(NOI Online 2021♯1 入门组 T3).

K 单源最短路 2：负权图最短路

本章讨论负权图单源最短路.负边会造成一些与正权图本质不同(如可能出现无解[1]),但也有一些核心的东西是相同的.本章的方法论仍是从已知的(正权图最短路)问题出发,剥离并延续其中通用的部分,将依赖正权特征的部分进行推广.本章还将对最短路全体的分布进行深入探讨.最后总结最短路场景至今所涉的各算法间的关系.

> **【例 K-1】航班规划 3**
> n 个城市编号为 $1..n$.城市间共 m 条单程直飞航线,输入每条航线的起点,终点和价格.求城市 1 到各城市总费用最小值.部分航班搞活动,价格可能为负.($n \leqslant 1000$,$m \leqslant 2000$,保证有解)

回忆 Dijkstra 算法,主要分为两步:①找最小的 d_u;②松弛.第 1 步可视为贪心法,利用正权性可证明选到的 $d_u = D_u$,但这对负权图并不成立;第 2 步没用到这样的条件,可以推广,可视为更新当前最优解

$$d_v = \min_{u \to v}\{d_v, d_u + w_{uv}\}$$

松弛操作的本质

初始时除起点其他的 $d_v = \infty$,如只通过松弛修改 d_v,则一旦某 d_v 更新为有限大,即表示 $1 \to v$ 存在一条长 d_v 的路径(当前最优解).证明只需对松弛次数做归纳法:初始显然成立[2];如松弛 $u \to v$ 造成 d_v 变化,则 d_u 必已有限大,由归纳假设存在 $s \to u$ 长 d_u 的路径,再从 u 走到 v,即得 $s \to v$ 的路径长 $d_u + w_{uv} = d_v$.

(1) 推论 1:只通过松弛得到的 d_u 永远不小于 D_u.

(2) 推论 2:如 $d_u = D_u$ 则 u 不会再被松弛更新.

为方便后面叙述先引入如下边的松紧性概念:

如 $d_u + w_{uv} = d_v$,称 $u \to v$ 为紧边;

如 $d_u + w_{uv} > d_v$,称 $u \to v$ 为松边;

如 $d_u + w_{uv} < d_v$,称 $u \to v$ 为过紧边[3](可松弛).

注意此分类不是边的固有性质,因为其与 d_u 值相关.只松弛能保持 $d_u \geqslant D_u$,而松弛只会减小 d_u,则一种思路就出现了:调整法是从初始起不停找过紧边松弛,直到找不到.如有解即 D_u 存在而 d_u 总在变

---

① 这里无解不是指不连通,而是没有最小值.正权图最短路必是简单路径,后者只有有限条,所以不存在这类无解情况.

② 严格说只有最短路有解的前提下才对(如 $d_s < 0$ 说明有负环,这个暂且留待后文说明).

③ 注意这里定义都是在有向边意义下,无向边可视为正反向的两条有向边,其松紧性一般不相同.

小，此过程一定在有限步内结束. 调整结束后 d_u 定义下没有过紧边，显然是最优解的必要条件，那是否充分？没有过紧边说明 $\forall u \to v, w_{uv} \geqslant d_v - d_u$，对 $s \to t$ 任意路径 P 上每条边的该式累加[①]：

$$L(P) = \sum_{(u, v) \in P} w_{uv} \geqslant \sum_{(u, v) \in P} (d_v - d_u) = d_t$$

$L(P)$ 表示路径长度，s 是起点，故 $d_s = 0$，最后一步因为中间点作为减数和被减数各一次而抵消了. 这说明 $s \to t$ 的任何路径长度都不超过 d_t，而又存在一种长 d_t 的可行路径，则 d_t 就是最优解. 此算法称为 Bellman-ford 算法. 注意其演绎过程从未用到 w_{uv} 非负，故算法对正负权图都成立.

```
struct edge { int t, w; };
vector<edge> es[N];


void bellman_ford(int s){
    fill(d, d + n + 1, INF);
    d[s] = 0;
    for (bool flag = 1; flag; ){
        flag = 0;
        for (int u = 1; u<= n; ++u)
            for (int i = 0; i<es[u].size(); ++i) {
                int v = es[u][i].t, w = es[u][i].w;
                if (d[u] + w < d[v]) {
                    d[v] = d[u] + w;
                    flag = 1;
                }
            }
    }
}
```

算法（如正常）结束后得到的 $d_u = D_u$，D_u 定义的松紧性称为最终松紧性，如 $D_u + w_{uv} = D_v$ 称为最终紧边，$D_u + w_{uv} > D_v$ 称为最终松边，而最终过紧边则不存在. 如最短路有解，最终松紧性的图的固有特征，以后如无特殊说明，所说边的松紧性默认指最终松紧性.

松弛轮数估算

先定义原图的子图：$G_D = \{(u, v) \in E \mid D_u + w_{uv} = D_v\}$，即由最终紧边组成的子图，称为紧子图或最短路子图[②]. 现证明紧子图上如从 s 起经 i 条（紧）边可达点 u，则前 i 轮松弛后一定已达到 $d_u = D_u$.

对 i 归纳，$i = 0$ 时只有起点可达，成立；否则 u 存在一个前驱 v，且 $v \to u$ 是紧边，即 $D_v + w_{vu} = D_u$. 由归纳假设上轮后 $d_v = D_v$，而本轮松弛后 $d_u \leqslant d_v + w_{vu} = D_v + w_{vu} = D_u$，而 d_u 又是可行解，故 $d_u = D_u$.

从 s 到任意一个（能到的）点，边数不会超过 $n-1$，故 Bellman-ford 算法复杂度不超过 $O(nm)$，此极端情形是可以达到的（见下文）. 以上结论是最短路有解的必要条件，其逆否命题：如 Bellman-ford 运行 $n-1$

---

① 这是一个常用操作，还将多次用到. 其本质是势函数的路径积分，关于势函数会在第 O 章再提及.
② 这个名字的原因见后文. 注意紧子图一般是有向图（即使原图是无向图）. 在算法结束前，不得而知紧子图是什么的（因为不知道 D_u），只知道最短路有解的话这个子图唯一存在.

遍后,仍有过紧边,说明问题无解①.关于松紧性和紧子图的更多结论,在本章高级话题讨论中再分析.

另一角度看,Bellman-ford 得出最短路的顺序,其实是紧子图上的 BFS 序,即按最短路包含边数从小到大算出,有趣的是在计算未完成之前,完全不知道紧子图的结构及哪些点已经达到最优②.

Bellman-ford 与 Dijkstra 的关系

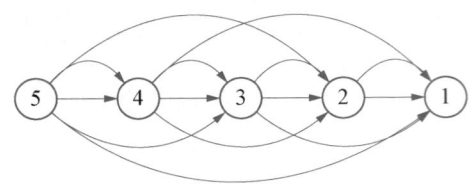

Bellman-ford 最坏复杂度比 Dijkstra 高一个量级,因为其每轮松弛是"盲目"的.如左图是个无权图,设 $s=5$,用前页的代码也会达到 $O(nm)$,但如将编号逆序则一轮松弛就结束了.造成此现象的原因是每轮以原始编号为序③逐个松弛,原始编号一般无逻辑意义.

如 d_u 本身还未达到最优,则松弛 $u \to v$ 是浪费的(即使能使 d_v 变小也非最优),只有对 $d_u = D_u$ 的 u 进行松弛才有意义.对正权图,上一章证明了还未处理的最小的 d_u 就是 D_u,将此计算顺序应用到 Bellman-ford 则会回到 Dijkstra 算法;对负权图则该结论不成立,虽 $d_u = D_u$ 是按紧子图上 BFS 序确定,但在得到最短路本身前并不知道哪些边是最终紧的.故负权图最短路无法直接据此优化.

【例 K-2】武林大会 4

有 n 个门派,武林大会将在 1 号门派举办.每个门派有 1 人参会.门派间有 m 条单向通路,第 i 条路从 a_i 门派到 b_i 门派,每人路费为 c_i(可能是负数代表能发现财宝,每次经过财宝都可重复获取)本次武林大会的所有路费由你承担,所有财宝也由你收缴,请问总费用至少多少?答案可能为负.如某门派不能到达 1 号门派就忽略该门派;两个门派间可以存在多条路;如某个能去开会的门派可以无限刷财宝,则大家会无心开会,输出 −1.($n \leqslant 100\,000$,$m \leqslant 200\,000$)

本题是包含各自可能情况的完整的 SSSP 模板题.与上题的差异如下:

(1) 本题是给定终点,这只要将每条边反向即可.

(2) 存在一些点与目标点不连通.

这可自然兼容,最后仍 $d_u = \infty$ 的 u 就是不可达,当然也可预判.

(3) 数据规模对 $O(nm)$ 的复杂度需要优化.

(4) 要判无解.

以上(1)和(2)容易处理,下面解决(3)和(4).

增量式松弛④

Bellman-ford 还会造成另一种浪费:对 $u \to v$,某次松弛后有 $d_v \leqslant d_u + w_{uv}$,而 d_v 只会变小,虽不知 d_u 是否已经最优,但至少 d_u 本身没再变小前,$u \to v$ 不需再松弛.也就是只有起点变优了,才需要尝试更新终点.

可设置一个待处理的点集 Q,开始只有起点 s.每次从 Q 中取出点 u,尝试松弛 u 的所有出边;如某个 d_v 被改小了,则将 v 加入 Q,直到 Q 为空.算法类似"触发式"过程,更新起点 d_u 可能触发更新终点 d_v,如

---

① 这里仅指存在某些终点 u,$s \to u$ 最短路无解,不代表对所有 u 都无解.Bellman-ford 能结束说明到任何终点都有解,不能结束说明不都有解(而不是都无解),还是有可能有一些终点有解的.

② 对比正权图中途就可知 $vst = 1$ 的点已找到最优解.

③ 大部分问题结果与原始编号是无关的,则可换一种更有利的编号(顶点顺序).

④ 可参照"BFS 的调整法+增量式调整".

此连锁触发，直到再无更新.

至于 Q 具体用什么实现（以什么顺序/规则从 Q 中选 u），默认选择队列（类 BFS 序）来实现 Q. 一方面这是启发式的选择，因为得到最优解顺序是紧子图上的 BFS 序，对随机数据认为路径边数越多权和也倾向于越大，故用 BFS 序期望能较快找到最优解；另方面用队列时复杂度有确定的上限，这点稍后再解释. 以下代码中 inq[u] 表示点 u 是否已经在队列 q 中，为的是避免同一个 u 重复入队①.

```
fill(d + 1, d + n + 1, INF); d[s] = 0;
queue<int> q;
q.push(s); inq[s] = 1;
for (int u; q.empty();) {
    u = q.front(); q.pop(); inq[u] = 0;
    for (int i = 0; i < es[u].size(); i++){
        int v = es[u][i].t, w = es[u][i].w;
        if (d[v] > d[u] + w) {
            d[v] = d[u] + w;
            if (!inq[v]) {
                q.push(v); inq[v] = 1;
            }
        }
    }
}
```

如上算法称为最短路径较快算法(shortest path faster algorithm，SPFA)，可视为 Bellman-ford 算法的启发式或经验优化. 在随机生成的图上其经验性能接近线性②，但是刻意构图可使其退化为 $O(nm)$，一个经典例子如下. 关于怎么卡 SPFA 网上有很多详细讨论③，本书不做深入展开.

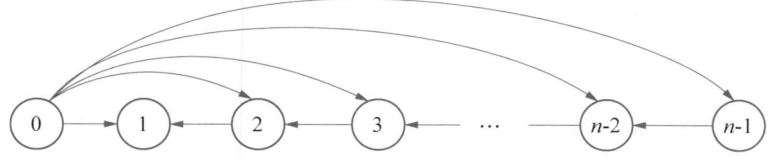

近年盛传出题人会习惯性卡 SPFA，甚至有人声称"SPFA 已死"，此说法并非指 SPFA 彻底没用了. 因其代码好写且兼容正负权，早年有选手喜欢不管什么图最短路都用 SPFA. 所谓卡 SPFA 只是指对正权图，出题人期望选手掌握更经典的 Dijkstra 算法. 如真的是要求负权图最短路，目前也没有已知的理论上保证更优的做法. 另一方面，卡 SPFA 默认指的以队列实现的 SPFA 版本，这也可以通过一些抗退化手段来应对，参见后文.

其他松弛顺序与算法关联

与遍历判断连通性、拓扑排序、DP 计算顺序等类似. 这是一种结果对顺序的对称性，而对于特定的顺序，在特定场景下可能有各自的优势.

---

① 用 set 替代 queue 能实现自动去重，不过为去重多一个 $O(\log n)$ 显然不合算.
② 通常的说法是 $O(km)$，k 是一个 2～3 的经验常数.
③ 最常用的例子是某种网格图，更本质的一个充分条件是次短路特别多的情况下.

(1) 栈(DFS 序):先进后出顺序特征是只要能向前松弛就不停向前.用栈的一个实际好处是可利用递归语法,代码会简单一些.

```
bool spfa(int u){
    instk[u] = 1;
    for (int i = 0; i < es[u].size(); i++){
        int v = es[u][i].t, w = es[u][i].w;
        if (d[v] <= d[u] + w) continue; // ①
        d[v] = d[u] + w;
        if (instk[v] || ! spfa(v)) return 0; // ②
    }
    instk[u] = 0;
    return 1;
}
```

这个代码是颇精致的,返回值表示 SSSP 是否有解.instk 作用与 inq 相同,但因栈的特殊性,栈中待松弛点分布在一条路径上①.此带来一个额外收获:当松弛 v 而 v 本身已在栈中,就可直接判定无解了(代码注释②②).

另一个有趣的地方是代码注释①处,这个松弛条件判断特意写成 continue 形式,从 DFS 眼光看,这就是最优性剪枝,$d[v]$充当了"当前已找到的最优解"位置.在例 7-2 中讲棋盘格最短路径时提过此事.下面特地复制了例 7-2 核心代码,读者可对比下,除棋盘格和一般图以及一些语法层面的不同,本质上是一模一样的.

由于本质上是 DFS(+最优性剪枝),此写法复杂度难以保证.事实上可以卡到指数级,但此写法在找负环时有一定优势,具体见后文说明.

```
void dfs(int x, int y, int len){
    if (len >= dist[x][y]) return;
    dist[x][y] = len;
    if (x == n && y == m) return;
    for(int k = 0; k < 4; k++){
        int nx = x + dx[k], ny = y + dy[k];
        if (nx >= 1 && nx <= n && ny >= 1 && ny <= m
            && mp[nx][ny] == 'o'){
            dfs(nx, ny, len+1);
        }
    }
}
```

(2) 优先队列(d 递增序):这也是一种启发式思想.认为当前 d_u 最小的 u 是最优解的概率较大,优先

---

① 严格说这个写法与队列写法不仅是简单的 FIFO/FILO 的替换,还有一个微妙差异:这里 u 一旦松弛了 v,就立刻开始尝试 v 向后继松弛,而不等 u 的其他出边都松弛完.故调用栈中并不是"未开始松弛的点集",而是"未松弛完成的点集".当然这无非是松弛顺序上差异,并不影响结果.

② 这行又用了短路语法.or 表达式中如第一个条件命中,则第二个条件会直接跳过,此处就是直接不递归了.一旦某层返回 false,上层递归调用会立刻一路 return 到底.此 2 条件顺序不可交换.

松弛 d_u 小的. 编码上用 priority_queue 替代 queue 即可. 如上一章所述, 如果是正权图, 则可证明最小的 d_u 真的就是最优解. 这种版本的 SPFA 在正权图上就演化为 Dijkstra 算法的堆优化版本①.

（3）随机序：毋庸置疑就是为了抗退化, 使出题人从原则上不可能有针对性构造数据的可能. 实际中为兼顾其他方式的优点往往不会用纯随机顺序, 而可在其他序中做一些随机扰动.

（4）SLF 和 LLL：这是两种兼顾 FIFO 与 d 最小特征的启发式优化, 都基于双端队列（deque）实现. Small label first（SLF）指入队时将新的 d_v 与队首 $d_{q(\text{head})}$ 比较, 如 d_v 较小则插入队首立刻松弛, 否则则插入队尾, 相当于结合队列和栈特点；Large label last（LLL）指出队时比较 $d_{q(\text{head})}$ 与队列中所有 d 的平均数, 如 $d_{q(\text{head})}$ 较小则正常出队, 否则将队首元素挪到队尾并重复, 即找最靠前的一个 $\leqslant$ 平均数的出队, 相当于结合队列和优先队列.

关于在不同图上以何种顺序松弛, 魏兰沣同学在其课程论文中有细致具体的分析, 有兴趣的读者请参见本章参考文献[1]. 下图示大致描述了 SSSP 相关的算法之间的关联.

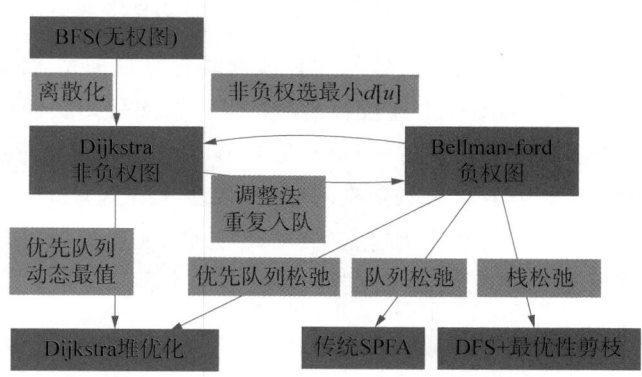

无解判定

这里不讨论 s 不可达的平凡无解（这很容易预处理掉）. 如 $s \to u$ 最短路无解, 说明简单路径都不是最优解（简单路径只有有限条）, 即存在一条非简单路径 P 长度 < 任何简单路径. P 上必然有环②, 如所有环权和都非负, 则去掉环后路径总长不变长且变为简单路径, 与 P 非简单路径矛盾, 故 P 上一定有负环；反之则是显然的. 结论：$s \to u$ 最短路无解当且仅当存在 $s \to u$ 的带负环的路径. 用松弛语言可从另一角度得到直观理解：对任意负环 R,

$$L(R) = \sum_{(u, v) \in R} w_{uv} + \sum_{(u, v) \in R} d_u - \sum_{(u, v) \in R} d_v = \sum_{(u, v) \in R} (d_u + w_{uv} - d_v) < 0$$

则一定存在某加数为负, 即 R 上至少有 1 条边 $u \to v$ 满足 $d_u + w_{uv} < d_v$, 即过紧边. 此推导无论对任何一组 d 值恒成立, 说明负环上永远有过紧边.

注意单纯有负环与最短路无解并非等价, 而只是必要条件. 充要条件是存在 $s \to u$ 的带负环的路径, 这由 3 个必要条件组成：①有负环②起点可达负环③负环可达终点. 此类问题在审题时要特别注意区分只是找负环, 还是判最短路存在性. 以上讨论了 SSSP 无解和负环的理论关系, 还需研究具体如何判无解/找负环.

Bellman-ford 判无解

Bellman-ford 运行 $\geqslant n$ 轮证明最短路不都有解, 也就是必有负环（条件①）. 但不能精确判断哪些终点

---

① 这个版本代码实际上就成为一个正负权"通吃"的版本, 当输入为正权图时, 实际是 Dijkstra 堆优化；负权图时, 实际为 SPFA. 不过负权时复杂度无多项式级的上限, 所以并没有人这么用.

② 自环和在一条无向边上来回走也算作环.

的最短路无解. 甚至导致 Bellman-ford 不结束的负环根本就是与 s 不连通的一个独立的环(在这个"无源"的环上永远会进行 $d_u=\infty$ 之间的内部松弛).

SPFA 判无解

SPFA 则连(全局)轮数概念都没有. 如 $s\to u$ 有解, 则最短路上沿途各点都有解, 且路径上都是紧边, 设该路径为 $s\to u_1\to .. u_i=u$. 则由 s 第一次松弛, u_1 入队时就已最优了(当然也会有些未达最优的 s 的邻点也入队). 考虑此时到这时队列中所有点都出队时这一阶段, 首先不可能有新的点入队 2 次, 而 u_2 必达到最优(由 u_1 松弛), 即 u_2 至多入队 2 次. 依此类推 u_i 至多入队 i 次, 而 $i\leqslant n-1$, 则如 u 入队 n 次, 则 $s\to u$ 无解. 反之如 $s\to u$ 无解, 则存在 $s\to u$ 的含负环的路径, 沿负环会无限松弛, 即 u 会无限次入队. 综上所述, $s\to u$ 无解当且仅当 u 在队列实现的 SPFA 中入队 n 次. 这个结论是微观的, 可具体区分哪些终点无解.

具体实现时, 多维护一个每个点入队次数即可, 最坏情况下每个点都入队 $n-1$ 次, 复杂度为 $O(n\sum\limits_u outDeg_u)=O(nm)$, 这反过来给出了有解时 SPFA 复杂度有多项式级的上限[1], 注意这只对队列实现的版本成立. DFS 版本则不能保证入栈次数与达到最优间有定量关系, 故最坏情况下复杂度不能保证多项式级别. 但 DFS 一旦进入负环, 概率上比较容易沿负环一路松弛到底, 故在判/找负环、或预知大概率有负环类场景下, 用 DFS 版本的经验效率高于 BFS 版本.

注意按以上要判 u 无解, 必须 u 本身入队 n 次. 如果只要求单一终点 $s\to t$ 的有解性, 因只要有任何点入队 n 次, 就证明有负环; SPFA 本身就是从起点"触发式"松弛, 所以负环也必然从 s 可达; 剩下负环可达 t 则可预计算排除那些到不了 t 的点. 如此, 只要出现任何点(不一定是 t 本身)入队 n 次, 就可确定 $s\to t$ 无解了.

> **【例 K-3】套利天才**
>
> 你幻想无风险套利, 例如: 1 美元可换 7 人民币, 7 元人民币可换 0.9 欧元, 0.9 欧元可换 1.02 美元. 共 n 种货币, 给定 m 种外汇交易的汇率, 第 i 条为可用 1 元 a_i 货币兑换 r_i 元 b_i 货币. 问有否无风险套利可能?($n\leqslant 100\,000$, $m\leqslant 200\,000$)

此题首先是以边权乘积定义的路径长度, 求最长路(1 单位货币 A 最多能换多少货币 B), 修改松弛的方式为 $d_v=\max\{d_v, d_u w_{uv}\}$, 这样直接可以做[2]. 或对 d 取负对数 $-\log d_v=\min\{-\log d_v, -\log d_u-\log w_{uv}\}$, 转化为以 $\log w$ 为边权的标准最短路问题. 对数函数是全局单调的, 求出最优的负对数也就求出了最优的原值.

"无风险套利"指从 1 单位某货币经连续兑换得到 >1 单位原种货币[3]. 即存在环 R, $\prod\limits_{e\in R} w_e>1$, 取负对数得 $\sum\limits_{e\in R}-\log w_e<0$, 即负环. 与上题唯一区别是没有指定起点/终点, 称为全局负环判定问题.

最简单的做法是枚举起点转为单源, 但复杂度就会多一个 $O(n)$. 其实只要加一个超级源 S, 令 S 到所有点加一条 0 权有向边, 则原图的全局负环当且仅当新图从 S 可达的负环, 用上题做法即可.

这里有个小细节, 如只是判无解而不需求最短路长度, 则 d_u 的初始值可以随便设. 无论什么 d 值, 负环总有过紧边. 此时 d 只是一种权值, 没有逻辑含义. 一种优化做法就是 d 的初始值都设为 0, 而不是无穷大, 这可保证一开始就从负边开始找(正权边是松边), 避免在正权边"正常"松弛浪费时间.

---

[1] 本质上是其与紧子图上是 BFS 序松弛吻合.
[2] 参见上一章对路径长度一般性目标函数的讨论.
[3] 现实中由于有手续费, 汇率实时波动等各种因素, 实际是不可能实现的.

*【例 K-4】尴尬的完全背包

n 种物品每种有 INF 个，第 i 种重量 w_i. 求能否正好凑出总重 W. （$n \leqslant 100$，$w_i \leqslant 30\,000$，$W \leqslant 1\text{e}18$）

本题与负权图并无关系，仅通过此题再次展示下 DP 与图论的关联. 大容量完全背包之前有所涉及，例 F-9 用分治法做到 $O(nw + w^2 \log W)$，但本题 w 范围太大. 完全背包可行性版本转移方程为 $f_j = OR_{i=1}^{n} f_{j-w_i}[j \geqslant w_i]$，转移图是一维 $W+1$ 个点，每个点入度 $\leqslant n$. 从图论角度看，原问题对应求 $0 \to W$ 是否可达（连通性问题），可用 DFS/BFS 遍历，但复杂度仍为 $O(nW)$.

因物品无限多，如 $f_j = 1$，则 $f_{j+kw_i} = 1$，$k = 0, 1, 2, \cdots$，这种情况称 bool 函数 f_j 对 w_i 有半周期性[①]. 有半周期性的可行性问题可如下转化：令 $F_r = \min\limits_{j \% w = r,\, f_j = 1} j$，$r = 0..w$，即模 w 等于 r 的最小可行下标，w 可取任意 w_i. 则 $f_j = [j \geqslant F_{j\%w}]$，即有 F 就可求出 f，而 F 的定义域是 $O(w)$. 对 F_r 同样的决策，有最优子结构，F 的转移方程为

$$F_r = \min_{i=0}^{n-1}\{F_{(j-w_i)\%w} + w_i\} \quad (\text{取模值在 } 0..w-1 \text{ 范围})$$

（1）边界：$F_0 = 0$.

（2）答案：$F_{W\%w} \leqslant W$.

F_r 逻辑含义为将 $j \% w = r$ 的 j 视为一"类"，$F_r =$ 总重量凑出模 w 余 r 的最小重量为多少. 如上 F 的转移图画出来就可能有环了，相当于原转移图折叠到一个周期内，同时加上 w_i 为边权.

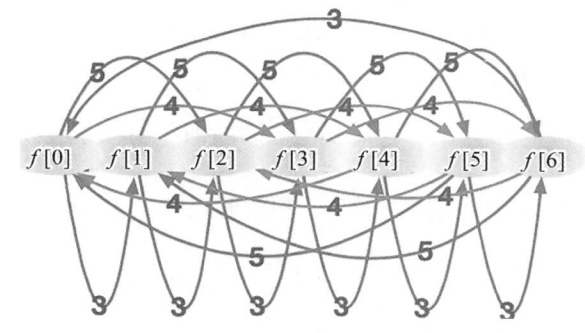

从 DP 角度，转移图有环无法计算；但从图论角度看，F_r 就是转移图上 $1 \to r$ 的最短路，用 Dijkstra 算法求解即可. 复杂度为 $O(w^2 + nw)$. 根据此方法还可处理有负重量物品的背包问题.

本题甚至还可将 w 维度也压缩掉，建一个只有 1 个点的图，有 n 个自环，边权分别为 $w_1..w_n$，选一个物品相当于沿对应自环走一遍，问题转化为求 $1 \to 1$ 是否存在长度恰为 W 的路径. 此问题称为单源定长路径问题，这个问题在第 N 章再介绍，不过最后得到的具体实现殊途同归.

* 高级话题探讨

松弛、紧性与最短路的关系

例 K-1 中用演绎的手段推导出 Bellman-ford 算法，这里从更抽象的层面提炼出其更一般的本质. SSSP 问题形式上无非求一组未知数 $d_u = \min\limits_{P:s \to u} L(P)$，当然此定义对求解没什么帮助. Bellman-ford 推导过程中已得到一组 d 是最优解的必要条件：

① $d_s = 0$.

② 从 $s \to u$ 有一条仅由（d_u 定义的）紧边组成的路径 P_m.

---

① 指的是单方向有周期性，这个名词是杜撰出来的，仅为说明问题方便.

③ 从 $s \to u$ 的任何路径上没有过紧边.

事实上以上也是充分条件,即:如某组(不管怎么得到的) d_u 同时满足以上条件,则就是最优解 $d_u = D_u$.

证明 $\forall P: s \to u$,由③可得

$$\forall (x, y) \in P, \; w_{xy} \geqslant d_y - d_x \Rightarrow L(P) = \sum_{(x, y) \in P} w_{xy} \geqslant d_u - d_s = d_u \;(\text{根据①})$$

由②类似有 $\Rightarrow L(P_m) = d_u$.

证毕.

①只是一个边界,③可以描述为一组不等式 $\forall (u, v) \in E, \; d_u + w_{uv} \geqslant d_v$. 对特定 v,③可简化为 $d_v \leqslant \min\limits_{u \to v}\{d_u + w_{uv}\}$;再结合②,至少有一个前驱 u 使等号成立,得 $\forall v \in V, \; d_v = \min\limits_{u \to v}\{d_u + w_{uv}\}$. 注意此条并非可以替代②+③(必要不充分). 左图是一个反例:圈内数字是 d,左侧点是 s,3 条紧边组成一个零环,另一条是松边. 满足③但不满足②.

但不管怎么说,$d_v = \min\limits_{u \to v}\{d_u + w_{uv}\}$ 至少是一组核心的必要条件,可视为对 d 的一组方程组. 从这个角度看,Bellman-ford 更像是通过调整法解方程(其计算过程同时又恰好保证了②);Dijkstra 算法则像是代入消元法;第 O 章将提到利用势函数换元的 Johnson 算法,则有一点加减消元法的意思(比较牵强). 于是真正解方程的算法并不是 DP,而 DP 能解的"转移方程"反而不是方程(而是沿拓扑排序的递推式).

单源最短路的全体(通解)

之前所说 SSSP 问题基本都是找一个最优解(特解),进一步可研究的是两点间最短路的全体(通解). 仍利用路径长度拆解方法,

$$L(P_{s \to t}) = d_t - d_s + \sum_{(u, v) \in P} (d_u + w_{uv} - d_v)$$

这个式子对任何路径 P 和任何点权 d 都成立,取 $d_u = D_u$,则有

$$L(P_{s \to t}) = D_t + \sum_{(u, v) \in P} (D_u + w_{uv} - D_v) = D_t + \sum_{(u, v) \in P} \Delta_{uv}$$

此式给出了任意路径比最短路径的额外长度,即求和部分,其中 Δ_{uv} 称为边 (u, v) 的松弛量. 对紧边 $\Delta = 0$,松边 $\Delta > 0$,过紧边 $\Delta < 0$. 有最短路则 $s \to t$ 无最终过紧边,即 $\Delta_{uv} \geqslant 0$,$L(P_{s \to t}) \geqslant D_t$. 结论:$s \to t$ 的任意路径长度等于最短路长度加每条边上的松弛量.

(1) 推论 1:$P_{s \to t}$ 是最短路当且仅当 P 上每条边都是紧边,也就是 $P \subseteq G_D$,即紧子图上 $s \to t$ 的路径全体就是最短路的全集.

(2) 推论 2:紧子图上任两点间的所有路径等长,这种图称为保守图[①]

DP $\to$ Bellman-ford(升维破坏)

本书以 DP $\to$ BFS $\to$ Dijkstra $\to$ Bellman-ford $\to$ SPFA 的顺序演绎,这并非唯一的学习路径. 抛开设计因素(阐述算法关联),完全可从 DP 直接得到 Bellman-ford,再反过来(加正权、无权等条件)推导出 Dijkstra,BFS.

回到最开始以 DP 处理最短路的"转移方程":$d_u = \min\limits_{v \to u}\{d_v + w_{vu}\}$. 这个方程组依赖虽有环,但破环的方法也并非唯一. 第 H 章就讲过升维破环的思路,以及最自然的无环参数边数.

状态:$d_{uk} =$ 经 k 条边到 u 的最短路径.

[①] 借用了场论的术语,保守图两点间距可由某种点权唯一确定,称为势(potential). 第 O 章中对此还有进一步研究.

$$d_{uk} = \min_{v \to u}\{d_{v,k-1} + w_{vu}\}$$

这就解决了有环问题. k 最多 $n-1$，则复杂度为 $O(nm)$，这就是 Bellman-ford 算法，代码上只差将维度 k 用滚动数组处理掉而已.

请读者了解算法之间关联并非线性，其互相可能有错综复杂的关系和相通处. 所谓融会贯通是把算法关联联结成网整体理解，这也是本书的核心目的之一.

● 小 结 ●

本章讨论一般边权图上的单源最短路问题，通过对松弛操作本质的研究，得到了最短路的判据及 Bellman-ford 算法. 此过程中引入了边松紧性、最终紧性、紧子图、松弛量等，这些概念在最短路径相关问题中有重要地位，并将单边性质与路径性质关联了起来. 同时研究了一般图上 SSSP 无解的充要条件及判无解的方法，揭示了负环、紧性、最短路之间的关系. Bellman-ford 的启发式优化即 SPFA 算法. 最后探讨了 DP 转移方程折叠后成环情形的图论解法. 相对正权图上有路径包含的单调性，使问题和解法显得直观，负权的存在使最短路径算法相对晦涩，但所得到的的结论确实更本质和普适的.

习题

1. 拉近距离（etiger152）.
2. 复仇女神（etiger393）.
3. 武林大会 4（etiger944）.
4. 堵车（etiger329）.
5. 初类接触（etiger391）.

参考文献

［1］魏兰沣. SSSP 基础算法关联性剖析与应用.

L 差分约束系统

本章起用 3 章篇幅介绍 SSSP 算法的若干基础应用场景. 通过算法应用对其原理得到更深刻的认识. 本章讲述差分约束(difference constraints)场景，在数学上属于线性规划①(linear programming)的一类特例. 差分约束与最短路之间有非常深刻的联系，某种程度上甚至可说是同一问题，或视为对最短路径的一种数学化的解释. 本章还将涉及一些特殊情形下差分约束解法的优化，以及与其他算法之间的关系.

【例 L-1】 关系式矛盾 3(差分约束可行性问题)

有 n 个整数变量和 m 个不等式，不等式都是 $x_i - x_j \leqslant C$ 的形式. 判断是否存在一种所有变量的取值满足所有不等式. ($n, m \leqslant 100\,000$, $|C| \leqslant 100\,000$)

两个量之差笼统地即称为差分(difference)②，本题不等式都是对一些差分的上限③约束. 这也是差分约束的得名. 本题为最简单的问题：判断解的存在性.

在讲解法之前先说一些经验性质的内容. 图论建模有时得靠一些经验或灵感，有些题面看不太出图的元素. 本题就算是“犹抱琵琶半遮面”，有一些特征暗示了与图的关系.

(1) 特例法. 对 $C=1$, $x_i - x_j \leqslant -1 \Leftrightarrow x_j > x_i$，这转化为拓扑排序存在性问题. 故差分约束也可视为带权拓扑排序；

(2) 形式相似性. $x_j + C \geqslant x_i$ 类似“非过紧边”，数学形式上的相似性经常隐含不同问题本质上的关联；

(3) 二元关系. 图的基本元素是点和边，边就是刻画 2 点关系的. 而差分恰好是 2 个变量间的约束④.

以 n 个变量为点，不等式 $x_i - x_j \leqslant C$ 建一条边 $j \to i$ (注意方向)权值为 C. 该图称为原问题的约束图. 下图是一个例子.

$$x_2 \leqslant x_1 + 3$$
$$x_3 \leqslant x_2 - 2$$
$$x_1 \leqslant x_3 - 2$$

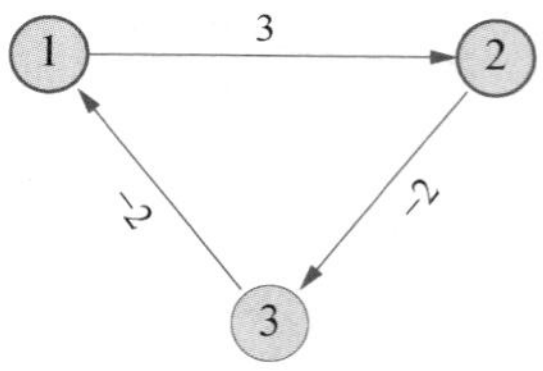

将 x_i 的值视为点权，则边 $u \to v$ 的约束 $(x_u + C_{uv} \geqslant x_v)$，等价于 x_i 定义下 $u \to v$ 不是过紧边，所有约束等价于整个约束图没有过紧边，则图上必无负环；反之，如约束图无负环，可如例 K-3 那样加一个

① 一般的线性规划问题在高级别信息学竞赛也有涉及. 本书不研究线性规划的系统理论.

② “差”和“差分”在比较广义意义下基本可算同一概念. 某些狭义场景下，差分用来指某种“相邻项”之差，例如数列差分 $b_i = a_i - a_{i-1}$.

③ 也兼容下限，因为 $x_i - x_j \geqslant C \Leftrightarrow x_j - x_i \leqslant -C$.

④ 三元关系或更多元关系有否数学模型来刻画？如张量(tensor)就是一种，本书就不做深入展开.

超级源 S 并向所有点连 0 权边[1]，S 到所有点 u 的最短路有解，则 $x_u = D_u$ 就是一组（特）解.

结论：差分约束系统有解，当且仅当约束图无负环.

$x_u = D_u$ 显然不是唯一解. 原问题中所有 x_i 同加一个常数，不等式不变，但最短路中 $D_s = 0$ 固定住了 $x_s = \max\limits_{i=1}^{n} x_i = 0$，所以是一组特解；另外所有点 u 从 S 通过紧边可达，这表示 $x_u = D_u$ 对每个 x_u 都有至少一个相关式子取等号. 在以上 2 个额外约束下，$x_u = D_u$ 是唯一的解. 如以其他可行解定义出来的松紧性，则至少有一个点到 S 的任何路径都含松边. 下图是一个例子，圈内表示 x_i 的解，实线表示紧边. 左下图是 $x_u = D_u$，每个点都有紧前驱；右下图是另一组可行解，有 1 个点的前驱都是松边.

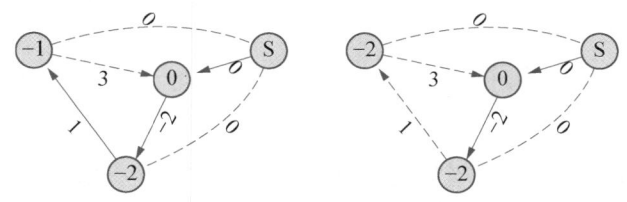

【例 L-2】奖金分配（差分约束最优性问题）

给 n 名员工发放奖金. 有 m 条注意事项要小心，第 j 条要求 A_j 不能比 B_j 少拿超过 C_j 元（C_j 可为负）. 问 2 号奖金至多比 1 号多多少？保证答案有限.（$n, m \leqslant 100\,000$）

本题为最优化问题，设 i 号员工的奖金为 x_i，约束条件为 $x_{B_j} - x_{A_j} \leqslant C_j$，此为标准差分约束. 优化目标是最大化 $x_2 - x_1$，即求某个特定差分的上限. 注意约束图中点 1，2 之间很可能没有边[2]，但 x_2, x_1 可能通过别的不等式（通过传递性）间接产生约束. 传递性在代数上表现为同向不等式相加，例如，

$$x_i - x_j \leqslant C_1, \quad x_j - x_k \leqslant C_2 \Rightarrow x_i - x_k \leqslant C_1 + C_2$$

在图论上则表现为首尾相接的边，即路径. 约束图上路径长度的逻辑含义相当于对应不等式相加：$L(P_{s \to t}) = \sum\limits_{(i,j) \in P} C_{ij} \geqslant \sum\limits_{(i,j) \in P} x_j - x_i = x_t - x_s$，即首尾两个变量差分的上限. 上式中令 $s = t$ 得 $L(R_{s \to s}) \geqslant 0$，印证了有解则无负环. P 是任意路径，则 $x_t - x_s \leqslant D_{st}$，即任意可行解中两变量的差分不超过约束图上的最短路. 这个等号可以取到：令 $x_i = D_{si}$，则 $x_t - x_s = D_{st} - D_{ss} = D_{st}$. 故本题答案就约束图上 $1 \to 2$ 的最短路. 至此得到最短路问题和差分约束问题中各元素的对应关系如下.

$$
\begin{array}{rcl}
\text{最短路中的 } d_i & \leftrightarrow & \text{差分约束变量值 } x_i \\
\text{过紧边} & \leftrightarrow & \text{约束未满足} \\
\text{紧边} & \leftrightarrow & \text{约束取等号} \\
d \text{ 变小（松弛）} & \leftrightarrow & \text{改小被减数以满足约束（调整法）} \\
d \text{ 的最小值} & \leftrightarrow & \text{可行解差分的最大值}
\end{array}
$$

可见两者关系非常紧密，可以说是同一个问题的两种描述方法（代数/图论）. 约束图大致可视为差分约束不等式组的"图像"，而差分约束式子可视为有向有权图的解析式. 这种对应赋予了以图论解决解析问题，或以解析方法处理图论问题的可能，此方法论称为数形结合.

---

① 这个操作从差分约束代数角度看是令 $x_s = \max\limits_{i=1}^{n} x_i$.

② 即使有，其边权也不一定答案，因为可能通过别的式子推出更严格的约束.

最后引入一个新概念.如可推导出两两差分的约束关系 $x_j - x_i \leqslant D_{i \to j}$,这反过来也可视为加一条新边到约束图上,则得到一张以 D_{ij} 为边权的新图,称为原图的度量闭包,其包含了原图所能推导出的所有差分约束信息,也可视为与原约束图等价的极大母图. 度量闭包有如下特性:

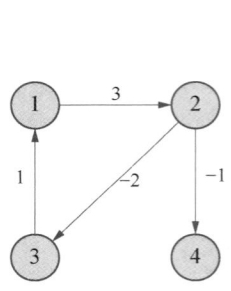 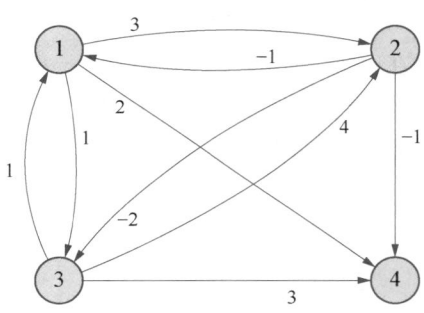

(1) 从边集看度量闭包 $i \to j$ 有边当且仅当原图 $i \to j$ 有路径[①],即 $x_j - x_i$ 有上限.
(2) 边权满足三角形不等式:$D_{ik} + D_{kj} \geqslant D_{ij}$(否则 D_{ij} 不是最短路).
(3) 顶点集有唯一的分组方法[②],每组内部是完全图,组间则没有环.
例如,上图中点集 $\{1,2,3\}$ 和 $\{4\}$ 就是 2 个分组.

【例 L-3】长城(区间和约束问题)

长城共有 n 个烽火台,按顺序依次编号 1 到 n.在某些烽火台可安排驻兵把守,其他的无驻兵.现在有 m 个要求,第 i 个要求在 A_i 到 B_i 号间(含 A_i,B_i)至少把守 C_i 个烽火台.问最少要在几个烽火台有驻兵?($n,m \leqslant 100\,000$)

本题是一类新的最优子序列问题,设 $x_i=$ 烽火台 i 是否驻兵,约束条件是区间和的下限,而区间和恰好是前缀和的差分,则转化为前缀和上的差分约束:

$$\sum_{k=A_i}^{B_i} x_k = S_{B_i} - S_{A_i-1} \geqslant c_i,\ i=1..m$$

目标函数为最小化 $S_n - S_0$,差分上限和下限没有本质区别:

$$\min\{x_s - x_t\} = -\max\{x_t - x_s\} = -D_{ts} \ \text{③}$$

但本题仅以如上条件求解是有错的[④],其只是必要条件,在差分约束转化的时候,要务必注意充分性,不要遗忘任何条件.如上 $\{S_i\}$ 的任意可行解,并不代表对应 $\{x_i\}$ 的可行解,根据题意 x_i 本身只能取 0,1,加上此条件后才充分[⑤],

$$0 \leqslant x_i = S_{i+1} - S_i \leqslant 1,\ i=1..n$$

度量闭包给出了任意 2 个变量差分的上下界:$-D_{ts} \leqslant x_t - x_s \leqslant D_{st}$,但还有一些更一般的问题,如上下界之间是否每个数都能取到? 多组差分的上下界可否同时取到? 这些问题将在本章高级话题探讨作进

---

① 这个性质本身称为传递闭包(此概念在第 O 章再详细介绍),度量闭包可视为加权的传递闭包.
② 在两两可达的意义下,对任意图都成立,此种分组称为强连通分支,参见本章高级话题探讨.
③ 推论:$\min\{x_s - x_t\} = -D_{ts} \leqslant \max\{x_t - x_s\} = D_{st}$,即 $D_{st} + D_{ts} \geqslant 0$,否则 $t \to s$ 就是负环了.
④ 按如上约束显然答案不对,因为只有一堆下限约束,只要将 S_i 的间距拉的足够大,总是可行的.
⑤ 有读者可能会问 $S_0 = 0$ 怎么保证,此处并不需要.因为只关心 S 的差分,整体加一个常数没影响.

一步讨论.

【例 L-4】糖果

幼儿园有 n 个小朋友,要给每个人至少发一颗糖.小朋友之间有 m 条攀比关系,每条可描述如下:小朋友 i 的糖数必须小于/大于/等于/小于等于/大于等于小朋友 j 的糖数.问老师至少要准备多少糖?如不能满足输出 -1. ($n, m \leqslant 100\,000$)

把 5 种大小关系整理成标准的差分约束形式,如下所示.

$$x_i \leqslant x_j \Longrightarrow x_i - x_j \leqslant 0$$
$$x_i \geqslant x_j \Longrightarrow x_j - x_i \leqslant 0$$
$$x_i < x_j \Longrightarrow x_i - x_j \leqslant -1$$
$$x_i > x_j \Longrightarrow x_j - x_i \leqslant -1$$
$$x_i = x_j \Longrightarrow x_i - x_j \leqslant 0, \; x_j - x_i \leqslant 0$$

还有一个隐含约束是 $x_i > 0$,这可虚拟一个变量 x_0 并令所有 $x_i > x_0$. 因为差分约束在整体平移一个常数意义下是等价的,最后令 $x_0 = 0$ 即可. 根据例 L-2 的结论,$x_0 - x_i = -x_i \leqslant D_{i0} \Rightarrow x_i \geqslant -D_{i0}$,且 $x_i = -D_{i0}$ 就是一组解使所有式子都去等号,所以答案 $= -\sum_{i=1}^{n} D_{i0}$,可用 SPFA.

其实本题还有特殊性,可利用优化. 注意所有约束写成标准形式后,不等式右边只有 0,-1,即约束图也只有 0,-1 边权,这种特殊图上求 SSSP 有更快的做法. 参见本章高级话题探讨.

【例 L-5】矩阵(等式约束差分约束问题)

一个 $n * m$ 的矩阵,初始都为 0,每次可将某整行或整列权值同时加 1 或减 1.现有 K 个限制,限制 j 要求格子 (A_j, B_j) 值等于 C_j. 问是能否做到? ($n, m, k \leqslant 1000$)

直接考虑具体方案会比较复杂,可先剥离一些不影响结果的因素(对称性):给定操作序列,交换各操作顺序不影响结果(加法交换律),故只需决策每行/列净加 1 的次数. 设第 i 行净加 X_i 次,第 j 列加 Y_j 次,则数学上转化为一个 $n+m$ 元线性方程组问题:$X_{A_j} + Y_{B_j} = C_j$,$j = 1..K$. 线性方程组有通用解法[1],但这里是一种非常特殊形式的方程组,首先约束是两数之和,这只要换元一下即可转为差分:$X_{A_j} - (-Y_{B_j}) = C_j$(以 X 和 $-Y$ 为未知数). 然后将等式约束如上题那样拆成不等式约束即可. 最后转化为 $n + m$ 个点,$2K$ 条边的差分约束可行性问题,复杂度最坏是 $O((n+m)K)$.

读者可能会觉得等式约束比不等式约束强(一个等式理论上可直接消去一个各未知数),将等式退回到不等式去做比较浪费[2],这种想法是对的. 对纯等式约束的"差分约束"问题可做到 $O(n+m+K)$. 具体在第 S 章介绍.

最后说一下本题图论意义:差分约束取等号对应转移图上的紧边,纯等号约束表示转移图的每条边都是紧的. 这在上章结尾处提过,称为保守图(两点间任意路径等长). 本题图论意义即为保守图判定问题,其可行解称为势函数[3].

---

[1] 高斯消元法(Guass elimination),对本题复杂度是 $O((n+m)K^2)$. 这个算法超出本书范围.

[2] 上道题是因为等式与不等式都有,为了统一处理才转为不等式. 第 Q 章学过并查集以后,上题中的等式也确实可以更高效地单独预处理掉.

[3] 从解线性方程组的角度,每个连通分支对应高斯消元法一个自由元. 差分约束类方程组至少有 1 个自由元.

＊【例 L-6】天平（SCOI 2008）

有 n 个砝码重 $w_1..w_n$ 克，w_i 只能取 1, 2, 3. 你不清楚每个砝码的重量，但知道其中一些砝码重量的大小关系，如 i 比 j 轻、i 比 j 重或 i 与 j 相同. 现把两个（输入给定的）砝码 A, B 放在天平左边，要另选两个（其他）砝码放在右边. 问有多少种选法保证使天平左边重[①]? 注意只有能确保的选法才统计在内，或者说对任何满足约束的可行解，都是左边重，才算做一种方案. （$n \leqslant 50$，保证有可行解）

n 只有 50，右边两个砝码完全可以枚举. 关键是如何判断一定左边重. 已知的是一些差分约束关系和单个变量的值域（1~3）；要判断的是对一切可行解，是否都有 $w_i + w_j < w_A + w_B$. 移项一下得 $w_A - w_i > w_j - w_B$，这是两组差分之间的大小关系，并非差分约束。不过输入的约束是差分约束的形式，并利用值域只有 1, 2, 3 的性质：

$$w_i > w_j \Leftrightarrow 1 \leqslant w_i - w_j \leqslant 2$$
$$w_i < w_j \Leftrightarrow -2 \leqslant w_i - w_j \leqslant -1$$
$$w_i = w_j \Leftrightarrow 0 \leqslant w_i - w_j \leqslant 0$$
$$w_i ? w_j \Leftrightarrow -2 \leqslant w_i - w_j \leqslant 2$$

问号表示题目未直接给出大小关系，但根据值域也可得出差分的范围. 这里要关心一下充要性. 就是 $1 \leqslant w_i \leqslant 3$ 是否也需要考虑进来[②]? 由第四式可知任意 $|w_i - w_j| \leqslant 2$，则 $|w_{max} - w_{min}| \leqslant 2$，所以能推导出 w 的值域范围只有 2.

接下来就是常规操作，对以上 4 组式子建约束图，出任意 $w_i - w_j$ 的上下限，如 $\min(w_A - w_i) > \max(w_j - w_B)$，则 (i, j) 一定贡献答案. 这里 min/max 指对所有可行解的最值. 严谨的读者可能会提出这只是充分条件，会不会不必要？例如左右的上下界如不能同时取到，是否可能漏解？这是一个很好的问题[③]. 本章高级话题探讨中再给予讨论.

＊ 高级话题探讨

推广到实数域

之前都是讨论的整数变量问题，如果 x_i 可取小数，对闭型的约束（$\leqslant \geqslant =$），之前的结论全都成立，因为并未用到整数离散性；对开型的约束（$> <$）则有所差异，因为 $x < y \Leftrightarrow x \leqslant y - 1$ 这类结论是只在整数集成立. 理论上约束图的边也要分开和闭两种类型. 例如可行性的结论需改为：不含负环或有开边的零环. 不过实际如非特殊要求，一般可以用足够小的精度误差来处理掉开边，即近似认为 $x < y \Leftrightarrow x \leqslant y - \epsilon$，$\epsilon$ 为一个足够小的正数.

对约束全闭的差分约束，如果 C 都是整数且有解，则一定有整数解：对任意解，取 $x_1 = 0$，其他变量平移即可. 因 $x_i - x_1$ 都是整数，x_i 也是整数.

强连通分支

第 G 章高级话题中介绍过等价关系的概念. 对任意（有向）图 $G = (V, E)$，定义顶点集 V 上的二元关

[①] 原题还要统计一样重、右边重. 但方法完全类似.

[②] 如要处理这种只有 1 个变量上下限的约束，可以虚拟一些固定的变量，如 $w_S = w_T - 3$，再让 $w_i - w_S \geqslant 1$，$w_T - w_i \geqslant 0$. 最后再让 $w_S = 0$ 即可.

[③] 但笔者查看关于此题题解时几乎没找到对这个问题的证明.

系 $R = \{(u, v) \mid u \in V, v \in V, u, v \text{ 可互达}\}$，可互达指同时存在 $u \to v$ 和 $v \to u$ 的路径（可以不是同一条）. 则 R 是等价关系. 由之前的结论 R 诱导了 V 唯一的划分，每个分组中两两点可互达，这种分组称为图 G 的强连通分支（strongly connected component，SCC），也可理解为 G 的极大可互达子图[1]. 如左下图的顶点子集 $\{1\}, \{2, 3, 8\}, \{4, 5, 6, 7\}, \{9, 10, 11\}$ 即原图的各 SCC.

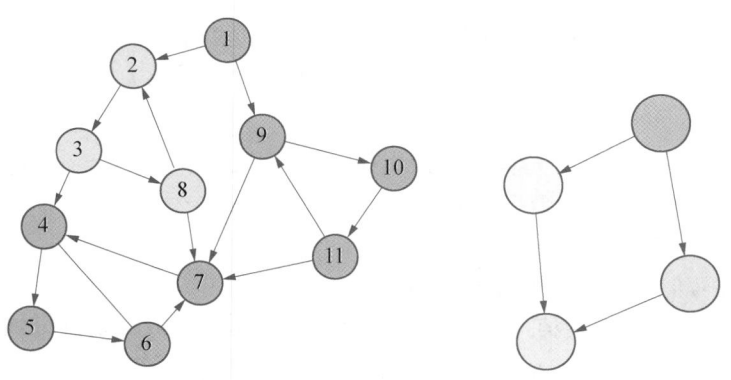

如将每个 SCC 缩成一个点并保留跨 SCC 的有向边，则形成的新图一定无环，如右上图. SCC 缩点是处理某些有向图问题的重要工具，如问题能转到无环图上则一般都容易得多. 缩点操作实现在例 H-7 中已演示过；而怎么求 SCC 是一个著名问题，常用的有 Tarjan 算法或 Kosaraju 算法，其具体原理超出本书范畴，只需记住此问题可做到 $O(n+m)$ 即可.

非正权图的最短路径问题

如例 L-4 这样的非正权图，判负环不需用最短路算法（如 SPFA）. 只要先求出各 SCC，如果某 SCC 内部有负边 $u \to v$，因 $v \to u$ 也可达，则 $u \to v \to u$ 是负环；否则 SCC 内任两个点都在零环上，也就是每个 SCC 内的点值都必须相等[2]，那么一个 SCC 用一个变量表示就够了，相当于约束图 SCC 缩点的代数解释. 而无环图上最短路和最长路沿拓扑排序递归即可，复杂度可以降到严格线性.

差分约束系统的通解

这是差分约束的终极话题，求出通解意味着一个方程组的彻底解决. 可惜并不能用干净的解析表达式直接给出差分约束问题的通解，但借助图论和几何视角还是可以窥知通解的一些特征. 本节涉及一些线性代数和解析几何概念，没有这方面知识背景的读者可以跳读或者只记住结论.

首先原始差分约束得到的完整充要的信息概况在度量闭包中，即

$$-D_{ts} \leqslant x_t - x_s \leqslant D_{st}, \quad s, t = 1..n$$

如将 $\boldsymbol{x} = (x_1, x_2, ..x_n)$ 视为 n 维空间的矢量，则解集就是 n 维空间的一个点集 S. 每个约束条件 $x_j - x_i \leqslant D_{ij}$ 是一个 n 维半超空间，分割面是 $n-1$ 维超平面 $x_j - x_i = D_{ij}$. 则 S 是所有 $n(n-1)$ 个半超空间的交集，由此得出第 1 个结论.

（1）结论 1[3]: S 是一个凸集，

$$\forall \boldsymbol{x}_1, \boldsymbol{x}_2 \in S, t \in [0, 1] \Rightarrow t\boldsymbol{x}_1 + (1-t)\boldsymbol{x}_2 \in S$$

---

[1] 极大指不存在另一个可互达子图真包含该子图.

[2] 相等包括输入直接给出的相等关系（对应约束图上的 2 元零环），和由不等式传递性推出来的相等（对应约束图上的零环）. 约束图的 SCC 相当于概况了差分约束所能推出的所有的等式约束. 注意这结论仅限非正边权时，如有正环是推不出相等关系的.

[3] 此结论其实不限于差分约束，对任意线性规划约束都成立.

推论 1：任意单组差分 $x_j - x_i$ 可取到最大最小值间的任意值.

下面研究多组差分最值可否同时取到. 共 $n(n-1)$ 组显然不可能都取等号(如 $x_j - x_i$ 就不能同时取到上下限),因为这些差分之间有很多是线性相关的. 解集至多有 n 维,其中线性独立的至多 $n-1$ 个[①],如 $\{x_{i+1} - x_i\}$ 或 $\{x_i - x_1\}$, $i=2..n$. 这样的一组 $n-1$ 个差分值确定,其他差分值也就随之确定下来.

那么线性独立的 $n-1$ 组差分是否可各自独立地在其上下限间任意取值? 事情也没有那么简单(否则通解就求出来了),即使线性无关的 2 组差分也未必一定能同时取到最值. 下面研究几种典型的具体情况.

(2) 结论 2：同源(减数相同)的一组差分 $x_{i_k} - x_s$ 可同时取最大值,$k=1, 2, \cdots$. 解就是以 s 为起点,其他 $x_i = D_{si}$.

(3) 结论 3：$x_i - x_j$ 和 $x_j - x_k$ 可同时取最大值,当且仅当 $D_{ki} = D_{kj} + D_{ji}$. 必要性是显然的.

充分性：假如 $D_{ki} < D_{kj} + D_{ji}$,则 $D_{ki} \geqslant x_i - x_k = x_i - x_j + x_j - x_k = D_{ji} + D_{kj} > D_{ki}$,矛盾.

典型反例：$x_1 \leqslant x_2 + 1$, $x_2 \leqslant x_3 + 1$, $x_1 \leqslant x_3 + 1$.

前两式可分别取等号但不能同时取等号,否则 $x_1 = x_3 + 2$.

3 个变量的解集一般是 3 维,去掉 $(1, 1, 1)$ 方向的自由维度,即将解集投影到法向 $(1, 1, 1)$ 的平面上,得一个 2 维区域(每个约束条件对应一个半平面). 以下是几个差分约束图和对应解集投影的例子.

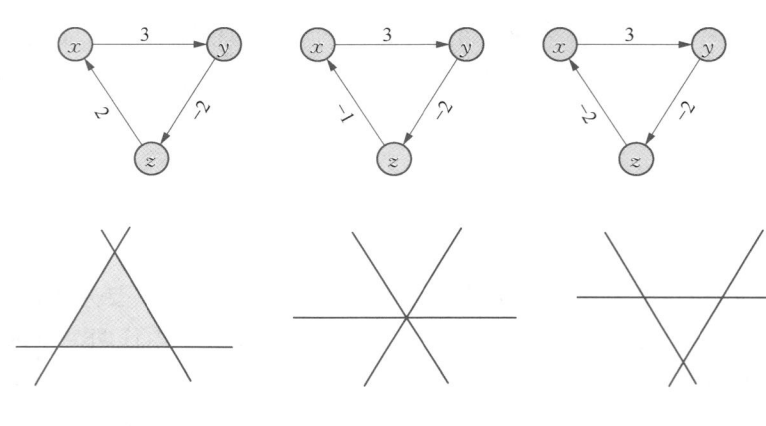

正环:正三角形   零环:退化为 1 个点   负环:空集

以上是 3 元环的情况[②],因为 3 个差分的循环对称性,所以投影方向是各 120°. 正环的通解是一个三棱柱,解集包含任意 2 个平面的交线(3 条棱),也就是任 2 个差分可同时取到最值;零环是一条直线,属于临界情况,3 个差分同时取到最值,但也是唯一的值(此时实际为等号约束);负环无解. 下面再看下无环图情况.

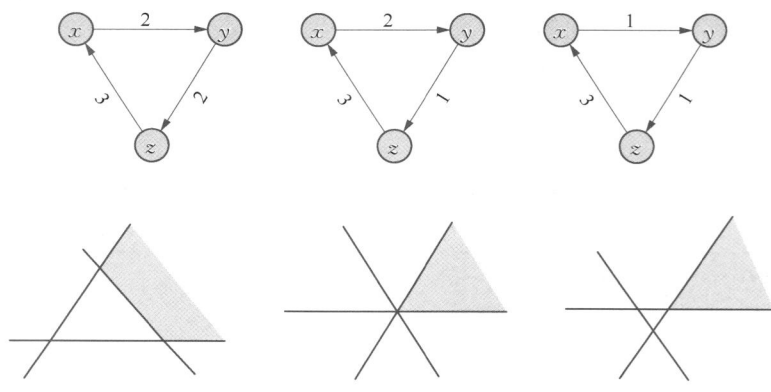

[①] 为什么不是 n 个? 是因为差分约束解有一个整体平移常量下不变的自由度. 即所有超平面都平行于向量 $(1, 1..1)$,这个方向上是没有限制的.

[②] 其实每个方向应该有上下限两条,这里为简单起见只演示了单侧约束的情况,可理解为另一条在无穷远处. 如上下限都考虑的话还会出现如梯形棱柱、五棱柱、六棱柱之类情况.

此情况对应 3 个不等式同号,解集在投影平面上是无限面积,必定有解. 左上图对应 $x \to z$ 的最短路不经过 y,则 $x-y$,$z-y$ 无法同时取最值,对应图像中有两条线的交点不在解集内;中上图是临界情况,最短路并列,有一个特解 3 个不等式都取等号;右上图对应 $x-z$ 的约束是多余的,其度量闭包中该边比原边短.

以上讨论的都是至少有一个变量重复出现的两组差分,如 4 个变量都不相同,这种情况的充要性就比较难分析了,但至少构造一个反例还是容易的.

(4)结论 4:$x_i - x_j$ 和 $x_l - x_k$(i,j,l,k 互不相同)并不总能同时取最大值.

典型反例:$x_1 \leqslant x_2 + 1$,$x_4 \leqslant x_3 + 1$,$x_1 \leqslant x_3 + 1$,$x_2 = x_4$,其实就是结论 3 的反例,用等式硬拆成 2 个变量而已.

至于更一般性的 3 组或更多组(线性独立的)差分能否同时取最值,乃至整个解集的充要条件,作者暂时也没想到/查到更一般性的结论. 读者可以尝试发掘一些其他的必要或充分情形. 约束图上看,无非是是否存在点权,让某些边都为紧边,其他边还不能出现过紧边[1].

例 L-6 的充分性说明

既然一般地两组差分无法保证同时取最值,例 L-6 中使用这一结论是否解法有误[2]? 从方法论角度,必须利用题目设置的值域只有 1~3 的特殊性. 首先假设等号已预处理掉,仅考虑 $w_i < w_j$ 类约束,其构成的约束图只含 -1 边;题目保证有解,则 -1 边不可能构成大于 3 元链(否则值域条件不成立),自然也无环,约束图大致如下图.

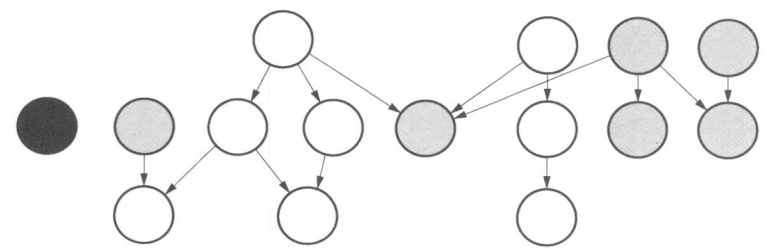

因为值域为 3 且有解,必定能画在 3 行内. 会有以下 3 类点.

(1)孤立点(黑色):既无前驱也无后继,其可在 1~3 独立取值,与其他点的取值没有任何关系. 其和任何其他点的差分可在可能的范围内独立取到(调节黑点的值即可).

(2)全约束点(图中白色):既有前驱也有后继,或者有 2 阶前驱/后继. 总之在一条 3 元链上. 因为值域只有 1~3 而有解,这种点有且仅有 1 种固定的取值. 白点之间的差分也是固定的且永远取最值.

(3)半约束点(图中灰色):只有一阶前驱/后继. 这种点取值有 2 种(1,2 或 2,3),两个有边连接的灰点间不能同时取 2,这是单点取值唯一有耦合的地方. 但任何情况下(不论其他点取何值),一个灰点总能取到 1 或 3(关键).

下面要讨论 4 个不同点组成的 2 组差分,是否总能独立取到最值,这情况就有点多了($3^4 = 81$),篇幅所限不一一详述. 可大致分这么 4 个类别讨论:①包含至少 1 个黑点;②4 白或 3 白 1 灰;③2 白 2 灰;④1 白 3 灰或 4 灰.

◆ 小 结 ◆

差分约束问题基础应用和本身变化不是很多,无非是把约束条件充要地写出来,不要写漏. 差分约束

---

① 例如任何环上去掉预设的紧边,其他边权和不能为负(必要条件).
② 考场上不需想那么周密,可赌一下直觉:如一般情形可行,出题人不必限制值域 1,2,3 这么特殊.

理论体系本身倒有很多讲头,故本章讨论理论问题相对较多,除了最基本的可行性和最优性两个问题,还讨论了一些更深入一些的问题(当然整个问题最后并没有完全彻底解决).

差分约束可说是最短路径应用场景中与最短路模型关联最紧密的一个,甚至可说差分约束就是最短路问题的代数表现形式,其把最短路径由纯图论问题提升到一个更高的高度.差分约束上承自线性规划、下启拓扑排序、保守图判定等问题.读者在学习过程中还需多思考与其他算法直接的关联问题,并同时从解析的不等式组、图论、高维几何图像多个角度去思考同一问题,以期融会贯通.

习题

1. 关系式矛盾 3(etiger959).
2. 排兵布阵(etiger987).
3. 长城 2(etiger988).
4. 狡猾的商人(etiger1128,HNOI 2005).

M 最短路计数 + 次短路

本章讨论两个最短路的衍生问题，因各自篇幅不长，故合在一章中讲述，并讨论用多种方法尝试解决，以及各方法间的对比.研究最短路的衍生问题可能使对最短路本身的性质得到更完善的认识.

最优解计数和次优化/K 优化问题本身都是通式性的问题，对任意最优化问题理论上都可提这两个加强版问题，而本章的一些方法论也是具有推广意义的.

> 【例 M-1】书山有路（最短路计数模板题）
>
> 输入一张书山地图，包含 n 个地点.有 m 条双向小路，每条路连接两个地点.起点在 1 号点，对每个点 i，问从 1 到该地点的最短路有几条？（可能有自环或重边，$n \leqslant 100\,000$，$m \leqslant 200\,000$，$1 \leqslant$ 边长 $\leqslant 10$ [①]）

方法 1：先算最短路再计数

第 K 章已给出单源最短路的通解：当且仅当每条边都是紧边.问题转化为求紧子图上 $s \to i$ 的（普通）路径计数.

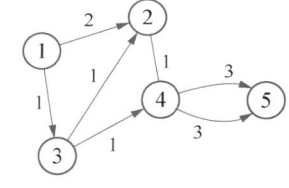

设 $F_v = s \to v$ 最短路计数，根据加法原理 $F_v = \sum_{\substack{(u,v) \in E \\ D_u + w_{uv} = D_v}} F_u$，这就是转移方程了，边界是 $F_s = 1$.如右图所示，沿紧边递推.转移图就是紧子图，如有环，紧环一定是零环，而本题是严格正权，故紧子图无环，计算顺序按拓扑排序（或记忆化搜索）即可.

此解法的优点是将最优化和计数两件事完全解耦（依赖于最优解的通解有简单的充要条件），计数部分与最短路怎么求完全没有关系，因此在负权图一样成立（算最短路的时候用 Bellman-ford/SPFA 即可）.

最短路和记忆化搜索都是学过的算法，请读者自己尝试实现.将各种无解情况（不连通、有负环、有零环）都考虑进去的话，写周全还需费一些心思，此题很适合练习编码的周密性.

无解判断

如放宽边权为正的要求，则可能有无解.这里不考虑最短路本身（因负环）无解的情况，假设最短路有解.如果紧子图有零环且在（紧子图上）$s \to i$ 的某路径上，说明 $s \to i$ 最短路有无数条（零环上绕任意圈）；反之，如最短路存在但有无数条，则一定含非简单路径，其上的环必是零环.所以最短路本身有解前

---

① 看到这个值域也许有读者猜想是不是枚举边权，但这里边权值域那么小只是为了制造更多的并列方案，否则答案很容易就是 1.

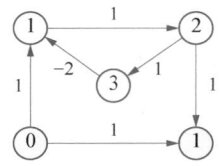

提下,最短路计数有无数解当且仅当紧子图上起止点间存在经过零环的路径.

注意即使原图连通也不代表紧子图连通.如左图就是一个例子,原图有零环且原图上与起止点都连通;但在紧子图上这个环与终止点不连通.此情况下最短路计数仍然有限,因为从这个零环上到终点必须经过松边,就不是最短路了.

方法 2:边求最短路边计数(推广目标函数)

如上算法本质上是 DP,SSSP 其实也是在紧子图上以 BFS 序的 DP,只是开始不知道此顺序. Dijkstra 是边算边得到顺序;Bellman-ford/SPFA 在算法结束都完全不确定顺序;最短路计数由于在最短路的基础上,已经有了紧子图,自然也就能知道计算顺序,所以计数部分就比求最优解部分简单很多.

既然 SSSP 实际是在紧子图上算[1],计数也在紧子图算,两者可否同时做?或者说推广最短路的目标函数:$d_u \to (d_u, f_u)$,f_u 为当前长 d_u 的路径方案数,在松弛同时,同步更新最优解和计数.

(1) $d_u + w_{uv} < d_v$:说明原先计数的不是最优解,则老的 f_v 直接更新为 f_u.

(2) $d_u + w_{uv} = d_v$:说明 $u \to v$ 与当前最优解并列的新方案,则 $f_v \mathrel{+}= f_u$.

(3) $d_u + w_{uv} > d_v$:无需操作.

```
struct edge{ int t,w; };
vector<edge> es[N];
....
for (int i = 0; i<es[u].size(); ++i) {
    int v = es[u][i].t, w = es[u][i].w;
    if (d[u] + w < d[v]) {
        d[v] = d[u] + w;
        f[v] = f[u];
    } else if (d[u] + w == d[v]) {
        f[v] += f[u];
    }
}
```

此方法虽好写且看似好理解,但有些情况下是有错的,以下是一个用 Dijkstra 的反例.首先 V_1 会松弛得 $d_2 = d_3 = 1$,这时 d_2,d_3 都是 1,哪个先松弛依赖原始编号(等价于随机).如 V_2 先松弛则传递得 $d_4 = 2$,$f_4 = f_2 = 1$,然后 V_3 松弛出现并列,使 $f_2 = 1+1 = 2$,但 V_2 不会重复松弛,最终 f_4 等于 1 了(应为 2).

造成此问题的根源是顺序问题,即最优解和最优解计数的计算顺序未必一致.当 d_u 开始松弛时,Dijkstra 保证 d_u 已最优,但 f_u 可能还未算完,因为可能有某些并列最优的前驱 v 的计数还未传递给 u.由于 d_u 又是当前最小 d 值,v 未处理只可能 $d_v = d_u$,而 $v \to u$ 又是并列最优解,只能是零边.

能否改修补此 0 边导致的问题呢?一种方法是预计算一个 0 边子图上的拓扑排序(一定存在,否则就有 0 环了),当 d_u 并列时以此序为第二关键字,这样就能保证并列的 d_u 以兼容计数的顺序处理[2].

另一想法是当 d_u,f_u 任一个变化时,重新松弛 u(如上例中 $f_2 = 2$ 后重新松弛一遍将 $f = 2$ 传给

---

[1] BFS 序也是一种拓扑排序.

[2] 其实出现这种情况的 0 边一定是紧边,所以拿 0 边拓扑排序和紧子图拓扑排序在非负权图上是兼容的,相当于回到了解法 1.

V_4），但这么做因 f_4 已经被算了一部分，重新更新时要保证只传递过去增量，这个很难维护. 同理整个方法 2 对负权图也无法实现，因为负权图就更不知道中途的 f_u 算全没有或算了哪些.

> **【例 M-2】不要最短路**
>
> 从家到学校的路你已经走了千万遍，每一次走的都是最短路. 但今天你打算不走寻常路，要走一条第二短的路径. 一共有 n 个地点，你家在 1 号，学校在 n 号. 共 m 条双向路. 同一条路允许重复走. 求严格长于最短路的第二短路径，保证有解.（$n \leqslant 5\,000$，$m \leqslant 100\,000$）

先说明下次优解/K 优解问题本身分类，主要有两个标准：一是"次优"指第二优的方案还是第二优的值，即最优解有并列时要不要去重. 不去重称为非严格次优解，否则称为严格次优解. 如最优解计数可实现，则非严格次优可转化为严格次优：如最优解唯一则严不严格结果一样，否则非严格次优值就等于最优值. 此分类对所有次优问题都存在.

第二是仅针对最短路的，即次优解是否要求简单路径. 最短路因其本身特征可证明一定有简单最短路，次短则不一定. 简单次短路和非简单次短路可能完全不一样甚至一个存在一个不存在. 从求解难度看，简单比非简单难做，因为"不允许重复经过同一点"是全局约束，而非简单路径则不需要关心之前走的历史. 右图为 4 种次短路的示意图和无解情况举例. 本题属于非简单严格最短路.

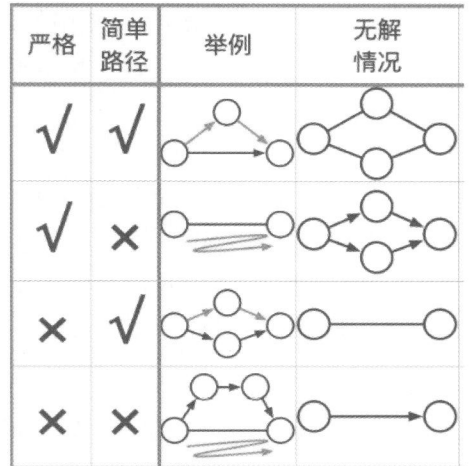

严格	简单路径	举例	无解情况
√	√		
√	×		
×	√		
×	×		

具体求解前，先来宏观罗列下次优化问题的常见的建模思路.

（1）思路 1：研究最优解与次优解的差异. 不少情况下次优解与最优解"差不多"，例如只有一个局部不同. 则可考虑在最优解上做局部调整；或枚举差异部分，其余部分拼上最优解.

（2）思路 2：在求最优解的时候同步求次优解，类似上题的方法 2 思想（推广目标函数）. 这种思路关键往往在于最优次优解的求解顺序是否兼容.

（3）思路 3：破坏最优解. 设法使原来的最优解不成立，且不可能产生更优的解. 则剩下的最优解就是原来的次优解. 此方式一般只适合求非严格次优解或确保最优解唯一（否则要破坏所有最优解较难做到）.

（4）思路 4：升格为 k 优解再令 $k=2$. 这种做法较少见，极少情况下一般的 k 优解反而容易求（如对目标函数的值的下限能做计数，此事第 V 章再解释）.

本题尝试给出 4 种具体方法（其中有些是错的），分别对应上述思路 1，1，2，3. 思路 4 涉及 k 短路问题，这问题更难做，本章高级话题讨论中再作简单探讨.

方法 1：找次短路与最短路的差异

由于最短路的全集是已知是紧子图上的路径，严格次短路上一定有松边；而松边又不会有 2 条，因为根据之前的结论 $L(P_{s \to t}) = D_t + \sum_{(u,v) \in P} \Delta_{uv}$，即任意路径多出最短路的部分等于各边松弛量之和，而任意边都可用其两端的最短路替代而使松弛量归零，即总长度严格变小. 有 2 条松边则可用连续变小 2 次，原路径至少是严格第三优. 结论：严格次短路上有且仅有一条松边[1].

---

[1] 所谓"差一个局部"要广义的理解，比如这里并不是次短路和最短路只相差一条边（可以是两条无交集的路径），只是在松紧性的意义下只有一条边不同.

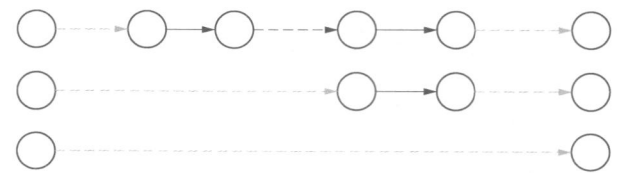

枚举任意松边 $u \to v$,并接上 $1 \to u$ 和 $v \to n$ 的最短路(2 次 SSSP 预计算)即可,

$$ans = \min_{D_{1u}+w_{uv}>D_{1v}} \{D_{1u}+w_{uv}+D_{vn}\}$$

以上结论并未用到正权性,因此在负权图上也成立;但此方法不具备推广到 k 优的能力,因为 k 短路至多有 k 条松边,无法枚举.

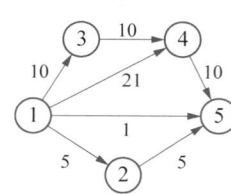

另有一个类似但错误的结论是:$ans = D_{1n} + \min\limits_{D_{1u}+w_{uv}>D_{1v}} \Delta_{uv}$,其想法是次短路长=最短路长+一条松边的松弛量. 乍一看没有问题,其实有漏洞,因为证明的是次短路有一条松边,不代表任何松边都在(某条)次短路上,例如远处一条毫无关系的松边,其松弛量并不能贡献到次短路. 左图是一个反例:$1 \to 5$ 最短路为 1 次短路为 10.边 $1 \to 4$ 的松弛量为 1 但用不上,次短路也不是 $1+1=2$.

方法 2:两轮 SSSP

由前面结论,严格次短路由一个最短路前缀+一条松边+一个最短路后缀组成,可以按这个顺序依次分三步来求.

(1) Step1:先求一遍普通 SSSP,得到 $D_{1 \to u}$(前半程).

(2) Step2:令 $f_v = \min\limits_{D_u+w_{uv}>D_v} \{D_u+w_{uv}\}$(加 1 条松边),$f_v$ 此时的含义为:从 $1 \to v$ 仅最后一步是松边的最短路.

(3) Step3:以 $d_v = f_v$ 为初始值再做一次 SSSP(后半程).

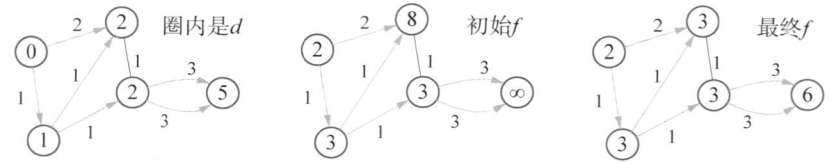

以上是一个示例(原图是无向图,加箭头的是紧边),3 步之后分别的结果. 最终效果也是算 2 次 SSSP+1 次 $O(m)$ 计算. 这个方法没什么特别优势,可以视为对 SSSP 算法原理认知的一种应用,说明 Dijkstra 算法的初值不设成 $\{0, \infty, \cdots\}$ 这样.

方法 3:同时求最短路和次短路

此方法源于前述思路 2,在 SSSP 过程中多维护一个目标函数 $d'_u =$(当前找到的)到 u 的严格次短路长度.尝试松弛 $u \to v$ 时,d_u 正常更新,d'_u 有 2 种可能更新:①到前驱 v 还是最优的,但 $u \to v$ 是松边;②到 v 已经是次优,而 $u \to v$ 是紧边①. 当然过程中并不知道松紧性,可能更新 d'_u 的只有 d_u+w_{uv} 和 d'_u+w_{uv}.

```
for (int i = 0; i<es[u].size(); ++i) {
```

① 此特征可称为次优子结构,即次优解的局部至少是次优的. 其根源还是加法对加数的单调性.

```
    int v = es[u][i].t, w = es[u][i].w;
    d[v] = min(d[v], d[u] + w);
    if (d[u] + w > d[v]) d2[v] = min(d2[v], d[u] + w);
    d2[v] = min(d2[v], d2[u] + w);
}
```

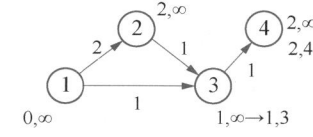

但同上题类似,此方法直接改进 Dijkstra 求次短路是错误的,原因还是顺序问题,即次短路的计算顺序与最短路不一定兼容.具体说,当最小的 d_u(被证明)达到最优时,此时 d'_u 可能还未达到次优,右图是一个反例.在次短路问题上,此问题即使对正权图也存在.图上点 u 圈外标记的即为 d_u, d'_u, Dijkstra 算法松弛顺序为 1,3,2, 4.松弛 3 → 4 时,2 → 3 还未松弛过,d'_3 还是∞,这个错误的次优值被用来更新 d'_4,而事后又没有机会再次更新.

但这方法并非没有价值.因 min 是幂等的 $\min(a, a) = a$,多次更新不需要区分增量,只要当 d_u, d'_u 有一个被更新时,就让 u 重复入队向后松弛(即正权图也退化到 SPFA 逻辑),则此算法是可行的(如上图中 $d'_3 = 3$ 后再次松弛 3 → 4)并且还可以推广到非简单 k 短路①,详见本章高级话题探讨.

方法 4:破坏最短路

先求出最短路,删掉其上的某条边,在余图中再求最短路.此方法对本题显然是错的,很容易举出各种反例.错误原因大致可归于以下两点:①破坏一条最短路不一定破坏所有最短路(求严格次短),如左下图;②破坏最短路可能一并破坏了次短路,如右下图,该情况甚至是最短路每条边都在次短路上.

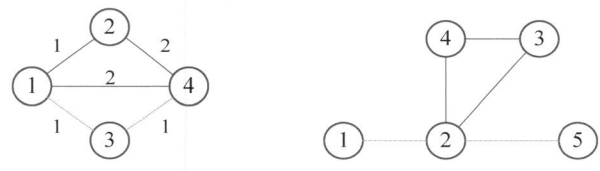

不过此方法求非严格简单次短路倒是可行的.首先破坏了一条最短路,再求出即使并列也算是非严格次短路;两点间的简单次短路一定不包含至少一条最短路上的边(用反证法易证),所以不会因删边把答案给漏掉.

因为最坏要算 $n - 1$ 次最短路,复杂度会高一个级别.不过介于简单路径是个全局约束,能找到多项式级算法也算不错了.有读者可能觉得这 $n - 1$ 次最短路能不能增量式之类的,毕竟被求的各图与原图只差一条边,全部重算是否太浪费?这思路是不错的,可惜对于动态最短路径(一边增删边一边求最短路),目前暂无严格且比较高效的做法.

* 高级话题探讨

非简单 K 短路问题

已知 K 短路最优算法参见本章参考文献[1].这里介绍一种不需太高端知识的做法.大体说就是以前 K 短路整体为目标函数 $\{d_{vk}\}$, $k = 1..K$,一起松弛,形式化写为 $\{d_{vk}\} = kth_{u \to v, k'=1..K}\{d_{uk'} +$

---

① 当然不是最优做法. k 短路已知最优解法要借助可并堆,这超出了本书的讨论范畴,感兴趣的读者可阅读本章参考文献[1].

$w_{uv}\}$. kth 表示取集合前 k 小, 即所有前驱 u 的前 K 优解加上 w_{uv}, 共 $inDeg_v \times K$ 个数, 再取前 K 小 (K 优子结构).

接下来就是计算顺序, 先看正权图, 还是每次取未处理的最小 d_{vk}, 可证明点 v 第 k 次成为最小时就是 k 优解 $d_{vk} = D_{vk}$ [①]. 一个 bool 的 $ok[u]$ 不够, 需改为整数数组 $vst[u]$, 表示 u 已经成为最小值过几次 (最多 K 次), 当 $vst[u] < K$ 时, $d_{u, vst_u + 1}$ 就是参与求最小值的. 松弛时用 $d_{u, vst_u + 1} + w_{uv}$ 去更新 $\{d_{vk}\}$, 具体说就是做一个插入排序 ($\{d_{vk}\}$) (显然随时对 k 单调不降).

```
int n,m,K,d[N][N],vst[N];
struct edge { int t,w; };
vector<edge> es[N];


void dijkstra(int s){
    for (int u = 1; u< = n; u ++ )
        for (int k = 1; k< = K; k ++ ) d[u][k] = INF;
    d[s][1] = 0;
    while (1){
        int u = 0, k = 0, mn = INF;
        for (int i = 1; i< = n; i ++ )
            if (vst[i] < K && d[i][vst[i] + 1] < mn)
                mn = d[u = i][k = vst[i] + 1];
        if (u == 0) return;
        vst[u] = k; // D[u,k] = d[u,k]
        for (int i = 0; i < es[u].size(); ++ i) {
            int v = es[u][i].t, w = es[u][i].w;
            d[v][K + 1] = d[u][k] + w; // 插入排序
            for (int k = K; d[v][k] > d[v][k + 1]; --k)
                swap(d[v][k],d[v][k + 1]);
        }
    }
}
```

点 u 至多松弛 K 次, 松弛总次数 $= K \sum outDeg_u = Km$, 每次松弛 $O(K)$, 总复杂度为 $O(K^2 m)$. 如要求严格 K 短路, 只要在插入排序时去重一下 (并列的不插入) 即可. 对负权图, 最小的 d_{vk} 亦不一定是最终某 k 优解. 只能用 SPFA 方式, 每当 $\{d_{vk}\}$ 中任何一个变化, 就将其重新入队松弛, 其实就是调整法. 复杂度参考最坏为 $O(K^2 nm)$, 参考 Bellman-ford 算法, 细节就不展开了.

还有一种做法是从值域下手, 计算 $c_{ul} =$ 到 u 长 l 的路径数, 相当于插入排序→计数排序, 正权图可做到 $O(mnl)$, l 是边权范围; 还有一类问题是对值域约束, 如求总长不小于 D 的最短路, 这问题可做到 $O(mD)$, 对无向图还可优化到 $O(SSSP(nl, ml))$, w 是单条边长的上限, 这些解法属于按长度分层, 下一章将专门讨论分层图; 至于简单 K 短路怎么求, 暂时并无已知有效算法.

[①] 最简单的理解方式还是第 J 章所说"流水模拟", 只是被流过的地方还可再次流经 (用水比喻可能较难理解, 可认为一个病毒沿边匀速运动, 每到一个点就会分裂成 $outDeg$ 个同样的病毒沿各分叉继续移动 (如果是无向图, 包括往过来的边反方向). 则点 v 第 k 次被访问到时就是 k 短路.

	严格	简单路径	枚举非紧边	2次 SSSP	同时求	破坏最短路
	√	√	✗	✗	✗	✗
	√	✗	正负权图皆可	正负权图皆可	加重复入队可行	✗
	✗	√	✗	✗	✗	正负权图皆可
	✗	✗	可转化为严格版本	可转化为严格版本	加重复入队可行	✗

小　结

本章介绍 SSSP 的最优解计数和次优解/K 优解问题,并对多种思路和方法进行了讨论和对比.本章所用的方法论多是可推广的.K 短路问题其实已涉及对图上路径全体这一对象的研究,可说是路径相关的终极问题之一.

习题

1. 书山有路 1(etiger1088).
2. 不要最短路(etiger1087).
*3. 终极先锋(etiger388).

参考文献

［1］俞鼎力.寻找 k 优解的几种方法.
［2］胡钧泽.带标号无权无向图基本特征概率与期望研究.

N 分 层 图

分层图不是一种算法或问题场景,严格来说也算不上一种图的类型[①],而可视为一种图论建模的思想或理解方式,其核心思想是升维(以实现一些必要的建模目的).分层图与 DP 关系密切,有的场景下更像对 DP 建模的"直观解释",借助状态图将 DP 优化与图重构联系在一起.分层图建模技巧在于以什么维度来分层,巧妙利用对一些维度的分层可以解决一些特定问题.

【例 N - 1】无人驾驶 3(分层图 BFS)

一个 $n*m$ 的迷宫,'o' 代表空地可以行走,'#' 代表墙体,一辆无人驾驶汽车从左上角 $(1,1)$ 出发,希望到达 (n,m),每次可以上下左右 4 个方向前进.该车钢板挺厚的,有 p 次撞破墙的机会.问需要至少几步能到达目标? 如果无法完成输出 -1. $(n,m \leqslant 500,p \leqslant 10)$

此题为例 H - 1 的推广,增加了一个新设定(撞墙机会).此处难点是撞墙以后地图发生了变化,即地图是动态的且地图形态本身也是决策的一部分.根据求解非全新问题的方法论,尝试在原解法上施加修改以满足新的约束,为方便对比,此处先照搬一下例 H - 1 的核心思路:BFS,出发点是最优子结构→DP,

$$f_{xy} = \text{从起点走到}(x,y)\text{的最少步数} = \min_{k=1}^{4} f_{x-dx_k,y-dy_k} + 1$$

现仅靠 (x,y) 不足以描述子问题,因为后续决策还与撞墙次数[②]有关,则将其作为新维度加入状态即可,最优子结构仍然成立:撞给定次数的前提下,到特定位置的步数也要最小.

状态:$f_{xyz} = $ 从起点走到 (x,y) 且撞 $\leqslant z$ 次墙的最少步数,

$$f_{xyz} = \min_{k=1}^{4} f_{nx,ny,z-[mp_{x,y}='#']} + 1$$

对比前后方程,除多了一个维度 z 及转移规则 $nz = z - [mp_{x,y} = '#']$,其他完全一样.沿用原 BFS 推导方法(隐式顺序)依然适用,复杂度为 $O(nmp)$. 更直观地,可将 (x,y,z) 视为三维格点,以 $(nx,ny,z-[mp_{x,y}='#']) \to (x,y,z)$ 这样建边,得到一张新图,新转移方程即求新图(也是无权图)的最短路径.如此构造的新图就称为(原图的)分层图,可理解为将原先每个点 (x,y) 拆分成 $p+1$ 个点 (x,y,z),$z=0..p$,维度 z 表示一种过程中需维护的额外状态,对每个固定的 z 则是原图的顶点的一个复本,即一层;原先的边也拆成若干条新边,新边起止点所在层即表示走这一步导致额外状态的变化,这样就将额外状态的变化逻辑由层间"跃迁"的图结构来保证,在新图上求解相当于没有额外状态约束了.如本题

---

① 一些其他算法(如网络流)中也有用分层图这个名词,含义不完全一样.

② 严谨的读者可能会问光记撞墙次数够不够? 因为撞墙后地图本身变了,理论上可能会影响后续决策.是否应该将撞墙历史也计入状态? 这个问题很好,但本题不需要,因为最短路一定是简单路径,不可能再经过(以前)撞过墙的位置,故理解成"撞墙"还是"穿墙"不影响结果.

第 p 层自然就没法再往下层走,表示撞过 p 次后不能再撞墙,此规则由图结构自动保证.

　　DP 中增加新维度以表示新信息,这操作并不新鲜,分层图可理解为以图论方式予以升维更直观的解释. 在编码时,一般没必要真把新图建出来,因为新图的边是原图边＋额外状态变化规则(一般由题目给定)来确定,之前提过由规则生成的图是不需要显式建图的.

> **【例 N-2】初类接触(分层图最短路)**
>
> 　　有 n 个星球和 m 条航道.航道 i 长 w_i,收费 C_i. Lester 住在星球 1,他女朋友 Jeslie 住在星球 n. 春节期间 Lester 打算去看望他女朋友,他希望经过的航道总长度最短. Lester 很穷,他最多只掏得出 k 单位的钱. 请问在不超支的情况下最短的路径长度是多少. ($n \leqslant 100, m \leqslant 1000, k \leqslant 500, 0 \leqslant w_i, C_i \leqslant 100$)

　　本题也是有额外维度(费用)约束的最短路径,沿用上题思路,描述子问题需知道当前在哪个点 v 以及花了多少钱 c,

$$d_{vc} = 1 \to v \text{ 花费} \leqslant c \text{ 的最短路} = \min_{u \to v}\{d_{u, c-C_{uv}} + w_{uv}\}$$

将 (v, c) 看作点,$(u, c-C_{uv}) \to (v, c)$ 看作边,权值是 w_{uv},上式即求新图上 $(1, 0) \to (n, c)$ 无费用约束的最短路,用 Dijkstra 堆优化[①]$O(mk\log(mk))$.

　　来看一个具体例子,原图即右图,对应分层图如下.圈内的数字指 v, c,层数越往下表示剩的钱越少,可看到每条边拆成了层间平行[②]的若干条边,花费越大的边往下层走越陡,对应边数也越少,表示钱不够就走不了这条边.

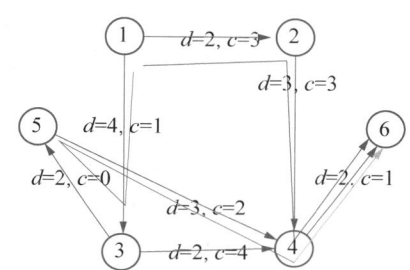

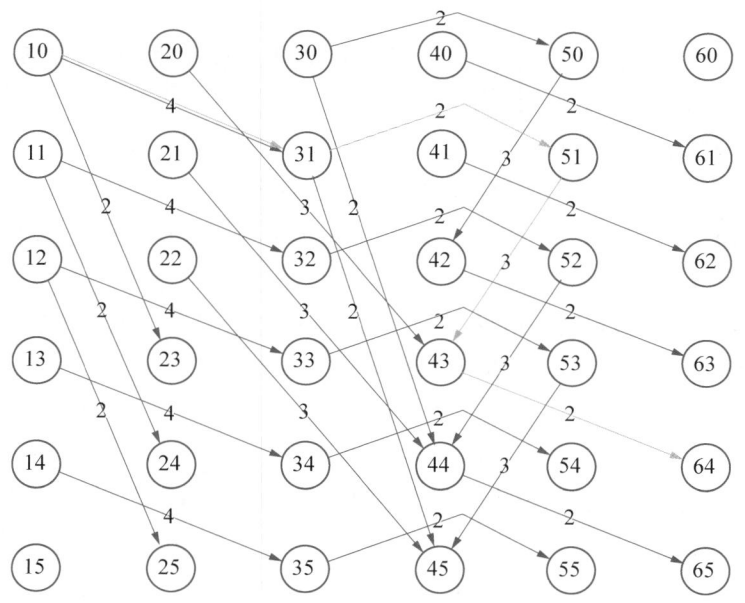

如原图中不考虑花费的最短路 $1 \to 2 \to 4 \to 6$,对应新图中则为 $(1, 0) \to (2, 3) \to$?,到了 $(2, 3)$ 就

---

① 注意分层和堆优化是两个独立的事情. 分层指建图的规则,堆优化是求最短路的优化. 分层图如果是正权稀疏的,自然也可用堆优化.

② 因为每条边费用是常数,也可以改成不是常数,无非是拆边可能不平行.

自然走不下去了;而真正的最优解 $1 \to 3 \to 5 \to 4 \to 6$ 在新图中还是可行的. 下面给一小段未用堆优化的核心代码,以说明分层图不需要显式建图.

```
int k,n,m,d[N][K];
struct edge{ int t,w,c; };
....
for(int i = 0,v,c2; i<es[u].size(); ++i) {
    int v = es[u][i].t, c2 = c + es[u][i].c;
    if (c2 <= k && d[v][c2] > d[u][c] + es[u][i].w)
        d[v][c2] = d[u][c] + es[u][i].w;
}
```

注意对点 (v,c_2) 是用原图的邻接表和费用的规则推出来的. c2<=k 这个条件保证了费用不能超限的约束. 本题正解到此结束,下面探讨几个衍生小问题.

对偶分层

分层的好处是将额外状态的约束以图结构来表达,缺点是需额外枚举这个状态的值域. 本题中如 k(c 的值域)太大,如上做法会超时. 但分层的维度并非唯一,本题也可以距离分层:$d_{vl} = 1 \to v$ 总长 $\leq l$ 的最小花费,答案 $= \min\limits_{d_{mw} \leq k} w$,复杂度为 $O(mnw\log(mnw))$. 如 $nw \ll k$ 这样更优. 思考类似背包的优化目标转化广义背包问题.

说到这里,其实这题的设定本身还真的有点像是背包. 用标准方式"捋一下".

(1) 决策目标:图上 $1 \to n$ 的路径 P(首尾相接的边子集).

(2) 约束条件:$\sum\limits_{(u,v) \in P} C_{uv} \leq k$.

(3) 优化目标:$\min \sum\limits_{(u,v) \in P} d_{uv}$.

如把边视为物品,k 视为一种资源(背包载重 W),C 视为物品重量,d 视为物品代价[1]. P 是一个边集,也就是选一些物品,则形式上就是背包问题[2]了. 唯一不同的物品的选法不是随意的,即下一条边的起点必须等于上一条边的终点. 于是也可从背包问题来建模.

(1) 状态:$d_{vc} =$ 最后一个选物品 v,放入载重 c 的背包,最小代价.

(2) 决策:上一物品选 u. $d_{vc} = \min\limits_{u \to v}\{d_{u,c-C_{uv}} + w_{uv}\}$,正是之前的转移方程,分层维度 c 相当于枚举背包容积值域.

以前就提到过背包问题是转移图上的路径最优化问题,这里相当于先给出转移图,再反向理解为背包问题. 背包解法中枚举值域一步相当于图论分层操作.

升维破环

本题中费用 C 可能为 0,故分层图中边的起止点可能在同层中,假如稍改动一下题意,限制 $C_i > 0$(没有免费边),则分层后每条边都会至少向下走一层,即新图上不会有环. 无环图上求最短路递推即可,复杂度为 $O((n+m)k)$. 换言之,按 c 从小到大顺序就是新转移方程 $d_{vc} = \min\limits_{u \to v}\{d_{u,c-C_{uv}} + w_{uv}\}$ 的拓扑排序.

从更高的层次看,此事意义不限于最短路. 往往图论问题难点就是有环. 如能将问题转化到无环图上,通常会容易的多. SCC 缩点是一种高效的去环方式,但不是每个问题都能转化到缩点后的新图上;升

---

[1] 因为要求最小值,不过本来背包问题就不限制一定是求总价值最大,最小也一样.

[2] 理论上还是完全背包,因为题目没限制简单路径,不过最短路一定是简单的,这里理解成 01 还是完全背包没区别.

维也是一种常用破环手段,附加一个新维度(相当于拆点),只要在新维度上不成环,则整个图就不成环.如本题这样题目本来就有一个额外维度的,可直接利用该维度;另一些场景下,可人为制造一个新维度.路径问题中,一个天生无环的维度是边数①.第 J 章引入 BFS 时和第 K 章从 DP 直接得到 Bellman-ford 算法,都用到了以路径包含的边数升维,其思想与分层图不谋而合.

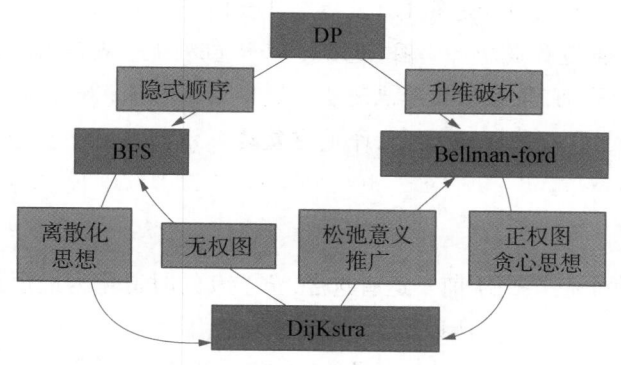

【例 N-3】地铁换乘(SHOI 2012)

OI 城轨道交通由 $2n$ 条地铁组成了一个 n 纵 n 横的网格.每条线路都包含 n 个车站,每个车站都在一组纵横线路的交汇处.出于建设成本考虑,能够进行站内换乘的地铁站共有 m 个.已知地铁运行 1 站需 2 分钟,站内换乘需 1 分钟.求中途不出站前提下,从 $x_1, y_1 \rightarrow x_2, y_2$ 的最少时间.($n \leqslant 20\,000$, $m \leqslant 100\,000$)

本题本质上就是最短路问题,主要是建图方面的细节处理②.首先 $O(n^2)$ 个格点存不下,只能以 m 个换乘站(以及起止点)顶点,可达的换乘站间为边.但如一行有 $O(n)$ 个换乘站,仍有 $O(n^2)$ 条边③.这里有个重要的局部图重构技巧:如只关心路径长度且 $w_{ab} + w_{bc} = w_{ac}$,则 $a \rightarrow c$ 这条边可删.因为如需 $a \rightarrow c$,改为 $a \rightarrow b \rightarrow c$ 绕行,长度一样④.则只需要保留(横向或纵向)相邻的换乘站之间的边即可,边数为 $O(m)$ ⑤.

剩下要处理的是换乘的额外代价,可将每个换乘点拆成两点,分别表示横向纵向通过(该站点),中间连 1 权边表示换乘代价(可理解为地铁换乘通道).

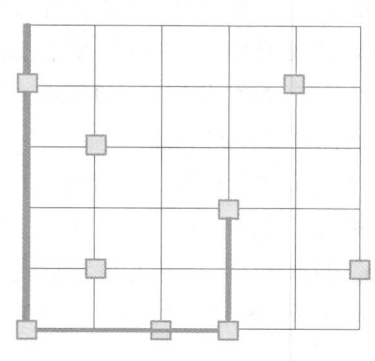
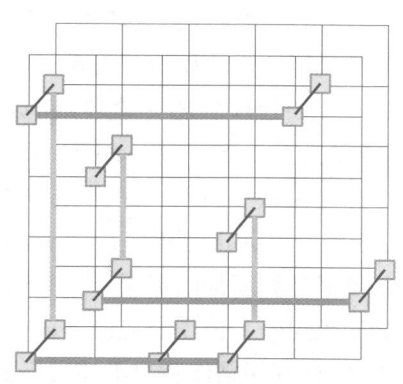

---

① 在连续化版本中,路径对应的是(多维)空间的一条曲线,这个维度称为曲线的自然参数.
② 可以看到题目难度也是与时俱进的,10 年前的省选题现在看来难度并不算特别高.
③ 即使考虑到规则生成而不存边,时间复杂度也有 $O(n^2)$,注意 2012 年评测环境 1 秒还跑不了 4e8.
④ 例 H-5 也用的同一结论.注意删 $a \rightarrow b$ 和 $b \rightarrow c$ 而保留 $a \rightarrow c$ 是不对的,因为从 b 出发可能有别的出边.
⑤ 具体建图时可按先行后列及先列后行排两次序,就能找出某方向上相邻的所有换乘站.注意起止点要特殊处理为单向边,其他边都双向边.

从 DP 角度看,方案中间状态取决于当前位置和当前方向,以方向分两层.以上两种理解方式基本是等价的,不过按拆点方式理解,每层中只需要保留一个方向的边即可(就像真正的两层地铁那样),在算法常数上略优,但注意起点也要设置两个(开始的方向不确定).

【例 N-4】逛公园(NOIP 2017 提高 T3,较短路计数问题)

公园可看 N 个点 M 条边构成的有向图,没有自环和重边.1 号点是入口,N 号点是出口,边有非负权值代表经过这条边的时间.策策从 1 号点进去,从 N 号点出来.如 1 号到 N 号点的最短路长为 D,则策策只走长度不超过 $D+K$ 的路线(允许走重复边).请问共有多少条满足条件的路线?答案对 P 取模.如果有无穷多解,输出 -1.($n \leqslant 100\,000$, $m \leqslant 200\,000$, $K \leqslant 50$, $0 \leqslant$ 边权 $\leqslant 1000$)

这道联赛题从思维难度上甚至高于前一道省选题.$K=0$ 的时退化为最短路计数模板题[①];$K>0$ 表示允许路径比最短路多一个冗余量 K,所以称为(非简单)较短路径计数问题.

长度范围的值域在 $D \sim D+K$ 这是个全局约束,且无法直接转成局部约束.如以长度本身分层:
$f_{vd}=1 \to v$ 的长 d 的路径长度 $=\sum_{u \to v} f_{u,\,d-w_{uv}}$,则 D 的范围最坏是 $O(nw)$,复杂度 $O(m(nw+K))$ 过高.

此题考验对路径长度的理解:K 的含义是指比最短路多走的路程(冗余长度),第 K 章说过这个量可视为沿途各边的松弛量的累加,而松弛量是非负的,则合法路径中途松弛量也不超过 K,可以当前总松弛量分层

状态:$F_{vk}=1 \to v$ 的长 D_v+k 路径计数,

$$F_{vk}=\sum_{u \to v} F_{u,\,D_v+k-w_{uv}-D_u}=\sum_{u \to v} F_{u,\,k-\Delta_{uv}}$$

k 的值域只有 $O(K)$,本质上是将 D_u 视为一个"基准",将每个点 u 上的长度范围都精确控制在 $D_u \sim D_u+K$,而之前的做法则是简单粗暴的取整个 $1 \sim D_n+K$,导致多算了很多松弛量中途已标超的无效方案.

接下来是计算顺序与判无解问题.以 k 分层的图仍可能有环,新图的一条边在同层,当且仅当 $\Delta_{uv}=0$,就是紧边.即每一层内部的边只剩下紧子图,所有松边都往下层走.如分层图有环,一定是紧环.但紧环也不能直接推出无解,还需考虑"进出"紧环的代价(冗余量)是否 $\leqslant K$,这也由分层图结构保证,如分层图上能走到(某层)紧环就说明这走法松弛量 $\leqslant K$.至于环 $\to n$ 的连通性,可在分层图上反向 DFS 预计算一下,去掉到不了终点的点.如处理后还有紧环,说明有无穷多解.否则分层图无环,前述转移方程可计算(如记忆化搜索).复杂度为 $O(mK+m\log m)$,第 2 项是预计算最短路 D_v.

上章提到这个方法还可做非简单 k 短路,方法是利用本题方法依次算 $D \sim D+i$ 的路径数($i=0,1,2,\cdots$),直到第一次答案 $\geqslant k$ 为止,当时的 i 就是答案[②].相当于对路径做计数排序.这个过程还可以增量式(每次加一层,只需要额外算新加的那层),故复杂度可做到 $O(mL)$(L 是 k 短路长度).

较短路本身的分布也是一个值得研究的课题,即分析如上 F_{nk} 视为 k 的函数的行为,随 k 增加路径数增加是什么个规模等.但这些问题作者也不知道有否结果.

【例 N-5】揭竿而起(CTSC 1999)

一个 $n*m$ 棋盘,初始位于 $(1,1)$,出口在 (n,m),每年可移动到 4 个相邻位置.有些相邻区域间

---

① 原题有 50 分是 $K=0$,可见出题人意在将最短路计数、较短路计数作为两个层次来考.
② 此思路就是第 V 章会详细介绍的枚举答案思想.

有墙无法通过,另一些墙有门.门共 P 种,有些区域中有钥匙,拿到对应钥匙可打开对应类型的门,钥匙可以反复使用.求至少要花几年到达出口? 两个相邻区域间至多有一种门,一个区域可能有多把钥匙.(n, $m \leqslant 100$, $p \leqslant 9$)

此国选真题再一次说明题目难度与时俱进,中学生信息学竞赛是一个年轻且迅速发展中的领域.此题本质还是最短路问题,难点还是地图动态的而修改地图状态的钥匙本身又在图中.乍一想拿哪些钥匙以及以何种顺序拿钥匙似乎很难决定,但稍微对比下例 N-1 就知道无非是中间状态额外信息更复杂些而已,本质上只依赖于 2 件事:所在位置(x, y)及手里有哪些钥匙 V[①](钥匙集合就确定了当前地图的哪些可走哪些不可走).

状态:f_{xyV} = 到达 x,y 且手里的钥匙集合为 V,还需的最小步数[②],

$$f_{xyV} = 1 + \min_{door_{(x, y) \to (nx, ny)} \in V} f_{nx, ny, V \cup \{keys_{nx, ny}\}}$$

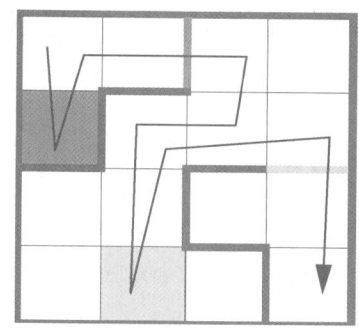

不管维度多复杂,这还是一个 BFS 形式的转移方程,把(x, y, V)视为新的点,以 V 为新维度分层.V 的取值一共有 2^p 种,则就分 2^p 层.分层的维度大可放开想象力,未必就得是一个数字,任何可枚举的对象都可用来分层,无非是存储的时候给个编号方式.而有限值域的集合编号最自然就是用 p 位二进制数,通过位运算来实现集合运算.最后算法还是 BFS,复杂度为 $O(2^p nm)$.

如右图是一个例子,整个路线用状态表示,即

$(1, 1, \phi) \to (2, 1, \{1\}) \to (4, 2, \{1, 2\}) \to (4, 4, \{1, 2\})$

下面给出一部分核心 BFS 代码,但还是推荐读者尽量尝试自己实现.

```cpp
// door: -1 通, 0 墙, >0 门
int door[N][N][N][N], keys[N][N], n, m, p, k, r;
bool vis[N][N][1<<K];
struct node{ int x, y, step, havkey; };
queue<node> q;

q.push({1, 1, 0, keys[1][1]});
while (!q.empty()){
  node cur = q.front(); q.pop();
  for (int k = 0; k<4; k++) {
    int nx = cur.x + dx[k], ny = cur.y + dy[k];
    if (nx>=1 && nx<=n && ny>=1 && ny<=m){
      int needkey = door[cur.x][cur.y][tx][ty];
      if (needkey == 0) continue; // 墙
      // 通路或有钥匙
```

① V 是个集合(全局状态),这下面的技术处理方法如忘记了请复习例 9-6.

② 这里为什么用后半程做状态呢,这就是一个例子了,如果用前半程做状态,求并集这个操作不可逆,只能枚举所有的 V' 再判断 $V = V' \cup \{keys_{nx, ny}\}$,这就白白浪费了复杂度枚举那些非法的 V'.而往后顺走一步新状态总是好算的.

```
if (needkey == -1 || ((cur.havkey >> needkey) & 1)) {
    int havkey = cur.havkey|keys[tx][ty]; // 捡钥匙
    if (!vis[tx][ty][havkey]){
        vis[tx][ty][havkey] = true;
        q.push((node) {tx, ty, cur.step + 1, havkey});
    }
}
}
}
}
```

$keys$ 是预计算好的每个格子的钥匙集合. $door$ 用了一种比较浪费空间的写法,直接写了四维数组, 好处是用起来方便,空间复杂度达到了 $O((nm)^2)$. 当 n, $m \leqslant 20$ 时没 问题,n, $m \leqslant 100$ 则不太行了. 一个格子有至多 4 个相邻方向,每个方 向有 $p+2$ 种状态(p 种门、墙、无障碍),可用 4 位 $p+2$ 进制数表示一 个格子四周的状态,这样空间就只需要 $O(nm)$ 了. 左图是一个示例.

$$\text{wall[i,j]}=(12AO)_{11} \Longleftarrow \begin{array}{c} 2 \\ 1 \boxed{\begin{array}{c} P=9 \\ i行j列 \end{array}} 10 \\ 0 \end{array}$$

【例 N-6】零件加工(CSP 2019 J2T4,单源定长路径问题)

给定一个无向无权图,q 组问询,求点 a 与点 1 间是否存在长恰为 L 的路径,不要求简单路径. (n, m, $q \leqslant 100\,000$, $L \leqslant 1e9$)

本题为多组问询问题,按套路第一步是求单一问询解法:求 $1 \to a$ 有否长度恰好为 L 的路径. 此事只 能枚举路径长度,对无权图上就是 BFS(BFS 本身可理解为按边数分层).

(1) 状态:f_{aL} = 走 L 步到 v 是否可行:$f_{aL} = \text{OR}_{b \to a} f_{b, L-1}$.

f_{aL} 也就是题目要求的答案,预计算所有 f_{aL} 后单次问询只要 $O(1)$.

(2) 复杂度:$O(mL + q)$(原题 80 分解法).

优化主要瓶颈是 L 值域太大,要设法减小 L 的值域,这里要利用到无向无权图的特点:其每条边都可 视为长 2 的二元环,在一条边上来回走一次可以获得 2 单位额外长度,即 $f_{aL}=1 \Rightarrow f_{a, L+2k}=1$, $k=0, 1,$ $2\cdots$,即 f 对 L 有半周期性[1],如给定 L 的奇偶性,f_{aL} 第一次为 1 后,后面就全部为 1,设 f_{aL} 由 0 变 1 的分 割点为 $F_{ax} = \min\limits_{L\%2=x, f_{aL}=1} L$, $x=0,1$,则 $f_{aL}=[F_{a, L\%2} \leqslant L]$,即 F 包含了 f 的所有信息[2]. F 本身转移为: $F_{ax} = \min\limits_{b \to a} F_{b, 1-x} +1$,此为 BFS 标准形式,相当于按 x 分两层,复杂度为 $O(n+m+q)$. 从图论的角度看,相 当于把原先以 L 分层的图折叠到 2 层的周期内,由于半周期性,可行性问题折叠以后变成了最优化问题.

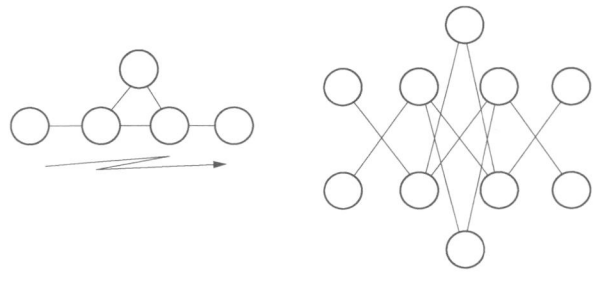

---

① 参见例 K-4.
② 任意 bool 值域的状态,如其对某个维度单调,都可如此改以分割点为状态,使状态降一个维度.

本题还有一个极端特例:点 1 是孤立点,问询 $a=1$ 且 L 为偶数.则 $F_{1,0}=0$ 得出 $f_{1,0}=1$,但答案是 false.原因是孤立点没有邻边可"蹭",以上大前提不成立.

● * 高级话题探讨

非简单路径长度分布问题

例 N-6 推广到一般情形为:点 s, t 间存在哪些长度的路径? 这里仅考虑边权是整数情况.定义答案集合 $L_{st}=\{l \mid$ 存在 s 到 t 的长 l 的路径$\}$.此问题很难给出一般结论,不过某些情况下还是值得讨论.

对(有向)无环图,总路径数有限,则 L_{st} 是有限集;对有环图,除了那些与起止点不通的环(可以预处理掉),剩下只要有长度非 0 的环,则 L_{st} 是无限集且至少在一个整数子集上有半周期性.当 l 足够大时,L_{st} 的取值其实变成了一个数论问题,因为超过一定长度只能通过在环上绕圈来实现了,增量必是某环长度的整数倍.

(1)L_{st} 有否上/下限取决于有否正环/负环.

(2)L_{st} 渐进行为根据所有环长度的 gcd 分组,每组特征相同(Bezout 定理).

这个 gcd 可称为路径长度的最小半周期,记为 D_{st}.

(3)如存在一正一负两个环且长度互质,则 $D_{st}=1$,$L_{st}=\mathbb{Z}$.

这是存在任意长度路径的一种充分条件.

(4)无向无权图,$D_{st} \in \{1, 2\}$(存在 2 元环).

(5)无向有权图,$D(s, t) \mid 2\min\limits_{s \to u}|w_{su}|$(起点的最小邻边).

对定长路径问题,只要找到一个 D_{st} 的倍数(如某环的长度),在这个范围内分层即可,对足够大范围内的 L,转化为分层图上的最短路径问题.基于此分析再看例 N-6,当 n 较大时如图结构不刻意设计,则很容易让 $D_{1a}=1$(例如图有奇环);或 $1 \to a$ 同时有长奇数和偶数的路径.这都将使得当 L 足够大(如 $L>n$)时,答案一定是 Yes.

事实上当年此题官方数据只要对 $L>100$ 无脑输出 Yes,其他的 L 用 BFS 预计算,即可得到 95 分,说明出题人没有足够重视本题随机情况下的系统偏向问题.此题如需构造一个图使存在很大的 L 而答案为 No,有如下方法.

(1)原图只有很大的奇环(指简单环).

此法最多可让 $L=O(n)$ 范围内 $f_{aL}=$ false.

因 2 阶环总存在,无法通过 Slyvester 定理得到奇偶环都有时更大的无解 L.

(2)原图为二分图,所有问询 a 都与 1 在同侧,且 L 为奇数.

这是唯一使 L 突破 $O(n)$ 级别还无解的方法,因没有奇环,则 $D_{1a}=2$.

但二分图很容易预判,所以说到底 $L>n$ 的问询总可特判掉.

● 小 结

本章介绍了对有额外状态的图上问题的一种处理方法[①].分层图出发点是暴力枚举额外维度值域.该维度的选取有很大灵活性,有些题目显式给出了额外维度,有时候则需自己寻找(如例 N-4).分层图通过图结构来保证某种额外约束,使新图上没有约束.从 DP 的角度,此方法解决的是额外约束维度的问题,如果原转移图无环,则可视为纯粹的 DP 升维;如有环,则可视为图论分层.升维同时会破掉原图中的部分或

---

① 本章实际大多是路径类问题,但分层图思想不限于路径问题.

者所有环,如升维后出现拓扑序,则可将图论问题回归 DP. DP、最短路、升维与环之间的关系是阅读本章需着重关注的.

习题

1. 无人驾驶 3(etiger1048).
2. 天使羽箭(etiger636).
3. 揭竿而起(etiger392).
4. 地铁换乘(etiger1057).
5. 长途旅行(etiger1130,SHOI 2012).

参考文献

[1] 吕子鉷.浅谈最短路径问题中的分层思想.

0 多源最短路

本章介绍多源最短路（multi-source shortest path，MSSP）．MSSP 不是指求从多个起点中到其他点最近的一个[1]，而指求 n 个顶点两两最短路的全体，即问题的解是 $O(n^2)$ 级别的．根据建模方法论，最直接的做法是枚举起点转化为 SSSP 做；本章从另一角度下手独立解决 MSSP，特别是对稠密图，其编码难度上有巨大的优势[2]；另一方面也可从一个新的角度理解最短路问题的本质．本章最后还将引入势函数的概念并探讨正权图负权图在最短路问题上的关联性，并得到稀疏图上 MSSP 的优化算法，即 Johnson 算法．

> **【例 0-1】城际高铁 1（0 权图 MSSP/多源连通性问题）**
> n 个城市之间有一些直达高铁，从 i 号到 j 号城市是否有直达（单向）高铁用 $g_{ij} = 0, 1$ 表示．求任意城市 i 到城市 j 是否可以通过高铁换乘到达？（$n \leqslant 500$）

本题求有向图上两两点的（单向）可达性．枚举起点＋DFS/BFS 是可行做法．BFS/Dijkstra 的出发点都是 DP 思想：$f_{ij} =$ 从 i 能否到达 $j = OR_{k \to j} f_{sk}$．此式表达的是一种"规约性"（最优子结构的可行性版本），即如 i 能到 j，则 i 也能到 j 的某个前驱 k（再由 k 到达 j），则转化到子问题 $i \to k$．但以前驱 k 来转为子问题，并非唯一方法．其实可以路径上任意点作为中间点：$f_{ij} = OR_{k=1}^{n}$
$(f_{ik} f_{kj})$．此式理解为：如 i 能到 j，则存在中转点 k，i 能到 k 且 k 能到 j．同样利用规约性，只是规约到 2 个子问题．右图是两种方式利用规约性的图示．单源时由于子问题一端指定为 s，而 f_{kj} 不在单源的状态集合中；而多源时反正两两间本来都要求[3]．

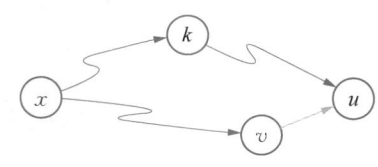

以上方程转移图显然有环，不过中转点 k 的选取可做文章．如指定编号最大的中转点为 k[4]，则 $i \to k$ 和 $k \to j$ 两部分内部中转点编号就严格小于 k．

根据此思路，则"最大中转点"成为了新的维度，也可视为对 k 分层．

（1）状态：$f_{ijk} =$ 从 i 到 j，只经由 $1..k$ 号点中转，是否可行．

（2）决策：是否（真的）经过 k，

$$f_{ijk} = f_{i, j, k-1} \,||\, \{ f_{i, k, k-1} \& f_{k, j, k-1} \}$$

---

[1] 此问题通过超级源的手段转为 SSSP 解决，参见例 J-3．

[2] 有资料上为了"先易后难"考虑，甚至先讲多源最短路再讲单源的．这有点过于片面看重结果（代码），忽略了背后的算法逻辑关系，不是很可取．但至少能证明 MSSP 真的很好写．

[3] 有读者可能觉得依赖形式 i, j 依赖于 i, k 和 k, j．似乎类似区间 dp，而后者有拓扑排序．实际有区别．区间 DP 额外限制状态决策 $i \leqslant k \leqslant j$，才保证无环，而 MSSP 无此限制．

[4] 未必要用原始编号，也可以换成别的什么可排序的指标．

(3) 边界：$f_{ij0} = g_{ij}$.

(4) 计算顺序：k 递增.

(5) 复杂度：$O(n^3)$.

代码实现方面还有一些细节问题，暂且留到下题.

传递闭包

输入的邻接矩阵 g_{ij} 表示无权图的边分布，$g_{ij} = 1$ 表示 $i \to j$ 有边，也可视为一种二元关系；而输出的也是一个二维矩阵 f：$f_{ij} = 1$ 表示 $i \to j$ 有路径. 如将 f 也视为一张无权图 F 的邻接矩阵，显然 $g_{ij} = 1 \Rightarrow f_{ij} = 1$，即 F 是原图 G 的母图，其对应的二元关系 F 是 G 的母关系，即 $G \subseteq F$.

新图/关系 F 称为原图/关系 G 的传递闭包，传递指原关系 G 上强制增加传递性，生成出新边；闭包表示满足此特征（传递性）且包含 G 的极小二元关系. 传递闭包可视为原图的具有传递性的极小母图，其表达了原图上可推导出的可达关系的完整描述. 下图是一个原图与对应传递闭包的图示. 本题为求传递闭包模板题.

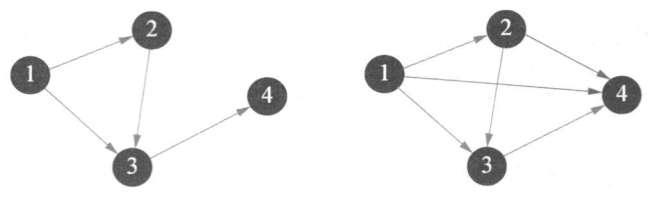

【例 O-2】城际高铁 2（有权图 MSSP 问题/度量闭包）

输入 n 个城市之间的直达高铁，从 i 号到 j 号城市直达高铁的时间为 g_{ij}. 若 i 到 j 无法直达则 $g_{ij} = -1$. 求从任意城市 i 到 j 最少时间？$(n \leqslant 500)$

本题是 MSSP（最优化版本）模板题. 参照上题可行性版本做法即可.

(1) 状态：$f_{ijk} =$ 从 i 到 j，只由 $1..k$ 号点中转的最短长度，

$$f_{ijk} = \min\{f_{i,j,k-1}, f_{i,k,k-1} + f_{k,j,k-1}\}$$

(2) 边界：$f_{ij0} = g_{ij}$（注意 $g_{ij} = -1$ 时要初始化为 ∞）.

(3) 复杂度：$O(n^3)$.

空间上显然可对 k 维度滚动数组优化到 2 个二维数组. 能否优化到 1 个？仅根据 i,j 维度的依赖关系似乎做不到，但实际却可以. 先看代码.

```
for (int i = 1; i <= n; i++)
    for (int j = 1; j <= n; j++) {
        cin >> f[i][j];
        if (f[i][j] < 0) f[i][j] = INF;
    }
for (int k = 1; k <= n; k++)
  for (int i = 1; i <= n; i++)
    for (int j = 1; j <= n; j++)
      f[i][j] = min(f[i][j], f[i][k] + f[k][j]);
```

f_{ij} 初始值就是输入数据，所以直接输入到 f，唯一要解释的为什么能把第三维直接去掉. 可能造成

的问题是算 f_{ijk} 时右边不是方程中的 $f_{i,k,k-1}$ 而是已经更新过的 f_{ikk},但 $f_{ikk}=\min\{f_{i,k,k-1},f_{i,k,k-1}+f_{k,k,k-1}\}=f_{i,k,k-1}$ [1],所以没区别.

以上(简单到出乎意料的)代码就是著名的 Floyd-Warshall 算法[2],其代码之简单往往使人忽略其原理.本质上是升维再降维的产物[3],(以 k)升维是破环,降维是滚动数组.推导过程中并未到边权的特殊性质,所以对负权图也成立.至于有负环则 n 轮之后一定还有点对可松弛,类似 Bellman-ford 那样再尝试松弛一轮,如有 f_{ij} 还能变小则无解.

对比 Floyd 算法和枚举起点＋SSSP,编码难易性的差异一目了然;时间性能方面 Floyd 永远是 $O(n^3)$,SSSP 则要区分具体情况.

(1) 正权稠密图(Dijkstra):$O(n(n^2+m))=O(n^3)$.

(2) 正权稀疏图(Dijkstra 堆优化):$O(nm\log m)=O(n^2\log n)$.

(3) 负权稠密图(Bellman-ford):$O(n^2m)=O(n^4)$.

(4) 负权稀疏图(Bellman-ford):$O(n^2m)=O(n^3)$.

事实上负权稀疏图可做到 $O(nm\log m)$[4]所以 Floyd 算法只在稠密图比较有效.不过考虑其易写性,在性能撑得住或时间不够的情况下,也有用 Floyd 写稀疏图 MSSP.

最后,以 MSSP 结果作为相邻矩阵的新图称为度量闭包,这在第 L 章就已提过.

【例 O-3】城际高铁 3(最小回路)

输入 n 个城市之间的直达高铁,从 i 号到 j 号城市直达高铁的时间用二维正整数数组 t_{ij} 表示.若 i 到 j 无法直达,则 $t_{ij}=-1$. 求从任意城市 i 经其他城市又回到 i 的最少时间?($n\leqslant 500$)

本题有两种思路.一是回路必须先走出去再走回来,则经某中转点 k,显然 $i\rightarrow k$ 和 $k\rightarrow i$ 都要最优:$ans_i=\min\limits_{k\neq i}\{f_{ik}+f_{ki}\}$,$f_{ij}$ 就是度量闭包;另一种思路更简单,在 Floyd 转移方程中令 $i=j$:$f_{iik}=\min\{f_{i,i,k-1},f_{i,k,k-1}+f_{k,i,k-1}\}$,其含义是 $i\rightarrow i$ 由 $1..n$ 中转的最短路,这正是最小回路.为保证至少经 1 个点中转,初始时要设置 $f_{i,i,0}=\infty$. 这补全了度量闭包对角线上值的逻辑含义.

【例 O-4】社交网络(NOI 2007,多源最短路计数)[5]

在一个社交圈里有 n 个人,两人若互相认识,则用一个正权值 c 表示关系密切度(c 越小越密切).可以两人间的最短路长衡量两人间关系密切程度.注意到最短路径上的其他结点为 s 和 t 的联系提供了某种便利,即这些结点对于 s 和 t 之间的联系有一定的重要程度.可以通过统计经过点 v 的最短路径的数目来衡量该结点在社交网络中的重要程度.考虑到两个结点间可能会有多条最短路径,修改重要程度的定义如下:令 C_{st} 表示从 s 到 t 的不同的最短路数目,$C_{st}(v)$ 表示从 s 到 t 经过 v 的最短路的数目;定义 $I_v=\sum\limits_{s\neq v,\,t\neq v}\dfrac{C_{st}(v)}{C_{st}}$ 为节点 v 的重要程度.为使 I_v 和 $C_{st}(v)$ 有意义,规定需处

---

[1] 这里用到 $f_{k,k,k-1}\geqslant 0$,否则就有负环了.

[2] 信息学基础算法中有 4 个原理不特别简单,但编码出奇简单的,Floyd 是其中 1 个.另 3 个分别是并查集、树状数组、ST表.并查集会在第 Q 章介绍,后两个则不在本书讨论范围.

[3] 代码基有时会掩盖一些东西,因为有些逻辑优化掉了.滚动数组就是典型例子.

[4] 参见本章高级话题讨论.此算法目前还未在联赛级别正式考过,但作者大胆预计其早晚会考.

[5] 摘录原题,表述有点长.最短路计数作为国赛题(而且不用处理无解情况),现在看来是过于简单,不过还是考虑历史情况,在二零零几年这么考也算是可以接受.

理网络都是连通的无向图,即任意两个结点之间都存在有限长度的最短路.现在给出这样一幅描述社交网络的加权无向图,求每一个结点的重要程度 I_v.($n \leqslant 100, m \leqslant 4500, c \leqslant 1000$,保证最短路数量 $\leqslant 10^{10}$)

先来看 C_{st},即两两最短路计数(多源最短路计数模板题).转单源的做法就不说了.下面来看一边 Floyd 同时计数的思路.

状态:$C_{st}^{(k)} = s$ 到 t 只经 $1..k$ 中转的最短路计数(k 写在上标只是为醒目).

$$C_{st}^{(k)} = C_{st}^{(k-1)} + [f_{sk}]^{(k-1)} + f_{kt}^{(k-1)}$$
$$= f_{st}]^{(k)}]C_{sk}^{(k-1)}C_{kt}^{(k-1)}$$

($f_{sv}^{(k)}$ 就是 Floyd 算法的状态,实现时 $C_{st}^{(k)}$ 也可压缩掉维度 k)

这里为何没有第 N 章所述计算顺序问题?因为有 k 这个维度,$f_{sv}^{(k)}$ 和 $C_{st}^{(k)}$ 都有显式的计算顺序,即按 k 递增,所以两者顺序一致.

最后算 $C_{st}(v)$,即 $s \to t$ 经 v 中转的最短路,由乘法原理:$C_{st}(v) = C_{sv}C_{vt}$,但还需保证从 v 中转最优解,则 $C_{st}(v) = [f_{sv} + f_{vt} = f_{st}]C_{sv}C_{vt}$.复杂度为 $O(n^3)$.

【例 O-5】跑路(luogu1613)

小 A 买了一个十分牛 B 的空间跑路器,每秒钟可以跑 2^k 千米($k = 0..63$).小 A 家到公司的路可看作一个有向图,小 A 家为点 1,公司为点 n,每条边长均为 1 千米.小 A 想知道他最少需要几秒才能到公司,保证有解.($n \leqslant 50, m \leqslant 10\,000$)

本题关键是不要被题意引导去思考原图上具体的走法,因为题述的"一步"可能很复杂.题意本质无非是求最小步数的问题,这就是 BFS 适用的场景.但本题中"一步"指在原图上走 2^k 条边,这个数量太过庞大.不过点只有 n 个,问题转化为:(高效求出)从 i 走 2^k 可达哪些点?这可行性问题对 k 显然有规约性.

(1) 状态:$f_{xyk} = $ 从 x 走 2^k 条边是否能到 y.

(2) 决策:中点(走 2^{k-1} 步)z:$f_{xyk} = OR_{z=1}^{n} f_{x,z,k-1} \& f_{z,y,k-1}$.

题目不限一步 k 取多少,可再令 $F_{xy} = OR_{k=0}^{w} f_{xyk}$($w = 63$ 称为位宽),$F_{xy} = 1$ 就是一步可达的充要条件.此解法称为倍增 Floyd 算法,复杂度为 $O(wn^3)$ [1].以 F_{xy} 为邻接矩阵的那个图可不严谨地称之为"倍增闭包".

* 高级话题探讨

Johnson 算法

现在来研究稀疏图 MSSP 怎么优化,不过这里用的方法论本身比答案本身更重要.如正权可枚举起点+Dijkstra 堆优化,复杂度为 $O(nm\log m)$.对负权图的方法想法很简单但可能出乎意料:将负权图转化成非负权图.思想还是属于图重构,单源最短路可视为是图上一种目标函数 $G \to \{D_u\}$,则换自变量而

---

[1] 理论上从 $k \to k-1$ 的过程是一种广义矩阵乘法,可优化到 $O(n^3\log w)$,但没必要也超纲了.

函数值不变或变化量已知这很正常①. 这里只考虑修改边权而不修改图结构(后者的影响不好控制). 什么叫"最短路不变"? 设同一图结构 $G=(V,E)$ 上两组边权 w 和 w',有以下两种定义.

(1) 弱等价性: $\forall s,t \in V$ 及 $s \to t$ 的任意路径 P_1,P_2,

$$w(P_1) < w(P_2) \Leftrightarrow w'(P_1) < w'(P_2)$$
$$w(P_1) > w(P_2) \Leftrightarrow w'(P_1) > w'(P_2)$$

即保持任两条路径的相对长度(严格)不变,则任两点间最短路径(方案)不变. 找到方案自然知道最短路. 更强的要求是保持任两条路径的长度差.

(2) 强等价性: $\forall s,t \in V$ 即 $s \to t$ 的任意路径 P_1,P_2,

$$w(P_1) - w'(P_1) = w(P_2) - w'(P_2)$$

先分析与 G 强等价的图有哪些. 设一组新边权 $\Delta_{uv} = w_{uv} - w'_{uv}$,可视为同结构的两图的差. 则强等价当且仅当 $\Delta(P_1) = \Delta(P_2)$,即两点间任意路径长度相同,此即例 L-5 提过的保守图②,其一个推论是所有环都是 0 环,如下图中间那个就是保守图.

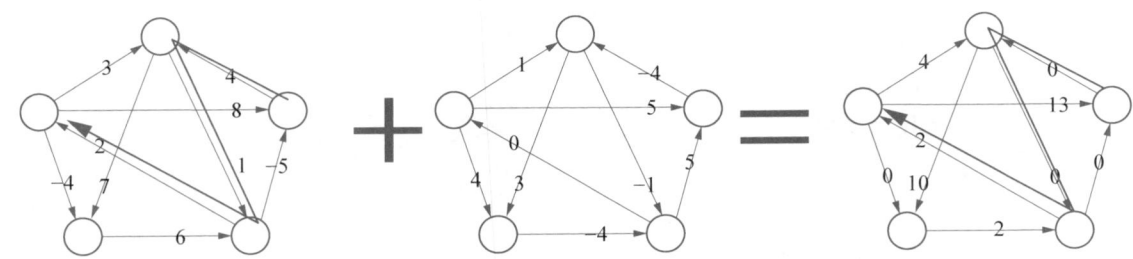

最短路等价当且仅当在原图上叠加任意保守图,那么保守图怎样构造? 定义点权 h_u = 保守图上 $1 \to u$ 的任意路径长度③,则对任意边 $u \to v$,考虑 $1 \to u \to v$,根据定义有 $h_v = h_u + \Delta_{uv}$,即 $\Delta_{uv} = h_v - h_u$. 即保守图的边权可由点权 h_u 唯一确定;反之对任意特定点权 h_u,定义边权 $\Delta_{uv} = h_v - h_u$ 显然是保守图,因为 $L_{s \to t} = h_t - h_s$ 只与起止点有关.

(3) 结论: w 与 w' 等价当且仅当对存在点权 h_u, $w'_{uv} = h_u + w_{uv} - h_v$. (其实 w' 就是原图在点权 h_u 定义下的松弛量)

接下来只要选一组 h_u 使 $w'_{uv} \geqslant 0$ 即可,这等价于原图在点权 h_u 下没有过紧边,则一组现成的解就是最短路 $h_u = D_{S \to u}$ (S 是超级源). 而求 D_u 则是单源最短路问题,做一次 Bellman-ford/SPFA 即可. 得到 w' 后再用枚举起点+Dijkstra 堆优化求 w' 下的 MSSP,而最短路方案不变,也就得原图的 MSSP.

$$D_{st} = \sum_{(u,v) \in P_m} w_{uv} = \sum_{(u,v) \in P_m} (w'_{uv} - D_u + D_v) = D'_{st} - D_{Ss} + D_{St}$$

以上方法称为 Johnson 算法,其核心是对势函数 h_u 的推导,代码则是 SPFA 和 Dijkstra 的组合. 下图是一个具体例子,圈内的是势函数,右边是改造后新的非负权图,其任意两点最短路与原图一致.

Johnson 算法相当于将边权的负权部分巧妙地转嫁到点权上,使得所有负权的影响全部转换到点权

---

① 这里所谓"转化"正确理解: 只是指求最短路意义等价,仅保持最短路不变或变化量已知即可. 想一下这样的逆问题: 构造一个图使 $1 \to u$ 的最短路 $= D_u$,很明显可行解会有很多,其中同时有负权和非负权图可行解也不足为怪,说明两个不同图完全可以有相同的最短路解. 读者可能疑惑的是如果总能转非负权,还要 Bellman-ford/SPFA 何用? 这一点看后文自然就明白了.

② 对有物理基础的读者,某种程度上图就是一种离散的场(或场是连续版本的图). 保守的含义大致指边权(场强)等于某种点权(势)之差(梯度),如物理上电场强度等于电势的梯度.

③ 实际由于 $1 \to u$ 可能不可达,可采取超级源的方式,以超级源为起点.

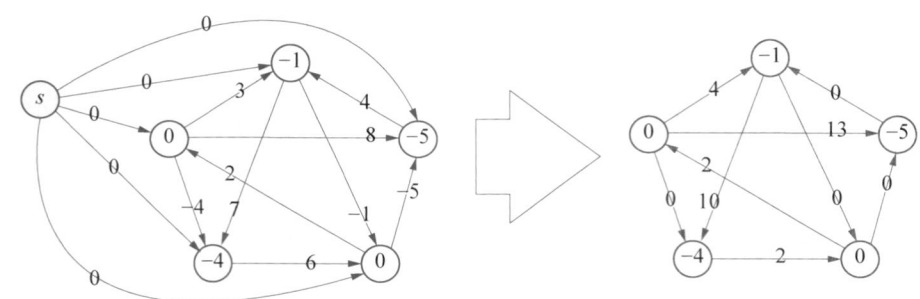

上. 从上图可看到算出来的点权都是非正的, 可理解为每个点相比其他点"最负"可以负到什么程度, 把这个部分算在点权上, 则边权剩下的就是非负部分了.

从差分约束角度, 如将原图视为 $\{x_i\}$ 的约束图, 则最短路表示所有可行解中某 2 个变量差分的最值: $D_{i \to j} = \min\{x_i - x_j\}$. 势函数相当于一组换元法: 令 $y_i = x_i + h_i$, 则 $D_{ij} = \min\{x_i - x_j\} = \min\{y_i - y_j\} - h_i + h_j$, 而原先每个 x 的约束转为 y 的约束, 相当于更换边权 $w'_{ij} = h_i + w_{ij} - h_j$. 则在新图上 $D'_{ij} = \min\{y_i - y_j\} = D_{ij} + h_i - h_j$, 与前面的结论吻合.

> **＊【例 N-6】删点 MSSP(删点多源最短路)**
>
> 输入一个有向正权稠密图, 有 q 个问询: 求 x 到 y 且不经过 z 的最短路. ($n \leqslant 300$, $q \leqslant 200000$, $1 \leqslant x, y, z \leqslant n$)

本题用 Dijkstra 暴力复杂度为 $O(qn^2)$; 因 q 特别大, 考虑预计算, z 有 n 种删法, 分别用 Floyd 算 MSSP, 即暴力预计算, 复杂度为 $O(n^4 + q)$, 空间为 $O(n^3)$. 其中空间可用离线思路优化: 将问询按 z 排序, 每问到一个新的 z 时再跑 Floyd 并复用之前的空间, 空间降到 $O(n^2)$.

时间上优化思路是增量式. 事实上 Floyd 本身就有增量式特征: Floyd 算完第 k 次循环时, 得到 $f_{ij}^{(k)} =$ 从 i 到 j 经 $1..k$ 中转的最短路径, 如只关心点 $1..k$ 的子图, 此时 $f_{ij}^{(k)}$ 正是该此子图上的 MSSP[1]. 从此意义看, Floyd 可理解为逐个加点求 MSSP[2]. 如不用滚动数组而将中间结果都保留下来, 则一次 Floyd 相当于算了 n 个子图的 MSSP.

但这还不能满足题目要求, Floyd "天生" 能算的子图是 $V - \{k+1..n\}$, 题目要求的则是 $V - \{z\}$. 而 Floyd 对顶点集又无很好的可加性[3]. 这里要利用如上加点顺序的对称性: 按任意顺序加点, 以上结论仍成立. 如以 $1, 2, \cdots, z-1, z+1, \cdots, n, z$ 顺序加点, 前缀就有 $V - \{z\}$ 了. 不过对不同的 z, 这种顺序又并不一致, 如每个 z 换一种顺序重算, 复杂度还是 $O(n^4)$. 退而求其次: 两种计算顺序如其某个前缀一样, 至少这个前缀可不用重复算, 到了差异处, 后续再分开算即可. 这样至少可以省出一部分前缀的计算量(如左下图所示).

剩下就是如何安排 $V - \{z\}$ 这些子集, 使之间尽量多的前缀重合. 如右下图是一种比较好的方案[4]. 每个节点内是一个顶点子集, 从根到叶节点有 n 条路径, 其上子集的(不交)并正好是 $V - \{z\}$, $z = 1..n$. 具体实现时在每个点上维护一个 Floyd 数组 f_{ij}, 其等于从父节点的 f_{ij} 上增加转移本节点集合中的点,

---

[1] i, j 的其他范围内 $f_{ij}^{(k)}$ 则是半成品, 没什么特殊含义.

[2] 严格说与典型的增量式有微妙差异. 真正的增量式指 n 个点完全算完后, 这时新增一个点, 快速更新整个答案. 这点 Floyd 是做不到的, 其必须事先知道整个图, 只是其中间结果包含了一系列子图的答案, 这些子图正好的"逐个加点"形成的, 而图本身并不能带修.

[3] 否则可预计算一系列顶点前后缀的答案再合并来实现删单点的效果.

[4] 思想来自于线段树, 这里暂且记结论即可. 规律是 u 的左/右儿子 ＝ u 兄弟节点的较大/小的一半.

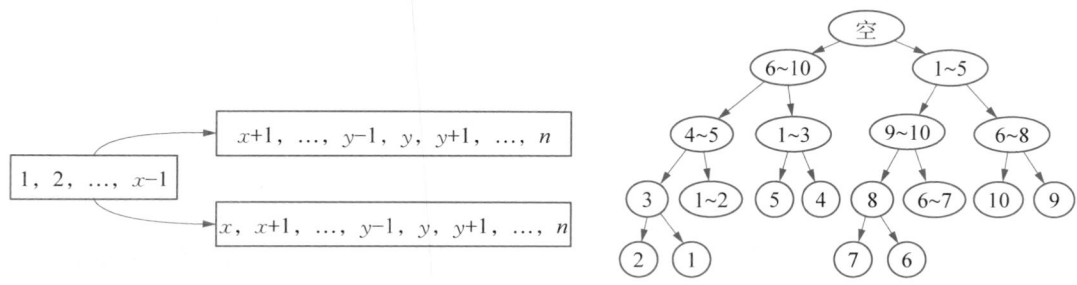

得到的新数组,则叶节点的 f_{ij} 就是题目要的答案.

树共 $2n-1$ 个节点,每层的子集互不重叠,故每层总共需计算最多 n 轮,每轮是 2 重循环,总复杂度为 $O(n^3 \log n)$;空间复杂度如全存的话是 $O(n^3)$,有一种方法是以 DFS 遍历顺序计算,则同一时间只需保存到根的一条路径,空间降为 $O(n^2 \log n)$,但这样则要求离线,即预先将问询按 z 排序,每遍历到一个叶节点得到对应 z 的答案.

以上算法称为 Floyd 分治[①],但其思想不仅适用 MSSP 问题,对任何求解"n 缺 1"这种集合上的目标函数,如目标函数对自变量集合的新增(insert)有增量式(但无减量式),此方法都是可行的,可把一个 n 降为 $\log n$.

*传递基

传递闭包是原图 G(二元关系)的极小母图 F,由 G 附加传递性生成.现考虑其逆操作:求原图的极小子图 H,使 H 附加传递性可以生成 G(当然也可生成 F).相当于在不破坏已知传递性前提下删图上有些边,如 $a \to b$,$b \to c$,$a \to c$,则 $a \to c$ 就是多余的.满足条件 H 称之为 G 的传递基[②].也可等价定义为传递闭包与 G 相同的极小子图,传递闭包相同是图全体上的等价关系,传递基可视为其定义的等价类的代表元.

(1) 存在性:显然(子图个数有限).

(2) 唯一性:对有环图可能不唯一.如完全有向图的任意 n 阶环都是传递基.对无环图可证明传递基是唯一的[③].

证明 不失一般性认为 $1..n$ 就是拓扑序,设 G 两个极小子图 $G_1 \neq G_2$ 其传递闭包都等于 G.将两图各自边 $u \to v$ 按先 u 递降后 v 递增排序.依次比对各边,必有第一次出现某边属于某子图而不属于另一个.设 $(u,v) \in G_1$,$(u,v) \notin G_2$,而 G_2 中 $u \to v$ 连通(否则传递闭包不同),$\exists (u,x) \in G_2$ 且 G_2 中 $x \to v$ 连通,$u < x < v$.由比较顺序及 (u,v) 是第一次不同,$(u,x) \in G_1$ 且 G_1 中 $x \to v$ 也连通.则 G_1 中边 (u,v) 是多余的,即 G_1 非极小,矛盾.

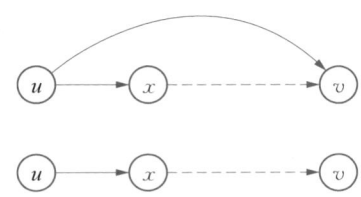

求解方法

(1) 暴力:每次尝试删 1 条边 $u \to v$,判断删后 $u \to v$ 是否还连通.复杂度为 $O(m^3)$.

(2) 合并后继集:维护每个点的后继集 $S_u = \{v \mid u \to v \text{ 连通}\} = \{u\} \bigcup_{u \to v} S_v$.按唯一性证明中的顺

[①] 是更一般的线段树分治的一种特殊情况.

[②] 这个名字是参照群论的基的概念杜撰的,也可能学术上有更正式叫法,但作者没有查阅到.还有一个看上去类似的概念称为传递核,指 G 的极大的满足传递性的子图.这两者是不同的概念.这些闭包、核、基之类的概念也可定义在别的二元特征上,如对称闭包.

[③] 不考虑重边(重边导致的不唯一性是平凡的),即简单无环图.

序加边.如加(u,v)前已有$v\in S_u$,则这条边不用加.否则按照加边顺序及拓扑排序,此边必须加.每次合并集合为$O(n)$,最多合并m次,复杂度为$O(nm)$①.

小　结

本章介绍了多源最短路,其核心 Floyd 算法写起来非常简单.需要重点关注的是其隐含的特征的建模思想,如选中间点为阶段(升维破环)、加点的"增量式",以及比较 MSSP 与枚举起点＋SSSP 的异同和关系.熟悉这些内核思想才能推广到更多场景.最后所说的势函数的概念和思想也是比较重要的.

至此本书第三部分已全部完成.需注意最短路径相关问题并非只限于这 9 章内容.虽作者力图全面,这也只是图论路径问题的最基础内容,况且题目是千变万化的.掌握算法思想和方法论才是关键.

下一章起将进入基础图论的另一个话题:生成树问题.其与最短路问题之间有相当程度的关联,但也有很大不同.希望读者在学习中时刻注意思考与之前知识的关联性,以及尝试应用之前讲述过的方法论.

习题

1. 书山有路 1(etiger1090).
2. 传球游戏(etiger47).
3. 社交网络(etiger1092).
4. 跑路(luogu1613).

---

① 用启发式合并之类的优化可以优化一下常数,但在图上应该无法降低复杂度的阶.

第四部分

分与合：生成树算法

生成树是基础图论另一大基本问题．其与最短路问题有某些内在关联，但也有不同方面．本部分第 P 章先介绍贪心法，其与最小生成树算法密切相关；第 Q 章引入生成树概念并介绍 Prim 算法，其与 Dijkstra 算法很相像；第 R 章介绍独立工具并查集；第 S 章入 Kruskal 算法．第 T 和 U 章分别介绍并查集和生成树的推广问题．连通分支合并/分裂是生成树问题建模的核心．

P 基础贪心法

研究生成树问题前先介绍一个相对独立的算法:贪心法,因为后面要多次用到此方法及思想.贪心法是基础算法中比较"奇葩"的一种,主要原因是此算法没有特别典型或普适的套路,也没有很特定应用领域[①].贪心法似乎是到处都可能存在,却没有比较明确的特征来判定某题目可否用此方法.这使此方法的应用很大程度上依赖于经验甚至灵感[②].当然并非贪心法完全只能靠拍脑瓜或碰运气,只是其理论和演绎基础相比其他基础算法较少且不系统.本章将尽可能总结一些尽量普遍的思路和场景.请读者在尽量思考深层次原理的同时,也要注重相对具体题目和场景的积累.

> **【例 P-1】看电影(最大不相交区间子集)**
> 有 n 项电影放映活动可以观看,第 i 部电影从时刻 s_i 开始,t_i 结束.求最多可以完整观看几部电影? 不允许结束和开始时刻恰好重叠.($n \leqslant 100\,000$,$s_i < t_i \leqslant 1e9$)

本题属最优区间子集[③]场景,电影 i 可视为时间轴上的闭区间 $[s_i,$ $t_i]$,题意即从 n 个区间中选最大的子集,使选中区间两两不交.作为贪心法第一题,先尝试用已有方法解解看.

因为选中区间不交,所以只能从左到右有间隔地分布,这符合序列切割场景(以选中区间右端点视为对时间轴的切割方案).用第 C 章的序列 DP 建模,由于时间轴的值域过大,不能直接以"第 t 分钟"做状态,可改为以选中(的电影编号)为状态.

(1) 状态:$f_i =$ 看完第 i 场后最多还能看几场.

(2) 决策:下一场看第 j 场. $f_i = \max\limits_{s_j > t_i} f_j + 1$.

(3) 边界:$f_{n+1} = 0$(设哨兵 $s_{n+1} = \infty$,$t_0 = -\infty$).

(4) 复杂度:$O(n^2)$.

首先原始编号并无意义,不妨按 t_i 递增重新编号,则根据定义 f_i 单调不增[④](剩余时间少看的不可能多),而 f_i 又是某些 f_j 的 max,则 j 越小越好,即最优决策 $p_i = \min\limits_{s_j > t_i} j$,这里出现了一种以前不曾出现的现象:DP 的最优决策与(其他)子问题的值无关,这时 DP 就有可能转为贪心法.

---

① 相比如 DP 大部分都是基于最优子结构,如 Dijkstra 算法很明确应用的于图论 SSSP 问题.

② 很多贪心法的题解经常是先给出结论,再反过来证明,甚至有时没有证明.一些非正式文字里有时会看到作者写"总之结论是对的但我也不知道怎么证明"之类字样,这在其他算法中是比较少见的.

③ 这类问题有部分可转为所谓区间图上的图论问题,如本题属于区间图最大独立集问题.不过区间图、独立集这些概念均超出本书范畴.

④ 还没正式讨论单调性的概念,不过直观上不难理解.本书第五部分将专门讨论单调性算法.

因最优决策已知,直接代入转移方程得 $f_i = 1 + f_{p_i} = 2 + f_{p_{p_i}} = \cdots$,而答案就是 f_0. 下标从 $i=0$ 开始每次令 $i \rightarrow p_i$ 直到 $i=n+1$,这里已没有决策的概念. 显然 $p_i > i$,即过程中下标只会严格变大,则只要令 j 从左往右扫,每次第一次扫到 $s_j > t_i$ 就令 $i=j$ 即可,复杂度为 $O(n\log n)$. 其中 $\log$ 仅来自排序.

```
for (int i = 0, j = 1; j <= n; ++j)
    if (s[j] > t[i]) ans++, i = j;
```

并非所有的贪心法都需要或可以从 DP 优化过来. 如能"猜出"这种贪心策略,则可以直接证明其正确性(而不需要从 DP 转).

直接证明贪心策略[①]

对任意可行解,如不选贪心选的 (t_i 最小的)那场,将此方案的第一场调整为 i,方案仍可行且总场次数没变少. 结论:至少有一种最优解包含贪心法选中的那场. 接下来与 i 冲突的自然不能选,剩余能选的则是一个子问题且也要最优[②].

以上作为题解比 DP 再优化简单的多,关键是怎么猜得出结论这没有万能的方法. 如猜测某种贪心策略,验证手段是比较套路化的:证伪只需找反例;证明则如上调整法是最常见的方式:对任意可行解,如不符合贪心策略,则进行某种调整使之符合,且方案仍可行并不会变差.

以下是一些看似有点道理但错误的贪心策略及其反例. 贪心法难就难在怎么找准正确的贪心策略.

(1) 每次选长度最短的能看的电影看

(2) 每次选最早开始的能看的电影看

这里还有个小小的逻辑 trick:每次选最早开始的不对,每次选最早结束的正确,但开始结束不是"时间反转"对称吗? 原因是这里默认是"从左到右"选,如果反转的话,应改为从右往左,即每次选开始最晚的才是真正的对称方案.

> 【例 P-2】教室安排(最小不相交区间子集划分)
>
> 共 n 门课要安排教室,每门课 i 都开始时间 s_i,结束时间 t_i. 如果两门课不重叠(结束时间和开始时间也不能重叠)则可安排在同一个教室. 求安排所有课程至少需要几间教室?($n \leqslant 1000$, $s_i < t_i \leqslant 1e9$)

题意要求将 n 个区间分成尽量少的分组,使每组内两两不交. 一种典型的错误做法是重复使用上题做法选出最多的一组,请读者自己想一想如何构造反例.

首先还是利用顺序无关的对称性,可规定每组内部以(右端点[③])从左到右顺序放入. 假设对前 $i-1$

---

① 这就是很多贪心法题解的写法,称之为自洽式的题解,即先给出结论再证明它是对的. 这种写法逻辑上没有问题,比较容易且有成就感. 但对读者来说更友好的(也是本书尽力追求的)则是演绎式的题解,即既给出结论,也给出怎么得出结论的过程.

② 所以贪心法一般也需要最优子结构(如果是最优化问题).

③ 这有点依赖经验,因为组内是从左往右放入,右端点决定了后续可放置的剩余空间.

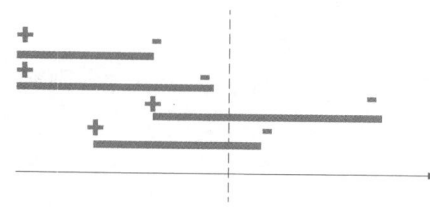

个区间的任意可行解①(分组方案),第 i 个区间只能接在某现有分组最后,或新开一组. 设之前每组的最右端为 $d_1..d_c$,c 为组数,则应接在 $\text{argmax}_{d_j < s_i} d_j$,即不冲突且"浪费最小"的那组. 令哨兵 $d_{c+1} = -\infty$ 表示新开一组.

证明 对后半程的任意可行解,如区间 i 没有接在贪心找到的分组 j 后,而是接在分组 k 后,则将区间 $i+1..$
n 中所有位于 j 组和 k 组的区间对换分组,则方案仍可行且分组数不变,并满足贪心策略. 则对任意前 $i-1$ 个的可行解,后半程的最优解中一定有一个满足贪心策略,则每一步都满足贪心策略.

至于怎么动态维护 $d_1..d_c$ 及找符合条件的最值,对本题规模暴力即可,复杂度为 $O(n^2)$. 如采用动态排序的 multiset 容器及二分查找则可做到 $O(n\log n)$,但这些与贪心法本身关系不大.

【例 P-3】修正带(最大厚度区间子问题)

小明写作文时,每次写错一句就马上会用修正带涂一段错误的地方. 已知他错了 n 次,第 i 次错误是从第 s_i 个字到第 t_i 个字. 写着写着有些地方修正带变得越来越厚,求最厚的地方有几层修正带?($n \leqslant 1000$,s_i,$t_i \leqslant 1000$)

本题是求一个最大的交集非空的区间子集,与前两题看似相似,但本题直接解法与贪心法关系并不大,先看下其两种常见解法,其方法论还是有推广意义的.

方法 1:扫描算法. 点 x 被区间 $[s, t]$ 覆盖当且仅当区间左右端点在 x 的两侧,所谓厚度即覆盖计数,

$$thick(x) = \sum_{i=1}^{n} [s \leqslant x \leqslant t] = \sum_{i=1}^{n} ([s \leqslant x] - [t < x])$$

其中,厚度$=x$ 左侧左端点个数(含 x)减右端点个数(不含 x). 可将所有 $2n$ 个端点排序,从左到右扫描并动态维护扫过的左右端点之差,即可随时获得当前位置厚度②,再求最大值,复杂度为 $O(n\log n)$.

方法 2:差分算法③. 此思想应用更广泛. 设 $f_x = $ 位置 x 处厚度,$ans = \max\limits_{x=1}^{R} f_x$($R$ 是值域). 每个区间相当于令 $f_{s_i}..f_{t_i}$ 每个加一(区间更新). 直接更新 f_x 每次是 $O(n)$,可转而维护 $g_x = f_x - f_{x-1}$,称为 f_x 的差分(difference),不难反推 $f_x = \sum\limits_{y=1}^{x} g_y$,故差分是前缀和的逆运算. f_x 区间更新对应 g_x 只需更改两个点:$g_{s_i}+$,$g_{t_i+1}-$. 则只需 $O(n)$ 就可得到最终的 g_x,再用前缀和求回最终的 f_x. 复杂度为 $O(n+R)$. 差分这个技巧在索引数据结构中很常用.

---

① 注意逻辑的微妙差异,是子问题的任意可行解而非最优解. 在最小分组问题中,明显的最优子结构只有对组的:去掉一组剩余的组数也最小,但这用处不大. 而对单个区间没有明显的最优子结构(去掉最后一个,剩余分组也最优),事实上这正是贪心法要证明的. 如直接在 $1 \sim i-1$ 最优基础上证明逻辑上属于循环论证. 所以必须证明对子问题的任何可行解,贪心策略都不劣.

② 含不含 x 的区分只要排序时对并列的优先左端点,则到 x 处左端点处理完右端点还没处理时的厚度就是 x 的答案. 也可通过微调左右端点来避开重叠:$s[i] -= ERR$,$t[i] += ERR$,ERR 是一个足够小的实数.

③ 差分其实可单独写一章,但其较为独立且在本书后续算法也无应用,故本书不系统介绍差分.

1	3	4	2	6
1	4	5	3	6

1	2	1	−2	4
1	3	1	−2	3

事实上以上两种方法本质上是一回事. 所谓"x 左侧的左端点数-右端点数"就是差分的前缀和. 方法 2 相当于就是用计数排序实现的方法 1；方法 1 则可视为值域 R 过大时方法 2 的离散化版本，排序就是实现的离散化.

Dilworth 定理①

对区间集合 $\{[s_i, t_i]\}$，$i = 1..n$，定义二元关系 $R = \{(i, j) \mid s_i > t_j\}$（右侧关系），不难验证 R 是严格偏序关系，R 定义的链就是不相交区间子集；反链是两两有交集的区间子集，即整体交集非空（有公共点）的区间子集.

例 P‐1 即求 R 的最长链，例 P‐2 求最小链覆盖，例 P‐3 求最长反链. 根据 Dilworth 定理，例 P‐2 和例 P‐3 的结果必相同. 理论上还有一个求最小反链覆盖问题，以区间表述为：求最少的分组数，使每组都有交集，答案与例 P‐1 相同②.

【例 P‐4】 排队等待（最优排列问题）

n 人排队办理手续领取获奖证书，只有一个柜台办理业务. 第 i 人用时 A_i，请问该如何排队才能使总的等待时间最小？（$n \leqslant 100\,000$，$A_i \leqslant 1e9$）

前面都是区间子集相关问题，现在换一个场景. 本题求的是 n 个数的顺序问题，即下标 $1..n$ 的排列. 这类问题不算太典型的贪心法，但与贪心法特别是证明用的调整法思想有重要关联.

排列一般用 $P = (p_1, ..p_n)$ 表示，p_i 表示原 A_i 现在排第几，则目标函数数学表达如下：$ans = \min\limits_{P} \sum\limits_{i=1}^{n} \sum\limits_{j=1}^{n} [p_j > p_i] A_i$. 内层求和号表示排在 A_i 后（要等 A_i）的有几个，这就是 $n - p_i$. 则 $f(P) = \sum\limits_{i=1}^{n} A_i(n - p_i)$. 假如 P 是最优解，则对 P 做任何调整，目标函数不会变优. 例如，将 p_i，p_j 互换，则有 $p_j - p_i$ 人少等 A_i 时间，而同样人数多等 A_j 得目标函数的增量

$$\Delta f = (A_j - A_i)(p_j - p_i) \geqslant 0$$

说明最优解中 $p_i < p_j \Rightarrow A_i \leqslant A_j$③，排名靠前的值不会大，这已经不用决策了，因为只有从小到大排序一种解④.

以上是一种理论上对所有最优化问题通用的分析手法. 具体说：对最优解做任何（通常是局部的）调整，如得另一可行解，则目标函数必不会变差（或者说增量是非优的）. 这是一切最优解的必要条件. 本题则是一种比较极端情况，即最优解分析直接把最优解构造/确定下来了. 最优化排列问题中，互换两个局部是最常见的调整方式，又称为交换论证.

---

① 忘记的读者可先复习第 B 章.
② 这问题直接求解就没什么好办法了，只能用 Dilworth 定理转化后再用贪心法.
③ p 没等号是因为排名不会并列.
④ 严格说这里还不算唯一方案，因为 A 值可能并列. 不过本题并列的 A_i 内部换序显然目标函数不变，故可唯一确定最优值. 有些题就必须考虑对并列的处理（如例 P‐6）.

【例 P-5】圣靴

有 n 块放射性原料,只有一条流水线可处理,第 i 块处理时间为 T_i. 未开始处理的原料 i 每单位时间造成 D_i 代价. 求最优的处理顺序使总代价最小.($n \leqslant 100\,000$)

本题可粗略理解为上题的带权版本,$D_i = 1$ 则退化到上题. 对最优化排列问题还是尝试交换论证法,找最优解的必要条件. 如对换相邻处理的 2 件物品 i,j,其他不变,则物品 i 多等待 T_j 时间,物品 j 少等待 T_i 时间,其他物品不变[1],最优解要求:$D_i T_j - D_j T_i \geqslant 0 \Leftrightarrow \dfrac{T_i}{D_i} \leqslant \dfrac{T_j}{D_j}$. 所以只要按 T/D 排序即可,不难证明 T/D 并列时,内部顺序不影响结果.

∗【例 P-6】值机安检(Johnson 法则)

机场里最费时间的两个步骤:值机+安检. 有 n 人在排队依次值机. 只有一个值机柜台和一个安检口,第 i 人值机需 a_i 分钟,安检需 b_i 分钟. 求这些人值机的最优顺序,使完成所有安检时间最早? 任何人必须先值机然再安检,即使这可能导致安检口有时不得不空等.

本题也是最优化排列,但代价的产生有互相约束的 2 个阶段,也有称为双阶段流水线最优化场景,流水线指一旦顺序确定,每个阶段都必须按确定顺序进行. 由于两阶段之间有约束关系造成一定困难,此题几乎很难直接"猜出"贪心方案,不得不依赖数学推导. 具体方法还是交换论证.

原始编号无意义,假设最优顺序就是 $1..n$,值机不可能空等,i 号完成值机时间就是 $A_i = \sum\limits_{k=1}^{i} a_k$;完成安检时间由前 $i-1$ 个人完成安检和自己完成值机决定:$B_i = \max(A_i, B_{i-1}) + b_i$($B_0 = 0$). 假设前 k 人不变,交换排 $k+1$,$k+2$ 的两人 x,y,看 B_{k+2} 的增量.

(1)交换前:
$$\begin{aligned} B_{k+2} &= \max(A_{k+2}, B_{k+1}) + b_y \\ &= \max(A_k + a_x + a_y, \max(A_k + a_x, B_k) + b_x) + b_y \\ &= \max(A_k + a_x + a_y + b_y, A_k + a_x + b_x + b_y, B_k + b_x + b_y)[2]. \end{aligned}$$

(2)交换后:$B'_{k+2} = \max(A_k + a_x + a_y + b_x, A_k + a_y + b_x + b_y, B_k + b_x + b_y)$.

最优解要求 $B'_{k+2} \geqslant B_{k+2}$(必要条件),注意直接以这个式子为比较器排序是不可行的,因为这个关系并非严格弱序(没有传递性),或者说相邻项都满足此关系的方案未必唯一. 所以需要从别的角度下手:如 $a_y \leqslant b_x, a_x, b_y$,则

$$a_x + a_y + b_y \leqslant a_x + b_x + b_y$$
$$a_y + b_x + b_y \leqslant a_x + b_x + b_y$$
$$a_x + a_y + b_x \leqslant a_x + b_x + b_y$$

---

[1] 可视为将 i,j 捆绑成一个整体,其内部换顺序不影响外部物品. 所以交换论证一般先尝试交换相邻项,可最大限度减小对排列其他部分的影响.

[2] 加法对 max 的分配率:$\max(a, b) + c = \max(a+c, b+c)$.

由这 3 条得 $B'_{k+2} \leqslant B_{k+2}$，也就是交换后方案不变劣. 推论:如 a_y 是 $a_1..a_n$ 和 $b_1..b_n$ 这所有 $2n$ 个数的最小值,则至少有一种最优解, y 排在第一. 同理可证,如 b_x 是 $2n$ 个数的最小值, x 排在最后,这就构成了一种贪心法,从小到大将每个人排在首部或尾部. 此种构造方式称为 Johnson 法则.

Johnson 法则有很大的实际意义,如在工厂中流水线处理多组不同订单的先后顺序问题,以最大效率地利用流水线. 基于实际情况还有推广到多阶段、带权等更一般性的版本,在此不再展开.

【例 P-7】划船(加和匹配问题)

n 个人的体重分别为 $x_1 \leqslant x_2.. \leqslant x_n$. 1 条船最多坐 2 人且总重不能超过 W. 求所有人都上船至少需要几条船. $(n \leqslant 1\,000\,000, x_i, W \leqslant 1e9)$

等价于问最多几条船可坐 2 人. 这个问题属于最大匹配问题[1],通用的解法是带花树,复杂度为 $O(n^3)$,不过这很复杂. 本题需利用更多的特殊性. 考虑最重的 x_n,如没人能与其同船 $(x_1 + x_n > W)$ 则其只能单独 1 条船. 否则会存在一个前缀 $x_1..x_i$ 可与 x_n 同船,直观上应选 x_i,因为一样带一个人,带重的必无坏处. 此种贪心方案太直观,不需要专门证明了[2]. 至于如何找 x_i,可用第 V 章所说的二分查找.

其实本题的贪心条件未必要如前那么严(这不直观):将 $x_1 \leqslant x_2.. \leqslant x_n$ 视为数轴上的坐标,同船的人以弧线连接来表示可行方案. 两条弧线只有 3 种可能关系:相离、相交、包含(如下图).

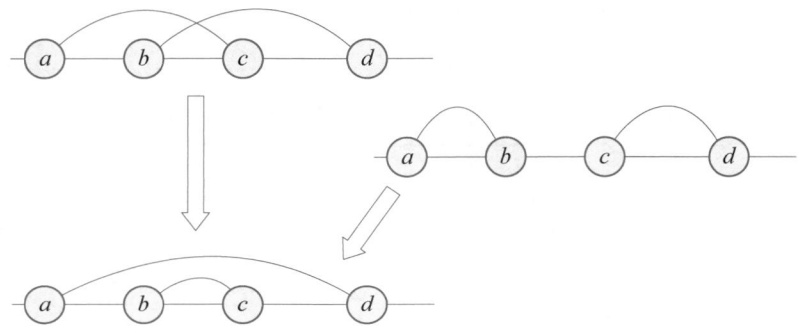

不难发现相交、相离两种情况都可调整为包含方式且一定还合法,说明存在一种最优解两两弧线都是包含关系,即最大配最小,次大配次小的"彩虹"形状. 则之前方法中 x_n 如有人可配对,配谁都有最优解. 包括与最小的 x_1 配(虽然违背直观). 这实现容易很多,只要设头尾两个指标对向移动,复杂度为 $O(n)$ [3].

```
int ans = n;
for (int i = 1, j = n; i < j; -- j)
    if (x[j] + x[i] > W) ans -- ; else i ++ ;
```

【例 P-8】合并果子

一个果园里多多已将所有的果子打了下来,且按不同种类分成了 n 堆,每堆初始重量为 $a_1..a_n$. 多多决定把所有的果子合成一堆. 每一次可将任意两堆果子合并到一起,消耗的体力等于两堆果子的重量和. 经 $n-1$ 次合并后就只剩下一堆了. 求 $n-1$ 次合并总消耗体力的最小值. $(n \leqslant 100\,000, a_i \leqslant 1e9)$

---

[1] 无向图中选最大的无公共点的边集. 此处以人为点,可同船的人为边.

[2] 有时最优解的某些局部只有唯一选择,或者某种选择显然不吃亏,这类简单情形下可以不用严格证明. 当然如何鉴定简单不简单本身是个玄学问题,只能视具体情况而定.

[3] 这个操作称为双游标,第 X 章还会专门介绍.

此题形式上有点像区间 DP 例 D-2,但两者是有本质差异的. 例 D-2 限制只能合并相邻两堆而本题可任选,这导致解法基本不同,但仍有一些思想性是相似的.

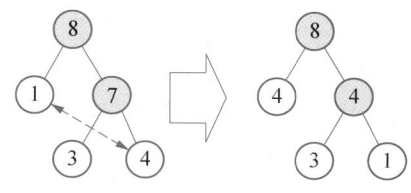

彼时曾以一棵二叉树描述合并过程,此处也一样[1],决策的是给定带点权的 n 个叶节点,求某种最优的二叉树结构. 一堆果子每合并一次就会被算一遍代价,而深度加 1,根据加法交换律,要最小化的目标函数可描述为 $\sum_{i=1}^{n} a_i d_i$ (d_i 是叶节点 i 的深度). 这个目标函数的最优解称为哈夫曼树,从理解角度也可称为带权平衡树,因如 $a_i = 1$ 则树是平衡的. 最优解由树结构和叶节点权值分布两部分决定. 先假设树结构固定,则集合 $\{d_1 .. d_n\}$ 固定,越小的 a_i 应与越大的 d_i 组合,这是数学上的排序不等式. 用调整法也易证明:假如最小的 a_i 不在最深层,将其换到最深层,方案仍可行而目标函数不变劣(也算是一种交换论证).

最深层显然至少有 2 个节点,最小和次小的 a_i 必须在最深层,同层内互换又不影响答案,则一定有一种最优解最小和次小的 a_i 在最深层且互为兄弟. 对应原题说法,一定有一组最优解首先合并 a_i 最小的两堆. 这就是贪心策略了. 合完这次后最优子结构是显然的. 所以每次选两堆最小的和合并就是最优解. 实现时需借助动态最值的数据结构,如 multiset/priority_queue,复杂度为 $O(n \log n)$.

【例 P-9】粒子碰撞

有 n 个粒子初始质量为 $a_1 .. a_n$,合并质量为 x,y 的两个粒子,会得到一个质量为 $2\sqrt{xy}$ 的新粒子. 问如何进行 $n-1$ 次合并使最终粒子的质量最小. ($n \leqslant 100\,000$)

此题形式上与上题类似,只是计算规则复杂一些. 仍可借用之前的方法,将方案用二叉树表示. 由于只有乘法和幂次,不妨都取一下对数,对数函数是全局单调的所以最优解不会变. 令 $b_i = \log_2 a_i$,则合并 i,j 结果质量的对数为

$$b = \log(2\sqrt{a_i a_j}) = 1 + (b_i + b_j)/2$$

与上题的差异是多了组合系数和常数项. 下面尝试得到最终答案的表达式,其也必然是 b_i 的线性组合加常数项. 对特定 b_i,每合一次系数就会除 2;而每个非叶节点会产生一个额外的常数 1,其往上每传递一次也会除 2. 则总贡献为

$$\log_2 ans = \sum_{i \in leaf} \frac{b_i}{2^{d_i}} + \sum_{j \notin leaf} \frac{1}{2^{d_j}}$$

式子虽没上题那么简单,但核心结论仍成立:给定树结构,权值越大的点深度越深;这反过来又决定了最优树结构就是每次合并质量最大的两个粒子.

【例 P-A】大胃王(部分背包问题)

大胃王的胃容量是 W 升,有 n 款饮料,第 i 种总量共 w_i 升,单价 p_i 元/升. 求填满肚子的前提下花费最少. 每种饮料不要求一定喝完. ($n \leqslant 100\,000$,W,w_i,$p_i \leqslant 1e9$)

本题没什么新东西,只是太经典的贪心法模板题,不提一下说不过去. 因物品可切割,相当于将 i 切割

---

[1] 相邻条件本质上相当于给定了中序遍历,而本题对树没有任何约束.

为重量 1,价格 p_i 的 w_i 个独立物品. W 必可占满,这时载重的约束相当于没有了.问题转化为从若干物品中选 W 个使 p_i 总和最小,自然应选 p_i 最小的 W 个.最后一个物品可能切割[①].

有些简单贪心策略非常直观,其正确性基本不需证明,甚至算不上是"算法"(如只是排个序).初学者往往误认为贪心法很简单,其实衡量算法难易更多在于其建模特征是不是明显,而不是实现有多难.

> **【例 P - B】性价比背包**
> 题目同例 F - 8.

本题典型的贪心法反例.错误的贪心策略是每次选单体性价比最高的.当然背包大都不是贪心法,本题的特殊处是贪心法似乎还可以"证明".

调整法:对单体性价比最高的物品 x,如任意可行解如没取 x,则将 x 加入性价比肯定不变差,也不会违反总重下限的约束.

结论:至少有一个最优解包含物品 x(贪心法的选择).这是个看起来很标准的调整法证明.反例如下.

$$n = 3, W = 5, w = \{1, 4, 100\}, v = \{10, 4, 150\}$$

(1) 贪心解:物品 1,3,总性价比 $160/101 < 1$.

(2) 最优解:物品 1,2,总性价比 $14/5 > 2$.

发现最高性价比的物品($x = 1$)确实在最优解中,即如上证明没错.但性价比次高的物品 3 没选,表面原因是物品 3 性价比虽高于物品 2,但其太重会严重"拖累"物品 1;物品 2 虽自己差一点,但对物品 1 的影响小,所以选物品 2 更优.

深层次原因是"性价比最优"这个目标函数没有最优子结构,即最优解抛掉其中一个物品,剩下并非一定是子问题的最优解,因为影响最终性价比的不只有子问题的性价比,还要看子问题与拿走那个物品的重量比例.所以贪心法大前提还是最优子结构,否则调整法成立也只能证明可以贪 1 步.

> **【例 P - C】守望者的逃离(部分贪心)**
> 恶魔猎手尤迪安率领娜迦族把守望者玛维困在一个岛上.岛会在 T 秒后沉没.守望者的跑步速度为 17 米/秒,还拥有闪烁法术,可在 1 秒内移动 60 米.每次使用闪烁会消耗 10 点魔法值.如原地不动,每秒可恢复 4 点魔法.已知初值魔法量为 M.求最多能跑多远.($M \leqslant 1\,000$,$T \leqslant 300\,000$)

本题容易看出 DP 的解法,中间状态依赖时间和剩余魔法值.

(1) 状态:$f_{tm} = t$ 时刻保留 m 点魔,最多能走多远.

$$f_{tm} = \max(f_{t-1, m+10} + 60, f_{t-1, m} + 17, f_{t-1, m-4})$$

(2) 复杂度:$O(MT)$.

注意每轮距离、魔法的改变量都很小(如 60,17,4)而 S,T 规模很大,也就是要操作很多轮.直观经验是先重复某种最优的周期模式[②],临近终点再微调.关键是如何把这事严格化,事实上就是各种找必要条件(最优解分析).首先不关心最后魔法值,所以有魔尽量闪掉必不吃亏.

(1) 推论 1:如初始魔法 $\geqslant 10$,先用闪耗完魔法.

---

① 因为总重固定,总价最低就等价于总性价比最低.
② 这里用了魔兽游戏的真实数据,玩过的选手占点经验便宜.有时题目有现实背景的时候,这种事情不奇怪.但千万不要把现实经验没有依据地代入题目.

(2) 推论 2:如回满 10 点魔则马上用掉.

(3) 结论:要么每次都足够闪烁,否则之后任何时刻魔法值不超过 $9+4=13$.

这样 m 的值域就可降为 13,复杂度为 $O(13T)$. 前面的这操作称为部分贪心,即在一定前提下(有魔),执行贪心策略不吃亏. 等贪心前提不成立,那么剩下的问题就多了一个约束条件(魔不超过 13).

沿用此思想还可以继续优化:在贫魔状态下是回魔+闪,还是直接靠跑? 回 10 点魔平均 2.5 秒,加闪的那一秒,平均速度为 $60/3.5\approx17.14>17$. 说明大体上倾向于回魔用闪,这就是贪心. 但贪到底显然是错的,例如只有 17 米,当然直接跑 1 秒就行了. 所以临近结束还得用 DP 决策一下. 假如跑步 ≥7 秒(119 米),则改为回魔 5 秒+闪 2 次,能走 120 米,且剩魔不变,不吃亏. 结论:跑步总时间不超过 7 秒,则 t 的范围减小为 7,复杂度为 $O(70)$. 这点复杂度打表就可以了.

【例 P-D】回家(反悔贪心)

一辆公交车最多可载 C 人,开始是空车,依次经过 n 个车站,有 K 乘客分别希望从 s_i 站上车,到 t_i 站下车. 你可决定是否让任何一名乘客上车,但一旦上车就必须送到目的地. 任何时刻不能超载,求至多能送达几位乘客?($1\leq K\leq 200\,000$,$1\leq C\leq 100$,$1\leq s_i<t_i\leq n\leq 100\,000$)

本题是一类特殊的增量式实现的贪心法,逐站模拟整个过程,并保证只考虑前 i 站上车的人时,总是维持最优方案. 假设前 $i-1$ 站开出时是最优解,现考虑第 i 站的决策:如车上空位(终点=i 的下车后)足够 i 站上车的人全上,则显然全上是最优的(即使前面牺牲一点收益空出更多位置,对 i 站也没额外收益);否则显然应让车上满人(因为是保证前 i 个站最优,第 i 站留空位没意义). 剩下关键就是让哪些人上,区别的只有 t_i,自然让 t_i 最小的那 C 个人上最有利. 注意这里也包括本来就在车上的,例如一个已经在车上的 t_i 大于要上车的,则这个车上的人要下车让给 t_i.

一种理解方式是"强迫"车上的人提前下车并不计算其收益,因为上车的人同样是 1 单位收益且会更早"兑现";也可理解为撤销车上的这个人,让他当初就不上车留着空位给后上车的人,这种操作就称为"反悔". 因为预留空位一定留是给后面上车的人,那么与其空着不如免费让前面的人坐半程,保证车是满的,不影响结果而方便贪心决策.

小 结

贪心法是比较依赖经验的一种算法,本章尽量试图理出一些方法论和场景,如从 DP 优化、调整法、最优解分析、交换论证等. 但大量贪心法题目还是没有特别成熟的切入套路. 还要靠选手自己多积累多总结[1].

习题

1. 高智商罪犯 1(etiger436).

2. 修正带(etiger396).

3. 长城(etiger371).

*4. 消防喷淋(etiger372).

5. 均分纸牌(etiger694).

---

[1] 第 S 章中将提到的拟阵概念也是一部分贪心法的理论基础. 但也不是所有贪心都基于拟阵,而且证明有拟阵结构和证明贪心法本身难度也差不多.

[*] **6.** 换炮（etiger398）.

7. 龙门飞甲（etiger416）.

参考文献

［1］周小博.浅谈信息学竞赛中的区间问题,2008 国家集训队论文.

Q 最小生成树：点增量实现

路径与生成树是图论两大基本场景. 之前章节主要注意力放在路径问题上, 也可理解为点对点连通性问题. 生成树刻画的则是图上全局连通性问题. 从此意义说, 两者有一定关联性, 因生成树有分岔, 一般比路径问题略难些.

在图的方向性方面, 路径问题及解法基本都是兼容有向/无向图的, 而生成树问题在有向/无向图上做法就有较大差异①(原因见后文). 本部分后续(第 Q 至 U 章)如无特殊说明, 默认都指无向图; 在解法方面, 基础路径/生成树问题都依赖最优子结构(方法论上还是子问题规约的思想), 但树的最优子结构表现更为复杂. 直观上路径大致是一维结构; 而生成树的核心是连通性和连通分支分布, 其结构比一维复杂.

有趣的是基础生成树问题解法实现(代码)却比最短路径只简单不复杂. 因为生成树的最优子结构最后可演化为贪心法, 这一点主要是因为树结构本身的特殊性. 读者不应就此认为生成树理论比路径理论简单. 请初学者切记生成树的核心是"连通性"而不是"树"②, 否则很容易被名词误导而看不到本质.

本章先介绍生成树的概念及基础性质, 并引入最小生成树问题及其一种解法; 第 R, S 章介绍另一种算法; 第 T 和 U 章讲一些衍生和变形问题.

无根树

一个无环③的连通无向图称为无根树. 此定义与常识的树结构看似不同, 区别主要是没有指定一个根节点. 严格说无根树才是树的本质的定义, 在此基础上再选一个根节点, 就是通常认识的有根树④, 而一部分树相关性质与根节点并无关系. 为强调与有根树的区别, 常把无根树画成如下这样没有明显根节点的样子.

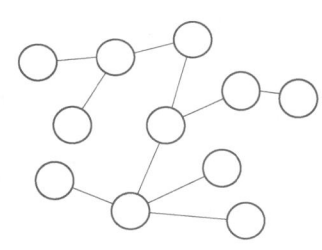

先来列举一些与无根树的基本特性(大部分是非常直观的).

性质 1(边数): 无根树有且仅有 $n-1$ 条边.

逐条加入各边, 每次最多减少一个连通分支⑤, 连通 n 个点至少要 $n-1$ 条; 反之如超过 $n-1$ 条边则必有一条边加入时连通分支数没减少, 说明其两端当时已连通, 则再加这条边就成环了. 对 n 个点的无向

---

① 或者说无向图上有针对性的专门做法. 其实生成树这个名词本身就仅限无向图, 其有向图版本则称为树形图. 本章高级话题讨论部分将简单介绍此问题. 目前为止联赛尚未正式考过树形图问题.

② 本质说生成树应叫做极小连通子图(后文会解释), 真正用到树本身性质并不多. 真正研究树结构上的算法领域称为树论. 因篇幅所限本书不正式介绍树论算法.

③ 如无特别说明本部分所说环都是指简单环(不经过同一个点/边超过 1 次), 如一条边上来回走不算.

④ 通俗说法"除一个(根)节点, 其他点有且只有一个父节点", 这种有根树的定义其实是不严谨的, 还缺一个连通条件. 例如 ρ 环就是每个点只有唯一一父亲.

⑤ 连通分支严格定义是极小连通子图, 即其本身连通而任何真子图不连通. 不过通俗理解成"连在一起的一块"即可, 不会造成什么问题.

图,①连通、②无环、③有 $n-1$ 条边,此 3 个特征中任 2 个都可推出第 3 个(请自行证明),所以任 2 个都可等价地作为无根树的定义.

性质 2(删边):无根树任删一条边,会分裂为 2 个连通分支.

如删后此边两点还连通,加上此边就成环,矛盾. 所以也称无根树为极小连通图(任何真子图不连通).

性质 3(路径特征):无根树上任两点间有且仅有 1 条简单路径.

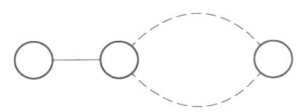

连通表示有路径;如有两条不同简单路径,则第一次分叉和第一次汇合间就形成一个环,矛盾①.

性质 4(加边):无根图上任意加一条边 u,v,会形成一个唯一的简单环.

此环必包含新加的边,而则其余部分必为原树上连接 u,v 的简单路径,由性质 3 保证存在性和唯一性②.

性质 5(子图规约性):无根树的任意连通子图也是无根树.

连通子图也无环. 这是生成树最优子结构的基础之一.

性质 6(缩点规约性):无根树的任意连通子图缩成一个点,还是无根树.

设子图有 n' 个点,由性质 5 缩掉 $n'-1$ 条边,还剩 $n-n'+1$ 点、$n-n'$ 边且还连通.

推论:任两个不相交的连通子图间至多只有一条路径(缩点+性质 3).

【例 Q-1】 建桥(权和最小生成树)

你有 n 个小岛,作为岛主你找人设计了 m 座桥,第 i 座桥计划连接 a_i 号和 b_i 号岛,桥是双向的,造价为 w_i. 你希望所有岛之间都能通过桥直接或间接连接,请问总共至少要花多少钱?($n \leqslant 100\,000$,$m \leqslant 200\,000$,$1 \leqslant w_i \leqslant 1e9$,如无解输出 -1)

题意为已知一个正权稀疏无向图,求权和最小边子集 T(子图),要求 T 连通所有点. 由 $w_i > 0$ 最优解不可能有环,否则删环上任意边仍连通且权和减小. 而又要求 T 连通,则最优解一定是无根树. 无向图上连通所有顶点的极小子图称为原图的生成树(spanning tree),可形象理解为原图的"骨架"③.

生成树的存在性当且仅当原图连通④;其最优化问题最基本的目标函数是权和最小问题,此问题称为最小生成树问题(minimum spanning tree,MST),是生成树场景的核心问题,类似最短路在路径场景中的地位⑤.

最优化总和的问题,加法有很好的单调性而无根树的连通子图又是无根树,可以尝试走 DP 的子问题 → 最优子结构的老路. 构造生成树的中间状态(子问题)是什么? 可考虑逐条边加入,中途是最终生成树上的一些连通子图. 描述子问题需知道哪些点已经连起来了,这对应顶点集的划分⑥. 根据性质 5/6,最后方案的权和由两部分组成(如下图所示).

---

① 至于如何高效地求这条路径则属树论问题.
② 加完后的 n 条边的连通无向图称为基环树或环套树,是无根树的一种变形结构.
③ 第 O 章称为传递基(保持传递闭包的极小子图),不过无向图的连通性比较单纯,其传递闭包就是每个连通分支形成一个完全子图. 无向图的传递基就是生成树.
④ 原图不连通时,每个连通分支上找一个生成树,并集称为生成森林. 有些问题在原图不连通时可自然推广到生成森林上. 后面看到算法在求生成树中途,就是森林形态.
⑤ 有读者可能会想到考虑一个图的所有生成树全体. 如有这样的想法是很好的. 不过这是一个复杂问题. 对给定无向图的生成树计数,有结论称为矩阵树定理(matrix-tree theorem),此算法较高端;暴力枚举生成树可用 DFS 枚举边子集,用无环做可行性剪枝,但复杂度很高.
⑥ 忘记什么是集合划分的读者请复习例 8-2,其总数是贝尔数.

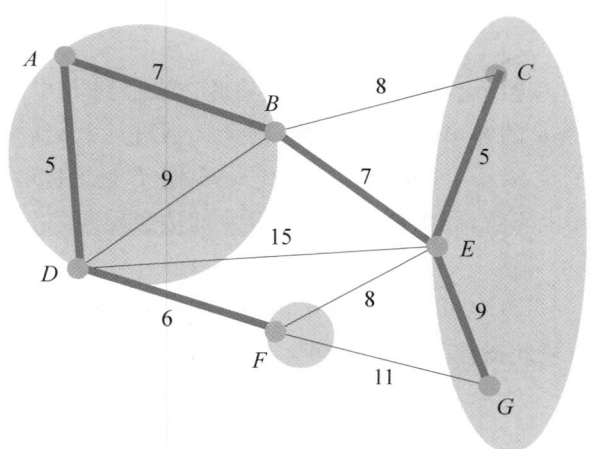

(1) 每个已连通分支内部(分支的生成树)的权和.

(2) 每个已连通分支缩点后新图的生成树权和.

由加法对参数值的单调性,此两部分中每个生成树都要最优,这就是最小生成树问题最基本的最优子结构.

下式是一个形式化的"转移方程",没有什么实用价值,但很好刻画了生成树问题最优子结构的本质[1].

$$F(G) = \min_{R}\Big\{\sum_{r \in R} F(G \mid_r) + F(G/R)\Big\} \qquad (*)$$

其中 $F(G)$=无向图 G 最小生成树的权和,R 表示顶点集的划分(也可视为 G 的子等价关系),r 是划分 R 中的一个分组,$G\mid_r$ 指顶点子集 r 诱导的子图,G/R 表示按划分 R 每个分组缩点后形成的新图.

利用加边顺序的对称性,可作一优化:记点 1 所在连通分支为 C,全图未连通时,从 C 至少还会向外部连 1 条边. 就以每次从 C 向外加一条边(C 增加 1 个点)为选边顺序,新加入的点与点 1(经已选边)连通,整个过程可视为以 1 为根生成树"生长"的过程. 如右图所示,图中箭头表示由 C 扩张的方向,即生成树上的父节点指向子节点,带圈的数字表示一种可行的扩张顺序(不一定唯一).

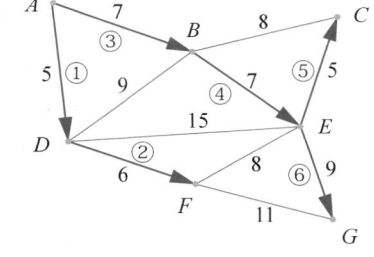

以此顺序,除 1 所在分支 C,其他点都是孤立点,即只涉及这类特殊的划分,用 C 就足以代表,转移方程可简化为

$$F_C = \min_{\substack{u,\,v \in C \\ Deg_C(v)=1}} \{F_{C-\{v\}} + w_{uv}\}$$

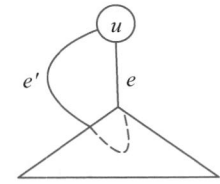

$Deg_C(v)$ 表示 C 中点 v 的度数,$=1$ 表示 v 在加 (u,v) 前是孤立点. 边界 $F_{\{1\}}=0$. C 的取值有 2^{n-1} 种,此方程理论上可以实现,维度 C 用压缩存储(参见例 9-6),以 $|C|$ 递增为顺序,复杂度为 $O(m2^{n-1})$. 这是沿常规 DP 能得到的最好结果. 也可视为以 C 分层的最短路径.

---

[1] 对 MST 解法有所了解的读者可能困惑于本书这套繁琐的铺垫. 确实要讲明白 MST 算法,只需直接抛出贪心法结论并予以证明即可. 但这不足以说清楚解法的本质和渊源. 故本书以一定的篇幅为代价,力图讲清楚这个贪心法从最优化问题的基础方法论出发怎么引导出来的.

Prim 算法[①]

考虑任意点 u 的最小邻边 e,如 e 不在最优解 T 中,将此边强加到 T 中,根据性质 4,$T \cup \{e\}$ 上有含 e 的唯一环,此环上必有另一条 u 的邻边 e',将其删掉,则 $T' = T \cup \{e\} \backslash \{e'\}$ 也是生成树[②](连通且 $n-1$ 条边). 而 $w_{e'} \geqslant w_e$,而 $w_{T'} + w_{e'} = w_T + w_e$,则 $w_{T'} \leqslant w_T$,但 T 是最优解,则 T' 也是最优解[③]. 这顺带解释了为什么贪心法在有向图上不行,因为调整后这个环上的边会反向.

结论:无向图任意点的最小邻边一定在某个 MST 中.

下面讲具体实现,开始 $C = \{1\}$(也可任选),找 C 的最小邻边 $C \to u$ 加入,令 $C = C \cup \{u\}$ 并缩点. 由 MST 对缩点的最优子结构,重复此操作直到 $C = \{1..n\}$ 即可. 此算法称为 Prim 算法,由于是逐个点加入,也称为点增量版本实现.

```
fill(d, d + n + 1, INF); d[1] = 0;
for (int i = 1; i <= n; ++i) {
    int MIN = INF, u = 0;
    for (int v = 1; v <= n; ++v)
        if (!ok[v] && d[v] < MIN) MIN = d[u = v];
    ok[u] = 1; ans += MIN;
    for (int j = 0; j < es[u].size(); ++j) {
        int v = es[u][j].t, w = es[u][j].w;
        d[v] = min(d[v], w);
    }
}
```

此代码颇为眼熟,因为跟 Dijkstra 算法极其相像[④]. 代码还有些细节需解释下:

(1) $ok[u] = $ 点 u 是否已在 C 中.

(2) $d[v] = $ 点 v 到 C 中点的最小距离(如 $ok[v] = 1$ 则 $d[v]$ 无意义,也不会再用到).

每次要找 C 外到 C 内的最小边,即 $ok[v] = 0$ 的 $d[v]$ 的最小值.

(3) u 加入 C 后,更新 u 的所有邻点 v,$d[v]$ 可能缩小到 w_{uv}.

复杂度为 $O(n^2 + m)$,同 Dijkstra. 同理[⑤]在稀疏图上,求 u 的部分可用堆优化做到 $O(m \log m)$.

最后说下负权图"MST 问题",此问题本身就有 2 种版本. 第一种与原题一样求最小权和连通子图,但此时最优解不一定是树(极小连通子图),因负边对连通性和权和小都有利,不选白不选,故将负权边全选,如全图已连通则就是答案,否则将已连通的分支缩点,则新图上只有非负边,再求非负权图 MST. 如求最大权和连通子图只需要将边权取反,再用如上方法;另一种版本是限定只选 $n-1$ 条边且连通(则必是树)的最小权和子图. 此时对照本题贪心法的证明过程,可发现并未到边权非负的条件,故 Prim 算法仍成立.

---

① 这里不得不以非演绎的方式先给出贪心结论. 最理想的是从前述转移方程得到最优决策. 但作者暂未想到太好的办法.

② 原树上删 1 条边再加另 1 条边如还是树,这种树的全体称为原树的邻集.

③ 这里为何不用减法呢,因为后文换别的目标函数时,不一定有逆运算.

④ 后文再专门解释这一系列问题代码相似背后的逻辑.

⑤ 一个挺重要且实用的方法论:有时数学/代码上形式相似就足够了. 对形式相似的一方,可做的操作(如优化),对另一方也可尝试,即使不明白其逻辑含义. 这也是数学抽象的目的之一. 当然事实上大部分形式相似的背后是有逻辑原因的,如最短路和最小生成树,具体见后文.

【例 Q-2】最短网络 2(最长边最小生成树/瓶颈生成树)

Lester 要在镇上建立局域网,并连接到所有 n 个农场.两两农场之间距离各不相同.恰逢供应商推出神奇的优惠,只收取最长的一根光纤的费用,其他线路免费.求最小成本是多少.($n \leqslant 100\,000$)

第 J 章层研究过权和最短路和最长边最短路,本题则为最长边最小生成树,修改了计算权和的目标函数,由 sum 改成 $\max$.而前述证明只用到了目标函数对参数值的单调性,此 $\max$ 也具备.具体说,证明中核心步骤改为如下即可.

$$\begin{cases} w_{e'} \geqslant w_e \\ \max(w_{T'}, w_{e'}) = \max(w_T, w_e) \end{cases} \Rightarrow w_{T'} \leqslant w_T$$

```
fill(d, d+n+1, INF); d[1] = 0;
for (int i=1; i<=n; ++i) {
    int MIN = INF, u = 0;
    for (int j=1; j<=n; ++j)
        if (!ok[j] && d[j]<MIN) MIN = d[u=j];
    ok[u]=1; ans = min(ans, MIN);
    for (int j=0; j<es[u].size(); ++j) {
        int v = es[u][j].t, w = es[u][j].w;
        d[v] = min(d[v], w);
    }
}
```

这里更有趣的事发生了,此代码与上题(权和 MST)比较除计算 ans(波浪线部分)处写法不同,其他部分完全相同.而 ans 值又不会反过来影响其变量,如与生成树有关的 d,u,v 等.

结论:Prim 算法求出的权和最小生成树和瓶颈生成树是同一棵.

注意并非说两者完全等价,显然瓶颈生成树要求宽松一些.如左下图就存在瓶颈生成树不是权和 MST,如 4,9,16 三条边组成的生成树.但反过来是对的,下面给出一个更一般性证明:权和 MST 都是瓶颈生成树.方法还是反证+调整法.

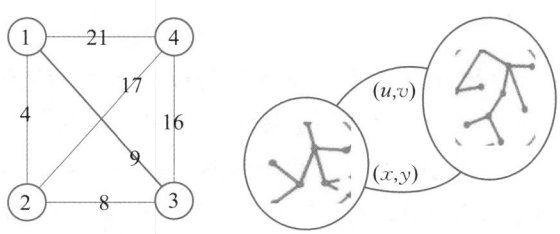

设 T 为权和 MST,T 的最长边为 e.假设存在另一生成树 T',其最长边 e',且 $w_{e'} < w_e$.在 T 中删掉 e,得 2 个连通分支 A,B.而 T' 是连通的,则 T' 中存在跨 A,B 的边 e'',则 $T'' = T \cup \{e''\} \backslash \{e\}$ 还是树(连通且 $n-1$ 条边),则

$$w_{T''} = w_T - w_e + w_{e''} \leqslant w_T - w_e + w_{e'} < w_T$$

即权和 T'' 比 T 更优,矛盾.即任何生成树最长边都 $\geqslant w_e$,则 T 也是瓶颈生成树.

最后整理下与此代码相似的几个场景,有最短路和最小生成树、目标函数 sum 和 $\max$ 共 4 种场景[①].其代码都是类似 Dijkstra 的形式(n 轮找最值+"松弛"),只有松弛的具体形式不同.

① 权和 SSSP:$d_v = \min(d_v, d_u + w_{uv})$.

② 最长边 SSSP[②]:$d_v = \min(d_v, \max(d_u, w_{uv}))$.

③ 权和 MST:$d_v = \min(d_v, w_{uv})$.

④ 最长边 MST(瓶颈生成树):$d_v = \min(d_v, w_{uv})$.

其中③④的写法完全相同,前已证明③的解集是④的子集,Prim 算法求出的是其交集中的解;②③也有紧密联系:最长边 SSSP 即找起点到其他点的各一条路径,每条路径上最长边都最小.考虑这 $n-1$ 条最优路径的并集,其显然连通;如两条路径形成环,由于都是最优解,沿环两侧走一定等长,可调整为统一往一侧走.结论:一定有一组最优解的并集是生成树,称为最长边最短路生成树.事实上这个生成树一定也是瓶颈生成树.注意反之瓶颈生成树并不一定是最长边最短路生成树,其只保证到最远的那点最长边最优,而最短路生成树要求到每个点都最优.

证明 设最短路生成树和瓶颈生成树的最长边分别为 w_D,w_T,则 $w_T \leqslant w_D$;瓶颈生成树上起点到任意点都有一条可行路径,最长边都 $\leqslant w_T$,而最短路生成树上两点间都是最长边最优解,不可能劣于对应瓶颈生成树的可行解即 $w_D \leqslant w_T$.则 $w_T = w_D$.

从另一直观角度看,此事相当于将边按权值从小到大逐条往里加[③],直到全图连通,此时生成树和最短路同时有解,而加边方式保证最长边最短.所以在最长边意义下,最短路(Dijkstra 算法)和最小生成树(Prim 算法)确实可以基本看成一回事了,代码相似也在情理之中.

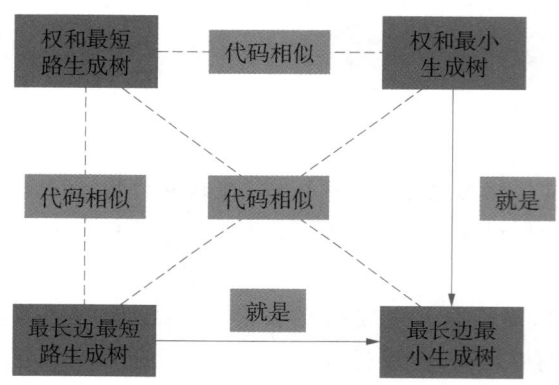

【例 Q-3】造物主

作为造物主你要创造 n 个物种.每个物种的基因序列由一个长 5 的字符串代表.1 号物种已经存在,其他物种会按照你指定的顺序依次从已有的物种衍化而来.某物种从另一物种衍化出来时会消耗能量块,数量等于这两个物种基因序列中总共出现的不同字符的个数.如由 $ABCDE$ 生成 $FGABC$ 需要 7 个能量块.不同物种的序列都不同.求造完 n 个物种至少消耗多少能量块?($n \leqslant 100\,000$)

此题主要是将题述故事情节转化为图论模型,过程还是很直观的.

(1)n 个物种可视为 n 个点.

① 这里仅限无向图.虽 Dijkstra 算法也适用于有向图,但 MST 只在无向图上有定义.如硬把 Prim 算法放到有向图上去执行,求出来的什么也不是(并非期待中的最小树形图).

② 也可称为瓶颈最短路.

③ 本质上是枚举答案思想,此方法将在第 W 章介绍.

（2）由物种 x 创造 y 可视为边 $x \to y$，代价＝边权．

虽创造是有方向的，但 $x \to y$ 和 $y \to x$ 代价相同，故可视为无向图．

（3）从物种 1 开始，（中途）已创造的是包含点 1 的连通分支 C.

创造新物种相当于从 C 连一条新边到 C 外的点．

（4）最后得所有物种所选边组成的子图连通．

（5）每次创造一个新物种，共需 $n-1$ 次，即选 $n-1$ 条边．

至此已证明每种方案一一对应一个生成树[1]，要求总边权最小，即 MST. 写的时候注意此题的边权是由规则生成的，可以不用存图，直接根据规则来扩边，至于怎么求边权是独立的简单字符串问题．本题为稠密图，复杂度为 $O(n^2)$.

【例 Q-4】可汗怒吼（MST 求方案）

在 Lester 大神统治的宇宙共有 n 个星球，星球的位置用四维坐标 (x, y, z, t) 表示．总部在星球 1，Lester 需要建立 $n-1$ 条星际航道来连接所有星球．两个星球间的距离为 $d = |(x_1 - x_2)^2 + (y_1 - y_2)^2 + (z_1 - z_2)^2 - (t_1 - t_2)^2|$. 求所有航道长度之和的最短的前提下，从总部到达其他星球的总航程．保证最优解唯一．（$n \leqslant 1000$）

本题是边权由规则生成的稠密图，最优解就是 MST，并还要求 MST 上别的目标函数：每个点到点 1 的距离和，即以 1 为根时所有点的带权深度和．求树上各点深度严格说属于树论，但此问题很简单，现在也能做．

（有根）树是天生的递归结构，常见的思路是以子树代替子问题．设 $f_u = u$ 的深度．则 $f_u = f_{p(u)} + w_{u, p(u)}$（$p(u)$ 表示 u 的父节点），可视为转移方程，以 DFS 序计算即可．剩余问题是把个最小生成树方案（结构）求出来．

MST 求方案时 Prim 算法是较好的选择，因为 Prim 的扩展过程带有方向性，从"树内"的点 u 往"树外"的点 v 加边，显然 u 就是 v 的父节点．可在更新 d_v 的同时更新 f_u 即可．其他不带方向性的 MST 算法（见后文）则只能在求完 MST 后单独再求方案[2]，下面是松弛部分代码．

```
for (int v = 1; v<=n; ++v) {
    int w = calcW(u,v);
    if (!ok[v] && w < d[v]){
        d[v] = w;
        f[v] = f[u] + w;
    }
}
```

这里是规则生成的图，所以没有邻接表，calcW 为计算边权．注意由于要维护 f，不能用 $d[v] = \min(d[v], w)$ 这种写法，必须 d 真的更新且 v 是外面的点才能更新[3].

注意题目保证最优方案唯一，否则如果 MST 有并列，并不能保证深度和是一样的，右图就是一个简单的反例．

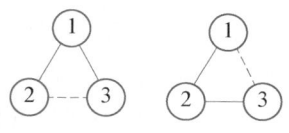

---

[1] 理论上"方案＝边集＋创造顺序"，但显然顺序不影响总代价．

[2] 如 S 章 Kruskal 算法求完 MST 后只知道选中了哪些边，即生成树的边表，需要将这些边建邻接表，再通过一次遍历（DFS/BFS）来确定父子关系．

[3] 对 Prim 算法 $ok[v]=1$ 的 $d[v]$ 还可能被继续改小（这点与 Dijkstra 算法不同），但这个值已经没有用了．

＊高级话题探讨

Boruvka 算法

Prim 算法出发点是任意点的最小邻边在某 MST 中，则每次都可（贪心）确定一条边．对不直接相邻的 2 个点，其最小邻边显然可视为同时加入（相当于第 1 步缩点后换一个新的点找第 2 条边）．进一步则产生这样的猜测：所有点的最小邻边都在同一个 MST 中．设所有点的最短邻边集合为 M．为避免边权并列引起的叙述问题，可以边的原始编号为第二关键字，则每个点的最小邻边唯一．先要证明 M 中所有边在同一个 MST 中[①]．

思路还是 Prim 算法的调整法框架：任选一个最小生成树 T，如存在某点 u 的最小邻边 $e \notin T$，则强制将 e 加入 T，替换掉形成的环上 u 的另一邻边 $e' = (u, v)$，而 $w_e \leqslant w_{e'}$，新的生成树不会变劣．唯一问题是如 e' 正好是 v 的最小邻边（e' 也在 M 中）怎么办？那就改删环上 v 另一侧的邻边 (v, x)，同理 $w_e \leqslant w_{e'} \leqslant w_{vx}$；如 (v, x) 又是 x 的最小邻边则继续往前找．这过程不可能无限进行下去，因为删到整个环上的最小边，就一定会终止了．则最终将 e 加入 T，而不会删掉任何其他的 M 中的边，且还是最优解．最后整个 M 都可被调整进来[②]．

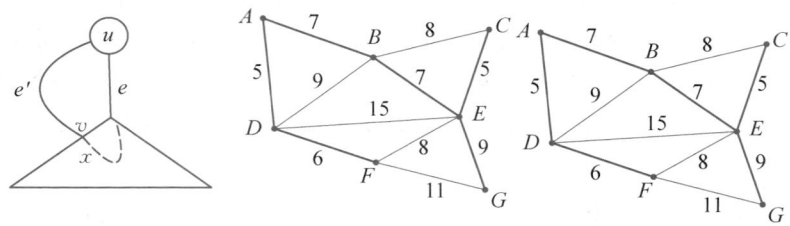

但问题并未结束，因为 $|M|$ 很可能 $< n-1$，即全图并未连通．这时还是把已连通的部分缩点，重复如上操作即可．因为不太常用，就不讨论实现细节了．这个算法称为 Boruvka 算法，其复杂度最坏为 $O(m \log n)$．如右上图中此过程进行 2 轮就结束了．

最小树形图

最后简单看看有向图版本问题．有些问题在有向无向图上没有本质区别，有些问题则相差较大．连通性相关的问题大多属后者．无向图连通性就是直观的"连在一块"；有向图则分弱连通（直观的连在一块）、强连通（两两双向可达）、半连通（两两单向可达）等不同版本．生成树的核心是连通性，在有向图上自然更加复杂．

如从有向图某点出发可单向到达其他所有点，称此图为流图；从某点到所有点的有向生成树（边都由父指向子）称为树形图（Arborescence），树形图也有 $n-1$ 条边．最小树形图即求边权和最小的树形图．此处暂时只考虑正权图．

求最小树形图最常用的是朱刘算法（朱永津-刘振宏），其大致思想跟 Boruvka 相似．树形图除根节点每个点有且只有一条入边，先贪心选每个点的最小入边（并列可随意选），如此边集正好无环，则就是答案[③]了；

[①] 读者可能疑惑 n 条边怎么可能在一个生成树中？因为有些边同时是两个端点的最小邻边，例如全局最短边就一定是．所以去重后至多有 $n-1$ 条．

[②] 第 S 章学习 Kruskal 算法后，从 Kruskal 的角度看这个结论更简单，彼时还会在提及．

[③] 一个推论是无环图的最小树形图就是除根节点的所有点的最小入边集合．

否则这些环也不会相交（那样会有点有2条入边），且每个环上有且仅有1条边不在最优解中[1]，同时这条边的终点是环上唯一入边在环外的那个点．可将每个环缩点，并将每条入边的边权减去终点在环内的入边边权，表示选一条环外的入边，替换掉环内的对应入边．产生的额外代价如下图所示．

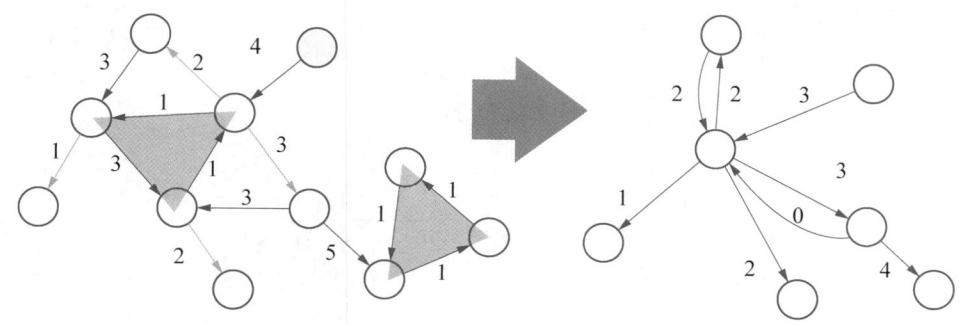

如此反复操作直到最小入边的集合无环（注意缩点时要剔除自环），则最后的边权和就是答案．如要求方案则再按缩点顺序的逆序逐个展开环并接上环内部分即可．朱刘算法具体代码请读者自行查阅资料，复杂度最坏是$O(nm)$．

小　结

本章介绍了最小生成树的Prim算法，此算法实现不难而且很类似Dijkstra算法，模板代码没什么难度．请读者还是注意问题本质，首先生成树问题的核心是连通性（而不是树结构本身），其最优子结构也是以连通分支分布为基础的．生成树建模的一些常用技巧有删/加边、缩点、调整法等．

习题

1. 最短网络2(etiger155)．

2. 买礼物(etiger163)．

3. 造物主(etiger591)．

*4. 忽悠奶牛(etiger164)．

*5. 无限太空(etiger384)．

*6. 执剑人(etiger618)．

附录　朱刘算法核心结论证明

证明　最小入边组成的环上有且仅有1条不在最小树形图上．

存在性显然，只要证唯一性．设最优解为B；最小入边集合为T，有向图不会有2点共享最小入边故$|T|=n-1$．以B为基准考虑在T中而不在B中的边$u \rightarrow v$的分布．

（1）情况1（前向边[2]）：B中u是v的祖先，则用u替换掉B中v的父节点，仍是树形图且权和不变（因为$u \rightarrow v$是v的最小入边，而B已经是最优解），如左下图．

（3）情况2（横向边）：B中u，v没有直系关系．同理替换，结论同上，如右下图．

（3）情况3（后向边）：B中u是v的子孙，这时不能如上调整，否则将成环．

---

[1] 此证明有点复杂．作者找了很久没有找到完整证明的参考文献．为保证读者阅读逻辑的完整性，在最后的附录里再附详细证明．也许不是最简单的证法．

[2] 此分类在第G章提到过．

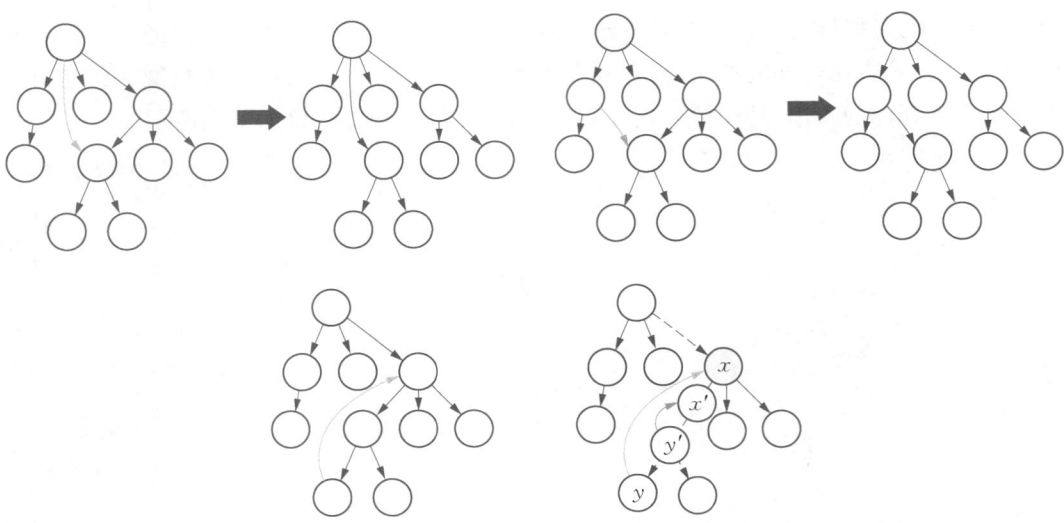

结论:不在最优解中的最小入边,一定是最优解上的后向边.

对 T 中的任意环,设其在 B 中深度最小点为 x,则 x 的最小入边 $y \rightarrow x$ 只能是后向边,即 y 是 x 的子孙(参见右上图).下证环上其他边全在 B 中:假如环上还有其他边不在 B 中,则从 x 开始沿环走,在到 y 前肯定还会遇到别的后向边,设第一次遇到后向边为 $y' \rightarrow x'(y' \neq y, x \neq x')$.则到 y' 之前只能沿树形图 B 往下走,即 y' 是 B 中 x 的子孙.而 $y' \rightarrow x'$ 是后向边,则 x' 是 y' 祖先,而 x' 深度又大于 x,故 x' 是 x 的子孙.再由 y' 的选法,从 x 沿环到 y' 之前没有离开过 B,则 B 上 $x \rightarrow x' \rightarrow y'$ 这整段都在环上,即 T 内.这样则 x' 在 T 中有 2 条不同入边:一条从 B 上 x' 的父节点来,一条从 y' 来,矛盾.

R 并查集

本章暂时离开主线,介绍一个常用的重要数据结构:并查集.并查集是处理某类(只合不分的)动态连通性问题的最佳工具,而生成树就是以连通性为核心.并查集主要思想包括增量式、图重构、延迟更新等,其应用不限于生成树问题,且本身也有多种推广/衍生结构.第 T 章将专门介绍并查集的变形与拓展.

> **【例 R-1】攀亲戚 3(加边动态连通性)**
>
> 你想知道皇帝是不是你的远方亲戚.一开始你什么也不知道,并依次获得 m 条信息:第 i 条信息为 a_i 和 b_i 是亲戚.你的编号是 0,皇帝的编号是 1,最大编号为 $n-1$.每得到一条新信息,你需判断此信息是否冗余.(冗余指根据之前的信息已能推知 a_i 和 b_i 是亲戚,$n \leqslant 100\,000$,$m \leqslant 200\,000$)

题意为一个 n 顶点的无向图,初始没有任何边,每加一条新边并问询此边的两端之前是否已连通.传统 DFS/BFS 判连通性是静态的,即给定整个图后才能遍历.例 G-5 中,利用加边只会导致连通分支合并这一事实,使用增量式 DFS 的方式来动态维护每个点 u 所述连通分支编号 id_u,再通过比较 id 判断两个点是否连通.此方法主要耗时在于每次合并需要重新遍历其中一个分支,更新每个点的 id,好在之前找到了一种聪明的合并方式(启发式合并),使复杂度控制在 $O((m+n)\log n)$,但此仍非最优解法,至少有两个方面有优化余地.

(1) 连通性等价的意义下,不需保留所有边(边数可精简)[①].

(2) 合并要更新一整个分支,能否减少更新量,只要维护住连通分支的完整信息.

因查询 $O(1)$ 性能与更新不对称,可设法让查询"分担"一部分更新的开销.

先考虑第一点,连通性(连通分支的分布)等价上章已给出结论:一个连通分支的极小连通子图就是生成树[②].只要(动态)维护每个连通分支内的一棵生成树(当前图的生成森林),就可把有效的边数降到 $O(n)$;在此基础上,第二点也不显得那么抽象了:既然维护了生成森林,问询连通性等价于判断两个点是否在同一棵树,这只要比较一下两者的根节点即可.求根节点可以沿父节点往上找寻,而不需要随时记录每个点的根 $id_u = root_u$[③].

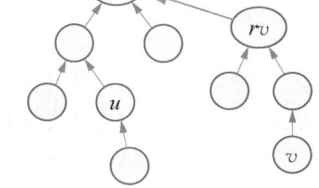

下面来看具体实现,要求森林中单点的根,只要维护每个点 u(当前的)父节点 p_u.对根节点(没有父节点)可设个特殊标记,如 $p_u = u$ 或 $p_u = -1$,这里选前者,原因见后文.

(1) 求 u 的根节点:沿 p_u 不停找直到 $p_u = u$.

---

① 题目也说了有一些边是冗余的(不影响结果),这些冗余边可直接无视.

② 本质上是一种图重构,保持连通性不变前提下修改原图.等据是顶点按连通分支的划分相同.

③ 即用根节点充当 id_u 的作用.之前方法相当于每次更新后暴力预计算全部答案.

(2) 合并 u，v 所在的树：先找到 u，v 各自的根 ru，rv，再令 $p_{ru} = rv$.

以上这种森林就是并查集，其可动态维护一组集合，支持在线查询两个元素是否在同一集合，以及合并两个特定集合[1]. 核心代码如下.

```
int getRt(int x) { // 返回 x 的根节点
    return p[x] == x ? x : getRt(p[x]);
}
void unite(int x, int y){ // 合并 x, y 所在的树
    p[getRt(x)] = getRt(y);
}
....
for (int x = 0; x<n; x++) p[x] = x; // 初始化
```

写成递归除了编码简单，还有其他原因见后文；合并时严格说应先判断 x，y 不在一起（$getRt(x)!=getRt(y)$）才能合，但因约定根节点 $p_u = u$，如 x，y 在同棵树则此赋值等于什么都没做，所以可兼容（别忘了初始化 p）. 由于随加边随处理并查集连边表都不用存，只需 $O(n)$ 空间，这是一个附加优点.

性能优化

问题还未彻底解决. unite() 依赖 getRt()，时间复杂度要看 getRt()：循父节点找根的速度取决于 x 在树上的深度，最坏情况下是 $O(n)$. 优化方法一还是启发式合并，选 $p_{ru} = rv$ 还是 $p_{rv} = ru$ 不影响结果，则将小的分支往大的分支接可控制树的高度在 $O(\log n)$. 具体原理例 G - 5 已解释过.

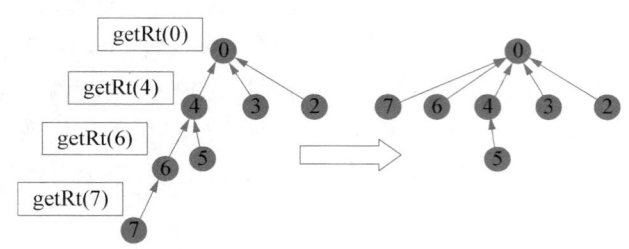

另一种方法叫路径压缩. 其思想来源有两个：①连通性未必要用（原图的）生成树表示，树结构可以调整，只要根不变就行（图重构思想）；②强制全部预计算 id 虽太极端，但如能在代价不太大的前提下"顺便"做一部分预计算，自然也是好的（延迟计算思想）. 下面介绍具体方案.

getRt()中，沿途查询到的点，它们（当前）的根自然也与被查的点相同，即这条路径上是同根的. 可"顺便"将这些点的 p_u 父节点直接改为根，直观上，即将此路径"拍平"[2]，如上图所示. 之前的增量式 DFS 则无非是强制把全树的点都挂到根节点下，这样更新就"用力过猛"了；而如上图把被查到的答案顺便在沿途更新，则不会造成太大的代价[3]. 当然之后当前的根可能又被合到其他树上使得查询又不是 $O(1)$，即便如此查询这些点时上行的层数也会减少.

```
int getRt(int x) { // 返回 x 的根节点
    return p[x] == x ? x : p[x] = getRt(p[x]);
}
```

路径压缩的实现异常简单（只有 5 个字符），沿途查到的点都在递归调用栈里（这是写成递归的主要优势），回溯过程中正好顺便把答案传递回去，赋值给沿途的 $p[x]$. 此代码可谓将语法特征用到极致.

关于带路径压缩的并查集的复杂度，宏观看路径压缩的效果跟输入数据本身相关，这个问题严格探

---

① 严格说并查集定义是功能性的，森林只是一种比较高效的实现方式. 理论上也可以用其他结构实现.
② 这时候并查集的分支已经不是原图分支的生成树了，不过没关系，只要连通性分布没变就行.
③ 如一个点最终没被（顺便）查到其 id 自然也不需要更新. 这思想称为延迟（lazy）更新，即当要用到的时候再执行更新，与最短路堆优化中提到的延迟删除是类似的出发点.

讨比较复杂,有兴趣的读者可参见本章参考文献. 在很长一阶段中,信竞领域中默认路径压缩并查集的单次操作均摊复杂度是 $O(\alpha(n))$,α 是 Arkermann 函数的反函数,此函数增长非常慢,在人类可想象①的范围内 $\alpha(n) \leqslant 4$,故实用中可视为 $O(1)$.

但这个结论严格说只是期望值(随机数据下),极端数据下带路径压缩的并查集单次操作可卡达到 $O(\log n)$②. 一种典型做法涉及二项堆③,具体参见本章参考文献[1]. 在至少联赛级别比赛中,至今以及相信很长一段时间内应不会出现卡路径压缩的情况,故可放心地认为并查集时间操作就是 $O(1)$.

【例 R-2】吸血鬼头巾

有 n 块 vagnet(一种宝石),第 i 块坐标为 (x_i, y_i),重量为 w_i. Lester 忘了设置魔法结界导致宝石之间发生了融合. vagnet 的融合规则很特别,如编号 u, v 的两块宝石融合,重量较小的(称为副体)会融入重量较大的宝石(称为主体);如重量相同则编号较小的为副体. 融合后副体消失,主体重量变为原先两者之和、坐标不变、编号变为两者原编号的较小值. 同时此过程会释放 $W * D$ 的能量. W 为融合后主体的重量,D 为融合前两者欧氏距离. 给定 m 次融合的宝石原始 id(如已经融合过则实际融合的是其当前所属宝石). 求整个过程释放的总能量及最后剩余宝石的编号(从小到大输出). $(n, m \leqslant 50\,000)$

此题是模拟题,整个过程是确定性的,就是集合合并和问询某元素(原始编号)在哪个集合中,适合用并查集. 唯一要说的是合并过程中同时维护一些分组信息,如每个组当前的编号、重量、坐标. 这些信息都是定义在整组上,而并查集以根节点代表组,自然可将信息也维护在根节点;两组合并时,对应属性有各自对应的合并规则④,新值记在新的根节点上即可. 修改下 unite() 即可.

```
for (ll u,v; m-- ;) {
    cin >> u >> v;
    ll g1 = getRt(u), g2 = getRt(v);
    if (g1! = g2){
        ans + = dis(g1,g2) * (w[g1] + w[g2]);
        if (w[g1] < w[g2] ||
            w[g1] == w[g2] && id[g1] < id[g2]){p[g1] = g2; w[g2] + = w[g1]; // 1 合到 2
            id[g2] = min(id[g1], id[g2]);
        } else { ... } // 2 合到 1
    }
}
```

这里合并方向也遵守题目的规则,以主体为新的根,好处是 x, y 不需修改(主体位置不变). 复杂度由路径压缩控制. 只要分组信息有可加性,均可如上维护,这里说的"信息"不限于单一变量,也可是复杂结构,如整个成员列表.

---

① 以前都是这么表达,不过"可想象"毕竟太飘忽,严格表述为:用初等函数可表达出来的数值内. 实用一点的话就是在 99% 信息学试题中,$n \leqslant$ 1e18 范围内. Arkermann 函数的定义见本章附录.

② 准确说是 $O(\log_{1+m/n} n)$,m 是操作次数.

③ 二项堆是所谓可并堆的一种实现,可并堆是支持高效合并的堆集合. 实现方式有斜堆、二项堆、左偏树、斐波那契堆等. 这些数据结构都超出了联赛和本书讨论的范围.

④ 可理解为目标函数对集合不交并有可加性.

此题是一个经典场景:给出一个无向图,每条边表示两个点有某种的冲突关系①,要求将点划分为两部分,使同一部分的任两点间没有边,即不冲突.如存在一种可行方案,称此图为二分图或二部图(bipartite graph),左下图就是典型的二分图,而树结构和四向连通的棋盘格都是常见的二分图例子.本题即为二分图判定问题.

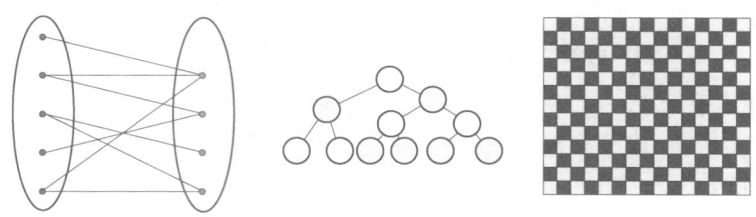

方法 1:黑白染色法

为方便陈述,将两部分别称为黑色/白色.用直观的贪心思想:如一个点颜色确定,其相邻点必须为其反色,别无选择.则确定一个点的颜色就能确定其所在的整个连通分支颜色(或判定无解),而不同分支之间互不影响.可以每步反色的规则遍历每个连通分支,如能正常染色,则此分支是二分图并得到一种可行方案;如中途出现矛盾:即相邻点已(经由其他路径)染与当前点同色,则不是二分图.

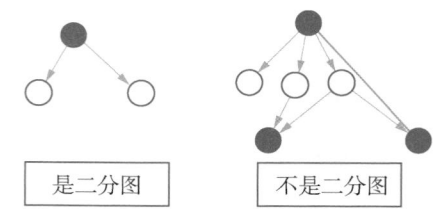

是二分图　　　　不是二分图

据此还得到一个附加结论:如是二分图,染色方案数等于 2^C, C 是连通分支个数.因为每个分支开始可任意指定某点颜色,其他点也就唯一确定下来.此方法还可支持加边意义的增量式:如同一连通分支内加边,则检验两端颜色,同色则无解;如跨连通分支且两端同色,则将其中一个分支全部反色,利用启发式合并也可做到均摊 $O(\log n)$.黑白染色是二分图判定最直观的做法,实践中也基本采用此方法.

方法 2:反物质图

通常直观的都是以具体的对象建图,如本题中以"罪犯"为点是很直观的.换个角度,罪犯 i 只有在黑或白两种可能,可以"i 为黑"和"i 为白"这样的"事件"或"陈述"为点,共 $2n$ 个点②,为编号方便,用 i 表示"i 为黑",$i+n$ 或 i' 表示"i 为白".

a, b 不同色等价于:a 黑当且仅当 b 白,a 白当且仅当 b 黑,即 $a \Leftrightarrow b'$,$b \Leftrightarrow a'$,"当且仅当"是一种等价关系,可用无向边 (a, b') 和 (a', b) 表示,含义是一条边两端的事件要么都发生,要么都不发生.

---

① 注意此种二元关系没有传递性.
② 将黑白视为一种属性/额外状态,也可理解成分层图.

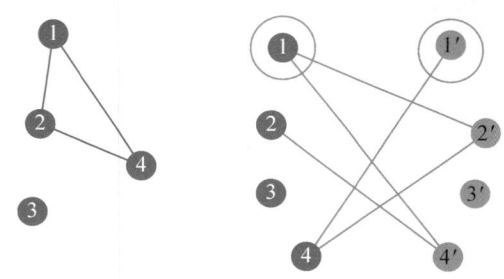

如上建的新图即称为反物质图,其连通分支表示一组等价事件(要么全发生要么全不发生).最后的问题是判有解在新图上如何表述? 一个显然的必要条件是:如任意 i,i' 连通,则无解(i 既黑又白).下证明这条件也是充分的[①],即如 i,i' 都不连通,则可行解存在,即存在反物质图上顶点子集,使任意 i,i' 选中且进选择 1 个,且每条边两端同时选中或不选中.

证明方法是直接构造一组解:连边方式是严格对称的,考虑任意连通分支 $C = \{i_1, i_2..i_k, i'_{k+1}, i'_{k+2}..i'_l\}$ 及其对偶分支 $C' = \{i'_1, i'_2..i'_k, i_{k+1}, i_{k+2}..i_l\}$. $i_1..i_l$ 必互不相同:$i_1..i_k$ 和 $i'_{k+1}..i'_l$ 分别来自同侧,编号自然不同;如 $i_a = i_b$,$a \leqslant k < b$,则 i_a,i'_b 都属于 C,矛盾.则此二分支占据了编号 $i_1..i_l$ 的所有事件,即 $C \cup C' = \{i_1..i_l, i'_1..i'_l\}$,其他分支与这两个独立,而此二分支内部,直接选 C 中点(为 true)显然就满足要求.

编码时需注意开多一倍顶点数,剩下加边和判连通性用并查集即可.黑白染色法本质上是遍历,复杂度已是线性,本方法不可能更优,但事件拆点建图的思想是有很广泛应用的.

方法 3:带权并查集(此方法思想介于前两者之间,具体参见例 T-2).

二分图其实还有一个判据:当且仅当不存在奇数阶简单环(简称奇环).证明基于黑白染色法:奇环上显然不可能合法染色;反之如果黑白染色法冲突说明从 u 访问 v 时 v 已染同种颜色,则 $1 \rightarrow u \rightarrow v \rightarrow 1$ 必定是奇环.这个结论实现起来并不方便,因为很难枚举所有简单环,故一般仅用于二分图相关的理论分析.

【例 R-4】汽车大甩卖(失败链接)

有 n 辆车大甩卖,第 i 辆车售价 i 元.n 个人带着现金依次来买车,第 i 个人带了 x_i 元,并会买走买得起的最贵的那辆车.问有多少人空手而归?($n \leqslant 100\,000$)

本题本质上是模拟问题:一个集合初始为 $\{1..n\}$,支持查找不超过 x 的最大值及删除该数,纯暴力模拟复杂度 $O(n^2)$.会平衡树的读者可做到 $O(n \log n)$[②].

此题还有不依赖复杂数据结构的做法,很有启发性:考虑初始元素 x,第 1 次问询 x 答案就是 x;后续再问询到 x,此时 x 已删,则应从 x 往前依次尝试 $x-1$,$x-2$,$\cdots$ 直到第一个尚未删的.可加一个永不删的哨兵 0,如找到 0 就表示空手而归.当然直接这样做与暴力无异.可利用题目只删不增的特征[③]:如问询 x 最后找到了 y,说明 $y+1 \sim x$ 已删,则下次再问询 $y+1 \sim x$,都可直接从 $y-1$ 开始找.根据此思想,定义如下函数:

$$nxt_x = \text{如问询 } x,\text{可以从谁开始找起}$$

初始所有 $nxt_x = x$.x 已删可理解为"尝试查找 x 失败",nxt_x 表示失败后下一个尝试谁,故 nxt_x 称

---

① 如何想到这只能说靠经验了,直观理解是如冲突或无解,最终一定是能导出某个人两边都不能住.

② 平衡树是支持 $O(\log n)$ 随机增删查的数据结构,std::set 大致可视为系统封装好的平衡树.

③ 如还要支持(随机)新增那就是平衡树的模板题了.

为失败链接或失败指针[1]. 问询 x 的过程相当于沿 nxt 不停跳跃, 直到 $x = nxt_x$, 此时的 x 就是答案, 而沿途尝试过的各点 nxt 可直接改为 x.

```
int getCar(int x) {
    return nxt[x] == x ? x : nxt[x] = getCar(nxt[x]);
}
```

这个函数形式上与并查集的 getRt() 完全一样, 所谓"尝试失败的下次不用再找"即对应路径压缩. 至于找到后删除 x, 将 $nxt[x] = x - 1$ 即可[2].

```
int c = getCar(x);
assert(nxt[c] == c);
if (c == 0) ans ++ ;
else nxt[c] = c - 1;
```

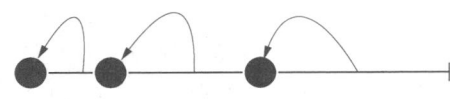

之前提过一种哲学: 形似的东西一般不是纯粹巧合, 可能有某些相同的本质或互有关联. 此处的失败链接与并查集行为相同, 如何理解? 考虑数轴上未删的点(参见左图), 其将数轴分成了若干段, 每段其实就是一个问询结果相同的分组, 而删一个点相当于前后两段合并. 所以两者相似是有道理的.

失败链接的思路不限在数轴上, 只要有一个固定的规则规定找一个对象失败就往哪尝试, 这种找＋删的模拟都可这么做.

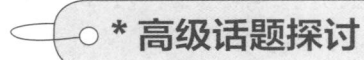 * 高级话题探讨

Arkermann 函数

Arkermann 函数是一个二元函数, 定义如下:

$$A_{mn} = \begin{cases} n+1, & m=0 \\ A_{m-1,1}, & m>0 \& n=0 \\ A_{m-1, A_{m,n-1}}, & \text{else} \end{cases}$$

这递推式看似不复杂但却能定义巨大的数值, m 可理解为参数, 将 $A_m(n)$ 称为 m 阶 Arkermann 函数. 分支 1 是 m 的边界, 0 阶就是个简单的等差数列; 分支 2 是 n 的边界: m 阶的首项＝$m-1$ 阶的次项; 分支 3 是主递推式: m 阶的 n 项＝将 m 阶 $n-1$ 项的值代入 $m-1$ 阶的下标得到的结果. 这个"上项值作为上阶下标"的操作迭代起来是非常恐怖的, 下面不做推导地看看前几阶的通项.

(1) $A_0(n) = n+1$(等差数列);

(2) $A_1(n) = n+2$(等差数列, 首项为 2);

(3) $A_2(n) = 2n+3$(等差数列, 公差为 2);

(4) $A_3(n) = 2^{n+3} - 3$(等比数列, 公比为 2);

(5) $A_4(n) = 2^{2^{2 \cdots 2}} - 3$($n+3$ 层幂);

---

[1] 这个名字非公认的, 是作者借用模式匹配的 KMP 算法中的术语(此算法本身超出本书范畴).

[2] 按并查集的做法, 似乎应该是 $nxt[x] = getCar(x-1)$, 不过这里没有本质区别. 其实合并两棵树, 如根节点上没有维护别的什么目标函数, 把一个根接到另一个的任意位置都行, 未必一定要根对接根.

(6) $A_5(0)=65\,533$，$A_5(1)$ 是一个 $65\,536$ 层幂的数，$A_5(2)$ 则是 $A_5(1)$ 层幂.

$m=5$ 开始用初等函数已经描述不出了，再往后连单个数都很难表达出来，所以俗称为"人类不能想象之范围"．$\alpha(n)$ 是 A_{mn} 对角线上的反函数：$\alpha_n=\min\limits_{A_{ii}\geqslant n}i$．$A_{44}$ 是一个无比大的数而 $A_{33}=61$，故对实际 n 基本可认为 $\alpha_n=4$.

删边动态连通性

并查集支持动态加边的图的连通性，能否支持删边？ 如只删不增的话只要时间轴反转一下，删就变成增了（要求离线问询）；如以"撤销"（先进后出）形式删，则有一种支持撤销的并查集，参见例 T-5；对随机增删，利用一种时间分块技巧，可以做到单次 $O(\sqrt{n})$，但也只支持离线，参见例 T-6；更优的随机增删在线算法，单次 $O(\log n)$ 也是能做到的．需用到高端数据结构 LCT①.

2-SAT 问题

例 R-3 的方法还可推广到更一般情况．所谓"i 是黑"可以抽象为一个 bool 变量或表达式 X_i，"i 是白"则对应 $!X_i$，a,b 冲突可表达为

$$!((X_a\&X_b)\mid(!\&X_a!X_b))=(X_a\mid X_b)\&(!X_a\mid!X_b)=1$$

用有向边表示"如起点为 true 则终点也为 true"，则 $X_a\mid X_b=1$ 对应 $a'\to b$ 和 $b'\to a$，即 $X_a=0\Rightarrow X_b=1$，$X_b=0\Rightarrow X_a=1$；"a,b 冲突"对应 4 条有向边，等价于 2 条无向边 $a'\leftrightarrow b$ 和 $b'\leftrightarrow a$；a,b 不同为 1（$!X_a\mid!X_b=1$）对应 $a\to b'$ 和 $b\to a'$；包括单变量约束如 $X_a=1$（a 必选②）也可对应 $a'\to a$.

总之对有限个 bool，如所有约束条件都是 1~2 个变量 bool 运算的形式，即：$(not)X_i\,opt\,(not)X_j=0/1$，其中 opt 可以是 and/or/xor，这类 bool 方程组称为 2-适定性问题（2-satisfiablility，2-SAT），此类问题都可对应 $2n$ 个点的有向图，顶点表示每个变量为 0/1 事件．二分图判定则是 2-SAT 的一个特例.

2-SAT 解法为先将有向图 SCC 缩点（此概念见第 G 章），如有 a 与 $!a$ 在同一 SCC 则无解；否则每个 SCC 中点取值相同；缩点后可行解——对应于 DAG 的拓扑排序：$X_a=[a$ 的拓扑序$>a']$．无向图上 SCC 就是连通分支，则退化为反物质图.

小 结

本章介绍并查集的原理和初步应用，可维护动态集合（如图的连通分支）合并与归属查询，使用路径压缩后性能较高．下章介绍的 Kruskal 算法即应用并查集维护连通分支来求解 MST 问题．使用事件建点的思想可以解决二分图判定问题，其是 2-SAT 问题的特例（无向图版本）．巧妙的定义集合/分组是使用并查集建模的关键．第 T 章还将介绍更多并查集建模技巧及其推广和变形版本.

习题

1. 恢复通车（etiger1730）.
2. 高智商罪犯 5（etiger644）.
*3. 关系式矛盾 2（etiger547）.
*4. 关押罪犯（etiger555，NOIP 2010 提高组 T3）.

---

① "link cut tree"没有较公认的中文译名，按字面直译应称为"链割树".
② 这种也可以当常数代入消元.

参考文献

［1］ https://blog. csdn. net/wang3312362136/article/details/86475324,关于卡路径压缩复杂度.

［2］ 算法导论(第三版)21. 4 Analysis of union by rank with path compression.

［3］ Tarjan R E，Van Leeuwen J. Worst-case analysis of set union algorithms ［J］. *Journal of the ACM（JACM）*，1984,31(2):245－281.

S 最小生成树 2：边增量实现

本章介绍 MST 另一种常用解法 Kruskal 算法[1]，其出发点与 Prim 算法相似，且本质上也是贪心法，实现中以边为主导的. 从生成树的核心是连通性这一观点看，Kruskal 算法是更纯粹的处理连通性，故其能反映生成树更本质的特征；Prim 算法则强加了一个"点 1 所在连通块"，把顶点 1 某种程度上特殊化了. 故 Prim 算法得到的结果信息更多些，如生成树上的父子关系；Kruskal 算法则更加纯粹[2]. 两种算法各有所长，请读者多将本章内容与第 Q 章对比.

> **【例 S-1】** 建桥（权和 MST 模板题）
> 题目同例 Q-1

Kruskal 算法的出发点与 Prim 差不多，就不从头推导了. 直接从第 Q 章给出的结论开始：无向图任意点的最小邻边一定在某个 MST 中. 一个明显推论是全局最小边[3]一定在 MST 中，直接贪心选该边，相当于连接 2 点为一个连通分支；再将此分支缩点，重复 $n-1$ 遍即可. 从原图角度看，相当于每次以最小代价（一条最短边）合并 2 个连通分支，直到全图连通.

具体实现也不需要真的缩点，只要在两端尚未连通的边中选最短的即可. 这并不需要 set 之类的动态最值数据结构，只需预先将所有边排序，再从小到大扫描，跳过两端已连通的边即可[4]. 至于合并连通分支及判断两点是否连通，则是典型的并查集应用场景.

```
struct edge{ int u,v,w; } e[M];
bool cmp(const edge&a, const edge&b){
    return a.w < b.w;
}
....
sort(e+1, e+m+1, cmp);
int ans = 0, C = n;
for(int k = 1; k <= m && C>1 ;k++){
    int ru = getRt(e[k].u), rv = getRt(e[k].v);
```

---

① 事实上实践中 Kruskal 算法比 Prim 算法应用频率还要高一些.

② 本书先讲 Prim 算法是考虑与上一部分最短路的关联. 有根的生成树表达单源可达性，与 SSSP 场景更接近. Prim 的代码也与 Dijkstra 高度相似. Kruskal 的理论则与路径没什么关联，纯粹是基于连通性的.

③ 如有并列，则每条都在某 MST 中，但显然不一定在同一 MST 中（如无权图）. 后文将说明边权的并列是产生 MST 多解的根本原因. 对 Kruskal 任选一条即可.

④ 本质上相当于离散化的计数器，之前提过只删不增的动态最值，可用计数器实现.

```
    if (ru == rv) continue;
    p[ru] = rv; // unite
    ans += e[k].w; C--;
}
```

数组 e 称为边表,是无序存储的所有边的信息[1]. 这里就看到 Kruskal 算法比 Prim 纯粹,其只需要边的信息,不关心点与边的关系,所以也不需要邻接表;C 表示当前连通分支个数,这里 C 的作用只是剪枝:如全图已经连通,剩下的边不用再枚举;p 与 getRt() 就是上章的并查集. Kruskal 的加边顺序如左下图所示(带圈的数字表示加边顺序). 复杂度为 $O(m\log m)$,其中 log 仅来自排序,主体求 MST 的贪心部分其实是线性的.

在空间方面,Kruskal 是 $O(n+m)$,注意这里的 m 是必存的,否则难以排序,即使对规则生成的图 Kruskal 也必须显式存边. 对稠密图,Kruskal 时空复杂度是 $O(n^2\log n)/O(n^2)$,高于 Prim 算法的 $O(n^2)/O(n^2)$;如边是规则生成的,则 Prim 的空间还可降为 $O(n)$. 所以在某些场景下 Prim 算法的性能更优.

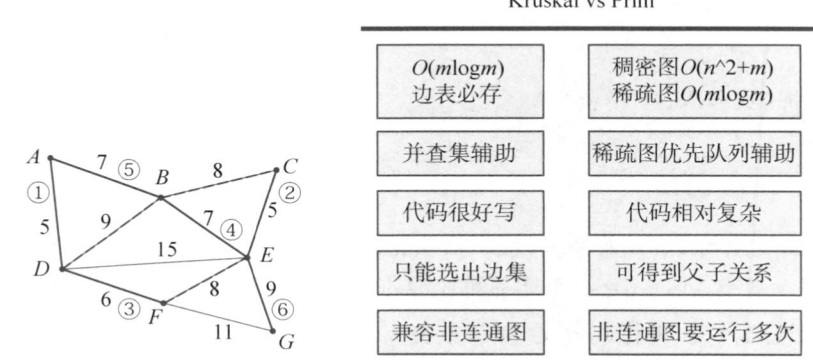

如原图本身不连通,Kruskal 算法也可正常运行,得到的是最小生成树,最后的 C 就是原图的连通分支数,这是一种自然兼容;Prim 算法只能得到根所在连通分支的一个 MST,求生成森林则要运行多遍. 这一点上 Kruskal 更占优一点. 左上图是两者的一些对比.

【例 S-2】再谈瓶颈生成树
题目同例 Q-2.

第 Q 章已证明权和 MST 都是瓶颈生成树,则上题中 Kruskal 求出的生成树也必是瓶颈生成树(只需修改下 ans 的计算方式). 这里从 Kruskal 的角度再来理解下瓶颈生成树:可表述为求最小的阈值 M,使只用边权$\leq M$ 的边就可连通全图. M 越大,可用的边越多,组成的连通分支数越少,当分支数由 2 → 1 时最后加的那条边长 M 就是答案. 这正是 Kruskal 的过程. 求权和 MST 时,多余(两端已连通)的边不能算进来;而瓶颈生成树只要求最长边$\leq M$,多余的边都加进来也不影响答案,则瓶颈生成树理论上可以写成如下.

```
for(int k=1; k<=m && C>1 ;k++){
    int ru = getRt(e[k].u), rv = getRt(e[k].v);
```

---

[1] 通常输入图都是以边表形式输入,虽大部分情况会转存为邻接表. 因为边表不能刻画点与边的关系.

```
        p[ru] = rv;
        ans = max(ans, e[k].w);
        C -= (ru ! = rv);
}
```

从此角度说瓶颈生成树其实根本不该叫生成树，因为树结构（边集的极小性）不是必须的．本质上这问题应叫瓶颈连通子图，这个问题关心的就是彻底的连通性，树的形式都不需要．Kruskal 求瓶颈生成树这过程枚举的就是最长边本身，这思路称为枚举答案，第 W 章会专门讨论这一方法并还会提到瓶颈生成树．

【例 S-3】通信

　　B 市共有 n 个关键的据点，现有一条关键消息需通知．消息传递有两种方式：①可直接将消息空降传给某个据点，每次需代价 v；②通信员可将消息从一个据点传到另一据点，代价为两点的欧氏距离．注意只能从已有消息的据点传递消息到未有消息的据点．求让所有据点都收到消息的最小总代价．$(n \leqslant 2\,000)$

　　题意中代价有两部分，先看通信员"只能从已传达点传到未传达点"，这一定不会成环（其实就是 Prim 算法加边的过程），所以通信员的总代价就是一个生成森林的权和（以距离为边权）．而空降是给此森林的每个连通分支树空降 1 次且仅 1 次（到任意节点），代价为 $v \times$ 连通分支数．

　　以上两种代价间是趋向于冲突的：一般来说空降点越少，通信员要跑的路就倾向于越多，最优解是两者的某种平衡．这类情况常见的思路是控制变量法，即枚举（固定）其中一种代价，最优化另一种[①]．但此题枚举空降点集方案或生成森林都是指数级的[②]．故只能另寻他法．

　　此处思路是图重构：设法将空降代价也纳入生成森林（图结构）里去．可设置一个虚拟的超级源 S，从 S 到所有点连一条权 v 的边，表示空投该点的代价，再求这 $n+1$ 个点 MST 即可．因为消息源头都是 S，S 到每个点的路径就是实际方案．此图是规则（欧氏距离）生成边权的稠密图，用 Prim 算法更好．

　　顺便提一下，如无空投因素，纯粹求平面 n 个的以欧氏距离为边权的 MST．此问题称为平面欧几里得 MST，其可以做到 $O(n\log n)$，但需用到一些高端的计算几何知识，如维诺图或德劳内剖分，这些都超出本书的讨论范围，有兴趣的读者可参见本章参考文献[1]．

【例 S-4】村村通

　　有 n 个村庄，需要修一些道路来连接所有村庄．已知两两村庄间修路的代价．现在可以免费帮修一条连接某两村的高速．每个村庄有固定的人口．设高速连接的两村总人口为 A，其他道路总代价 B，求一方案使 A/B 最大．$(n \leqslant 1000)$

　　本题是有一定难度的综合性的问题．题意是有点权＋边权的稠密图，可以清零一条边权（这类"任性"操作俗称为"魔法"），再求一个生成树，要求最大化魔法边两端点权和与生成树边权和的比值．目标函数 A/B 是典型的两种异构（逻辑完全不同的）目标函数的组合．首先研究一个预备问题：将图的一条边权清 0，对 MST 有何影响．

---

① 也可视为一种特殊的最优子结构．
② 一个是 $O(2^n)$，一个是 $O(B_n)$（划分数）．

不妨模拟 Kruskal 算法的执行过程,以看清边前后的区别.假设边已按原始边权从小到大排序为 $e_1e_2..e_m$,Kruskal 原先选中的边依次为 $e_{i_1}..e_{i_{n-1}}$,被清零的边为 e_k.考虑清零后再执行 Kruskal 算法,第一条选中的必是 e_k [①],接下来会以 $e_1..e_{k-1}e_{k+1}..e_m$ 的顺序依次选边.如 e_k 原先就被选中,设 $e_k=e_{i_x}$,则 $e_1..e_{k-1}$ 选边过程与原先一样会选中 $e_{i_1}..e_{i_{x-1}}$($e_k=e_{i_x}$ 与它们都不成环),再加上 $e_k=e_{i_x}$,即 $e_1..e_k$ 中选的边集与原先一样,则后续 $e_{k+1}..e_m$ 选法也一样.结论:如清零的边在原 MST 上,则原 MST 还是 MST.

如 e_k 原未选中,则 $e_{i_1}..e_{i_{n-1}}$ 中一定有边现在没选中,否则加上 e_k 就选 n 条边了.设第一条没选中的是 e_{i_x},则 $e_1..e_{i_{x-1}}$ 中选中的还是原先那些即 $e_{i_1}..e_{i_{x-1}}$,因为原未选中的都是因为成环,现多了一条 e_k,必还成环,故仍不能选.

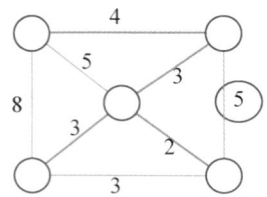 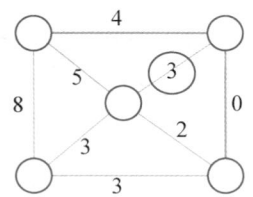

e_{i_x} 原先能选,现在不能选了,说明与 e_k,$e_{i_1}..e_{i_{x-1}}$ 中某些成环,且这个环必然包含 e_k.即到 e_{i_x} 处理完时,原方案 $e_{i_1}..e_{i_x}$ 和新方案 $e_k e_{i_1}..e_{i_{x-1}}$ 只相差 $e_{i_x} \to e_k$,而这两条边还在同一个环上.则已选边形成的连通分支分布(顶点划分)是一样的(一个环上删随便哪条边都不影响连通性).而后续过程从 $e_{i_x+1}..e_m$ 再选,方案又一样了,即唯一差别是 e_{i_x} 替换成了被清零的 e_k.如上图中左边圈出的边清零,换成了右边的.

结论:如清零边不在原 MST 上,则新 MST 在原 MST 的邻集内 [②],通俗说就是只差一条边.

以上结论其实还可推广到更一般情形,证明思路差不多,就是分几个阶段模拟 Kruskal 选边过程,中间一定会涉及一个环,差量边就在环上实现连通性等效,具体细节更繁琐一些,这里就不详写了.

修改无向图上任意一条边权(不一定改成 0).

MST 要么不变,要么在原 MST 的邻集中.

利用 Kruskal 算法的模拟建模这过程看似复杂(主要是书面表述出来符号繁琐一点),但抓住核心想明白不算难,主要就是追踪连通块分布和成环情况.

现回到原题,因两种异构目标函数之间没什么直接关联,还是考虑控制变量法,则有两种具体实现.

(1)固定 A:枚举清零的边 (u,v).如 (u,v) 在原 MST 上则直接 $B_{\min}=W(MST)-w_{uv}$;否则要在原 MST 删一条边使图还连通且权和最小,应选 MST 上连接 u,v 路径的最长边,复杂度为 $O(n^3)$ [③].

(2)固定 B:枚举原 MST 上被删的边 e.则 $B=W(MST)-w_e$,MST 分裂成 2 个分支,再加 1 条零边使其连通且点权和最大,只要在两个分支分别暴力找最大点权即可.复杂度为 $O(n^2)$.

最后,本题是稠密图且需要显式建树,故应用 Prim 算法.注意分析过程中全部是借用 Kruskal 的思路.这不须奇怪,思考过程和实现过程完全可以不一样.这也进一步印证了 Kruskal 算法更贴近 MST 问题的本质,有时可借助 Kruskal 的运行过程分析问题/建模 [④],但最终求 MST 却未必要写 Kruskal.

[①] 如有并列反正选哪条都能得最优解,不妨就选 e_k.这里只是模拟 Kruskal 分析问题,并非写代码.

[②] 邻集的定义参见第 Q 章脚注.

[③] 如利用树论知识,通过一些预计算,可以优化到 $O(n^2\log n)$,稀疏图可做到 $O(m\log m)$.

[④] 以算法运行过程来分析建模思路,还有一种类似建模叫"DP 套 DP",大致意思的最优化一个 DP 算法的进行过程.这里要表达的是,有些算法本身就是对问题本质的体现,则这些问题可以直接从经典算法实现步骤上下手建模.

【例 S-5】无限太空

有 n 个星球每个用四维坐标 (x, y, z, t) 表示.需要建立 $n-1$ 条航道来连接所有星球.航道分为超空间跃迁和普通两种,超空间航道航程可以认为是 0,普通航道航程为 $d=|(x_1-x_2)^2+(y_1-y_2)^2+(z_1-z_2)^2-(t_1-t_2)^2|$.现只能建 k 条超空间航道.求所有可行方案中航道长度之和的最小值.$(0 \leqslant k < n \leqslant 2\,000)$

题意是一个规则生成边权[①]的稠密无向图,可以将至多 k 条边权清零,再求最小权和生成树.共 2 步决策:选 k 条边+选生成树,后者是 MST 模板.前者如暴力枚举则复杂度为 $O(n^2 C_{n(n-1)/2}^k)$.本题有 k 次魔法,用最优解上调整的思路应该较难,但目标函数不像上题那么复杂.

还是利用 Kruskal 过程辅助分析:假设边已按权值排序为 $e_1 e_2 .. e_m$,Kruskal 原先选中的边依次为 $e_{i_1} .. e_{i_{n-1}}$,被清零的边为 $e_{j_1} .. e_{j_k}$.这 k 条零边必首先被选中(成环没意义);如某个未清零的 e_u 选中,则一定有 $u < j_1$,否则不清 j_1 改清 u 更优.

结论:其他 $n-1-k$ 条边都即在 $e_1 .. e_{j_1-1}$ 中(最优解中清零的边原长不小于不清零的边).

$e_1 .. e_{j_1-1}$ 中继续模拟 Kruskal.原来没选中的边在也不会选中(开始多选了 k 条零边了,原来成环的还成环).原来选中的边中理论最优解是 $e_{i_1} .. e_{i_{n-1-k}}$ 并且可行:就选 $e_{n-k} .. e_{n-1}$ 清零即可.则答案就是原 MST 中前 $n-1-k$ 小边.因 Kruskal 本来就是从小到大选边,选到第 $n-1-k$ 条边停下来即可,即将代码中 $C > 1$ 条件改成 $C > k+1$.

本题体现了一种隐藏的"交换律":<u>先清 k 条边再找 MST 和先找 MST 再清 k 条边</u>,结果是一样的.如知道这结论这题就是送分了,因为先找 MST 是模板问题,再清 k 条边当然是清最长的那 k 条.

○ * 高级话题探讨

再谈 Boruvka 算法

从 Kruskal 角度理解 Boruvka 算法更加简单,只要证明每个点最小邻边可以在同一个 MST 上,而这个 MST 就是 Kruskal 算法求出的那个,因为对每个点 u,第一次被 Kruskal 选中的邻边就是其最小邻边,因为加此边必不会成环.

村村通稀疏图版本

事实上此优化与 MST 关系不大,已属树论范畴.不过既然讲到此题还是把最优解说一下.前文已说过要求 MST 删任意边,分裂的两部分各自的点权最大值.这是一个树上子集最值问询.树上删一条边一定在父子点间,设为 (u, p_u).两个分支分别是以 u 为根的子树和及其补集.

子树上好算:设 $f_u =$ 子树 u 上点权最大值,则 $f_u = \max_{v \in Son(u)}(a_u, f_v)$,自底向上递推一遍即可求出所有 f_u;补集上稍复杂一些,要用到所谓 DFS 序列化:将点权按 DFS 遍历的访

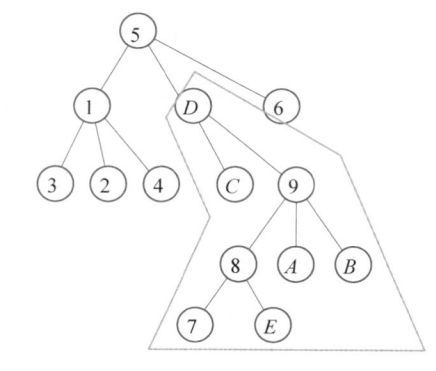

5 1 3 2 4 D C 9 8 7 E A B 6

问顺序写下来,如上图所示,得到一个一维序列,此序列中任何子树对应的部分是一个区间①(因为子树在 DFS 中连续访问),补集则是一个前缀加一个后缀.预计算此序列点权的前/后缀 max 即可.预计算复杂度 $O(n)$,查询特定 u 的复杂度单次 $O(1)$.总复杂度为 $O(MST+n)$.

MST 计数

根据 Kruskal 算法,如边权互不相同,则 MST 唯一,因为每次待选边唯一.故 MST 多解来源于边权值的并列.设权值最小的所有边组成子图 G_1,Kruskal 首先会选择 G_1 的若干边,形成 G_1 的生成森林.无论具体选法,形成的 G_1 的连通分支分布都一样,就是 G_1 全选的各连通分支,否则一定还有 G_1 的边加入不成环,边数为 $n-C(G_1)$,C 表示连通分支个数.这又一次说明 MST 问题本质是连通性,与具体怎么连通(是不是树)关系不大.将 G_1 各连通分支缩点,用归纳法可知次大值的边选完后,连通分支分布还是一样.依此类推.

(1) 结论 1:图 G 的任何 MST 上,等值的边数都是固定的.

(2) 结论 2:图 G 的任何 MST 保留边权 $\leqslant w$ 的边,形成的连通分支分布都一样.

(3) 结论 3:设 G_i 为 G 上保留前 i 小值边的子图,则 G 上 MST 计数为 $\prod_{i=1}^{S} C_T(G_i/G_{i-1})$.

S 表示共有多少种边权值,G_i/G_{i-1} 是 G_i 以 G_{i-1} 连通分支缩点后的余图.

C_T 是图的生成树计数,可用 Matrix-Tree 定理计算.

拟阵

拟阵(matriod,又称矩阵胚)是一个二元组 $M=(S,L)$,S 为任意集合,L 是 S 的某些子集的集合,且满足以下条件.

(1) 遗传性:L 中元素的子集也在 L 中. $\forall A \subseteq B \in L \Rightarrow A \in L$.

(2) 交换性:L 中小的集合可从大的集合借元素,且并集还在 L 中,

$$\forall A, B \in L, |A|<|B| \Rightarrow \exists x \in B-A, \text{s.t.} A \bigcup \{x\} \in L$$

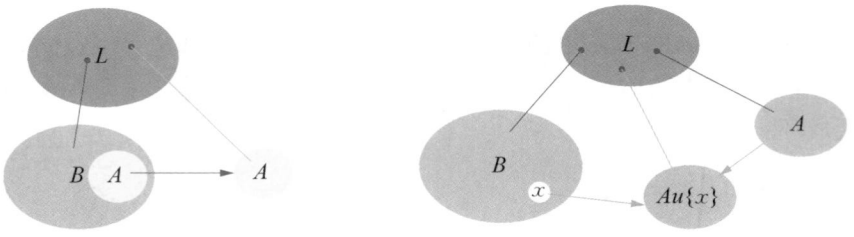

下面不予证明地给出几个例子.

(1) 图拟阵:$G=(V,E)$,$M=(E,L)$,L 为 G 的所有无环子图(边子集).

(2) 线性拟阵:A 是一个矩阵,$M=(\{A \text{ 的列向量}\}, \{A \text{ 的线性无关的列向量子集}\})$.

(3) 匹配拟阵:二分图 $G=(V,E)$,$M=(V,L)$,L 为 G 上能被某匹配覆盖的所有点集.

对拟阵 $M=(S,L)$,如 $A \in L$,称 A 为 S 对 L 的独立集②,如 A 不是任何其他独立集的真子集,即 $\not\exists B$, s.t. $A \subset B \in L$,称 A 为极大独立集.根据交换性如 S 是有限集,则拟阵 M 的所有极大独立集大小相同,称为 M 的秩.例如,图矩阵的秩 $=|V|-C(G)$,线性拟阵的秩就是线性代数里定义的矩阵的秩.

拟阵是一类(非所有)贪心法的理论基础.求 $\max_{A \in L} \sum_{x \in A} w(x)$,称为拟阵的最大权和独立集问题,其中

---

① 具体地是指区间 $[dfn(u), dfn(u)+sz(u)-1]$,dfn 是深度优先编号,参见第 G 章高级话题讨论.

② 不要在意这个名称的含义,就是个名称.

$w(x)$ 为定义 S 上的任意正点权. 此问题可用贪心法解决:每次取 $\mathrm{argmax}_{A\cup\{x\}\in L}w(x)$ 加入 A,即可加入 A 的最大权点,直到找不到这样的 x. 证明过程就是调整法,只是表述抽象一点.

用归纳法证明如上过程中始终存在一个最优解 T 使 $A\subseteq T$. 开始 $A=\varnothing$ 显然;假设结论对 A 成立,考虑 $A'=A\cup\{x\}$,如 $x\in T$ 直接证毕. 否则因 T 极大,$|A'|\leqslant|T|$. 如 $|A'|<|T|$ 根据交换性可不断从 T 中找元素加入 A' 直到大小相同,记此扩充后的 A' 为 T'. $x\notin T$ 而 T' 中其他元素都属于 T,故 $T-T'$ 有且仅有一个元素,设为 y. 根据遗传性 $A\cup\{y\}\subseteq T$ 则 $A\cup\{y\}\subseteq L$,而 $y\notin A\subseteq T'$. 由 x 的选法 $w(x)\geqslant w(y)$. 于是 $w(T')=w(T)+w(x)-w(y)\geqslant w(T)$,而 T 又是最优解,则 T' 也是最优解且 $A'\subseteq T'$,证毕.

越抽象的结论应用就越广泛. 如上贪心法套到前面 3 个例子分别得到:最大生成树的 Kruskal 算法、最大和线性基贪心算法、二分图最大匹配的匈牙利算法.

小 结

本章介绍了 Kruskal 算法,其步骤与模板编码非常简单,但不代表这个算法不重要. Kruskal 算法很大程度上体现了生成树问题的连通性本质,以至于有些问题直接以 Kruskal 过程为参考来建模. 请读者务必熟悉 Kruskal 算法的执行过程,理解透彻了 Kruskal 算法,就理解透彻了生成树问题,才能应对在模板问题之上的衍生和拓展问题.

习题

1. 无限太空(etiger384).
2. 海洋寻宝(etiger592).
3. 奶酪(etiger470,NOIP 2017 提高组 T4).
*4. 村村通(etiger336).

参考文献

[1] 王栋. 浅析平面 voronoi 图的构造及应用,2006 国家集训队论文.
[2] 刘雨辰. 对拟阵的初步研究,2007 国家集训队论文.

T 并查集建模

本章和下章探讨一些连通性/生成树的衍生场景.这些场景的建模依赖对模板问题的深刻理解,以及常用建模思想的灵活应用.有时还需要结合一些其他算法/场景知识.思考这些建模思想的应用场景是关键的,这样才能在其他类似问题上创造性地使用手上的算法工具,而非死板地套用模板代码.

【例 T-1】铁路(维护成员列表)

X 国有 n 处主要城市,城市 1 是首都.总统计划修建 m 条双向铁路.从 2019 年起每年修 1 条铁路,次年通车(第 i 条铁路通车为 $2019+i$ 年).修建顺序是预先规定好的.当一座城市可通过铁路直接或间接到达首都时,称该城市为贯通的.首都一开始就是贯通的.求每座城市第一次贯通的年份.($n \leqslant 200\,000$,$m \leqslant 400\,000$)

本题题意是模拟问题:一个无向无权图逐条加边,求每个点第一次与点 1 连通的时间.介绍两种切入方法.

方法 1:直接模拟

此方法思路直白,就按题意顺序加边,合并过程可用并查集维护.当被合并的其中一个分支包含点 1 时,另一个分支上各点的答案就是当前时刻.每个点只会"与 1 合并"一次,更新答案的复杂度总共是 $O(n+m)$.

剩余唯一问题是如何知道被合进来的分支上有哪些点?那么把那个合进来的分支遍历一遍不就行了?此思路确实可行,但并查集维护的树结构只记录 p_u,且路径压缩会频繁改动父子关系.要遍历一棵树光靠 p_u 是不够的,要反向记录每个节点的儿子列表,而一边路径压缩一边维护儿子列表就比较麻烦了;如不用路径压缩而用启发式合并则更新儿子列表比较方便,即 es[pu]. push_back(pv),但复杂度多一个 $O(\log n)$.

换个角度看就没那么复杂了:将成员列表整体视为一种分组上的目标函数,而不由树结构携带.只要目标函数有可加性,并查集可一边合并一边维护目标函数,如分支大小、权和等,成员列表也不例外(无非是自带内部结构),相当于每个根节点上维护 1 个集合,支持快速合并和线性遍历[①],用链表即可,链表合并只要 $O(1)$,将首尾相连即可.如下图中加入边(1,4)前只有 2 个分支,成员分别为{1,5,2}和{3,4},加边后合并二分支,对应链表也合并

至于链表(这里需要 带头尾指针的单链表)实现可用 STL 的 list 或链式前向星.以下给出合并连通分

---

① 有读者可能觉得集合合并又是并查集? 这里情况不一样.并查集支持的是 快速合并和快速查找;这里的成员集合只需要快速合并的线性遍历.

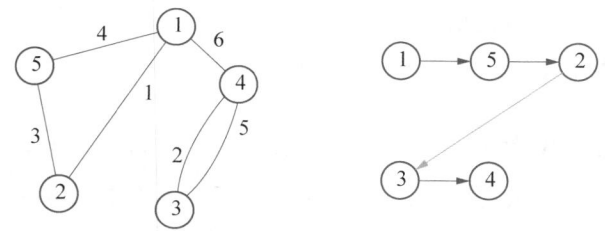

支部分核心代码①，复杂度为 $O(n+m)$. t1[y]表示这个分支的链表末尾的下标(头部就是 y 自己).

```
int p[N],tl[N],nxt[N],tot;
...
void unite(int x, int y) {
    x = getRt(x); y = getRt(y);
    if (x != y) {
        p[x] = y; // 合并分支
        nxt[tl[y]] = x; // 合并链表
        tl[y] = tl[x];
    }
}
```

方法 2:以时间戳为权值转静态

将加边的时间视为边权,则动态加边就变成了静态的图,一条路径完整存在的时刻就是最长边.问题转为"求 u 与 1 间最长边最短路径",这是模板问题,用 Dijkstra 算法.复杂度为 $O(m\log m)$.

方法 1 更像是 Kruskal 的过程,方法 2 则就是 Prim 算法.所以这问题本质跟 MST 相似,这也不难理解,因为 MST 的核心正是连通性.

【例 T-2】协助(带权并查集)

有 n 个未知数 $x_1..x_n$,都是非负整数.依次给出 m 个约束条件:以 (i,j,D) 表示 $x_i-x_j=D$. 每给出一个新条件,输出满足当前所有条件的 x_i 总和的最小值.如无解则终止输出. ($1\leqslant n,m\leqslant 100\,000$, $0\leqslant D\leqslant 10\,000$)

本题首先是离线问询,单个问询是对前 i 个约束求解,这就是一组差分约束问题,利用第 L 章知识可解决,复杂度为 $O(m*SPFA(n,m))$.但差分约束解法不能很好支持增量式(本质上是加边意义下动态最短路),另外也没有利用本题中约束都是等式特殊性.

由一个题述等式关联的两个变量值可互相确定(知道任意 1 个可推出另 1 个),此"可互相确定"就是一种等价关系②,则可将等式关联的两个变量间连一条无向边③,则每个连通分支上只要确定任意一个变量,其他变量也随之确定④.设一个分支上的变量为 $x_1..x_c$,这些变量的通解(假如有解)为 $x_i=x_1+$

---

① 关于链表/前向星写法属于语法知识范畴,本书不展开说明.如不了解的读者可查阅相关资料.
② 不等关系本来就有传递性,再加上对称性就是等价关系了.等价关系就可用等价类划分描述,正是并查集的适用范围.从另一个角度说,等式约束其实就是解方程.
③ 这个无向图其实就是差分约束图去掉方向以后的结果.
④ 在线性方程组理论中称为有 1 个自由元,这个唯一自由元就是 L 章所说的整体加减一个常数.

D_i, $i=2..c$. D_i 是一些由输入可确定的值,其实就是约束图上 x_i, x_1 的最短路. 连通分支之间显然独立,对单个分支,需解决两个问题.

1. 是否有解(可行性)

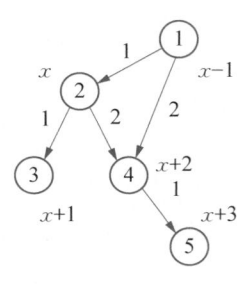

从数学角度: $x_i = x_1 + D_i$ 这 $c-1$ 个(由原始约束推导出的)方程,每个恰好引入一个新变量,整体正好对应连通分支的一个生成树. 如有其他方程(数学上称为超定方程组),只要判断额外的方程与已确定的值是否矛盾.

另一种理解是从约束图入手,等式差分约束图上都是边权互为相反数的双向边(2 阶零环). 这种图一般画成有向图的形式,如左图. 并约定逆向走时减去边权. 约束图有解要求无负环,但此种图上如有正环其逆向就是负环,所以只能有零环,即约束图为保守图(参见第 O 章高级话题讨论). 生成树显然是保守图,而再增加其他边都会产生环,为保证是零环其权值 D 必须是特定的值.

这个带边权的保守的约束图就称为带权并查集,其也是维护一堆分组(连通分支),每组内部有确定的差分关系,相比普通并查集维护了更细致的定量信息.

2. 求最优解

目标函数为最小化 $\sum_{i=1}^{c} x_i = \sum_{i=1}^{c} (x_1 + D_i) = cx_1 + \sum_{i=1}^{c} D_i$. D_i 是常数,则要 x_1 尽量小,但需保证每个变量非负,即 $x_1 \geqslant -D_i$,最优解取 $x_1 = -\min_{i=1}^{c} D_i$,最优解为 $-c \min_{i=1}^{c} D_i + \sum_{i=1}^{c} D_i$,其只依赖分支数和每个分支上 D_i 的 min 和 sum.

剩下的问题是怎么维护 D_i,因动态加边,还需支持增量式. 普通并查集中每个点只记录其与父节点间的关系,如 p_i = 父节点编号,因此并查集合并只涉及修改一对父子节点的局部信息,性能较高. 此处 D_i 是点 i 与根节点的差分,是全局信息(i 未必是 1 的直接的子节点),因此不方便维护.

退而求其次,定义 $d_i = x_i - x_{p(i)}$ 即点 i 与父节点的差分(树上差分),则 D_i 等于 d_i 沿 i 到根的路径和(树上前缀和). d_i 虽不能快速得到 D_i[①],但答案也不需要每个 D_i 的值,只需要 D_i 总和与最小值,及任 2 个变量的差分(判无解用),这些可以快速维护即可. 具体细节如下.

(1)查询同一分支两点 i, j 的差分:$x_i - x_j = D_i - D_j$,这必须显式求 D_i, D_j,好像不是 $O(1)$,但还有路径压缩:问询过程中整个路径上(当前的)D_i 也随之求出,直接更新即可(如下图所示),期望复杂度与普通并查集查询一样.

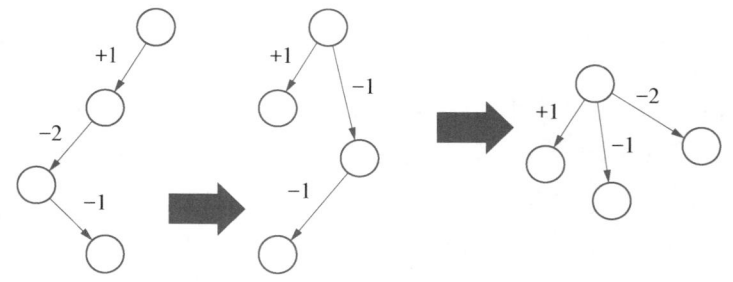

```
int find( int x) {
    if (p[x] == x) return x;
    int rt = find(p[x]);
    d[x] += d[p[x]]; // 带权路径压缩
```

① DFS 一遍可以求出 D_i,用启发式合并 + 增量式 DFS 维护 D_i 也是一种做法,复杂度为 $O(m + n \log n)$.

```
        return p[x] = rt;
    }
```

（2）合并 i，j 所在（不同）分支：这里稍复杂一点，因为要更新的目标函数较多.

① 首先被合并的仍是对应的根节点而不是 i，j 本身.

② 输入只给了 $x_i - x_j = D$，先要换算到根节点：$x_{root(j)} - x_{root(i)} = -D + D_i - D_j$，这就是新的 $d_{root(j)}$.

③ D_i 总和增量：由并入的分支 j 产生，一部分是原 sum_j，合并后分支 j 的每个值的 D 都增加 $d_{root(j)}$，故总增量为 $sum_j + sz_j \times d_{root(j)}$.

④ D_i 最小值增量：i 分支的最小值不变，j 分支的每个 D 都增加 $d_{root(j)}$，这部分最小值也增加这些，故新的最小值为 $\min(\min_{root(i)}, \min_{root(j)} + d_{root(j)})$.

⑤ 最优解增量：可先减去合并前两个分支的贡献，再加上合并后分支的贡献得到. 以上所有需统计的信息都可以在 $O(1)$ 合并，故复杂度同普通并查集，当然常数大一些.

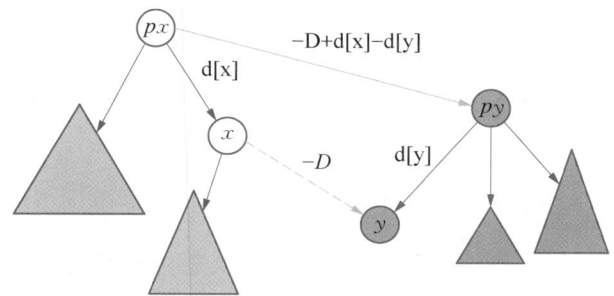

以下是合并部分核心代码. 变量都是自明的. 唯一需解释的是 d[py] 的新值（带波浪线的那句），其应为 $-D + D_x - D_y$，为何代码写的是 $-D + d_x - d_y$？ 因为前面先对 x，y 做过查询 getRt()，路径压缩会把 x，y 带到根节点的子节点，这时 $d_x = D_x$，$d_y = D_y$. 带权并查集原理并不复杂但实现细节较多，主要是理清楚所有需要维护的目标函数，逐个分析合并规则.

```
int val(int x) {
    return -sz[x] * mn[x] + sum[x];
}
...
for (int i = 1; i <= m; i++) {
    scanf("%d %d %d", &x, &y, &D);
    px = getRt(x);
    py = getRt(y);
    if (px == py) {
        if (d[x] - d[y] != D) return 0;
        else printf("%d\n", ans);
    } else {
        ans -= (val(px) + val(py));
        sz[px] += sz[py];
        p[py] = px;
        d[py] = -D + d[x] - d[y];
        sum[px] += d[py] * sz[py] + sum[py];
        mn[px] = min(mn[px], mn[py] + d[py]);
```

```
        ans + = val(px);
        printf("%d\n", ans);
    }
}
```

【例 T-3】 食物链（NOI 2001，扩展域并查集）

有 3 种动物 A，B，C，且 A 吃 B、B 吃 C、C 吃 A. 现有 n 只动物和依次给出的 K 句话.

1 xy 表示 x 和 y 是同类；

2 xy 表示 x 吃 y.

依次判断有几句话是假话. 第 i 句话是假话当且仅当：不存在任何一种 n 个动物的种类方案，同时满足第 i 句话以及前 $i-1$ 句中的所有真话.（n，$K \leqslant 100\,000$）

此题关键是把题意用数学语言表达清楚，并找出所谓真话假话方便操作的（充要的）判据①. "吃"的关系有循环性，此特征可用取模刻画：设 $A = 0$，$B = 1$，$C = 2$，动物 x 的种类是变量 c_x. 则约束条件就能表述成数学表达式：

1 $xy \Leftrightarrow c_x = c_y$

2 $xy \Leftrightarrow c_x - c_y \equiv -1 \pmod 3$

条件 1 也等价于 $c_x - c_y \equiv 0$，则约束条件就是模 3 意义下一组模线性方程组，更准确说是模 3 意义下的等式差分约束，要求支持增量式判断解的存在性. 一种做法就是上题所述带权并查集，因只涉及线性运算，相关结论在取模意义下一样成立. 缺点是带权并查集写起来比较繁琐.

下面介绍一种解模等式差分约束的编码更简单的方法. 思想类似例 R-3 中的反物质图，即以事件为点. 对每个 x，有 3 种事件分别是 $x = A$，B，C，不妨就记为点 X_A，X_B，X_C，约束条件转化为事件发生之间的充分关系，即如事件 P 发生则事件 Q 必然发生，则建一条边 $P \to Q$，对本题的约数条件，

$$1\ xy: X_A \leftrightarrow Y_A, X_B \leftrightarrow Y_B, X_C \leftrightarrow Y_C$$
$$2\ xy: X_A \leftrightarrow Y_B, X_B \leftrightarrow Y_C, X_C \leftrightarrow Y_A$$

此图正好是无向图，其一个连通分支表示一组事件要么都发生，要么都不发生. 不难想到判据是任何 X_A，X_B，X_C 之间不能连通. 必要性显然，充分性类似例 R-3 利用对称性构造出可行解即可，这里略去

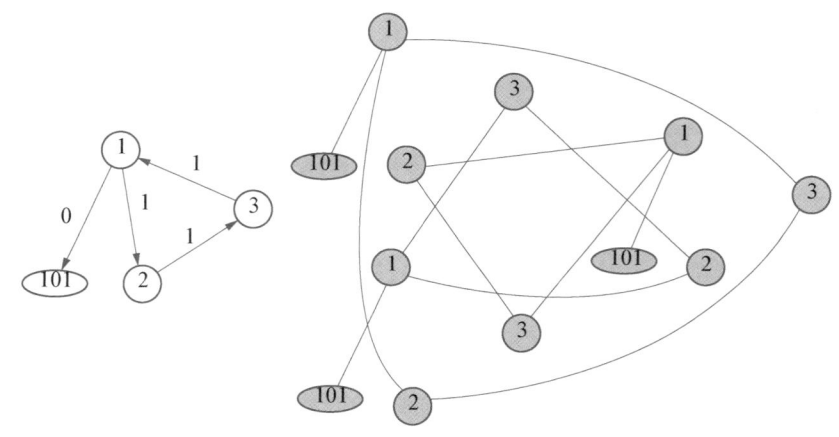

---

① 此类"判真假"场景都可先考虑此方向，题目给出的定义虽严谨，但"不存在合法方案"这判据很难付诸实施（除非纯暴力），往往要找各种必要或充分条件，寻求更易实现的判据.

细节. 连通性自然用(普通)并查集维护, 这种建模称为扩展域并查集, 本质上是根据值域拆点, 也可理解为分层. 实现就是普通的并查集, 所以编码简单, 但复杂度要乘上值域大小.

【例 T-4】关系式矛盾 2

输入 n 条简单的关系式. 关系符号只可能是两种: ! = 代表不等于, = = 代表等于. 符号左右各为一个变量. 求第一次出现矛盾是加入了哪个式子. (矛盾指不存在任何一组变量取值使得所有式子都成立, $n \leqslant 100\,000$)

此题是隐含的多组问询(问前 i 个式子是否矛盾), 这里涉及一种新的二元关系: 不等关系. 这个关系只有对称性、反自反性, 没有传递性, 故不可用图论"可达"关系来刻画, 也不能进行等价类划分①.

先处理单个问询: 等式是等价关系, 可并查集维护. 等式将变量分成值必须相同的分组. 等式/不等式内部都不可能矛盾. 矛盾只能是不等式两端在等式的同一分组中. 可先把所有等式建并查集再对每个不等式查询, 总复杂度为 $O(n^2)$②. 第 W 章将介绍单调性方法优化到 $O(n\log n)$(二分答案). 本题也有在线算法但比较复杂, 参见本章高级话题讨论.

【例 T-5】攀亲戚 4(可撤销并查集)

你想知道皇帝是不是你远房亲戚, 一开始你什么也不知道, 依次发生了 m 次事件. 每次要么你获得一条新信息"a_i 和 b_i 是亲戚"; 要么你发现手上现存的最新一条信息是假的并废弃此信息. 每次事件后输出根据当前手上现存的(未废弃)信息, 判断某两人是否亲戚. ($n \leqslant 100\,000$, $m \leqslant 200\,000$)

此题为可撤销动态连通性模板题. 并查集只支持加边动态连通性, 但此题是特殊的 FILO 方式删边, 即"撤销操作". 此类问题一般性思路有两类.

1. 记录历史版本(全量式)

即例 F-1(可撤销背包)所用方法: 每更新一次就保存当前的结果版本副本③, 则撤销只需移动时间戳回到上一版本即可. 此方法好处是通用, 原则上使用所有可撤销类问题; 缺点是性能差, 特别是空间, 每操作一次都要存一个完整版本, 如本题相当于每次新开一个并查集, 复杂度为 $O(nm)$.

2. 记录操作日志(增量式)

此方法适合每次修改对答案影响面不大(如只影响局部). 不保留老版本, 记录每次修改的信息; 撤销时按照记录的操作逆序将每次修改逆向操作还原④. 此方法好处是空间只需要存储一份完整答案(当前版本)+修改日志. 后者因为修改在局部, 时空复杂度通常都只与增量规模相关; 因先进后出特征, 修改日志用一个栈来存. 缺点是要求修改对结果的影响必须可逆, 并非所有场景都有这种特征, 适用面比全量方式小.

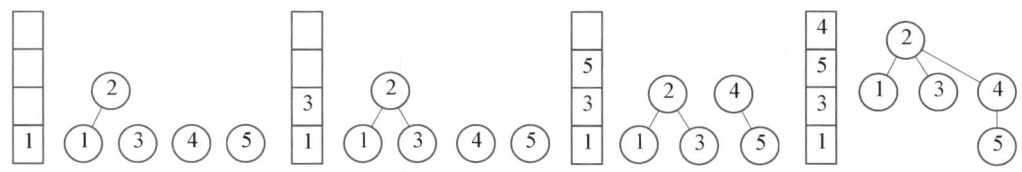

---

① 初学者一种常见错误是等式和不等式分别建一个并查集, 某式两端出现在对方同组内则认为矛盾. 此方法错误根源就是不等关系没有传递性, 不可用并查集描述, 典型反例: $a \neq b$, $b \neq c$, $a = c$.

② 预先处理所有等式是离线操作, 不支持增量式. 因为前面的不等式可能因后加入的等式而矛盾.

③ 有的场合下称为快照(snapshot).

④ 过程类似写 DFS 时维护全局状态及回溯过程, 读者可以参考对比一下.

下面用方法 2 在并查集加边场景上实现. 加边对并查集的影响就是两个分支合并, 即 $p_{root(y)} = root(x)$, 此操作可逆, 只要记住被合掉的根节点 $root(y)$, 这个信息就是记录在栈中的操作日志. 撤销时, 从栈中弹出旧的 $root(y)$ 赋值回 $p_{root(y)}$, 相当于两棵树重新拆开. 以下为核心代码.

```
struct data { int p,sz; } d[N];
struct datastk { int x, y; } stk[N];
int top;

void unite(int x, int y) {
    int px = getRt(x), py = getRt(y);
    if (px == py) return;
    if (d[px].sz < d[py].sz) swap(px, py);
    stk[++top] = (datastk){ px, py };
    d[px].sz += d[py].sz;
    d[py].p = px;
}

void retrace() { // 撤销最后一次合并
    datastk s = stk[top--];
    int px = s.x, py = s.y;
    d[py].p = py;
    d[px].sz -= d[py].sz;
}
```

注意如并查集维护了其他目标函数, 则被合并掉的旧值也需要被记录在栈中, 以便撤销时恢复. 另一要点是不能路径压缩, 因为路径压缩是一个整体结构修改, 无法逆操作[①]. 但又要保证复杂度, 只能采取启发式合并, 故上面代码中额外维护了分支大小 sz. 故支持撤销的单次查询复杂度只能做到 $O(\log n)$.

当然本题中, 真正要撤销的是那些真的引起"合并"的操作, 而那些冗余信息(两端本来就在一个分支)是不影响并查集的, 撤销时这种操作也不需任何动作; 至于支持可持久化(回退掉的版本还可能再用到), 其比可撤销要求更高, 参见本章高级话题探讨; 而随机删边意义下的动态连通性, 则需用到如线段树分治或 LCT 等更高级的算法.

> ***【例 T-6】桥梁**(APIO 2019, 时间分块)
>
> 给定一张无向图, 有边权, q 个操作分两类 ($n, m, q \leqslant 1\mathrm{e}5$, 边权 $\leqslant 1\mathrm{e}9$)
>
> $type=1$: 修改某条边的权值;
>
> $type=2$: 求从 x 出发只经过边权 $\geqslant y$ 的边可以到达几个点.
>
> 子任务 1: 没有修改; 2: 修改远少于查询; 3: 无特殊约束.

题意为动态图上的问询, 支持修改边权及求边权 $\geqslant y$ 的子图内 x 所在连通分支大小. 这是一道综合

[①] 严格说把路径压缩沿途节点信息都记下来, 只要信息齐全理论上路径压缩也不是不能逆. 但一来实现很繁琐, 更重要的是可以人为构造数据不停在路径压缩前后来回撤销, 使复杂度退化. 这是一个普适性的结论: 凡均摊意义下的复杂度, 如需支持撤销或可持久化, 都可以针对性地使退化.

性很强的题,其几个子任务都涉及一些典型的建模方法论.

（1）无修改（静态/离线问询）：并查集只支持加边,此处 y 是随机的.可用离线解决：将问询按 y 从小到大重排,则被问询的子图边集只增不减,复杂度为 $O(q\log q + m\log m)$,其中 log 是排序造成的.边权带修时,问询顺序就不可简单地随意修改了[1],因为修改后就不知道问询当时图的状态.

（2）稀疏修改（准离线问询）：此情况下相邻两次修改间的查询相当于静态的,可局部调换顺序；每次修改后,清空并查集重算.假设有 $c << q$ 次是修改,则复杂度为 $O(q\log q + cm\log m)$.

（3）一般带修（弱在线问询）：介绍一种带修问询的建模技巧：时间分块.将所有操作以输入顺序分组,每组 $\approx B$ 个修改,称为一个批次,批次数为 $O(q/B)$.对单个批次,只有 B 个修改,则本批次内被修改过（至少一次）的边至多 B 条,此类称为动态边.其他边在本批次内权值不变,称为基准边.

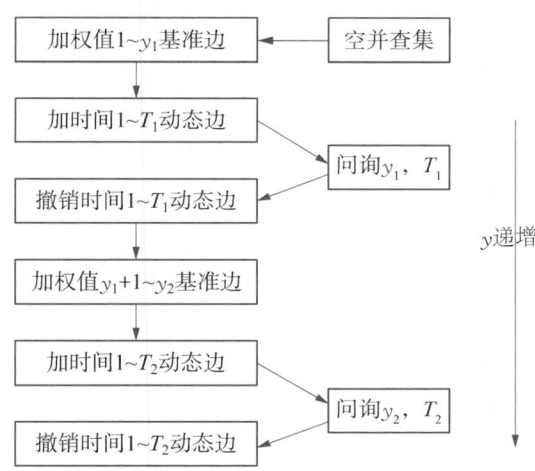

本批次的每个问询其当时的连通分支分别由基准边和动态边的各自一部分（权值 $\leq y$ 的）贡献.对基准边可用上节方法将本批次内的问询按 y 排序,则基准边的贡献只增不减的,这部分用并查集维护；对动态边,先用 $O(B)$ 时间暴力求出该问询发生时,每条动态边当时的值,挑出其中 $\leq y$ 的加到并查集,即可得到该问询的结果.在下个问询前,再把这部分动态边撤销即可,可用上题所述可撤销并查集.动态边的处理虽比较暴力,但其边数只有 B 条.两次问询间动态边的增删开销为 $O(B\log n)$.而不同批次间基准边也不一样,只能暴力重算.

最后复杂度为 $O(q\log q + m\log m + q/B \times m\log n + qB\log n)$,各项贡献依次为：问询排序、基准边排序、加入基准边、加入/撤销动态边.取 $B = \sqrt{m}$,最优复杂度为 $O(q\log q + m\log m + q\sqrt{m}\log n)$.

* 高级话题讨论

例 T-4 在线解法

造成矛盾的原因是不等式两边在等式划分的同一分组中.在线的难点是不能预知所有等式,造成合并两个分支时,之前不矛盾的不等式变得矛盾[2].关键是如何增量式维护这件事.尚未矛盾时,每个不等式必都跨（当前）连通分支；如新加一个不等式,如前一样判断即可；如加入一个等式 $x==y$ 且 x, y 原先不

连通,则需合并其所在连通分支,此时当且仅当之前有不等式正好跨 x,y 所在分支则矛盾. 据此可以大致得出思路①:以每个连通分支为点,当前不等关系为边形成一张图②,合并分支相当于缩点,如此出现自环则矛盾,否则有解.

具体实现时可动态维护不等关系图的邻接表;缩点相当于两点的邻点集合求并集;有自环相当于有交集. 这过程中有加边、去重和求交集,可用 set 替代 vector 实现邻接表;为控制复杂度还需用启发式合并. 因顶点在持续合并,缩点后的顶点自然以并查集的组长作为编号,但邻接表存的不一定都是组长,所以随时要做 getRt(),不过好在路径压缩可使 getRt() 均摊复杂度为常数. 整个解法是融合了并查集+图论缩点+启发式合并的综合应用.

```
set<int> neq[N]; // 矛盾集合(不等关系图的邻接表)
set<int>::iterator it;
int px = find(x), py = find(y);
if (c == '=') {
    if (px == py) continue; // 冗余等式,啥都不用做
    if (neq[px].size() > neq[py].size()) swap(px, py);
    for (it = neq[px].begin(); it! = neq[px].end(); ++ it) {
        if (getRt(*it) == py) { // 邻点有交集,无解
            cout << i << endl; return 0;
        } else { // 合并不等关系(缩点)
            neq[py].insert(getRt(*it));
        }
    }
    p[px] = py; // 合并相等关系
} else if (px == py) { // 不等式直接矛盾
    cout << i << endl; return 0;
} else {   // 不等关系加边
    neq[px].insert(py);
    neq[py].insert(px);
}
```

关于可持久化

可持久化数据结构本身是一个大课题. 这里用一点篇幅稍微系统说下此类问题基本分类. 大量场景存在这样的需求,即对某对象/结构的动态修改和问询. 修改可理解为从某基础版本产生了一个新版本,则每个版本都有一个父版本,这些版本间形成一个树结构. 按对版本维护要求由弱到强可分如下 4 个层次.

(0)静态:没有修改,全程就一个版本. 这时问询一般可随意换顺序(离线). 当然静态动态本身又是相对的,如将时间(操作顺序)也视为一个维度,则带修问题也可视为静态.

(1)普通带修:即修改和问询都只针对最新版本. 这时版本树是一条链,虽全程出现过多个版本但只要保留最新版本③. 最直观的应用就是滚动数组(不用的老版本空间直接覆盖掉). 目前为止仍属普通问

---

① 此方法由肖子尧同学提出.
② 无传递性关系建图还是可以建的,只是不等关系图本身连通没什么意义,仅相邻有意义.
③ 实际上一般就是直接在老版本上增量式修改. 如为提高问询效率还维护了额外的索引结构,这索引也需要随之(增量式)更新. 索引不在本书范畴,但是基础算法的重要分支.

T 并查集建模

询,无真正涉及版本维护.

(2) 支持可撤销:要求可回退到上一版本,被回退掉的版本视为作废. 例 F-1 和例 T-5 均属此情况. 根据第 4 章知识,此种情况下完整的版本树是(真正带分支的)树结构,但实际有用的是最新版本到根节点路径上的这些版本(那些被撤销的版本不需再存),故实际只需存一个版本栈即可. 一般来说,栈内每个元素应存一份完整的结构. 但如修改有高效的逆运算,则可只存增量信息而只维护一份当前全量,撤销时利用逆运算把增量逆掉. 可撤销并查集就属此情况.

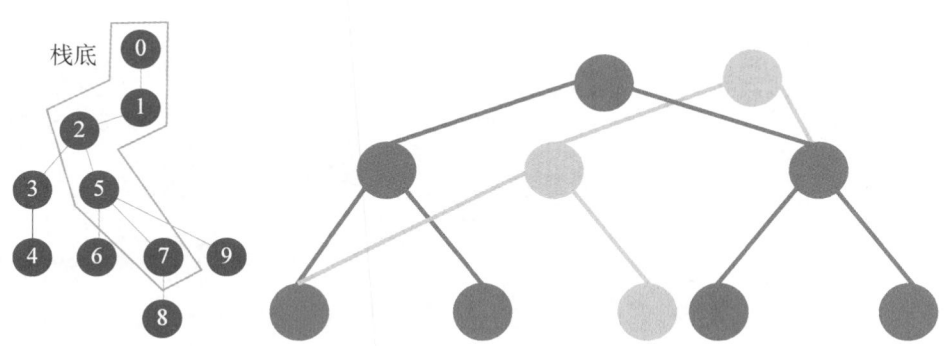

(3) 支持可持久化:修改仍只在当前版本,但要求"闪回"到任意历史版本,即问询"当时的情况". 这原则上要求保存版本树的所有历史版本,不过暴力实现至少是 $O(nm)$. 对此问题各种具体情况下的优化手段甚多. 常见的例如只保存每个版本相对父版本的增量,对版本问询时转化为节点到根节点的路径问询,再借助树论的索引来优化;另一种是直接把增量"附生"在原结构之上,复用非增量部分,形成一些视觉上更为复杂的"超数据结构". 最典型的如主席树(树结构+单路径修改,见右上图).

对图加边+连通性问询这种场景,对应实现就称为可持久化并查集. 概括来说,是先 p 数组上建二分索引(如线段树),再用上面的方式维护多版本信息. 由于索引未系统介绍过,此处不深入展开. 可持久化并查集同样不可路径压缩,单次操作复杂度为 $O((\log n)^2)$,两个 log 分别来自二分索引和启发式合并.

(4) 支持完全可持久化:这最强版本指修改和查询都可在任意历史版本上[①]. 这一般其实跟上条差别不大,因为能"读"出老版本,在其上修改也不难支持. 差异是普通可持久化有时可先构造好整个版本树然后离线问询(如按版本树 DFS 顺序执行问询,甚至可把问询在版本树上拆解了分局部计算再合并),而完全可持久化则大致只能用在线算法了,因为版本树本身一边在变一边在被问询.

最后再强调一次,版本的动静态也是相对概念. 例如一个序列既可看做空间一维的静态结构,也可看做单个(零维)变量的版本历史.

本章介绍了并查集的一些推广应用,包括扩展域并查集、可撤销并查集等,涉及的建模思想如事件建点、离线思想、时间分块等. 并查集核心并不复杂,但其应用及与其他建模思路结合,问题可以变得复杂,所以会用并查集并不难,重要的是什么时候用以及怎么用.

习题

1. 吸血鬼头巾(etiger643).
2. 银河英雄传说(NOI 2002).

---

① 有些题目表述为"撤销操作本身也可撤销",这种场景理论上比完全可持久化要弱一些(后者可以直接随机"跳到"任意版本),不过实现起来一般就当做完全可持久化做了.

3. 协助(etiger1168).

4. 矩阵(etiger1380).

* **5.** 齿轮转动(etiger1381).

U 生成树建模

本章介绍生成树的一些衍生及变形,这些场景本身具有一定典型性.请注意区分生成树特有的和普适性的建模部分,以更好地推广到更多问题情形.本章会涉及一些单调性和树论的基本概念,虽未系统讲过,但都很好理解.

> 【例 U-1】索道选址 3（最优比例生成树）
>
> Lester 老家有一个著名旅游景点大犀山.景区共 n 个景点,景点 i 坐标为 (x_i, y_i),海拔高度为 h_i.现要建设 $n-1$ 条双向索道连接所有景点.每条索道连接两个景点 i, j,其票价为景点间水平距离,即 $\sqrt{(x_i-x_j)^2+(y_i-y_j)^2}$,危险度高度差,即 $|h_i-h_j|$.求总危险度与总票价之比的最小值,精确到 2 位小数.（$n \leqslant 2000$）

本题与例 F-8 的类似,属于 01 分数规划场景:n 个对象（本题是 C_n^2 条边）各有 2 种属性 $w_i, h_i > 0$,求某个物品子集 S（可能有约束条件,如是生成树）,最优化性价比为 $optimize \sum_{i \in S} w_i \Big/ \sum_{i \in S} h_i$.此类问题的通用思路二分答案,此算法将在第 W 章专门介绍,这里先简介一下,考虑如下含参问题:

$$OK(\lambda) = 是否存在一个生成树\ T,使\ \frac{\sum_{i \in T} w_i}{\sum_{i \in T} h_i} \leqslant \lambda$$

如 $OK(\lambda)$=true 则最优解 $\leqslant \lambda$,否则最优解 $> \lambda$,则可类似"猜数游戏"那样,每问一个 OK 使解的可能范围减半,最后（在指定精度要求内）确定答案.上式稍推导下就等价于没有分母的同类问题:是否存在生成树 T 使 $\sum_{i \in T}(w_i - \lambda h_i) \leqslant 0$,此即以 $w_i - \lambda h_i$ 为等效边权的标准最大权和生成树问题.λ 的初始范围可放大一些,因范围每次折半,所以不怎影响性能.最后复杂度为 $O(MST * \log A)$,A 是答案可能的值域最大值（本题可取单条边里最大的 $\max_{i=1}^{n} w_i/h_i$）.

分数规划场景都可用如上方法转化为没有分母的版本,后者总是相对容易.例 F-8 之所以更优解法是由于背包问题本身就要枚举约束的值域 $\sum_{i \in S} h_i$,相当于固定了分母,则问题本身已等价于无分母版本.而一般情况下分母无法枚举.

定性看下 λ 的数学含义,要求商最小则分子应尽量小,分母尽量大.但两者非独立变量,故须兼顾分子分母.λ 大致充当了这种"兼顾程度"的定量刻画.观察等效边权 $w_i - \lambda h_i$,最终要最小化这东西,即 1 单位的 w"对标"λ 单位的 h.λ 越大说明越需要照顾分母.

【例 U-2】未来之城(次小生成树)

在 Lester 统治的宇宙中共有 n 个星球,需要建立 $n-1$ 条星际航道来连接所有星球. Lester 会告诉你哪些星球之间可以建航道以及对应星球间的距离. Lester 手头紧但又好面子,他希望选所有航道长度之和第二短的方案. 输出最优解和次优解(有可能相同). 无解输出 -1,可能有重边或自环. ($n \leqslant 1000$, $m \leqslant 200\,000$)

次优化问题常见思路在第 M 章讨论过. 此事在生成树场景比最短路单纯一些,因为生成树边数固定,没有"简单非简单"之分. 故次小生成树只有 2 种版本:严格和非严格. 本题是非严格次小生成树模板题.

因边数固定次优解和最优解一定有边不同(严格非严格都是),可用破坏最优解思路:先求 MST,删掉 1 条边再求余图的 MST. 暴力实现为 $O(n * MST)$. 优化思路是分析最优解与次优解的差异,例 S-4 给出过结论:修改无向图上任意一条边权,MST 要么不变,要么在原 MST 的邻集中. 删边可以理解为将边权改为 ∞,删的又是原 MST 上的边故不可能"MST 不变",推论:删原 MST 一条边,余图的 MST 与原最优解只差一条边[1].

下一步自然就是枚举删边或枚举加边. 这里采取后者:枚举一条非 MST 的边,加到 MST 形成一个环,要删的是原树上连接两端点路径上的最长边,这是一个树上路径最值问题. 最简单方法是预计算树上两两点间最长边,总复杂度为 $O(MST + n^2 + m)$,对稠密图足够了;对稀疏图需借助树论中的工具(欧拉序+ST 表),可做到 $O(MST + n \log n + m)$.

【例 U-3】免费道路(APIO 2008,边集限制生成树)

无向正权稀疏图,边分红蓝两种. 求一棵权和最小的生成树,恰好包含 k 条红边. ($0 \leqslant k < n \leqslant 50\,000$, $m \leqslant 100\,000$)

此题是一大类典型场景中的一个,可称为条件[2]最优化问题. 设第 i 条边权为 w_i,颜色为 c_i($c=0$ 表示红色,1 表示蓝色). 抛开生成树这个特定约束,将 k, c_i 视为资源,与约束取等号的背包问题形似. 本题解法也适用于数学形式与上相同的其他问题.

(1) 决策对象:边子集 T.

(2) 约束条件:T 是生成树且 $\sum_{i \in T} c_i = k$.

(3) 优化目标:$\min \sum_{i \in T} w_i$.

如原图(无 k 约束)的 MST 恰含 k 条红边则显然就是答案. 当然这太凑巧,而想法就是通过图重构+调整去人为"凑"这个巧:设 $red(T)$=生成树 T 的红边数,如 $red(MST) < k$ 说明红边选少了;可调小红边权值,"引导"MST 更倾向于选红边[3].

以上只是定性想法,下面具体表述:设 G_d=将原图所有红边权各减 d 后得到的新图,对应最小生成树记为 MST_d,则 $red(MST_d)$ 随 d 单调不降[4]. 按上题那样二分 d 可在 $O(MST \times \log A)$ 内找到一个 D 满足 $red(MST_D) = k$. 对任意恰有 k 条红边的生成树 T,$w(T) = w_D(T) + kD \geqslant w_D(MST_D) + kD = w(MST_D)$,即 MST_D 就是要求的条件最优解.

---

[1] 严格说还有漏洞:删的边不能是原图的桥,否则余图就没有生成树了. 不过此情况容易预处理.

[2] "条件"和"约束"从语义上是同义词,这里特意不用"约束"的字眼,以"条件"特指 等式约束

[3] 如觉这样表述太含糊,可以考虑 Kruskal 的过程,使红边的排序靠前,则选中的红边数只增不减.

[4] d 越大,MST 包含红边越多,至少不会变少. 这一点模拟下 Kruskal 算法就显然了.

还剩一个问题是解的存在性. 利用以上模型极限情况: $d \rightarrow -\infty$, 即红边权都足够大, 根据 Kruskal 首先会处理完所有蓝边, 此时如还剩 C_b 个连通分支(蓝边能做到的极大连通性), 其不得不靠红边连通, 故 $k_{\min} = C_b - 1$; 类似令 $d \rightarrow \infty$, 结论是 $k_{\max} = n - C_r$, C_r 是红边全选的连通分支数.

那么 $k_{\min} \sim k_{\max}$ 间每个值都有解吗? 答案是肯定的. 有两种理解方式: 一是直接构造: 先取 $k_{\min}$ 条必选红边, 则剩余部分不论红边怎么选, 蓝边都可补全全图连通, 而保持红边内部无环的选法一直到 $k_{\max}$ 条都可实现; 另一种基于模拟 Kruskal + 微调: 注意 d 未必要是整数, 只要 d 变化足够慢, 可保证每次边权排序只变化 1 对(红蓝)逆序对, 这效果相当于只改 1 条边权, 前已证明 MST 最多差一条边, 所以 $red(MST_d)$ 在 $[k_{\min}, k_{\max}]$ 不可能跳过任何一个整数值. 编码实现时, 无需特判无解, 只要用求的 D 核算一下 $red(MST_D) = k$ 是否真成立.

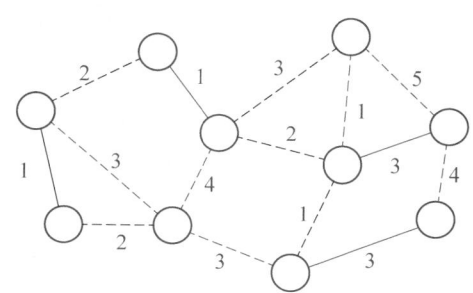

本题还有一个细节: 如用 Kruskal 复杂度应为 $O(m \log m \log A)$, 但 $\log m$ 只是排序所致. 而解法中多次 MST 变化的只是红蓝边的相对大小, 红蓝边内部大小顺序是固定的, 故只需要开始各自排个序, 每次用归并排序的方式合并一下即可, 复杂度可降到 $O(m \log m + m \log A)$. 此解法称为参数二分.

题目到此已经完全解决. 但如上阐述多少还有点"拍脑瓜": 怎么会想到去研究 $MST(G_d)$ 呢? "调小红边权值"为何就是线性改小? 这些问题的更多讨论参见本章高级话题探讨.

【例 U-4】斗转星移(度限制生成树)

共有 n 个星球, 位置用四维坐标 (x, y, z, t) 表示. 需建立 $n-1$ 条航道连接所有星球. 两个星球间的距离为 $d = |(x_1 - x_2)^2 + (y_1 - y_2)^2 + (z_1 - z_2)^2 - (t_1 - t_2)^2|$. 出于某些因素从 1 号星球出发必须建 k 条航道, 不能多也不能少. 求在此前提下所有航道长度之和的最小值. $(1 \leqslant k < n \leqslant 1000)$

本题称为度限制生成树问题, 其实是上题的特例: 定义点 1 的邻边为红边, 其他为蓝边, 就退化到上题. 稠密图用 Prim 算法, 复杂度为 $O((n^2 + m) \log A)$. 本题是完全图, 则 $C_r = 1$, $C_b = 2$, 由上题结论 $k = 1..n-1$ 都有解; 如对一般图的度限制生成树, $C_r = n - deg(1)$, 故 $k_{\max} = deg(1)$(显然的), $C_b - 1$ 含义为删掉点 1 后连通分支个数(如右图), 这些分支只能通过点 1 连通, 故至少需要这数量的红边. 结论均与上题吻合.

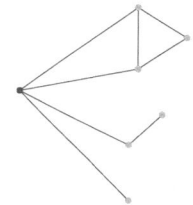

本题还有一种解法基于如下结论: $k+1$ 度限制 MST 属于 k 度限制 MST 的邻集[①]. 即 k 每加 1, 度限制生成树只差 1 条边. 利用此结论可以增量式, 加的那条边必是点 1 某还未选中的邻边, 对应删的边是形成的环上与 1 不相邻的最大边, 这可在树上递推预计算: $f_u = \max(f_{p(u)}, w_{u, p(u)})$, 总复杂度为 $O(MST + kn)$. 在 k 比较小的时候比之前的参数二分解法要优一些, 但编码涉及树论.

【例 U-5】归程(NOI 2018 T1)

魔力之都可抽象成 n 个节点 m 条边的无向连通图. 用 L, h 描述一条边的长度、海拔. 魔力之都时常有雨水相伴, 道路积水不可避免. 由于整个城市的排水系统是连通的, 有积水的边一定是海拔相对最低的一些边. 用水位线来描述降雨的程度, 它的意义是: 所有海拔不超过水位线的边都有积水.

---

① 证明较复杂, 有兴趣的同学可参见本章参考文献[1].

Yazid 是来自魔力之都的 OIer,刚参加完 ION 2018 的他将踏上归程.Yazid 家在 1 号节点.对接下来 Q 天,每天 Yazid 会告诉你他的出发点 v 及当天的水位线 p.每天 Yazid 在出发点拥有一辆车,车由于故障不能经过有积水的边.Yazid 可在任意节点下车,然后可步行经过有积水的边.留下的车(由于魔力)会自动回到下一天的出发点.Yazid 讨厌在雨天步行,他希望最小化步行经过的边(包括积水和不积水的)的总长.($n \leqslant 200\,000$,m,$q \leqslant 400\,000$,强制在线)

题意是一个无向图有 2 种边权 L,h.有 q 个问询问从 v 出发且只经过 $h > p$ 的边,能到达的离点 1 最近的点.这里"最近"指边权 L 意义下的最短路.首先可通过一次 SSSP 预计算每个点到 1 的最短路 d_u,之后 d_u 就作为一种点权看待了.接下来是对 d_u 的一组子集 min 问询,关键是分析"从 v 只经过 $h > p$ 的边能到点"怎么分布.纯暴力一次 DFS 可得出一个问询,复杂度为 $O(\text{SSSP} + q(n+m))$[①].

此题与例 T-6 都涉及"从某点出发只经过边权大于/小于某阈值的边"这种问题,此种场景有一种专门针对性的工具:Kruskal 重构树.Kruskal 合并两个分支时,不直接以父子关系连接两点,而构造一个新节点作为公共父节点,这个父节点的权值定义为引起合并的这条边的边权,最后形成一棵 $2n-1$ 个节点的二叉树,即称原图的 Kruskal 重构树,也可视为并查集的一种变形实现[②].下图就是一个示例.这个结构可直观理解为将 Kruskal 的合并过程以空间的形式固化下来[③].

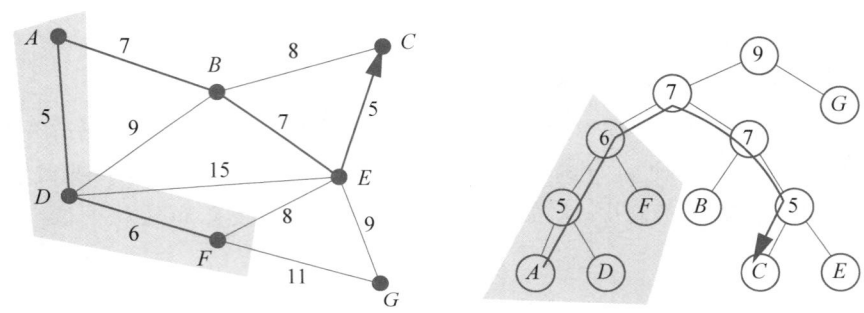

Kruskal 重构树的基本特征

(1) 堆性质:每个点的点权 $\leqslant$ 或 $\geqslant$ 父节点(叶节点可设为 $-\infty$).

(2) 子树特征:每个子树 u 内的点可通过边权不超过 w_u 的边连通,因为 u 这条边加入后这个子树的叶节点在原图上就连通了.

(3) 路径特征:原图点 x,y 间的最长边最短路等于两者在 Kruskal 重构树上对应叶节点的 LCA 的权值.LCA 是树论概念,但很直观,就是(有根)树上两点间简单路径上深度最小的点.如上图中点 A 到 C 的最长边最短路就是 7.

有了上述结论,不难推出所要结论,即从 v 出发只经过 $h > p$ 的边能到哪些点:先按 h 从大到小的 Kruskal 算法建重构树,然后沿 v 对应叶节点往上走(点权只减不增),找到最后一个点权 $> p$ 的点 u[④].则 u 这棵子树的所有叶节点就是"能走到"的所有点.再求子树 u 所有叶节对应原图 d_u 的最小值,这很容易

---

① 原题可得 50 分.如 v 值有较多重复,对同个 v 可按 q 从大到小离线,这过程中子集只增不减,可增量式维护 min.不过原题并没有针对此方法留部分分.

② 如把合并的边权记在并查集的边权上,两者信息量完全相等.当然 Kruskal 重构树不能路径压缩.

③ 有些数据结构(在有的场合)可视为某种动态过程信息的固化.如线段树之于二分法,点分树之于点分治等."固化"是一个较抽象的概念,具体形式未必固定.之前提的"可持久化"也可视为一种时间序列上的固化,Kruskal 重构树主要固化下来的是连通分支合并的过程.

④ 利用树论的倍增索引可做到 $O(\log n)$.

$O(n)$ 预计算. 总复杂度为 $O(SSSP + m\log m + n + q\log n)$.

Kruskal 生成树对问询支持在线,但对图结构则只支持静态. 如边权还可修改(如例 T-6),Kruskal 重构树就不适用了. 虽然改一条边 MST 最多只相差一条边,但整个 Kruskal 合并的过程不一样.

* 高级话题探讨

凸优化

例 U-5 引入了参数二分的概念,此方法也称为凸优化[①],这里稍微一般性(数学化)地展开一点. 考虑抽象的最优化问题:$\max\limits_{x} F(x)$,x 是某种抽象的决策,F 是目标函数. 条件最优化问题抽象形式为 $\max\limits_{G(x)=0} F(x)$.

定义如下带参函数:$F_\lambda(x) = F(x) - \lambda G(x)$,$\lambda$ 称为 Lagrange 乘子. 设 $x_\lambda = \mathrm{argmax}_x F_\lambda(x)$(无条件最优解),则对任何 $G(x) = G(x_\lambda)$ 的 x,

$$F(x) = F_\lambda(x) + \lambda G(x) \leqslant F_\lambda(x_\lambda) + \lambda G(x_\lambda) = F(x_\lambda)$$

即 $x_\lambda = \max\limits_{G(x)=G(x_\lambda)} F(x)$,如能找到使 $G(x_\lambda)=0$ 的 λ,则 x_λ 就是条件最优解. x_λ 是 $F_\lambda(x)$ 的无条件最优解,则在该点微分为 0[②]:$\mathrm{d}F(x_\lambda) - \lambda \mathrm{d}G(x_\lambda) = 0$,或写成 $\lambda = \left(\dfrac{\mathrm{d}F}{\mathrm{d}G}\right)_{x=x_\lambda}$. 此式有点抽象,看其几何意义(如下图):以 $F(x)$,$G(x)$ 分别为纵坐标、横坐标,每个解 x 对应 F-G 平面一个点,带参的最优解 x_λ 可视为以 λ 为参数的一条曲线,上式表示 λ 就是该曲线自己在 $G(x_\lambda)$ 处的斜率.

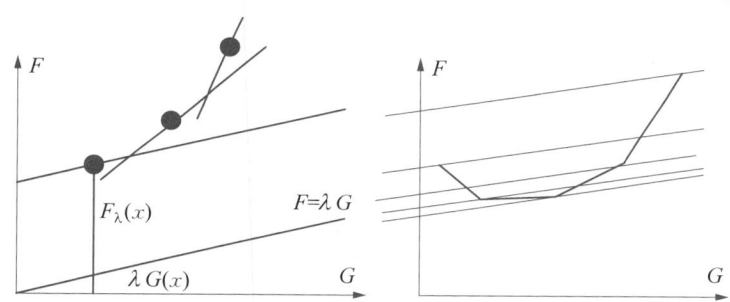

现要使 $G(x_\lambda)=0$,如想二分 λ 则要求 $G(x_\lambda)$ 关于 λ 也单调,这是参数二分能进行的基本能要求. 如例 U-4 中,$red(T_\lambda)$ 关于 λ 单调是由 MST 特征得知的. 如果此单调性成立意味着前式再对 G 求导得 $\dfrac{\mathrm{d}\lambda}{\mathrm{d}G} = \dfrac{\mathrm{d}^2 F}{\mathrm{d}G^2}$ 符号固定,即这是一条凸曲线,故名凸优化.

二分过程也有几何解释:$F_\lambda(x) = F(x) - \lambda G(x)$ 为过 $(G(x), F(x))$ 斜率为 λ 的直线的截距. x_λ 是 $F_\lambda(x)$ 的最优解表示其他所有点都在上述直线上(或下)方. 不妨设 $G(x_\lambda)$ 关于 λ 单调增,则 λ 变大点 $(F(x_\lambda), G(x_\lambda))$ 向右移且斜率也变大,即以 λ 为参数的曲线 $(F(x_\lambda), G(x_\lambda))$ 下凸. 在下凸曲线上找特定横坐标 $G(x_\lambda)=0$ 的点,二分斜率 λ 即可[③].

---

① 这方法名称很多,还有如带权二分、WQS(王钦石)二分. 严格说核心部分属于单调性算法,此题中生成树并不是本质的. 对单调性、凸性完全没概念的读者可先放一下,先看后面的第五部分.

② 这里是形式化的推导,暂且不管抽象的微分怎么严格定义、可微性之类细节. 这里微分可理解为 $x \Rightarrow x_\lambda$ 附近的变化量. 对微积分没有任何概念的读者,直接跳过此部分即可.

③ 参考第 Z 章对凸性的进一步说明.

斯坦纳树(Steiner Tree)

对无向图 G 及其顶点子集 S，G 中保持 S 连通的极小子图称为(S 对应的)斯坦纳树[①]. 边集的极小连通性保证无环，则必是(无根)树，其核心也是连通性. 有边权时，权和最小的斯坦纳树称为最小斯坦纳树[②]. 记 $k = |S|$.

(1) $k = 1$，退化情况，就一个孤立点.

(2) $k = 2$，即点对连通性，最小斯坦纳树就是 SSSP.

(3) $k = 3$，3 点连通性，即例 J-4，可转为 3 个 SSSP.

(4) $3 < k < n$，一般情况，见下文.

(5) $k = n$，即全图连通性，就是 MST.

所以最小斯坦纳树可以视为介于 SSSP 和 MST 之间的中间情况，是点集连通性问题. 一般的最小斯坦纳树问题目前无有效算法，常用的方法是状压 DP. 这里仅给出算法描述，至于建模过程及原理细节(如决策为何充分)不详细展开，有兴趣的读者可自行查阅更详细的资料.

(1) 状态：$f_{iC} =$ 以 i 为根且连通顶点集 C 的最小斯坦纳树($C \subseteq S$).

最优子结构还是在连通性上，这里选择类似 Prim 的加边顺序.

注意不要求 $i \in C$，因为斯坦纳树可以包含 S 以外的点[③]

(2) 转移方程：

$$f_{iC} = \min_{C' \subset C} \{f_{i, C'} + f_{i, C-C'}\} \text{(两个子集通过点 } i \text{"粘合"起来)}$$

$$f_{iC} = \min_{(i, j) \in E, j \in C} \{f_{jC} + w_{ij}\}, i \notin C \text{(加一条边)}$$

下图为以上两种转移示意图. 稍难理解的是转移 2 为何只针对 $i \notin C$：如 i 本身在 C 内则加 (i, j) 前 i 不在 C 中，这部分已由转移 1 中 $C' = \{i\}$ 处理过了.

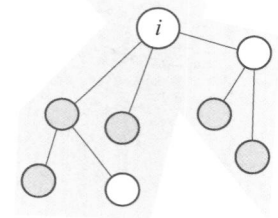 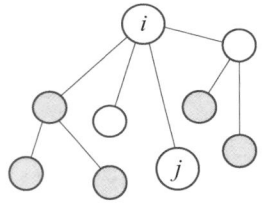

转移 1 是连通性的转移，此部分转移是无环的(C' 真包含于 C)[④]；转移 2 是给定连通性前提下的"松弛"操作. 这部分显然有环，其实就是一个 SSSP(各状态初始值不是从 INF 起). 这两部分各自表达了此问题偏 MST 的方面和偏 SSSP 的方面. 转移 1 须先于转移 2 进行，得到的 f_{iC} 作为转移 2 的初值，再进行 SSSP. 至于为什么这两种转移就够了，严格证明就不展开了.

(1) 边界：$f_{i, \{i\} \cap S} = 0$，$f_{i, |C| > 1} = \infty$.

(2) 答案：$ans = \min_{i=1}^{n} f_{iS}$.

(3) 复杂度：$O(n3^k + 2^k \times SSSP)$.

---

① 有资料中称为斯坦纳生成树，作者认为不很合适. 一者斯坦纳树不是生成树(可能不包含原图的某些点)；二者容易使人误认为斯坦纳树是一种特殊的生成树，而事实正相反.

② 默认为正权. 如有负权与负权图最小生成树处理方式相同，参见第 Q 章.

③ 如 $i \in S$ 则要求 $i \in C$，因为 i 与 i 自己必连通. 不过这点可以过后面的边界来保证.

④ 可以将 C 看作一种分层，转移 1 是层间的，转移 2 是层内的.

分别对应两种转移，C 的选法是 2^k，对每层一次 SSSP.

转移 1 的部分是所有 C 的子集个数和，按 $|C'|$ 分类＋二项式定理，

$$\sum_{C' \subseteq C \subseteq S} 1 = \sum_{|C|=0}^{|s|} \sum_{C' \subseteq C} 1 = \sum_{|C|=0}^{|s|} C_{|s|}^{|c|} 2^{|c|} = (1+2)^{|s|} = 3^{|s|}$$

下面再看看特殊 k 值. $k=2$ 时设 $S=\{s,t\}$，边界有 $f_{s,\{s\}}=f_{t,\{t\}}=0$，$f_{i,\phi}=0$（$i \notin S$）；其他要算的只有一种 $C=S$，转移 1 为 $f_{iS}=f_{i,\{s\}}+f_{i,\{t\}}$，而 $s \neq t$，右边两项不可能都为 0，说明转移 1 没有任何作用. 只剩转移 2，而转移 2 在 $C=S$ 情况下，就是普通 SSSP[1]；$k=n$ 则没那么自然，$k=n$ 代入其实就是第 Q 章开头所述的状压 DP. 之前说过 MST 如按 DP 做，最终还是指数级. 至于贪心方法是针对生成树特有的特征额外证明的，所以斯坦纳树框架下推导不出 Prim 之类的算法也是情理之中.

平面生成树

平面生成树在一种特殊边权意义下完全图的生成树：二维平面上 n 个点，以两点距离为边权形成的无向图，求该图的 MST 即称为平面最小生成树问题. 根据距离的定义方式，又可分为欧几里得 MST、曼哈顿 MST、切比雪夫 MST 等. 这里只简单讨论欧几里得 MST[2].

稠密图 MST 通用方法是 Prim 算法，复杂度为 $O(n^2)$. 优化此问题要用到平面几何的特殊性质，特别地，需要两个比较高端的几何工具. 这些都超出本书范畴，此处仅简要给出主要结论.

给定平面点集 S，将整个平面按"到 S 中哪个点最近"划分为 n 个区域，称为 S 的维诺图（Voronoi 图），右下图细边就是一个例子. Voronoi 每个区域都是凸多边形（可能无界），边为某点对中垂线（或其上的线段/射线），交点为某三元组的外心. 维诺图是平面图，根据欧拉定理边数在 $O(n)$ 量级. 维诺图可 $O(n\log n)$ 构造，思路是分治法，具体细节略去.

将维诺图每条边（所在中垂线）对应的两点连起来形成一张新图，这新图也是平面图，其顶点数就是 n，且每个面都是三角形（外心是维诺图的一个点），称为点集 S 的德劳内剖分（Delaunay triangulation）. 右图中较粗的边就是 Delaunay 剖分，其有一些很好的性质，如空圆性（每个三角形外接圆里没有其他点）、最小角最大（所有三角剖分中最小角最大）、区域性（增删单个点只会影响到 $O(1)$ 数量的三角形，此特征使其支持增量式）等. Delaunay 剖分未必要通过 Voronoi 来求，其有自己的构造算法.

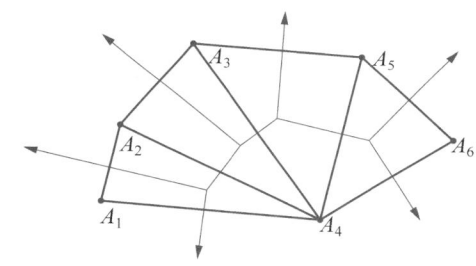

（1）结论：欧几里得 MST 是 Delaunay 剖分的子图.

（2）证明：如边 (a,b) 在 MST 上而不在 Delaunay 剖分上，说明点集中有另一个点 c 到 ab 中点的距离 $\leq |ab|/2$（否则这个中点就在 Voronoi 图上，即 ab 在 Delaunay 剖分上，矛盾），则 c 必在以 ab 为直径的圆内或圆周上. 而 c 与 a,b 又不重合，$|ac|$、$|bc|$ 都小于直径 $|ab|$. 现将 (a,b) 从 MST 删掉，则分裂成 2 个连通分支且 a,b 分属其一，点 c 也归属其中一个分支，不妨设为 a，则 c,b 不连通，这时加上边 (b,c) 又形成一棵生成树，而 $|bc|<|ab|$ 即权和更小了，矛盾.

Delaunay 剖分是平面图，所以稀疏，Kruskal 算法可在 $O(n\log n)$ 求出 MST. 关于 Voronoi 图的和平面 MST 的更多内容可以参见本章参考文献 [2]（以上图片也来自此文献）.

---

[1] 唯一微小的差别是初始状态有 2 个，对无向图相当于正反算了两遍. 而转移 2 并不要求无向，对有向图也对. 这就彻底回到 SSSP.

[2] 曼哈顿距离和切比雪夫距离其实是一回事，两者就差一个坐标旋转. 曼哈顿 MST 在莫队算法中有重要意义. 这些都已超出本书讨论讨论范畴.

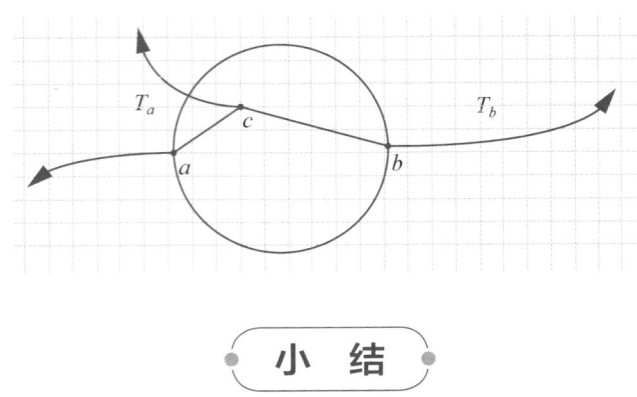

小 结

本章介绍了几种生成树相关的场景：最优比例生成树（分数规划）、次小生成树、度限制生成树、条件最小生成树. 其中很多建模思路都不局限于生成树场景，有些方法核心其实已经不是生成树（连通性），而是单调性①. 下章开始是本书最后一部分，将正式详细研究基础单调性算法.

习题

1. 未来之城（etiger389）.
2. 索道选址 3（etiger888）.
* 3. 斗转星移（etiger390）.
* 4. 网络（etiger1624）.
* 5. 严格次小生成树（etiger2902）.

参考文献

［1］汪汀. 最小生成树问题的拓展，2004 国家集训队论文.
［2］王栋. 浅析平面 Voronoi 图的构造及应用，2006 国家集训队论文.

---

① 必须承认这种安排是略带刻意的. 并非连通性场景和单调性场景都有什么必然的内在联系. 只是这几个生成树问题恰好解法正好依赖单调性，放在连通性与单调性章节之间最为合适.

第五部分

四两拨千斤：单调性算法

　　本部分介绍单调性相关算法.单调性是一种全局特征,其可使局部性质影响全局行为,有时可导致降维的性能优化.本部分内容与前四部分间没有那么强的关联或逻辑先后关系,因为单调性从另一不同维度看待问题场景分类,其思想贯穿渗透在其他各建模思想间.本部分先引入单调性概念,并介绍最简单应用二分查找和二分答案;然后介绍单调性的推广和变形话题:单调队列和二阶单调性(凸性).

V 二分查找

单调性(monotonicity)是数学概念,指自变量越大,函数值也越大或越小:$\forall x_1 > x_2 \Rightarrow f(x_1) > f(x_2)$[①].这是函数的一种全局特征,所有初等函数都是分段单调的.二分法是在有单调性前提下一种算法优化思想,也称为折半思想.

二分法本身是很直观的,生活中就有很多利用二分思想的例子.一个著名的例子是"哈佛撕书教授"[②]:要在一本电话本黄页中找一个特定人名,如David,一页页翻太低效;可随手翻到某页,如此页第1个人名大于David,如George,则撕掉这页及后面所有的页,否则撕掉这页前面的所有页.重复如上操作很快手上就只剩一页,要找的David一定在这页上.这过程就是一个近似二分查找,其原理依赖于黄页本身是按名字(的字典序)排序好的,也就是有单调性.

往往有单调性的地方就可考虑二分;而有二分的背后一般(并非一定)有或隐藏某种单调性.二分查找是基于单调性的最直接的优化手段,因为单调性赋予了一种根据局部特征(George＞David)推出整体特征(George 之后不会出现 David)的能力.

```
二分法
  ⇕
单调性
```

【例 V-1】开平方

输入正整数 $a(\leqslant 1000)$,求 $\sqrt{a}$,保留 2 位小数(不得使用 STL 的 sqrt 或 pow)

先说下暴力解法,读者可能认为实数是无法枚举的,此观点仅在数学概念下(例 3-2 曾讲过).计算机中的一切本质上都是离散的,这源自计算机底层建立在二进制基础上[③].实数在计算机里以浮点数(科学计数法)存储,总是有精度误差,严格说本题所求并非真正的 $\sqrt{a}$ 而是一个足够接近 $\sqrt{a}$ 的近似值[④],在此意义下实数也可枚举.如本题以 0.001 为步长枚举 x,找 $\min |x^2 - a|$ 即可,复杂度为 $O(1000x)$[⑤].

枚举算法的优化(剪枝)出发点还是第 3 和 7 章所说的那些.基础单调性优化其根本原理就是最优性

---

① 通俗但不严谨地可理解为"函数值是排好序的".根据 $>$, $<$, $\geqslant$, $\leqslant$ 分 4 种单调性:单调增、单调降、单调不降、单调不增.不过本书在不引起歧义时,有时不作严格区分,如将单调增/不降泛称为"单调增",请读者在编码时自行区分细节.如需强调不含并列则称"严格单调增/降".

② 哈佛 CS50 是哈佛大学一门全球闻名计算机科学入门公开,全称计算机科学导论.由 David Malan 主讲,网上有这个课的 4K 超高清视频资料.

③ 关于物理世界的本质是连续还是离散的,有很多哲学争议.但至少在数学概念里有连续和离散之分,有观点认为当代意义下的 AI 最终无法取代人脑,就是 AI 形不成真正的非离散的概念(如极限).

④ 说的更露骨一点,算出的答案可以是错的,只要差不太远就行.这么夸张表达是为了提醒选手不要有思维定势.某些时候算法是实用性的,不需要绝对的数学意义上的严谨性.

⑤ 严格说函数值与自变量精度并不相同,虽然本题确可严格证明 $f(x)=\sqrt{x}$ 在 $x \geqslant 1$ 处自变量误差小于函数值误差(即以 0.01 为步长足够了),不过一般不去计算那么仔细.通常自变量多取 1～2 位精度即可.

剪枝:确定不优的解不需枚举.因 $y=x^2$ 在 $x>0$ 单调增,如对某 x_0 有 $x_0^2\geqslant a$,则任何大于 x_0 的数都不会比 x_0 优;反之如 $x_0^2<a$ 也类似.

则每尝试一个数,根据结果都可将最优解范围缩小一半(每次都尝试当前范围的中点),$O(\log A)$ 次之内即可达到要求的精度.A 是答案可能的值域,本题可以粗略取作 $1\,000$(因为是取对数,初始范围大一点无太大影响).

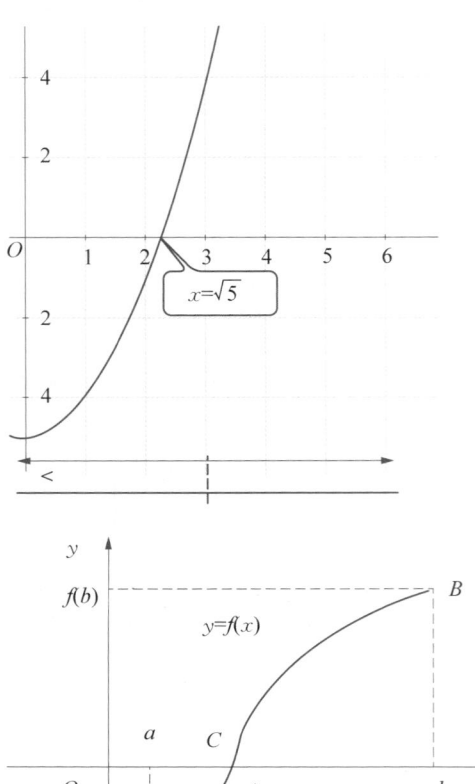

```cpp
const double ERR = 1e - 3;
double a;
....
cin >> a;
double l = 1, r = a;
while (r - l > ERR) {
    double m = (l + r) / 2;
    if (m * m <= a) l = m;
    else r = m;
}
cout << fixed << setprecision(2) << l << endl;
```

以上是实数二分查找模板代码,唯一需注意的是浮点数不能直接以 l==r 判断相等,而要用差的绝对值小于精度表达.此方法还可推广到更一般的一元实函数求数值根.其背后数学原理是介值定理:任意连续①实函数 $f(x)$,如其在 a,b 两处函数值异号,则其在区间 $[a,b]$ 上至少有一个实数根.利用此特征只要找到值异号的两点,测试其中点的函数值 $f((a+b)/2)$,其必然与 $f(a)$,$f(b)$ 某个异号,则根的范围也能缩小一半.注意用介值定理二分时,并不要求函数单调.

【例 Ⅴ-2】福利发放

有 n 个国民资产为 $a_1..a_n$.国家决定向资产 $<x$ 的国民发放扶贫款.共提出 m 种方案:$x=x_1..x_m$,求每种方案获得福利的人数.($n\leqslant 100\,000$,$m\leqslant 100\,000$,x_i,$a_i\leqslant$ 1e9)

题意为 m 次静态问询,求集合 $\{a_1..a_n\}$ 中小于 x_j 的有几个.首先 a_i 的顺序不影响结果(特意强调了 a_i 是集合),不妨将其排序.存在顺序对称性时排序是一种最基本的创造单调性的方法.则 $ans_j=\max\limits_{a_i<x_j} i$,即值小于 x_j 的最大下标.如 $a_{mid}\geqslant x_j$,$ans_j<mid$(可行性剪枝);否则 $ans_j\geqslant mid$(最优性剪枝),每次选 mid 为剩余范围的中点即可.右图是直观的图像.

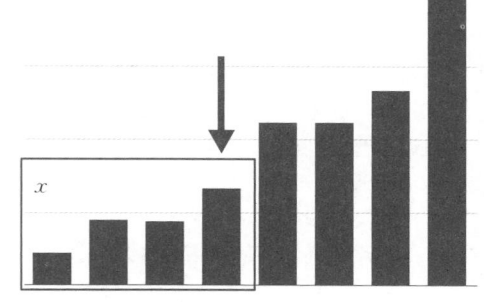

这里查找的目标是整数(下标),实现上与上题有些细节差异②

---

① 连续性数学上有严格定义,这里不深究数学细节.初等函数都是(分段)连续的.
② 往往是初学者写二分法容易犯错的地方.

. 下面先给一个错误代码, 有不止一个错. 读者可先尝试自己找找问题在哪里.

```
int l = 1, r = n;
while (l < r){
    int mid = (l + r) / 2;
    if (a[mid] < x) l = mid;
    else r = mid - 1;
}
cout << l << endl;
```

由于整数的离散性, 不需要精度变量 ERR, 而是当答案范围缩小到仅含 1 个整数($l==r$)时那就是结果. $a_{mid} < x$ 时, a_{mid} 本身满足要求, 答案不小于 l, 故将 $l=mid$; 反之 $a_{mid} \geqslant x$ 时 a_{mid} 本身不满足要求, 答案(严格)小于 mid, 故将 $r=mid-1$, 实数二分时则无此 ± 1 差别. 有读者也许担心会不会造成 $r < l$? 单从语法看好像确有可能, 但逻辑是每次操作排除掉的都确保不是答案, 而又知道答案必存在于 $[l, r]$, 所以这个区间不会为空.

以上代码错误之一是对边界考虑不全: 求的是"最后一个 $< x$ 的 a_i", 这样的 a_i 有可能并不存在, 可设一个哨兵 $a_0 = 0$ 以保证答案存在(正好根据题意也确应输出 0), 则初始时 l 不能从 1 而应从 0 开始. 这是初学者很容易犯的错误, 即二分初始范围没包含住所有可能情况的答案.

另一错误是由离散性引起的. 如 $r = l+1$ 时, 得到"中点"是 $mid = l$(整数除法自动取下整), 如此时 $a_{mid} = a_l < x$ 成立则执行 $l \leftarrow mid$, 但这两者本来就一样, 于是陷入死循环. 正确的做法是整除 2 时取上整①, 使 $r = l+1$ 时, $mid = r = l+1$. 以下是正确代码, 总复杂度为 $O((n+m)\log n)$.

```
int l = 0, r = n;
while (l < r){
    int mid = (l + r + 1) / 2;
    if (a[mid] < x) l = mid;
    else r = mid - 1;
}
```

如何在整数二分中保证不出如上问题? 实际编码中只要记住以下 2 点②.

(1) 保证正确答案永远在 $l \sim r$ 间, 包括初始范围及每次排除. 特别是能否兼容无解.

(2) 保证每次循环 l, r 至少有一个会变化. 实际只需检查 $r = l+1$ 情况, 具体表现为中点取上整还是下整.

另一种思路: 从 a_i 下手(离线)

本题也可从 x_j 下手: 求每个 a_i 小于哪些 x_j. x_j 顺序也不重要, 也可对 x_j 排序, 则每个 a_i 贡献到的问询是一个后缀 $x_{L_i}..x_m$, 分割点 L_i 则可二分求出. $ans_j =$ 有几个 $L_i \leqslant j$, 可建一个 L_i 的计数器再求前缀和即可. 复杂度为 $O((n+m)\log m)$.

有些问询类题目可反求每个对象对哪些问询产生贡献, 可视为一种广义的离线思想③. 对本题以上两

---

① 到底取上整还是下整要看具体情况, 并不是说整数二分中点一律取上整.

② 整数二分有不同写法, 这里所说判据仅针对本书的这种写法框架. 读者在别的资料上也许会看到不同的规范, 具体要求表述可能不一样. 但本质上大同小异, 就是避免离散型导致的死循环. 例如有的资料干脆少循环一次, 最后一次(区间长度=2时)特判.

③ 如整体二分、时间分治等都基于此类想法.

种方法还有某种对偶性,可从数学角度看清楚:答案可表示为 $ans_j = \sum_{i=1}^n [a_i < x_j]$,将求和部分视为二元 01 函数 $f_{ij} = [a_i < x_j]$,显然 f 对 a,x 都单调,如枚举其中一个,则 $f_{ij} = 1$ 转化为求约束另一个值的上限/下限的计数,只要将该维度排序,则值的上下限等价于下标的上下限,计数就可通过二分查找实现. 从这个角度看 a,x 就完全对称了,无非是选哪个维度枚举、哪个维度二分[①].

作为一个小练习,以下基础问题请读者尝试自行编码实现,注意务求细节熟练无误:给定一个可重数集 A,求 $>$,$<$,$\geqslant$,$\leqslant$,$=x$ 的元素各有几个.

【例 V-3】狙击装备

作为一名狙击手,你需要一把狙击枪和一把手枪. 你的预算共 m 元. 狙击枪有 a 种可选,第 i 种售价 x_i 元;手枪有 b 种可选,第 j 种售价 y_j 元. 求预算范围内有多少种可行的组合?($m \leqslant 300\,000$,a,$b \leqslant 50\,000$)

本题用数学化表述出来就已经基本平凡了[②]:

$$ans = \sum_{i=1}^a \sum_{j=1}^b [x_i + y_j \leqslant m] = \sum_{i=1}^a cnt\{j \mid y_j \leqslant m - x_i\}$$

求和号内形式基本与上题一模一样:枚举一个狙击枪选 i,求手枪价格 $\leqslant m - x_i$ 的方案数,可对 y_j 排序后二分查找 j 的上限,复杂度为 $O(a\log b)$. 这是又一个例子说明数学形式揭示逻辑本质.

【例 V-4】关系式矛盾 2
题目同例 T-4

题意即 $ans = \min\limits_{\text{表达式}1-i\text{矛盾}} i$,第 T 章中是暴力枚举 i,再用并查集(静态)判断,复杂度为 $O(n^2)$. 为兼容不矛盾情况,可加第 $n+1$ 个必定矛盾式子如 $x_1 \neq x_1$(哨兵). 被求 min 的对象可视为一个 bool 函数:$OK(i) = [\text{表达式}1-i\text{矛盾}]$,显然 $OK(i)$ 单调,bool 函数单调性可描述为 $OK_i = 1 \Rightarrow OK_{i+1} = 1$. ans 是使 $OK_i = 1$ 的最小的 i,这可二分查找,复杂度为 $O(n\log n)$. 此思路正是下一章要重点介绍的二分答案算法,其核心是利用可行性的单调性.

【例 V-5】最小不升子序列覆盖

输入序列 $a_1..a_n$,将其划分成若干个子序列(不要求连续,每项包含且仅包含在一个子序列中),要求每个子序列都单调不升. 求至少要分几个子序列($n \leqslant 100\,000$,$a_i \leqslant 1e9$)

本题是模板问题[③]. 考虑增量式构造答案,即在 $a_1..a_{i-1}$ 最优解后追加 a_i[④],设前缀 $i-1$ 的最优方案中各子序列最后一个值分别为 $d_1..d_k$,称为尾值. 因子序列要保持原顺序,新加的 a_i 只能加在某现有子

---

① 那么,如 a,x 都排序能否有更大的收益? 事实确实如此,此事第 X 章再详细介绍.
② 如有读者联想到背包问题,说明前面学的比较扎实. 本题确可视为分组 1 背包,但物品只有 2 种且值域又较大,用背包解法并不高效.
③ 作者暂未找到很演绎式的思路,但下面这种启发性还是较强的.
④ 这里其实并无最优子结构,即 $a_1..a_i$ 最优解去掉 a_i 后不一定还最优,但后面证明最后结果是对的.

序列尾部，或单独新开一个序列. 为统一起见可预先开好足够多个（如 n 个）子序列并将尾值都设为 ∞，则单独新开可视为接在某个 ∞ 之后，两种情况可统一处理.

如当前尾值为 $d_1..d_k$，a_i 应接在哪个上？直观显然是不小于 a_i 的最小尾值，即 $d_{\operatorname{argmin}_{d_j \geqslant a_i} d_j} \leftarrow a_i$. 子序列间的顺序不影响结果，不妨设 $d_1..d_k$ 是从小到大排列，则上述决策可简化为 $d_{\min_{d_j \geqslant a_i} j} \leftarrow a_i$，$\min_{d_j \geqslant a_i} j$ 可二分查找. 右图是此方法的一个示例（其实是一种贪心法），复杂度为 $O(n\log n)$.

d/a	2	1	2	7	2	3
∞	2	1	1	1	1	1
∞		∞	2	2	2	2
∞			∞	7	7	3
∞				∞	∞	∞
∞					∞	∞

这里还有很多问题待解释. 先从操作上，d 是一个变化中的序列，如何保持动态排序？一种方法是用 set，则复杂度多一个 $\log n$；但实际并不需要，可证明如上操作 $d_{\min_{d_j \geqslant a_i} j} \leftarrow a_i$ 本身就能保持 d 严格单调增.

证明 设 $p_i = \min_{d_j \geqslant a_i} j$ 为 a_i 的插入位置，a_i 加入之前 $d_{p_i+1} > d_{p_i} \geqslant a_i$，而 a_i 加入后 d_{p_i} 只可能变小，则 $d_{p_i} < d_{p_i+1}$ 仍成立；而加入后 $d_{p_i} = a_i > d_{p_i-1}$ 也成立，否则之前找到插入位置就不是 p_i 而是 p_i-1 了.

另一问题则更为微妙，即这种贪心法为何保证结果最优？读者可能觉得每次做的显然是当时的最优决策，为何结果会不优？这就是局部最优和整体最优之间的差异（无最优子结构）：没有证明前缀 i 的最优解一定接在前缀 $i-1$ 的最优解之后这个大前提，理论上可能是打乱前面最优解后完全不同的另一个解. 事实上不严谨地看，似乎还有"反例"，如左下图前 4 项的一个最优解是 $(3, 2)(4, 1)$，这时再接一个 3，只能新开一组；但实际前 5 项最优解是 $(3, 2, 1)(4, 3)$. 也就是说用贪心法中途不会出现这种情况（或一定是最优解中某种特别的）.

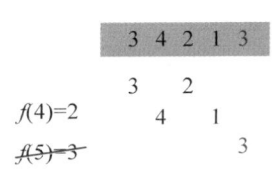

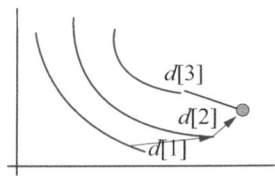

对此可直接证明贪心法找到的就是最优解. 假设贪心法找到的（前缀 i 的）方案有 k 组，下证任何可行解不可能比 k 优. 设 a_i 加入的是 $j = p_i$ 组且 $j \neq 1$，则 a_i 加入当时 $a_i > d_{j-1}$（否则加入的就不是 j 组），而 d_{j-1} 也是 a_i 之前的某 a 值. 即除第 1 组，其他每个 a_i 都存在一个 a'_i 满足 $a_i > a'_i$ 且 $i > i'$，且这个 a'_i 在 a_i 的前一组（$j-1$ 组）中. 则第 k 组的任意数可如此不停地找前一组中小于自己的前驱，直到第一组，说明存在一个长为 k 的严格上升子序列，此子序列中两两不可能同组，则任何可行方案至少要 k 组，故 k 就是最优解.

此证明中体现了非升子序列覆盖和严格上升子序列间的某种联系，这就是第 B 章所述 Dilworth 定理. 设二元关系 $R = \{(i, j) \mid i < j\, \text{且}\, a_i < a_j\}$，显然 R 是严格偏序关系，其定义的链就是严格上升子序列，反链是不升子序列. 根据 Dilworth 定理，最长上升子序列长度 = 最小不升子序列覆盖的组数. 所以最长上升子序列（LIS 问题）也就有了 $O(n\log n)$ 解法[①]，此事早在例 A-2 就提过. 其他单调子序列问题都可用同一框架解决：

(1) 最长上升子序列 = 最小不升子序列覆盖；
(2) 最长下降子序列 = 最小不降子序列覆盖；
(3) 最长不升子序列 = 最小上升子序列覆盖；
(4) 最长不降子序列 = 最小下降子序列覆盖.

---

① LIS 也可直接推导 $O(n\log n)$ 做法，但过程逻辑比较晦涩. 大致是定义 $f_{ij} = a_1..a_i$ 中所有长 j 的上升子序列的最小尾值（如不存在则为 ∞），类似需证明 f_{ij} 对 j 永远单调以及加入 a_i 只会引起一个 f_{ij} 变化，对应的 j 可以二分查找出来.

* 高级话题探讨

牛顿迭代法

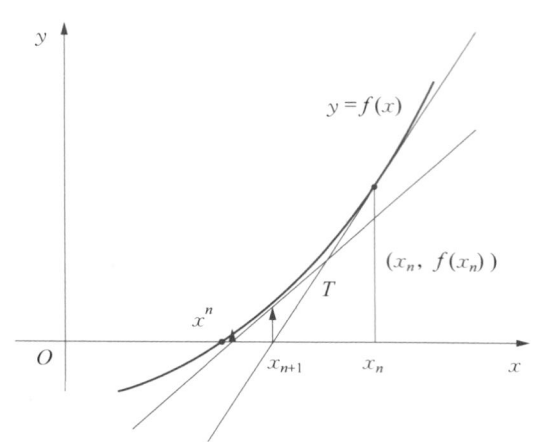

例 V−1 所涉及的单变量实函数 $f(x)$ 求数值根问题，二分法还不是最快的. 一种更优的解法是牛顿迭代法，其思路为先找一个初值 x_0，按 $x_{i+1}=x_i-\dfrac{f(x_i)}{f'(x_i)}$ 不停迭代. 其中 $f'(x)$ 是 $f(x)$ 的导函数，直到满足精度要求即 $|x_{i+1}-x_i|<ERR$. 几何意义是过 $(x_i,f(x_i))$ 作 $f(x)$ 的切线，交 x 轴于 x_{i+1}. 可以证明在 x_i 足够接近根时，其具有平方收敛速度，即复杂度为 $O(\log\log n)$. 当然具体用时对收敛性还有一定要求，这里不展开细节. 用此方法得到开根号迭代式为 $x_{i+1}=\dfrac{x_i^2+a}{2x_i}$.

小 结

本章介绍了单调性及其最基础的应用二分查找算法. 单调性在序列上的表现是下标与值同序，则值上的约束可转化为下标的约束. 整数二分有一些离散性的细节问题需要小心；利用二分法的时候寻找/创造单调性是往往是关键；将问询尽量数学化表达可能会有助于建模. 本章题目大部分较简单直观，请读者理解的同时多注意上面几条方法论.

习题

1. 僵尸幸存者 2(etiger439).

2. 福利发放(etiger750).

3. 身高查询(etiger425).

4. $A-B$ 问题(etiger159).

*5. 解冻危机(etiger448).

*6. 沼泽(etiger702).

*7. 特殊的三次方程(etiger427).

参考文献

[1] 哈佛 CS50 公开课，https://open.163.com/newview/movie/courseintro?newurl=YEV1H3CU7.

W 枚举答案

本章介绍枚举答案,这不是一种具体算法而更像是逆向解题思想的一种,即从答案反推约束条件.之前章节中零散地用到过一些枚举答案思想,如 Kruskal 算法、例 V - 4.枚举答案本身不依赖单调性,但其中很大一部分场景归属于其在有单调性时的优化版本:二分枚举答案(简称二分答案[①]).有时候枚举/二分答案并不足以直接解决整个问题,只是提供一种问题转换或简化操作.学习时应注意归纳哪些题目的特征适合使用此种手段.

【例 W - 0】 臭皮匠 1

n 个臭皮匠坐成一排,左起第 i 个人智商为 x_i,他们将分组挑战诸葛亮.每组只可安排相邻就坐的若干个人上场挑战,必须保证每组的总智商不低于 m,求最多派出几组?($n \leqslant 100\,000$,$m \leqslant 1000$,$x_i \leqslant 500$)

这是一道简单的引子题,从 x_1 开始,如和不到 m,而要求只能相邻(下标连续)的为组,能与其同组的只有 x_2,依此类推,每次只能加入右邻的一人,直到总和 $\geqslant m$;此时再往第 1 组加就是浪费,故新开一组,而加人还是只能从右边加.这就是个简单的贪心法,每次往右累加[②],满了就新开一组(最后可能剩一些凑不满一组).复杂度为 $O(n)$.

50	100	60	60	110

此题也可从序列 DP 下手,根据最优决策与子问题无关再演绎成贪心法,类似例 P - 1 中的方法,推荐读者自己试试.

【例 W - 1】 臭皮匠 2

n 个臭皮匠坐成一排,第 i 个人智商为 x_i,分组挑战诸葛亮.每组只可安排相邻就坐的若干个皮匠上场,必须派出 k 组.问要使每组总智商都不低于诸葛亮,诸葛亮的智商最大可以是多少?($1 \leqslant k \leqslant n \leqslant 100\,000$,$x_i \leqslant 500$)

上题是给定每组和下限,求分组数;本题是给定分组数,求每组和.看似对偶,但并非平等.因为"诸葛亮智商"约束的是每个分组的和,其约束强度大于组数的约束,方案也较容易找.当然不代表不能利用上

[①] 很多资料上以二分答案作为一种独立算法,这么理解大致无碍,不过严格说二分答案只是枚举答案思想在有单调性情况下的一种优化.后面会看到不是所有枚举答案都可以(或有必要)二分.

[②] 有读者可能问左右是对称的,但从右往左得到的方案可能不一样.这说法没错,但分组数必然一样.

题的方法.

解题中一种特别基础且普适的方法论是"不知道就枚举",这也是暴力思想的延伸.本题中分组方案依赖于分组和的下限,而这值不知道,那么就枚举它.而这每组和下限(的最大值)正是本题答案,所以称此方法为枚举答案.当然这种枚举暂时是盲目的,即枚举答案所有可能的取值,再反过来判断这个答案是否可行(相当于一种隐式的约束条件),最后在所有可行的答案中选出最优解[1].

本题中,枚举诸葛亮的智商为 m,问题转换为:能否分成 k 组,每组和 $\geq m$.参照例 V-4 将此问题记为 $OK(m)$,即一组含参的独立问题.求解该问题可用上题贪心法求出"每组和 $\geq m$ 最多分出几组",再与 k 比较即可.答案 $= \max\limits_{OK(x)=1} x$.本题极端情况值域上限是 $O(nx)$(x 是 x_i 上限)[2],总复杂度为 $O(xn^2)$.

通过枚举答案形式上可将最优化问题转为可行性问题,后者往往较易求解.代价是增加额外复杂度,即答案的值域,这个范围可能很大甚至未必是整数.

二分答案

如 $OK(m)$(作为 bool 函数)有单调性(称为可行性的单调性,如本题诸葛亮的智商则越高越难找到可行方案),具体表述如下:$OK_m=0 \Rightarrow OK_{m+1}=0$,则求 $OK(m)$ 值从 1 到 0 有唯一分割点,可二分查找:如 $OK(m)=1$ 则 $ans \geq m$;否则 $ans < m$.复杂度可降为 $O(n\log(nx))$.

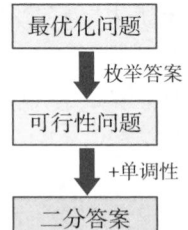

虽然解的值域可能很大,但取对数就大不到哪去了.实践中实用的枚举答案解法大多是 $OK()$ 有单调性的二分答案版本(但并非绝对).以下为核心代码.

```
bool OK(int m){
    int cnt = 0, sum = 0;
    for (int i = 1; i <= n; i ++)
        if ((sum += x[i]) >= m) { // 满一组就新开
            sum = 0; cnt ++;
        }
    return cnt >= k;
}
....
int l = 0, r = 0;
for (int i = 1; i <= n; i ++) r += x[i];
r /= k;
while (l < r){
    int mid = (l + r) / 2;
    if (OK(mid)) l = mid;
    else r = mid - 1;
}
cout << l << endl;
```

---

[1] 有点像纯暴力 DFS 的套路,不过有一些差异.正向暴力枚举是枚举整个方案(如本题分组方案),有了具体方案判断约束条件通常是直接的;此处则只枚举了一个答案值,要判断有没有可行解取到此答案,这问题并非总是显而易见(但往往至少比原来的最优化问题简单些).

[2] 严格点可以卡到 $O(\sum\limits_{i=1}^{n} x_i/k)$,即诸葛亮智商肯定不能超过总智商的 $1/k$.

这里特意把 $OK(m)$ 封装成一个 bool 函数,这是一种良好的编码风格,查错也较简单①. 主程序部分是与上一章无异的二分法框架,其明确展示了解法由两层逻辑构成:外层是二分法,二分的判据则是内层的可行性判定函数. $OK()$ 是一个独立问题,怎么实现与外层框架无关. 这就把二分和可行性问题解耦开来了.

【例 W-2】跳石头(NOIP 2015 提高组 T4)

一条笔直的河道中分布着一些岩石. 已选好间距为 L 的两块岩石作为起点和终点. 起点和终点之间 n 块岩石. 选手们将从起点出发,每步跳向相邻的下一岩石,直至终点. 为提高比赛难度,组委会计划移走 m 块岩石,使选手们在比赛过程中的最短跳跃距离尽可能长. ($m \leqslant n \leqslant 50\,000$, $L \leqslant 1e9$)

此题是一道经典真题,题意是给一个序列 $0 = a_0 < a_1.. < a_n < a_{n+1} = L$,要求选一个长 $n-m+2$ 的子序列(a_0, a_{n+1} 必选)②,使相邻项之差的最小值最大.

方法 1:暴力

枚举所有 C_n^m 种保留方案,枚举组合场景(例 7-3). 可得 20 分.

方法 2:DP

最优子序列问题:设保留的石块为 $0 < i_1.. < i_{n-m} < n+1$,则目标函数为 $\min\limits_{x=1}^{m+1} \{a_{i_x} - a_{i_{x-1}}\}$,虽然是求 min 不是求和,但 min 也有最优子结构③.

(1) 状态:$f_{ij} = a_0..a_j$ 保留 i 个(a_j 保留)的最优解

$$f_{ij} = \max_{k=0}^{i-1} \min\{f_{i-1,k}, a_j - a_k\}$$

(2) 复杂度:$O(n^2 m)$,可得 50 分.

此转移方程利用单调性还可以优化到 $O(nm\log n)$,具体在第 Z 章介绍.

方法 3:DP 目标转化

此方法源于保留个数 m 与目标函数间的对偶关系:允许保留的项越多,答案不会变小,则转以最小值为状态维度,项数为状态值④.

(1) 状态:$f_{xj} = a_0..a_j$(a_j 保留),间隔最小值 $\geqslant x$,至多能保留几个,

$$f_{xj} = \max_{a_k \leqslant a_j - x} f_{xk} + 1$$

(2) 答案:$ans = \min\limits_{f_{xn} \geqslant n-m} x$.

为何转移方程变简单了(而非方法 2 对偶形式)?因为 x 是最小值的上限,最小值上限等价于每个值的上限,所以变成了局约约束. 以上复杂度是 $O(n^2 L)$,但 f_{xk} 对 k 单调,所以决策 k 越大越好,而 a 又递增,故最优决策 $k_m = \max\limits_{a_k \leqslant a_j - x} k$ 与子问题无关,这就可转为贪心法了(参见例 P-1). 复杂度为 $O(nL)$. 下面为固定 x 求 f_{xn} 的贪心法代码.

---

① 关于二分法/二分答案怎么查错,作者做过一个演示视频,请读者自行观看本章参考文献[1].

② 原题是挪走 m 块,不过显然目标函数跟保留哪些关系更紧密,两者互为补集,不妨以保留叙述比较方便. 当然这并不关键. 直接决策挪走的石头,以下方法也都能做.

③ 与求和的最优子结构表述略有差异. 最大化 $\min(x_1..x_k)$,去掉 x_k 并不要求 $\min(x_1..x_{k-1})$ 一定也取最优解. 但如后者不取最优解,改成最优前者也只会变优. 这就足够了. 证明至少有一组最优解,子问题也最优. 所以最优子结构并不一定要子问题最优是充要的,充分的就行.

④ 思想类似于例 E-3,聪明的读者可看出其实就是在枚举答案.

```
int pre = 0, cnt = 0;
for ( int j = 1; j< = n; j + + ) {
    if (a[j] – pre > = x) {
        cnt + + ; pre = a[j];
    }
}
```

方法 4：二分答案

至此正解也显然了，这个"转移方程" $f_{xj} = \max\limits_{a_k \leqslant a_j - x} f_{xk} + 1$ 不但可贪心实现，各 x 之间还是独立的. 而条件 $f_{xn} \geqslant n - m$ 就是枚举答案 x 的可行性判据，f_{xk} 又对 x 单调，即可行性有单调性，二分枚举 x 即可，复杂度为 $O(n\log L)$.

全局对立最优化场景

以上从 DP 角度推导出二分答案＋贪心做法. 实际遇到此类问题可直接考虑二分答案. 其典型特征称为"全局对立最优化"，即要优化的方案本身是某种局部函数的最值，典型的表述如"最大值最小"、"最长者最短"等.

此类问题通常可考虑二分答案，因为类似这样的特征：最大值的上限等价于是每个值的上限. 最大值的最值不好处理但最大值的上限好处理，因为其可充要地分解为每个局部的上限. 把整体约束分解为局部约束，问题自然变简单. 当然须满足两个"最"是"对立的". 例如"最大值最大"就没这种性质（最大值的下限未必是每个值的下限）.

> **【例 W - 3】梅里雪山**（最优化平均数）
>
> Lester 眼前的是排成一排的 n 座连绵雪山，高度分别为 $h_1..h_n$. Lester 想要知道这些雪山中平均高度最大的是哪一区域（相邻的连续一段雪山）. 为避免统计涨落，只考虑雪山数量不小于 m 的区域.（$n, m \leqslant 100\,000$）

题意即求序列 h 中长度不小于 m 的平均值最大的连续子序列：

$$ans = \max_{1 \leqslant l \leqslant r-m+1 \leqslant n-m+1} \frac{\sum_{i=l}^{r} h_i}{r-l+1}$$

例 U - 1 中提到过此类问题（01 分数规划）：将分母视为 $r - l + 1 = \sum_{i=l}^{r} 1$，平均值也一种特殊的性价比. 通过枚举商（即答案）可把分母等效到分子上去：设 $OK(\lambda) =$ 性价比 $\geqslant \lambda$ [①] 可不可行，即是否存在 $r - l + 1 \geqslant m$，使

$$\frac{\sum_{i=l}^{r} h_i}{r-l+1} \geqslant \lambda \Leftrightarrow \sum_{i=l}^{r} (h_i - \lambda) \geqslant 0$$

问题转化为序列 $\{h_i - \lambda\}$ 是否存在长度 $\geqslant m$ 的总和非负的连续子序列. 而存在总和非负当且仅当最大权和非负，这是模板题（例 A - 5）. 复杂度为 $O(n\log A)$.

---

① 注意是 $\geqslant$ 而非 $=$，因为性价比 $= \lambda$ 的可行性没有单调性，甚至 λ 是实数根本没法精确判相等. 所以 OK 函数有时（特别是参数是实数）定义成"答案优于 m 有解"比"等于 m 的有解"更好.

【例 W-4】人工智能开关

n 个灯泡排一直线,开始有某些灯开着.每次操作能且只能让连续 k 个灯泡进行一次开关(开着的灯会关掉,关着的会打开).求 k 为多少可用最少的操作次数使灯全部关闭.如有多个 k 使次数相同,则输出最小的 k. ($n \leqslant 5000$)

灯泡是信竞中一种常见对象,一般可视为 bool 或 01 变量.题意看似有两层:首先是一个最优化问题:给定 01 序列求最少几次反转连续 k 个值,可将其归零;外层又套了个对 k 的最优化.对这种两层的问题,多数情况是先考虑内层问题[①].

给定 k 求最少次数,首先操作顺序不影响结果[②],不妨以从左到右的顺序操作;其次同一操作如 $i..i+k-1$ 重复 2 次是没必要的,因为 2 次反转等于什么也不做(称此操作有幂零性).从左到右看,h_1 只有 1 种操作 $1..k$ 能影响到,此操作是否执行完全由 h_1 的值确定下来,而往后也类似,不难发现可行解至多只有一种:每次找 $h_1..h_{n-k+1}$ 中最靠左的 1,反转以此开始的 k 个,最后 $h_{n-k+2}..h_n$ 恰好都为 0 则有唯一解,否则无解[③]

```
1101011
0011011
0000111
```

所以本题的内层最优化问题其实是假的,本质上是一个可行性问题.而对于外层的最优化,最简单的就是枚举(答案)k,再逐个求可行性及对应操作次数.特别的,本题中可行性就没有单调性(更不用提操作次数与 k 单调了),因为 k 可行不代表 $k+1$ 或 $k-1$ 可行.上图就是反例:初始序列 1101011,有可行解的是 $k=1,3$,$k=2$ 则无解[④].此题是可行性无单调性的典型例子,可枚举答案但不能二分.

最后说下给定 k 时判断可行性的细节,如暴力模拟则每次反转为 $O(k)$,可能反转 $n-k$ 次,加上枚举 k,总复杂度最坏为 $O(kn(n-k))$.这里需用一下差分的小技巧,维护 $d_i=(h_i-h_{i-1})\%2$,则每次反转只会改变 2 个 d 值,而 h 值是 d 的(模 2 意义下的)前缀和[⑤],可一边往右扫一边累加前缀和,一次判断 $O(n)$,总复杂度 $O(n^2)$.以下为单次判断的核心代码.

```
ll solve(ll k){
    ll cnt = 0, now = 0;
    for (ll i = 1; i <= n; i++) d[i] = 0;
    for (ll i = 1; i <= n; i++){
        now = (now + d[i]) % 2; // 第 i 盏当前状态(d 的前缀和)
        if ((now + h[i]) % 2 == 1){
            if (i <= n - k + 1){
                d[i] = (d[i] + 1) % 2;
                d[i+k] = (d[i+k] + 1) % 2;
                now = (now + 1) % 2;
                cnt ++;
            } else return n + 1;
```

① 直接优化外层往往较难下手,因为不知道要优化的目标函数(内层的解)具体特征,但并非绝对.
② 01 反转其实是所谓不进位 +1,即 $x=(x+1)\%2$,有交换律.
③ 从数学看设 x_i 为 $i..i+k-1$ 是否反转,约束条件为 $\sum_{i=\max(j-k+1,1)}^{\min(j,n-k+1)} x_i \equiv h_j \pmod 2$, $j=1..n$.判断这 $n-k+1$ 元模线性方程组是否有解可直接用代入消元法,这正是正文里说的那个"贪心"过程.
④ 如开始有奇数个 1 而则 $k=$ 偶数都无解,因为反转操作保持总和的奇偶性.
⑤ 前缀和在取模意义下一样可定义.特别地,模 2 意义下的前缀和其实就是前缀异或.

```
        }
    }
    return cnt;
}
```

【例 W-5】差距中位数（K 优化问题）

n 个数 $x_1..x_n$，求两两之差绝对值的中位数.（$n \leqslant 100\,000$）

m 个数的中位数为其中第 K 小值，$K = \lceil m/2 \rceil$.

K 优化问题是最优化/次优化问题更一般的推广. 这里仅讨论非严格 K 优解（并列不去重）. 俞鼎力在参考文献[2]中有较为系统地阐述 K 优化问题. 本书仅介绍枚举答案思想在此类问题的应用.

如答案的值域[1]可以枚举，理论上求 K 优解并不难，只要以从优到劣的顺序逐个累加每种答案所对应的方案数，总和第 1 次到达 K 的那个值就是 K 优解，形式化表达为 $ans = \min\limits_{C(m) \geqslant K} m$，$C(m)$ 表示答案不劣于 x 的方案数. 更有利的是 $C(m)$ 这个函数根据其定义天生是单调的：因 x 从优到劣，不劣于 x 的方案数必然只增不减. 则找 $C(m) \geqslant K$ 的最小的 x 必可二分. 本题 $K = \lceil C_n^2/2 \rceil$，方案为 $x_1..x_n$ 选 2 个下标的组合，共 C_n^2 种，$C(m) = \sum\limits_{1 \leqslant i < j \leqslant n} [\,|x_i - x_j| \leqslant m\,]$，转换为一个计数问题. 首先可将 x_i 本身排序，这可以去掉绝对值，得到

$$C(m) = \sum_{i=1}^{n-1} \sum_{j=i+1}^{n} [x_j - x_i \leqslant m]$$

这与例 V-3 已几乎一样了. 枚举 i，二分查找使 $x_j \leqslant x_i + m$ 最大的 j，方案数为 $j-i+1$，复杂度为 $O(n\log n\log A)$. 这里外层二分答案后，求解内层问题又用了一次二分查找，这并没什么奇怪的，因为内层本来就是一个独立问题. 利用下章知识还可优化到 $O(n(\log n + \log A))$.

梅里雪山

现在来回答例 W-3 的 K 优解版本，如前所述先二分答案，则对应计数函数为

$$C(\lambda) = \sum_{0 \leqslant l \leqslant r-m \leqslant n-m} \Big[\sum_{i=l}^{r} (h_i - \lambda) \geqslant 0 \Big] = \sum_{r=m}^{n} \sum_{l=0}^{r-m} [S_r \geqslant S_l]$$

S_i 是 $h_i - \lambda$ 的前辍和，$[S_r \geqslant S_l]$ 的意思是 S_l，S_r 不是逆序对. 求 $C(\lambda)$ 转化为逆序对计数问题，总复杂度 $O(n\log n\log A)$ 可解决[2]. 最后解释一个看似的悖论：

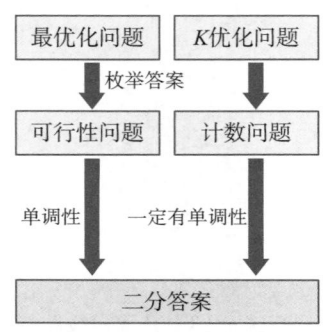

（1）最优化问题枚举答案可转为可行性问题，如有单调性可二分答案.

（2）K 优化问题枚举答案可转为计数问题，必有单调性，必可二分答案.

但最优化是 K 优化的特例（$K=1$），似乎不合情理. 其实上面偷换了概念.

计数问题确实必有单调性，但计数比可行性更难. 很多时候无法求解计数问题（优于 x 的方案数），但可判断可行性问题（优于 x 有无解），这时必须要求可行性有单调性才可二分. 如计数问题可解，则最优化问题也一定可二分.

---

① 必须是个全序集，即两两都可比较（优劣）.

② 求逆序对本身是一个基本问题，常用有分治法和扫描线＋树状数组. 不过两者都不在本书范围内.

遇到类似这种诡谲（母问题具备某特征，子问题反而不具备），如想不明白可找一个子问题不具备该特征的具体例子，代回母问题去看出现什么情况。例如上面的问题，找不可二分答案的具体例子，如例 W-4。此题按 k 优化眼光去看待，则要求计数问题：$C(m)=k$ 不超过 m 共有几种可行方案。这就明确看到为什么进行不下去的原因，因为计数问题求不出。

> **【例 W-6】再谈瓶颈生成树**
> 题目同例 Q-2。

瓶颈生成树在第 Q 和 S 章都已深入讨论过，本章再从枚举答案的角度理解一下：问题是是求一个有权连通无向图的连通子图[①]，使最长边最小。现在看到这种字眼就该敏感了，即全局对立最优化。二分答案为 $OK(m)=$ 最长边 $\leqslant m$ 能否连通，这只要对所有边长 $\leqslant m$ 的边做一次 DFS 即可，复杂度为 $O(m\log A)$。

虽然取对数后值域大小不敏感，但理论上答案一定是某条边的边长。不妨先将所有边排序，然后二分边的下标而非值域，则复杂度为 $O(m\log m)$，本质上就是将边权离散化。

一般可行性有单调性时都会选择二分答案，好处是复杂度里对值域取 $\log$，但也不要形成这样的思维定势。MST 就是一个例子：注意 $OK(m)$ 是判一个边子集的连通性，m 从小到大枚举，则边权 $\leqslant m$ 的边子集只增不减。由于有并查集这种工具可以 $O(1)$ 动态判连通性，此收益比二分更大，则抛弃二分而直接枚举（全部）答案，增量式判 OK 函数，复杂度为 $O(m)$。这正是 Kruskal 算法，可视为枚举答案＋增量式。

一般地，如可行性问题可以支持高效的增量式（如快速 $OK_x \to OK_{x+1}$），则二分枚举未必一定更好。二分导致每次参数 x 是跳跃的，难以实施增量式。任何结论都不是绝对的而视具体情况，这就是辩证法。

小 结

本章介绍枚举答案，是一种逆向思维解题的建模思想。有些问题可以从答案反推约束条件更容易。逆向是更高层次的一种建模哲学，其在信息学中有广泛应用，如之前提过的补集转化思想也是逆向思维的一种。希望读者能在更高层次融汇贯通。本章具体场景包括二分答案求最优化问题、K 优化问题、全局对立最优化等。

习题

1. 神射手（etiger447）。
2. 高智商罪犯 2（etiger437）。
3. 青海湖（etiger528）。
*4. 汽车大甩卖 3（etiger656）。
5. 面壁者（etiger554）。
*6. 跳房子（etiger4，NOIP 2017 普及 T4）。

参考文献

［1］二分答案查错套路。视频：https://pan.baidu.com/s/1g8b0D8ddBVU1HY-Wb_Kt_w，密码：w6ti。
［2］俞鼎力。寻找 k 优解的几种方法，2014 国家集训队论文。

---

① 最长边意义下是不是树无关紧要。

X 联 动 指 标

联动指标是一个笼统称谓,严格说也不是具体算法,可视为某种优化模式的抽象.顾名思义就是 2 个或更多互相有关联的变量,本章往往指单调性关联.从更高的层面讲也可理解为一种广义可行性剪枝(如将单调性视为约束条件),联动指标某种程度上类似于将约束条件"解出来"[①]而达到降维目的.典型应用场景是求二元单调函数条件最值,其是二维单调性的经典应用.

> **【例 X-1】** 练功速成(蠕动区间)
>
> 练一门武林神功需连续几天闭关修炼累积 m 小时,现只有最近 n 天有空,第 i 天可修炼 x_i 小时.问最少需要安排离线几天修炼?$(1 \leqslant n, m \leqslant 100\,000, 0 \leqslant x_i \leqslant 24)$

题意为求序列 x_i 的最短的连续子序列,使区间和 $\geqslant m$.以前缀和进行数学化表达:$ans = \min\limits_{1 \leqslant i \leqslant j \leqslant n} \{j - i + 1 \mid S_j - S_{i-1} \geqslant m\}$,求最值的是简单的二元函数 $F(i, j) = j - i + 1$,约束条件则相对复杂些.利用现有知识求解不难,首先优化枚举量,先将两个决策量拆分开写,

$$ans = \min_{1 \leqslant i \leqslant n} \{ \min_{i \leqslant j \leqslant n} \{j \mid S_j - S_{i-1} \geqslant m\} - i \} + 1$$

通常原则是将与内层变量无关的部分尽量往外层写.枚举外层的 i,求最优的 j:$p_i = \min\limits_{S_j \geqslant S_{i-1}+m} j$ [②],即给定左端点时右端点的最优解,其等于使 S_j 有下限的最小的 j,而 S_j 又是单调的,可用第 V 章方法二分查找 p_i,复杂度为 $O(n\log n)$.

注意 $S_j - S_{i-1} \geqslant m$ 此条件,二分法只用到了 S_j 单调,枚举 i 相当于固定 S_{i-1}.但减数 S_{i-1}(对 i)也是单调的:对越大的 i,S_j 的下限单调不降,则最优解 p_i 本身对 i 也单调不降,即 p_i 可以增量式求,即从 p_{i-1} 而非 i 开始往后找.

```
for (int i = 1, j = 0; i <= n; ++i){
    while (j < n && s[j] < m + s[i-1]) ++j;
    if (s[j] - s[i-1] >= m)
        ans = min(ans, j - i + 1);
}
```

联动指标有多种不同写法,以上称为左端点驱动模式:外层循环 i 每次固定加 1,内存循环求的就是右端点最优解 $j = p_i$,每轮 $i++$ 后如当前 S_j 没达到下限(因 S_{i-1} 变大了),则 j 尝试往右找;否则 j 不动

[①] 但并非解方程那样有封闭式的解析表达式.

[②] 因 $x_i \geqslant 0$,$i \leqslant j$ 隐含在前缀和的条件中了,故不用再写.

（p_i 单调性保证不需往左找）. 整个过程 i，j 同向移动：i 走一步、j 走若干步或不动，但不会回头；区间 $[i, j]$ 长度会变但整体都往右移动，有点像"毛毛虫"（参见下图），故也称蠕动区间. 注意 j 全程不会变小①，但又不会超过 n，内层循环即 $++j$ 全程至多执行 n 次. 代码表面是两重循环，但整体复杂度是 $O(n)$，这就是单调性获得的降维效果.

sum=5	5	1	3	5	10	7	4
sum=6	5	1	3	5	10	7	4
sum=9	5	1	3	5	10	7	4
sum=14	5	1	3	5	10	7	4
sum=24	5	1	3	5	10	7	4
sum=19	5	1	3	5	10	7	4
sum=18	5	1	3	5	10	7	4
sum=15	5	1	3	5	10	7	4
sum=10	5	1	3	5	10	7	4
sum=17	5	1	3	5	10	7	4
sum=7	5	1	3	5	10	7	4
sum=11	5	1	3	5	10	7	4

几何意义：滑动区间的单调映射

下面将此题场景稍微推广一下，并借助图像来直观理解联动指标和单调性降维的本质. 为叙述方便此处假设定义域和值域为实数.

（1）决策对象：区间 $[x, y]$.

（2）约束条件：$S(y) - S(x) \leqslant m$（S 是任意单调增函数）.

（3）优化目标：$\max F(x, y)$（F 对 x，y 都单调增）.

约束条件相当于约束 S 值在纵轴方向一个定长区间内，但因目标函数 $F(x, y)$ 单调，给定 x 时 y 尽量大，即约束条件必然取等号：$S(y) = S(x) + m$. 这其实就给出了自变量 x，y 间的一个方程，产生降维效果. 一般无法解析求出 $y = y(x)$，但 S 单调使值域和定义域的点一一对应②，纵轴上长 m 的区间映射回横轴也是一个区间（数学上称为原像），即将值域的约束等价为自变量的约束③. 因斜率不固定，原长 m 区间在的原像不定长，但左右端点保持同增同减，即蠕动区间.

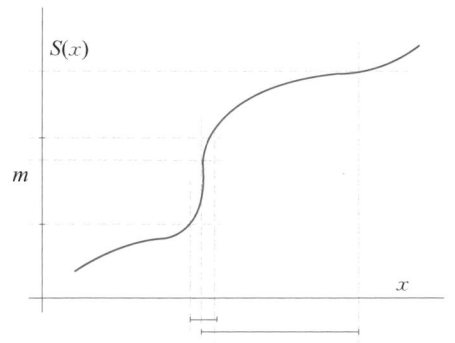

【例 X-2】组队（双游标）

学校编程队共 n 名选手，第 i 人实力为 x_i. 现要派实力和 $\geqslant m$ 的两位选手（不计顺序）参加宇宙编程大赛. 问有多少种选法？（$n \leqslant 200\,000$，$m \leqslant 1\,000$，$0 \leqslant x_i \leqslant 500$）

---

① 也有一些题中不能那么完美，即 i 增加时，j 有时需回头，但可设法控制"回头的幅度". 如莫队算法即基于此. 但此算法已超出本书范畴.

② 这里准确说要求严格单调才对，不过很多情况下等于也可设法兼容，如设自变量为第二关键字.

③ 单调函数可视为横纵轴间的一种度量关系. 形象说，如把坐标轴视为随处可伸缩的橡皮泥，那么可通过某种伸缩调整可以让函数图像变为直线（局部收缩率就是该处导数）. 相当于降一维.

题意即 $ans = \sum_{i=1}^{n} \sum_{j=i+1}^{n} [x_i + x_j \geq m]$，此式与上题基本相似，可类比思路.

(1) 先将 x_i 排序，枚举 i，约束为 $x_j \leq m - x_i$.

(2) 给定 i 求最小可行的 j：$p_i = \min\limits_{j>i, x_j \geq m-x_i} j$，方案数 $n - p_i + 1$.

(3) i 变大 x_j 的下限单调不升，则 p_i 单调不增. j 全程只能左移（i, j 联动）.

以上是数学语言，直观也好理解：第一个人 x_i 越聪明，能与其搭档的人选越多. 与上题不同之处是这里 i, j 是对向而非同向移动，俗称双游标[①]. 此题建模不难，重点说一下实现中一些易错细节. 先给一个看似 OK 的错误代码，读者可先尝试自己找找问题，这里假设 x_i 已排序.

```
for (int i = 1,j = n; i < j; ++i){
    while (i < j-1 && x[j-1] + x[i] >= m) --j;
    // cout<<"i = "<<i<<"j = "<<j<<endl;
    ans + = n - j + 1;
}
```

注释那句是供参考的查错代码，联动指标代码查错核心就是看两个指标联动是否符合预期. 此代码也是左端点驱动，每次 i 加 1，j 尽量左移直到再减总和就要小于 m 或 i, j 相遇（要求 $i < j$）.

首先每次累加 ans 时表示 $x_i..x_n$ 都可与 x_i 组队，但有可能某些 x_i 与任何人都不能组. 具体说初始设置 $i = 1, j = n$ 想当然地默认了 $x_1 + x_n \geq m$. 解决方法是设一个哨兵 $x_{n+1} = \infty$ 可与任何人组队，初始设 $j = n+1$. 其后因为都是保证 $x_i + x_j \geq m$ 才挪 j 所以不会再有问题，而 $n+1$ 代入 $n-j+1$ 正好为 0.

另一问题出在 $i < j$ 这个判断条件上，由于对称性只考虑 $i < j$ 这没错，但双游标 i, j 相遇只表示最小与 x_i 能组的 x_j 比 x_i 本身小，这不代表 x_i 不贡献答案，只是 $x_j..x_{i-1}$ 这部分因对称性不能重复计，但配 $x_{i+1}..x_n$ 还是新方案. 这里是典型的两种逻辑混淆导致的. 以下是正确代码.

```
for (int i = 1,j = n+1; i < n; ++i){
    while (i < j-1 && x[j-1]+x[i] >= m) --j;
    if (i < j) ans + = n - j + 1;
    else ans + = n - i;
}
```

那为何上题没有此问题？因上题条件 $S_j \geq m + S_{i-1}$ 自动隐含了 $i \leq j$[②]. 不过本题如改用右端点驱动，则不会出现任何如上问题. 右端点驱动的逻辑是 j 从大到小，如 x_i 不足以与 x_j 组则增加 i，直到第 1 个（最小的）能与 j 组的 i，则 j 贡献答案 $j-i$（$x_i..x_{j-1}$）. 代码如下，至于这个方案为什么不用考虑初值哨兵、i, j 相遇后分类讨论等问题，参见后文.

```
for (int i = 1,j = n; i < j; --j){
    while (i < j && x[i] + x[j] < m) ++i;
    ans + = j - i;
}
```

[①] 这个名称其实不是很好，未体现出对向移动的特征，与蠕动区间也不形成对照. 只是习惯上这么称呼. 也有直接用双游标指代整个联动指标的概念.

[②] 不代表蠕动区间一定 i, j 不相遇，有时同向也是会出现空区间情况. 参见下章.

几何意义：二维单调性

什么时候可能出现边界问题？左右端点驱动为何情况不同及怎么选择？下面利用几何意义系统研究一下这些问题．

(1) 决策对象：区间 $[x, y]$．

(2) 约束条件：$Z(x, y) \leqslant m$（Z 对 x, y 都单调）．

(3) 优化目标：$\max F(x, y)$（F 对 x, y 都单调）．

假设以 x 驱动，由 F 的单调性，给定 x 最优的 y 是 $p(x) = \max\limits_{Z(x, y) \leqslant m} y$ [1]．Z 是二维函数，可用二维热力图表示，色调越偏暖表示值越大，如右图所示．

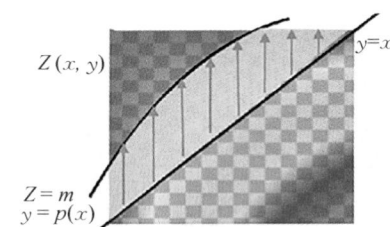

右图画的是 Z 关于 x 递降且 y 递增，对应例 X-1 的情况，$y = p(x)$ 这条曲线则正好是 $Z = m$ 这条等高线在 xy 平面的投影，这条线在 xy 平面也单调增（x 变大 Z 上限变小，y 变达）．另一约束条件 $x \leqslant y$ 是一条直线．(x, y) 的可行区域（解空间）是如上两条线之间的区域．例 X-1 中目标函数 $F(x, y)$ 对 y 也单调增，则最优解在这区域的上边界上．

左端点驱动就是沿方向 x 从左往右扫过整个解空间，求对应上边沿．上图情形中上边沿都是全局单调的，且 x 方向撑满整个 $1 \sim n$ 范围[2]，没有特殊细节．至于 $y = p(x)$ 交上边沿处的折角，由代码中 j<=n 条件兼容．

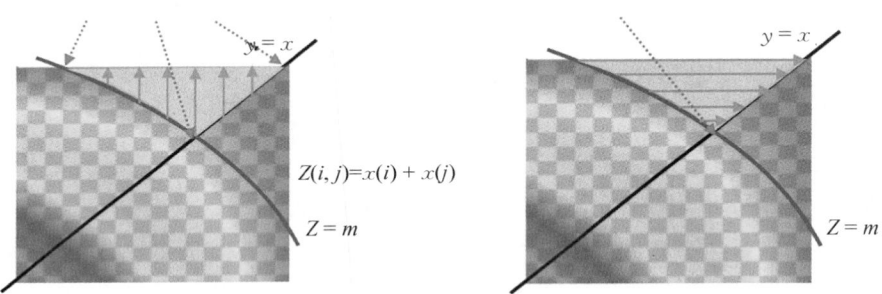

$$Z(i, j) = x(i) + x(j)$$

再看例 X-2，这时等高线 $Z = m$ 是递降的，其有解区域是如上图的带一条弧边的曲边三角形．左上图是左端点驱动情形：首先 $Z = m$ 左侧可能交在上边沿也可能在左边沿，前者对应最小的 x_1 无解情况；其次下边沿交 $y = x$ 处有一转折点，下边沿不是全程单调的，对应 i, j 碰头逻辑有变化．这就是之前第一版代码两个细节错误在图像上的体现．

而右端点驱动（右上图）则没问题，这相当于纵向从行往下扫，交出的左右边沿都是全程单调的，y 方向扫到 $i = j$ 处自然终止，所以不需要任何特判．当然还有种办法是先不考虑 $i < j$ 的约束，相当于解空间拼上其关于对角线对称的部分，这个扩展的解空间左右驱动就完全对称了．计数问题最后答案应除以 2，且要注意去掉正好落在对称轴上的解（$2x_i \geqslant m$）．

【例 X-3】精灵之弓

精灵们住在排成一条直线的 n 棵树上，第 i 棵树坐标为 x_i，住着 p_i 个精灵．为练习箭术它们打算在直线上设置 2 个靶位，坐标为 X_1, X_2（可为实数）．每个精灵的射距为到较近那个靶位的距离．求如何设置靶位可使得所有精灵的射距之和最小．（$n \leqslant 100\,000$，x_i 已从小到大排序）

---

[1] 是 min 还是 max 等根据 Z 是单调增还是减有所不同，这些不是很关键．

[2] 因为 $y = x$ 对应 $Z = 0$，而 $m > 0$，所以 $y = p(x)$ 整个范围内都在 $y = x$ 上方，不会与 $y = x$ 相交．

题意 $ans = \min\limits_{X_1,X_2 \in \mathscr{R}} \sum\limits_{i=1}^{n} p_i \min(\mid x_i - X_1 \mid, \mid x_i - X_2 \mid)$. 这种三层嵌套式子看起来复杂,但可下手优化的点也多. 哪层都可能有突破点,从最里层考虑比较常见. 不妨设 $X_1 < X_2$,显然 x_i 越小的越倾向于 X_1,且最优解不可能出现射击位与靶位连线交叉情况,如下图所示.

故一定存在某分割点 x_m,使 $\mid x_i - X_1 \mid \leqslant \mid x_i - X_2 \mid \Leftrightarrow i \leqslant m$[①],如枚举 m 则 X_1, X_2 的决策就互相独立了,可拆成两个同类子问题[②]

$$ans = \min\limits_{m=1}^{n} \min\limits_{X_1,X_2 \in \mathscr{R}} (\sum\limits_{i=1}^{m} p_i \mid x_i - X_1 \mid + \sum\limits_{i=m+1}^{n} p_i \mid x_i - X_2 \mid)$$
$$= \min\limits_{m=1}^{n} (\min\limits_{X_1 \in \mathscr{R}} \sum\limits_{i=1}^{m} p_i \mid x_i - X_1 \mid + \min\limits_{X_2 \in \mathscr{R}} \sum\limits_{i=m+1}^{n} p_i \mid x_i - X_2 \mid)$$

现在只要解决一个靶位的问题:$ans_{LR} = \min\limits_{X \in \mathscr{R}} \sum\limits_{i=L}^{R} p_i \mid x_i - X \mid$[③]. 接下来就是拆绝对值号:因 x_i 已排序,也存在一个分割点 $S(X) = \max\limits_{x_i \leqslant X} i$,则

$$C_{LR}(X) = \sum\limits_{i=L}^{R} p_i \mid x_i - X \mid = \sum\limits_{i=L}^{S_X} p_i(X - x_i) + \sum\limits_{i=S_X+1}^{R} p_i(x_i - X)$$
$$= X \sum\limits_{i=L}^{S_X} p_i - X \sum\limits_{i=S_X+1}^{R} p_i - \sum\limits_{i=L}^{S_X} p_i x_i + \sum\limits_{i=S_X+1}^{R} p_i x_i$$

如知道 $S(X)$ 则目标函数是 4 个区间和的线性组合. 预计算 p_i 和 $x_i p_i$ 的前缀和则 $O(1)$ 可得 $C_{LR}(X)$. 上面这个式子应用不限于本题,希望读者能记住或会推导.

求 $S(X)$ 最简单的就是二分查找. 现关键是决策 X,按题意 X 可以是实数,难以枚举. $C_{LR}(X)$ 也难以直接看出单调性. 这里介绍一种微调法[④]最优解分析. 首先 $S(X)$ 的值域是离散的,假如 X 可改变一个小增量 δ 使 $S(X)$ 不变,则

$$C_{LR}(x+\delta) - C_{LR}(x) = (\sum\limits_{i=L}^{S} p_i - \sum\limits_{i=S+1}^{R} p_i)\delta$$

括号里的逻辑含义是:X 左边的总权和一 X 右边的总权和. 假设 X 不等于任何 x_i,则如括号里的值为正,取 δ 为足够小的负数(以保证 $S(X)$ 不变),C 可更优;反之取 δ 为足够小的正数,C 更优或不变差. 结论:至少存在一个最优解 X 就是某 x_i,相当于把最优的 X 离散化了,直接枚举 X 复杂度 $O(n^2)$. 离散化后其实同样可如上调整,只是增量 δ 改为 x_i 的差分[⑤],

$$C_{LR}(x_{k+1}) - C_{LR}(x_k) = (x_{k+1} - x_k)(\sum\limits_{i=L}^{k} p_i - \sum\limits_{i=k+1}^{R} p_i)$$

此式建议读者自己推算,算一下括号里含义没变,如 x_k 左边权和多则 X 可左移,否则右移,最优解一

[①] 一定要演绎出来可利用 $\mid A - B \mid = 2\max(A, B) - (A+B)$,$f(x) = \mid x - X_1 \mid - \mid x - X_2 \mid = 2(\max(x, X_1) - \max(x, X_2)) - (X_1 - X_2)$. 此式关于 x 单调,证毕(作差法).

[②] 强行以 x_m 分割,是否违反题述"就近原则"? 确实可能出现此情况,但这种一定不是最优.

[③] 有经验的选手可能已经猜得出结论. 但这里还是以数学演绎方法推导一下.

[④] 数学上其实就是微分. 思想与第 P 章的交换论证类似,只是调整方式不同.

[⑤] 注意这时候 $S(X)$ 由 $x_k \to x_{k+1}$.

定是 x_k 刚越过左右人数最接近处 $K_{LR} = \max\limits_{\sum_{i=L}^{k} p_i < \sum_{i=k+1}^{R} p_i} k$. $X = x_K$ 称为 $x_L..x_R$ 对 p 的加权中位数. 已知 L, R, 可以二分求 K. 以上推导写的比较数学, 其实逻辑是直观的: 如靶位左边的人多, 则靶子往左挪一下更优, 反之亦然. 所以单个靶位应选在左右人数尽量相等处. 最后合并两个靶位的贡献.

$$ans = \min_{m=1}^{n}(C_{1m}(x_{K_{1m}}) + C_{m+1, n}(x_{K_{m+1, n}}))$$

复杂度为 $O(n\log n)$, 其实 K_{LR} 对 L, R 也都单调. 例如 $R \to R+1$, 原方案右侧人数变多了, 最优靶位不可能向左. 则 K_{1m} 和 $K_{m+1, n}$ 关于 m 都单调不降, 这构成一组以 m 驱动的三元联动指标, m 变大, 左右的 K 都只要往右找即可, 复杂度为 $O(n)$. 下面给出(分析了半天写起来却很简洁的)核心代码. s 和 ps 是 x_i 和 $p_i x_i$ 的前缀和.

```
struct pos { ll p; ll x; } a[N];
ll C(ll L, ll R, ll K) { // 求 x_L..x_R 到 x_K 的距离和
    return (a[K].x * (ps[K]-ps[L-1]) - (s[K] - s[L-1]))
         - (a[K].x * (ps[R]-ps[K]) - (s[R] - s[K]));
}
for (ll m=1,i=1,j=1; m<=n-1; m++) {
    for (;i<m && C(1,m,i) >= C(1,m,i+1); ++i);
    for (;j<n && C(m+1,n,j) >= C(m+1,n,j+1); ++j);
    ans = min(ans, C(1,m,i) + C(m+1,n,j));
}
```

再强调一遍, 本题花了较大篇幅以数学演绎推导出结论, 是为介绍在看不出结论时(或看出结论想严格证明)的严格方法及辅助工具, 如作差法. 事实上单调性和局部差(差分/微分)的关系之密切, 几乎就可以用后者来定义前者, 这一点第 Z 章还会再展开.

> 【例 X-4】七龙珠(最小圆满区间场景)
>
> 　传说集齐 7 种龙珠, 可以召唤神龙. 这 7 种不同龙珠星级分别为 1, 2, 3, 4, 5, 6, 7. 你面前有一排 n 个龙珠, 第 i 颗龙珠的星级是 x_i. 每颗龙珠卖 1 万, 并且只能买连续的若干颗. 请问至少要几万才能召唤神龙? ($n \leqslant 100\,000$, $x_i = 1..7$)

本题属区间条件最优化的一类. 其特征是要求区间内"集齐"某些对象[①], 所以称之为"圆满". 形式上可表述为 $\min\limits_{OK(x, y)} F(x, y)$, 如本题 $F(x, y) = y - x + 1$, $OK(x, y) = $ 区间 $[x, y]$ 中 $x_i = 1..7$ 都出现. $OK(x, y)$ 和 $F(x, y)$ 关于 x, y 都单调是显然的, 这满足例 X-1 所给的一般性条件, 可用蠕动区间 $O(n)$ 解决.

剩下的问题是计算 $OK(x, y)$ 本身. 暴力方法要维护一个 1..7 的计数器并判断每个值的计数都为正. 但计数器支持增/减量式, 而联动指标移动正是每次一端挪动 1 格. 所以一边蠕动一边增量式更新区间 UV 即可(在例 2-6 中就实现过动态维护区间 UV). 通常联动指标都适同时增/减量式维护区间的其他目标函数.

```
for (int l=1,r=0; l<=n;){
    while (r<n && uv<7) uv += (++cnt[a[++r]] == 1);
```

---

① 数学上说, 就是区间值域覆盖某个特殊的集合, 如值域全集.

```
        if (uv == 7) ans = min(r - l +1, ans);
        uv -= (--cnt[a[l++]] == 0);
    }
```

【例 X-5】拉横幅(微观单调性分析)

共 n 条木板紧密排列在一条直线上,从左到右的第 i 条高度为 h_i,宽度为 1. 你希望在这些木条上找到一左一右两个木条,从左到右拉一个横幅. 横幅的高度等于两个木条中较矮的那个. 请问横幅的最大面积是多少?($n \leqslant 100\,000$)

题意为 $ans = \max\limits_{1 \leqslant i \leqslant j \leqslant n} \{(j-i+1)\min(h_i, h_j)\}$,属区间最优化问题. 对区间本身无约束条件,而目标函数 $F_{ij} = (j-i+1)\min(h_i, h_j)$ 对 i,j 也无单调性[①].

回想一下单调性优化本质是最优性剪枝,最优性剪枝却并非一定依赖单调性. 只要能判定一部分解不优即可,这只要能找到比之更优的解即可. 比较特定 2 个解,可以用作差法[②]. F_{ij} 有 2 个参数,不妨先固定(枚举)一个看看.

$$F_{ij} - F_{ik} = (j-i+1)\min(h_i, h_j) - (k-i+1)\min(h_i, h_k)$$

这难以直接往下推,要么对 min 分类讨论,要么进行放缩. 先考虑缩掉 h_k:$F_{ij} - F_{ik} \geqslant (j-i+1)\min(h_i, h_j) - (k-i+1)h_i$. h_j 不能再同样缩放否则符号不固定了,只能分类讨论. 假设 $h_i \leqslant h_j$,则

$$F_{ij} - F_{ik} \geqslant (j-i+1)h_i - (k-i+1)h_i = (j-k)h_i$$

结论:如 $h_i \leqslant h_j$ 且 $j > k$ 则 F_{ik} 不优.

用网格图 j 行 i 列来表示 F_{ij},则等价表述如下:如 $h_i \leqslant h_j$,则 (i, j) 上方都不优. 不优就够了,未必要单调;如 $h_i \geqslant h_j$ 同理可得 (i, j) 右侧的方案都不优.

综上所述对任何 (i, j),往右/上至少有一个方向不优. 可以从左下角开始处理,每次排除右/上的一种,最优解只能在剩下的唯一方向上,令 (i, j) 沿此方向移动一步. 重复以上操作直到 $i = j$,得到一条路径,最优解只可能在此路径上.

往上是 $j \leftarrow j-1$ 往右是 $i \leftarrow i+1$,指标 i,j 实际还是对向移动,但本题并没有明确的某指标"驱动",而是由外部条件 $h_i \leqslant h_j$ 决定,最后结束于 $i = j$. 形式上与之前的双游标几乎一样,但本质有较大差异. 例 X-2 的传统双游标是由约束条件和目标函数的全局单调性形成的联动指标;本题则由目标函数的微观单调性分析得到的形似联动指标的过程,这里 i,j 间并无直接的"联动"关系.

```
for (ll i = 1, j = n; i < j; ){
    ans = max(ans, (j - i + 1) * min(h[i], h[j]));
    if (h[i] < h[j]) i++; else j--;
}
```

[①] $j-i+1$ 对 i,j 单调,min 对 h_i,h_j 单调. 关键是 h_i 本身没有单调性,而 h_i 又不能排序,因为目标函数里涉及原始下标. 不过这些各自局部的单调性还是下面推导所依赖的.

[②] 这种直接比较两个解/决策优劣的方法是最优解分析的一种重要分类,两个对象间总是"单调"的,所以称为微观(或局部/点对点)单调性分析. 下章要讲的单调队列思想就是来源于此.

*【例 X-6】树上权和由下限的直系路径计数（树上蠕动区间）

给定一棵 n 节点的有根树，有正点权，边去均为 1. 求点权和 $\leqslant m$ 的直系简单路径的节点数总和. 直系指路径上两两点都有祖孙关系.（$n \leqslant 100\,000$，点权 $\leqslant 1e9$，$m \leqslant 1e9$）

本题是例 X-1 搬到树上的版本，并改成计数问题. 将一维问题搬到树上，是快速又可提高难度的出题套路，且容易设计部分分来提高区分度（例如给 20 分一维版本）. 树结构时可视为一维序列的推广，即前驱唯一，后继有分叉. 直系路径权和很容易借用一维前缀和的概念，定义树上前缀和，

$$S_u = \sum_{x \in subTree(v)} x_v \quad (u\ 到根的路径权和^{①})$$

递推式：$S_u = S_{p(u)} + x_u$，$p(u) = u$ 的父节点编号.

区间和：$S_{u \in subtree(v)} = S_u - S_{p(v)}$（$v$ 是 u 的祖先）.

本题数学形式为 $ans = \sum\limits_{u \in subtree(v)} [S_u - S_{p(v)} \leqslant m]$，形式上与例 X-1 类似，解法也可尝试推广，如以 u 驱动最优的 v：$b_u = \min\limits_{\substack{u \in subtree(v) \\ S_{p(v)} \geqslant S_u - m}} d_v$，$d$ 表示节点深度. 树上节点编号并非序列那样连续，蠕动其实是在深度维度上而非下标维度. 利用树论的倍增索引工具，b_u 可以在 $O(\log n)$ 在线求，是枚举＋二分解法的树上版本，不过倍增索引已超出本书范畴，这里不详细展开.

同理，b_u 本身关于 u 的深度也是单调的（下界 $S_u - u$ 随 u 往下单调变大）. 除上下移动 u，v 时后继会分裂，其他过程与蠕动区间一样. 每个点也被上下边界各扫过一遍，从这个意义上复杂度是线性的，下图是一个具体例子（$m = 4$）.

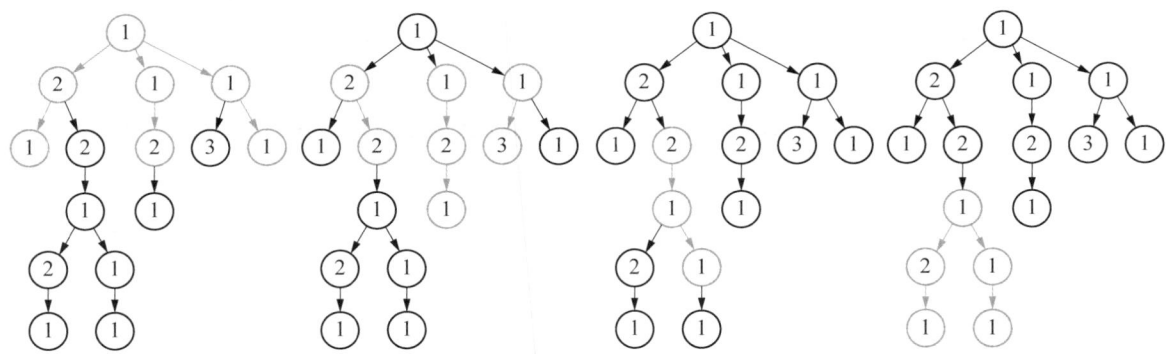

具体实现时有个技术问题是如何维护多路向下蠕动. 直观想法类似 BFS 那样每一路并行往下扫，则中途就会有多个蠕动的头和尾，这些会动态分裂的头尾间的对应关系（算路径和要用到）较难维护：如一个 v 可能对应多个 u，当 v 下行一步的时候，v 本身会分裂，产生对应 u 集合的一个划分. 要在整体线性时间内维护这样的结构比较困难.

因 u 的计算顺序不影响结果，只要能得到每个 u 对应的 b_u 即可. 不妨改用 DFS 顺序，用一个栈来维护当前递归路径上的各 b_u. 从栈底到栈顶是一条直系路径，b_u 单调不降，每递归一个新的 u 时从原栈顶的 $b_{p(u)}$ 沿当前递归路径（也存在栈里）单调往下找 b_u 即可；回溯时直接出栈，相当于回到 $p(u)$ 当时的版本②.

---

① v 是 u 祖先等价于 u 在子树 v 内.

② u，v 发生"回退"似乎违背了蠕动区间指标全局单向移动的特征. 其实这种回退只是可持久化导致的. 把树视为做一个栈动态增删的过程，增是符合蠕动规范的，删无非是回到历史版本.

```
int S[N], stk[N], top; // S 是栈上的前缀和
vector<int> ch[N];

void dfs(int u, int b) {
    S[u] = x[u] + S[stk[top]];
    while (S[u] - S[stk[b]] > m) ++b;
    stk[++top] = u;
    ans += top - b;
    for (int i = 0; i<ch[u].size(); ++i) dfs(ch[u][i], b);
    top--;
}
```

以上 ch 表示树节点儿子列表(不含父节点);b 与前面文字描述中略有差异,定义为最优 b_u 的父节点,为的是前缀和相减比较好写,并且代码中的 b 存成 stk 中的下标,即 $stk[b]=p(b_u)$;注意需要额外显式存栈的只有编号 u 本身,因为编号要用到调用栈内部的信息即 $stk[b]$(系统调用栈读不到栈顶以下的),而其他信息如 u,b 都是当前节点的,直接靠调用栈维护即可.

此题如不限制直系路径,最经典做法是点分治,可做到 $O(n(\log n)^2)$. 点分治可视为分治法的树上版本. 不过分治法和树论都已超出本书范畴.

小 结

联动指标其实是比较模糊的概念,或说是一种算法实现的表象. 本章阐述的核心是某种"伪高维"的解空间,维度差异是由约束条件造成的和最优性造成. 单调性是造成最优解空间降维的重要原因之一. 通常来说降维的解空间最好是直接找到维度相同的独立枚举指标(消元),但并非所有情况都可用直接显式消元来降维,这时只能用多于维度数量的非独立变量集来描述,这就是联动指标的本质. 实现巧妙的话,可保持复杂度维持在低维上,即实际解空间的大小.

习题

1. 七龙珠(etiger490).
2. 组队(etiger991).
3. 绿灯侠 2(etiger977).
* 4. 生命指环(etiger559).
5. 天梯(etiger990).

Y 单调队列

本章介绍单调队列,其源于处理一类区间最值问题.单调队列原理将单调性的运用提升到一个新的境界.利用微观单调性,使上章提到的最优化区间问题得到极大推广.而单调队列的思想衍生出更多的建模工具和方法,如单调前驱/后继、斜率优化等方法皆源于单调队列.

【例 Y-1】偶像天团(滑动窗口最值场景)

西佳佳偶像天团共 k 人,最近 n 年每年有一位歌手加入.当人数超过 k 人时最老的团员自动退团.第 i 人颜值为 a_i,团内颜值最高者成为团长,求 k 人成团后每年的团长颜值是多少.($1 \leqslant k \leqslant n \leqslant 100\,000$,$1 \leqslant a_i \leqslant 1e9$)

本题是单调队列思想起源的模板题:$ans_j = \max\limits_{x=j-k+1}^{j} a_x$,$j=k..n$,属动态最值问题[①].求最值区间的 $[j-k+1, j]$ 长度固定且随 j 变大单调右移,好像一个动态"窗口",故称为滑动窗口最值场景,其难点在于虽求最值的范围对 j 单调,但 a_j 却没有(整体)单调性,所以转而考虑微观单调性.

对固定的 j,x 相当于决策[②],直接分析两种决策谁更优:决策 x 比 y 优(不妨设 $x > y$)当且仅当 $a_x > a_y$.这好像是废话?但结合约束条件的单调性就不那么平凡了:$x > y$ 且 a_y 不优,而问询窗口只会右移,y 移出窗口早于 x,说明 a_y 以后再不可能是最优(只要 y 在 x 也在).如下图中 $a_4 < a_5$ 始终成立直到 a_4 自己先移出窗口[③],在这之前 a_4 虽还在窗口中,但对求最值的而言已无价值了,不妨提前将其删除,本质上还是最优性剪枝思想.

4	3	2	1	2	4	5	4	6

如不出现任何 $x > y \& a_x \geqslant a_y$ 情况(等号情况也可排除 y),则剩下的(还有希望当队长的)a_i 两两都是逆序对,即一定是个严格单调降子序列,如上图浅色格子.其中真正的队长就是保留下来的最靠左的,求最值只需 $O(1)$.

剩下问题是怎么维护这个(单调的)候选序列? 这可增量式进行:开始为空,有两种情况需维护:一是 a_{i-k} 退役时,如其还在候选序列中(一定是第 1 个),则直接删掉,如其已淘汰掉了自然不用处理;二是新人 a_j 加入,j 从小到大算,则 a_j 必是当前下标最大(最年轻),则当前候选序列中 $\leqslant a_j$(比 j 丑)的就要淘汰(如下图中等深度颜色格子).由于候选序列单调降淘汰的必是一个后缀(也可能不淘汰或淘汰整个序

[①] 观察到对 j 有增量式,可用支持动态增删的有序化容器如 multiset 实现,复杂度为 $O(n\log k)$.但 multiset 还能支持随机增删,没有用足本题增删的特殊性,同时还带有较大常数.

[②] ans_j 不依赖子问题,故不属于 DP.但形式上还是可以看做(计算答案用的)"转移方程".

[③] 一种刻薄的表达是"又老又丑"的人不能当队长,或想当队长至少有一项长处:要么漂亮,要么年轻.

列),只要a_j从后往前逐次与候选序列尾部对比[1],直到淘汰完或第一次遇到值$>a_j$的,此时再将a_j插入尾部即可. 自然地插入a_j后候选序列仍单调.

④	3	2	1	2	4	5	4	6
4	③	2	1	2	4	5	4	6
4	3	2	1	2	④	5	4	6
4	3	2	1	2	4	⑤	4	6
4	3	2	1	2	4	⑤	4	6
4	3	2	1	2	4	5	4	⑥

本题中不管a_j本身是多少,总会进入候选序列至少1次(年轻人至少有1次机会);而a_j也不可能马上退役,故本题中候选序列永远不会为空. 每个a_j一旦淘汰就不可能再次进入. 则进出序列的总次数是$O(n)$. 这个候选序列只可能在两端增删(左删、右删、右增),符合双向队列特征,其值又保持单调,故称为单调队列[2]. 具体实现可用 STL 的 deque 容器,不过一般单调队列更倾向于自己数组实现,好处是更灵活且整个队列是可见的、方便测试.

```
int l = 0, r = 0;
for (int j = 1; j <= n; j++) {
    while (l < r && q[l] == j-k) ++l; // 可行性删队首
    // 单调性删队尾
    while (l < r && a[j] >= a[q[r-1]]) --r;
    q[r++] = j; // 新人入队尾
    if (j >= k) cout << a[q[l]] << " "; // 队首是最优解
}
```

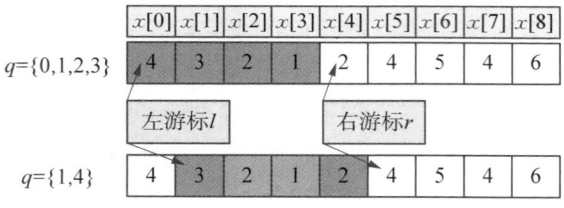

有些细节需要说明:r表示队尾再后一个[3]位置,这样约定好处是队列中元素个数就是$r-l$,而队列非空条件就是$r<l$;另数组q中存的是原序列a的下标而不是值(故$q_l..q_{r-1}$其实不单调,单调的是$a_{q_l}..a_{q_{r-1}}$),因为有下标可随时求值(而反之不行),所以存下标没什么坏处. 另一问题是第一个 while 循环条件至多成立1

次,为何不用 if? 这点留待后文再解释. 整个程序看似两重循环,但每个j只会进出q至多一次(无论从队首还是队尾出的),故$--r$和$++l$全局总共至多执行n次,总复杂度为$O(n)$.

单调的轮廓

来直观看看单调队列保留的是什么,将序列视为离散函数画出图像(i,a_i),单调队列保留前i个点中一个单调降的子序列,每个新进的点会切掉一个后缀,被切掉的点都位于(i,a_i)左下方,故任何时刻单调队列中其实是当前前缀上的一个单调降的轮廓[4],其他点全在这个轮廓之下. 轮廓上相邻点间是所谓单调前驱的关系(具体参见例 Y-7).

---

① 不二分找原因之一是删尾部还是要一个个删.
② 《NOI 大纲》上称为有序队列. 非正式场合有时直接以拼音简写 DDDL 表示,但并非公认简称.
③ 只是一种约定规范,类似 set 的迭代子 end() 表示尾元素再后一个.
④ 如有知道一点计算几何概念的读者,不要与凸包混淆,这个轮廓只是单调,可能是凹的. 另外此轮廓是严格下降子序列,但未必就是 LDS. 下图就是一个反例,单调栈最终有 4 个点而 LDS 长度为 5.

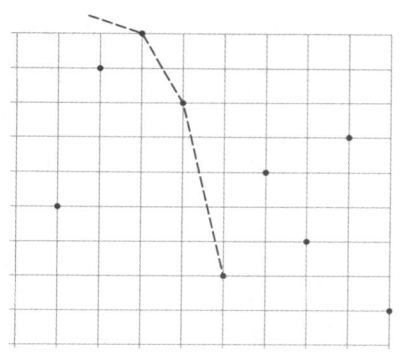 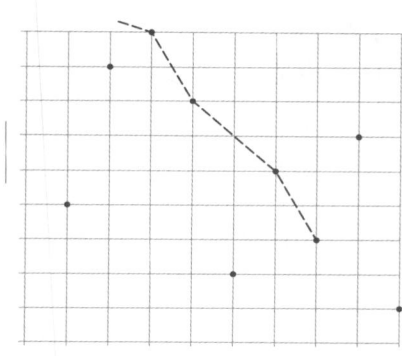 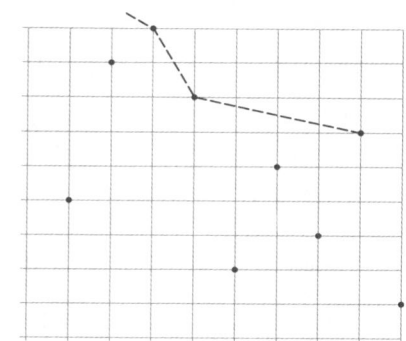

【例 Y-2】偶像天团 2

西佳佳偶像天团有 1 人就能成团.最近 n 年每年有一位歌手加入天团.当团员总智商超过 m 时,最老的团员自动退团直至智商总和不超过 m.第 i 人的颜值为 x_i,智商为 IQ_i.求每年团内颜值最大值.如某年不成团输出 -1.($n \leqslant 100\,000$)

本题题意与上题区别只有退队规则:新 a_i 加入后头部不确定退几人(可能不退也可能退多人甚至退完),故待求最值的 a_i 个数也不固定.数学化表达为

$$ans_j = \max_{x = \min\{k \,|\, sIQ_j - sIQ_{k-1} \leqslant m\}}^{j} a_x \quad (sIQ \text{ 是 } IQ \text{ 的前缀和})$$

这看似较复杂,但核心特征并没变:退役从最老的退,求 max 的区间左右端点单调($\min_{sIQ_j - sIQ_{k-1} \leqslant m} k$ 对 j 单调不降).但区间长度不固定,故称为蠕动窗口最值问题;核心判据"又老又丑的不能做队长"仍成立,候选序列仍严格单调降.只要修改队首出队的逻辑即可.

```
for (int i = 1; i < = n; i ++){
    while (l < r && x[i] > x[q[r-1]]) r--;
    q[r++] = i;
    while (l < r && sIQ[i] - sIQ[q[l]-1] > m) l++;
    cout << (l < r ? x[q[l]] : -1) << " ";
}
```

细节说明:一是虽"又老又丑"可能提前排除,但其 IQ 在真正退役前还是要计入的,所以 IQ 求和时用的原始 IQ 的前缀和.这一点务须区分清楚."提前退役"是针对最优性说的,与可行性无关.另一问题是可能出现无解,即候选序列为空.这不是最优性造成的,因为按最优性年轻人总有 1 次机会,这里是可行性约束造成的空,因为可能出现单个 $IQ_i > m$.

单调队列的操作顺序问题

存在无解的另一个后果是对执行顺序的额外限制.每轮单调队列有 4 种操作:①删队首,②删队尾,③加队尾,④读队首.考虑这 4 件事的顺序[①].

(1)首先②③逻辑上是同一件事即加入新元素,②是为维持单调性,所以这两者应在一起且保持②先于③.

[①] 理论上有 4!=24 种顺序.

（2）①④是先读还是先删这取决于具体情况，如滑窗最值类场景是先移动再求最值，即①在前，也有些情况如某些单调队列优化 DP，单调队列中是状态本身，需先转移算出新状态才能入队，这时则④在前（参见例 Y-9）.

（3）队首队尾的顺序也要看具体情况，例如，逻辑使有可能队列为空，则必须先处理队尾（③在①前），否则③增加的那个就不能及时删掉.

区间问询 vs 最优化区间

最优化区间（找一个最优的区间）和区间问询（多组问询某区间的目标函数）有点容易混淆，某些情况下也有一定联系. 最优化区间一般在 $O(n^2)$ 级别的区间中选最优解，答案是 $O(1)$ 级别. 在一定的单调性/约束条件下，可以预判（剪枝）最优解仅限 $O(n)$ 级别（原解空间的边界，如例 X-1 是一组蠕动区间），再求这所有 $O(n)$ 候选区间的目标函数，此情况下实际转换为对这组候选的区间问询.

区间问询一般问询数量本身就在 $O(n)$ 级别，答案也是 $O(n)$ 级别，可能允许离线也可能强制在线. 离线区间问询经常可考虑目标函数的增/减量式，在线问询则较多依赖预计算和索引（不在本书范围）. 对问询区间本身有特殊单调性（如蠕动区间）的情况，离线解法可以使用单调队列. 区间问询有时候不是作为独立问题，而作为其他算法的产物出现，如 DP 转移方程的决策部分.

【例 Y-3】摄影师

你是个摄影师，拿着一台老式相机，相机镜头对焦距离为 a 米到 b 米之间. 有 n 个景点依次排成一排，第 i 个景点坐标为 x_i 米，观赏性为 y_i. 你从首个景点走到最后一处景点，求在每一处景点时能拍到的观赏性最高（的其他景点）. 若拍不到输出 -1.（$1 \leqslant n \leqslant 200\,000$, $1 \leqslant a \leqslant b \leqslant 1e8$，保证 x_i 递增）

此题是单调队列一道经典的综合模板题，$ans_i = \max\limits_{a \leqslant |x_j - x_i| \leqslant b} y_j$. 约束条件是 x_j 值在 x 轴两个区间内，$[x_i - b, x_i - a] \bigcup [x_i + a, x_i + b]$. 首先两个区间各自贡献可独立算最后再合并①. 设 $ansL_i = \max\limits_{x_i - b \leqslant x_j \leqslant x_i - a} y_j$. 因 x_i 递增，x_j 的范围是滑动区间，映射回下标 j 的范围则是一组蠕动区间②（参见例 X-1 几何解释）. 所以求 $ansL_i$ 本质上就是上题蠕动窗口最值问题.

$i \to i+1$ 时值域上限从 $x_i - a \to x_{i+1} - a$，这范围内新加入的 x_j 未必是 1 个（可能没有也可能有多个），即每次入队数目也不确定（上题仅出队不固定）.

	$x[0]$		$x[1]$					$x[2]$	$x[3]$		$x[4]$
	1	2	3	4	5	6	7	8	9	10	11
	$y[0]$		$y[1]$					$y[2]$	$y[3]$		$y[4]$
	4		2					6	7		5
	4		2					6	7		5
	4		2					6	7		5
	4		2					6	7		5
	4		2					6	7		5

每个元素入队逻辑是一样的（单调队列若干队尾淘汰＋自己入队），代码只要再加一重循环. 对称的

---

① max 函数对参数并集的分配率：$\max A \bigcup B = \max\{\max A, \max B\}$，本质上就是可加性.

② $x_i - b \leqslant x_j \leqslant x_i - a$ 当且仅当 $\min\limits_{x_k \geqslant x_i - b} k \leqslant j \leqslant \max\limits_{x_k \leqslant x_i - a} k$.

$ansR_i$ 部分可反向用单调队列或直接把 x, y 反向一下,具体请读者自行实现. 本题是典型的三重循环复杂度仍为线性的例子.

```
for (int i = 1, j = 0; i <= n; i++) {
    for (; j <= i && x[i] - x[j] >= a; q[r++] = j++)
        while (l < r && y[j] > y[q[r-1]]) r--;
    while (l < r && x[i] - x[q[l]] > b) l++;
    ansL[i] = l < r ? y[q[l]] : -1;
}
```

【例 Y-4】长度有上限的最大和连续子序列.

求正整数序列中选长度 $\leqslant k$ 的区间,总和的最大值. 允许不选. ($n \leqslant 100\,000$)

例 A-5 讲过本题不限长度版本 ($k = n$),有两种做法.

状态:$f_j = $ 以 a_j 结尾的最大和连续子序列.

方法 1:决策选不选 a_{j-1}:$f_j = \max\{f_{j-1}, 0\} + a_j$.

方法 2:直接利用定义 + 前缀预计算:$f_j = S_j - \min\limits_{i=0}^{j-1} S_i$.

尝试用老方法推广到有 k 限制的情况. 方法 1 过程中与子序列长度完全无关,甚至求出答案后都不知道最优解长度是多少,此方法较难推广[①];方法 2 则不同[②],其"决策"是左端点,状态是右端点,长度可显式表达出来. $len_{i+1,j} = j - i \leqslant k \Leftrightarrow i \geqslant j - k$,只要修改下 i 的下限即可.

$$f_j = S_j - \min_{i=\max(0, j-k)}^{j-1} S_i.$$

例 A-5 中 i 下限固定,故减数是 S_i 的前缀 min;本题 i 下限也与 j 有关,减数是 S_i 区间 min,下限 $\max(0, j-k)$ 关于 j 单调不降,则 j 从小到大,f_j 相当于求 S_i 的蠕动窗口最小值,可用单调队列、复杂度 $O(n)$.

```
int l = 0, r = 1; q[1] = 0;
for (int j = 1; j <= n; j++) {
    while (j - q[l] > k) l++;
    ans = max(ans, s[j] - s[q[l]]);
    while (l < r && s[j] <= s[q[r-1]]) r--;
    q[r++] = j;
}
```

注意 q 存的还是 S_i 的下标,$S[q_l]..S[q_{r-1}]$ 才是真正单调的. 开始 $j=1$ 时有唯一的决策 $i=0$,所以 q 一开始不是空的[③];f_j 的最大决策是 $j-1$,故 f_j 算完以后才将 j 加入单调队列;$q[l]$ 是最大值,将 $i=q_l$ 代入转移方程就得到 f_j,所以看上去好像没有求最值(决策)过程,因为隐含在单调队列了.

数据结构(如单调队列)优化其他算法时,一定要清楚数据结构建立在什么原始数据上(如前缀和上

---

① 如设 $L_i = f_i$ 最优解长度 $= [f_{j-1} > 0] L_{j-1} + 1$,再求 $\max\limits_{L_i \leqslant k} f_i$ 可否? 这有逻辑错误:先求最优解再筛选长度和先限制长度再求最优解不是一回事. 反例如 $a = \{1, 1, 1, 2, 2\}$,$k = 2$. 换言之长度 $\leqslant k$ 的最优解,前缀的约束是 $\leqslant k-1$ 而不是 k. 但对较大的 k,随机数据确实有大概率能蒙对,具体原因见后文.

② 一题多解有好处.

③ 这是常见的易错点:DP 边界怎么表达在单调队列里. 所以代码里专门显式写了 $q[1] = 0$.

的单调队列),及产出是什么(如 $S_{j-k}..S_{j-1}$ 的最小值);尽量使用与推导一样的变量命名,以减少混淆.

本题虽简单但说明一个重要事实:有些算法/数据结构应用往往不是从题面中直接看得到的,而是其他建模过程中作为优化手段出现.如本题写出 DP 转移方程后,才可能发现蠕动区间最值的场景.所以解题时做不到一步到位(直接想出满分解法),而要从基础解法优化分析出来①.

构造极端数据

上页注解①中的思路虽是错的,但有很强的启发性.如不限长度的 f_i 算下来正好没超长,显然就是最优解;如超长强行截取长 k 的后缀应倾向于较优解.如数据未特意设计,这总共 $O(n)$ 个较优解中有最优解的概率还是比较高的②.为针对这种"骗分"必须手动设计针对性的数据,目的是造成截断前足够大,截断后又比较小的情况,例如出现一段的大值都集中在首部.下面是一个具体反例:$n=6$,$k=5$,$a=\{100,$ $0,0,0,-1,101\}$.正确的 $f_6=101$,而不限长度时 $f_6=200$(整个序列),其后 k 位的和为 100.当 k 较大时(如几万),一个长 k 的随机数列要出现这种大数集中在左侧的概率是很小的,所以启发式成立的概率很高.

单调队列优化 DP 查错方法

单调队列结合 DP 细节较多,除一些关键地方(如初始化)需特别关注,如何查错也很重要,这里简单说一下.多个算法嵌套时查错通常(非绝对)从外层(最宏观)查起.如本题先查 DP,方法如第 A 章最后所述:打印状态值找第一个错误的状态;然后最优决策是从单调队列来的,打印计算此状态当时单调队列状态,找真正的最优决策为何不在队首(误淘汰了还是少淘汰了);如还不能发现问题,则进一步打印单调队列的出入队过程.另外还有一些独立的校验可提供出错线索,例如队列中的单调性(适合用 assert 语句),如单调性有不成立处则必是单调队列维护有误.

> 【例 Y-5】怒海潜沙
>
> Lester 天真无邪和葛胖胖在海底墓穴寻宝.古墓自下而上共有 n 层墓室,他们所在的密室可视为第 0 层,海面是第 $n+1$ 层.第 i 层墓室里有价值 a_i 毛钱的小古董.葛胖胖每次可上浮若干层并带走到达层的古董.由于氧气有限,上浮至多 m 次必须到达海面;每次只能上浮至多 k 层,否则会得减压病.问最多可拿到几毛钱古董.($1 \leqslant m,k \leqslant n \leqslant 2000$)

本题上手是典型序列 DP,$f_{ij} =$ 浮 i 次到 j 层的最大收益 $= a_j + \max\limits_{x=\max(j-k,0)}^{j-1} f_{i-1,x}$.这方程 j 维度与上题几乎一样,故在 $f_{i-1}(j)$ 序列上建单调队列,求蠕动区间最值即可.注意阶段 i 是独立的,对每个 i 求 $f(i,*)$ 的过程是一轮蠕动区间最值,单调队列要重复使用多次,不要忘记每次初始化.

> 【例 Y-6】静音问题(BOI 2007,加强版③)
>
> 给定序列 $a_1..a_n$,求极差不超过 c 的连续子序列计数.集合的极差定义为其最大值与最小值之差.($n \leqslant 1\,000\,000$,$a_i,c \leqslant 1e9$)

---

① 有选手到一定程度后难以突破的门槛在这里,他们不愿或没意识到要放弃简单题"一眼看穿"的习惯,总想上来就直接拿满分,以至于满眼都是靠拍脑瓜想不出的难题.这不是能力而是方法问题.

② 对较大的 n,k 随机数据这么做大概率是能通过的.如实际比赛中想不到更好办法,可在大数据端考虑使用启发式的方法;n,k 小的部分暴力可以解决.两者结合期望有较好的实际效果.

③ 原题只要求长度固定为 m 的区间,就是滑动窗口最值模板题.

本题是条件区间计数问题：$ans = \sum\limits_{1 \leq i \leq j \leq n} \left[\max\limits_{k=i}^{j} a_k - \min\limits_{k=i}^{j} a_k \leq m\right]$. 极差函数 $Z_{ij} = \max\limits_{k=i}^{j} a_k - \min\limits_{k=i}^{j} a_k$ 关于 i, j 都单调, 可用蠕动区间求解: 枚举 i 则最优的 j 为 $p_i = \max\limits_{Z_{ij} \leq m} j$ 关于 i 单调不减, i, j 联动可 $O(n)$ 求 p_i, $ans = \sum\limits_{i=1}^{n}(p_i - i + 1)$.

剩下的问题是(动态)求极差 Z_{ij}, 即区间最值①, 由于 i, j 本身只增不减, 转化为蠕动窗口最值问题. 本题蠕动区间＋单调队列嵌套在一起, 蠕动的边界本身又依赖求出的最值, 对编码细节要求较高. 请读者参考例 Y-2 和 Y-3 自行尝试②.

【例 Y-7】追逐(单调前驱/后继)

给定序列 $a_1..a_n$, 从 x 可跃迁到 y 当且仅当以下条件至少一个成立($x, y = 1..n$)

$$\forall \min(x, y) < z < \max(x, y) \Rightarrow a_z < a_x, a_z < a_y$$
$$\forall \min(x, y) < z < \max(x, y) \Rightarrow a_z > a_x, a_z > a_y$$

(找不到满足条件的 z 也算成立)求从 1 到 n 至少跃迁几次, 保证有解. ($n \leq 30\,000$, $a_i \leq 1e9$)

本题是无权图 SSSP, 暴力建图＋BFS复杂度为 $O(n^3 + m)$, 瓶颈在于建图(需枚举 x, y, z). 分析建边规则, 由对称性不妨设 $x < y$ 并考虑第 1 条: a_x, a_y 间的值都比它俩小, 等价于 $\max\limits_{x < z < y} a_z < \min(a_x, a_y)$ (每个数的上限等于最大值的上限), 左边的区间最值可预计算, 则复杂度 $O(n^2 + m)$.

对一般稠密图 SSSP 就是 $O(n^2)$, 再优化则要么图实际是稀疏的, 要么图有别的特殊性. 考虑 $x < y$, $a_x \leq a_y$, a_x, a_y 间都比 a_x 小, 则 a_y 是 a_x 右侧第一个 $\geq a_x$ 的值. 这样的 y 对每个 x 是唯一的(如果存在), 其他对称情况都类似. 结论: x, y 有边当且仅当 a_x 是 a_y (或反之)左/右侧第一个值 $\geq / \leq$ 它的位置.

满足此的 y 称为 x 的单调前驱/后继③, 记为 lst_x, nxt_x. 为统一起见如无单调前驱时取 $lst_x = 0$, 无后继取 $nxt_x = n+1$(相当于设哨兵 $a_0 = a_{n+1} = \pm\infty$). 满足这种条件的 (x, y) 不超过 $2n$ 组, 故图是稀疏的.

计算单调前驱/后继

这是一个经典问题. 单调前驱/后继本身是很多其他题目用得到的一个工具. 以单调不升的前驱/后继为例: $lst_i = \max\limits_{j < i, a_j \leq a_i} j$, $nxt_i = \min\limits_{j > i, a_j \leq a_i} j$, 如 a_j 是后面任意 a_i 的单调前驱, 则 $j..i$ 之间的数都 $> a_i$, 反之如有 $i > j$, $a_i \leq a_j$, j 不可能成为 i 之后任何数的单调前驱, 可提前删除. $a_1..a_i$ 中还可能充当单调前驱的候选子序列严格单调升, 用单调队列维护即可.

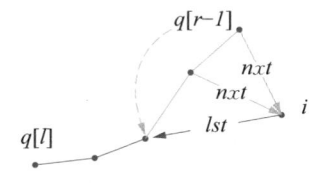

计算 a_i 时淘汰队尾 $> a_i$ 的后缀, 直到队尾值 $\leq a_i$, 这个保留的队尾就是 lst_i 了. 可设哨兵 $a_0 = -\infty$ 保证队列不空. 至于 nxt_i 一种办法是从右到左再算一遍, 也可与 lst_i 一起算: 注意当某个 a_j 被淘汰出队

---

① 一般的区间最值问询称为 RMQ 问题(range maximum query), 最常见解法是借助索引数据结构, 如线段树、ST 表. 但这些不在本书讨论范围内. 本题是利用了离线问询.

② 可以在 $n \sim 1000$ 范围内使用暴力算法核对结果, 这是高级查错的一种核心手段——对拍.

③ 具体分严格非严格, 单调升/降. 不过这些细节大同小异, 编码时注意即可.

时,当时使 a_j 出队的 $a_i < a_j$,且 $j..i$ 间不可能有其他 $< a_j$ 的数(否则 a_j 之前就已出队了),于是 a_i 就是 nxt_j 了. 注意 i 处理完后还未出队的那些位置属于没有单调后继,也可用哨兵 $a_{n+1} = -\infty$ 强迫所有 a_i 出队. 由于哨兵的存在队列永不为空,$l < r$ 也不用判断了. 本题中队首是固定的(不会出队),这种特殊的单调队列也称为单调栈[1].

```
int l = 1, r = 2; q[1] = 0;
a[0] = a[n + 1] = - INF;
for (int i = 1; i <= n + 1; ++i) {
    while (a[i] < a[q[r-1]]) nxt[q[--r]] = i;
    lst[i] = q[r-1];
    // 后继非严格则加此句,以处理并列,严格则不加
    while (a[i] == a[q[r-1]]) nxt[q[--r]] = i;
    q[r++] = i;
}
```

【例 Y-8】进攻

共有 n 种植物种子,第 i 种种子有 c_i 粒,每株战斗力为 v_i,种一株需 w_i 点阳光. 你只有 W 点阳光的存量,而且没有向日葵等任何额外获得阳光的手段. 求最多可以得到多少总战斗力?($n \leqslant 5000$,$w_i \leqslant W \leqslant 10\,000$,$c_i \leqslant 10\,000$,$v_i \leqslant 1\text{e}9$)

本题是很久以前讲过的模板题:多重背包问题(例 E-8). 之前利用二进制拆分技巧实现了复杂度 $O(nW\log C)$. 本章将给出此问题最优解法.

$$f_{ij} = 前\ i\ 种物品放入\ j\ 容积背包的最大收益 = \max_{k=0}^{\min\{j/w_i,\, c_i\}} \{f_{i-1,\, j-kw_i} + kv_i\}$$

以本章眼光看每个 f_{ij} 大致是求 $f_{i-1,\, *}$ 中某个子集 max,这促使考虑用动态最值的工具来优化. 但此认知暂时是很含糊的,有 2 个具体细节需解决:①被求最值的 $f_{i-1,\, *}$ 的下标范围 $j-kw_i$ 不是区间而是一个下标等差数列;②还有一个(与决策 k 有关的)附加项 kv_i 搅在里面,会改变不同 j 的大小关系[2].

问题 1 相对简单:j 只依赖 $j-kw_i$,即互相依赖的 j 维度下标模 w_i 同余. 可按模 w_i 的余数将 j 分为 w_i 组独立处理. 下图是 $w_i = 2$ 情形,深/浅色状态互不影响. 右下图已显现出某种蠕动区间的形式,用数学语言表达:设 $j = Sw_i + R$,$0 \leqslant R < w_i$,用 (S, R) 替代 j 代入转移方程:$f_{iSR} = \max_{k=0}^{\min(S,\, c_i)} \{f_{i-1,\, S-k,\, R} + kv_i\}$. 这就显式看出了 R 维度内部没有互相依赖,可视为纯参数.

现在看问题 2. 先做一个换元 $s = S-k$,相当于 k 对称+平移一下 $k = S-s$,代入转移方程(这步非必要,只为表述更清楚些).

$$f_{iSR} = \max_{s=\min(S-c_i,\, 0)}^{S} \{f_{i-1,\, s,\, R} - sv_i\} + Sv_i$$

这样求最值的部分就与状态 S 彻底无关了. 右侧是 $a_s = \{f_{i-1,\, s,\, R} - sv_i\}$ 这个序列求蠕动区间最小值,单调队列建在 a_s 序列,而 Sv_i 这项与决策 s 无关,最后加上即可. 对 $S = 0..W/w_i$ 求一轮复杂度为

---

[1] 注意单调栈是单调队列的一种特例,而不是平行关系.

[2] 如直接在 $f_{i-1}(j)$ 上建数据结构,求出的最值并非所要的.

	0	1	2	3	4	5	6	7	8	9	10
j=0											
j=1											
j=2											
j=3											
j=4											
j=5											
j=6											
j=7											
j=8											
j=9											
j=10											

$O(W/w_i)$，再枚举 R 和 i，总复杂度为 $O(W/w_i \times nw_i) = O(nW)$. 编码篇幅虽不长,但有很多细节需要小心[①].

```
for (ll i = 1,d = 1; i <= n; i++, d = 1 - d) {
  for (ll R = 0; R < w[i]; R++) {
    ll l = 0, r = 1; q[0] = 0;
    f[d][R] = f[1 - d][R]; // s = 0
    for (ll S = 1; S * w[i] + R <= W; ++S){
      while (l<r && f[1-d,q[r-1]w[i]+R] - q[r-1]v[i] <= f[1-d,Sw[i]+R] - Sv[i]) r-- ;
      q[r++] = S;
      while (l < r && S-q[l]>c[i]) l++ ;
      f[d,Sw[i]+R] = f[1-d,q[l]w[i]+R] - q[l]v[i] + v[i]S;
    }
  }
}
```

以上代码中组合了(分组)DP、单调队列优化决策、滚动数组. 编码要求较高. 有些表达式过于冗长,为阅读方便直接用伪代码公式替代了. 有读者可能问背包问题不是可以滚动到1维吗? 为何这里 f 还是开了2个1维? 这是因为要滚动1维 j 维度即 S 必须从右往左算,但单调队列要从左往右建.

> **【例 Y-9】梅里雪山**
> 题目同例 W-3.

本题为长度有下限的最优平均值区间问题,例 W-3 用二分答案得到 $O(n\log A)$ 算法;本章用微观单调性分析给出更优解法. 以枚举一端最优化另一端的方式重写题意：$ans_j = \max_{i=0}^{j-m}(S_j - S_i)/(j-i)$. 这里区间以半开闭式 $(i,j]$ 表达, S 是原序列 h 的前缀和. 被求最值的目标函数有几何意义:以 (i,S_i) 视为平面上的点,则目标函数是 i,j 两点连线的斜率,记为 $slope(i,j)$.

对固定 j 的两个决策 $x < y \leqslant j - m$, x 优于 y 当且仅当 $slope(j,x) \geqslant slope(j,y)$, 即点 j 在点 x,y 连线下方. 但仅此不足以排除 y(不能保证对任意后续 j 有同样关系).

[①] 对大部分选手如在赛场上遇到多重背包,还是更推荐写二进制拆分,因为不容易写错,复杂度相差也不算大. 但作为练习多重背包还是很好的单调队列编码练习题. 本书因为严格显式推导出标准滑窗最值模型,编码已经相对容易. 如只是大致明白思路直接徒手编码挑战性是很大的. 初学者做此类问题时不要吝啬动笔推导,宁可多花点时间把式子推彻底了,一旦写错查起来会浪费更多时间.

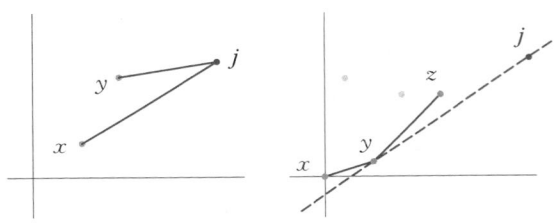

这里需进一步分析 3 个相关决策 $x < y < z \leqslant j - m$，如中间的 y 最优则至少有：$slope_{jy} \geqslant slope_{jx}$，$slope_{jy} \geqslant slope_{jz}$. 而斜率（区间平均数）满足如下的三角形不等式（从几何意义或平均数的性质都很容易证明这点）.

$\forall a < b < c$，$slope_{ac}$ 一定介于 $slope_{ab}$ 和 $slope_{bc}$ 之间；

对 $x < y < j$，$slope_{xj} \leqslant slope_{yj} \Rightarrow slope_{yj} \geqslant slope_{xy}$；

对 $y < z < j$，$slope_{yj} \geqslant slope_{zj} \Rightarrow slope_{yj} \leqslant slope_{yz}$.

结合两式得到 $slope_{xy} \leqslant slope_{yz}$，也就是点 x，y，z 必须呈下凸[1]，注意结论与 j 无关，j 只是中介了下，最终是决策 x，y，z 本身的结论. 换言之，如存在 x，y，z 三点呈上凸，则 $j > z$ 之后 y 不可能为最优解[2]，那么还可能为最优解的候选子序列是一个下凸包（相邻两点斜率单调增）. 单调队列求区间最值，只要能排除非优点，并保证保留下来的子序列有某种单调性. 至于具体哪种单调性则不影响，是什么单调性就维护什么单调队列即可.

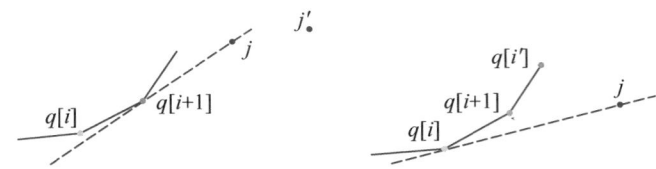

还剩一个问题是候选序列中哪个是当前最优决策. 考虑候选序列中相邻 2 个 q_i 和 q_{i+1}，如 $slope_{q_i,j} \leqslant slope_{q_{i+1},j}$ 则 q_i 当前不优，但似乎不能保证 q_i 对后面的所有 j 都不优？这确实没错，但本题最终是求全局最优解（各 ans_j 最后对 j 取 max）. 即使 $\exists j' > j$，s.t. $slope_{q_i,j'} > slope_{q_{i+1},j'}$，对 $q_i < q_{i+1} < j'$ 用三角形不等式有 $slope_{q_i,j'} \leqslant slope_{q_i,q_{i+1}}$[3]，再对 $q_i < q_{i+1} < j$ 有 $slope_{q_i,j} \geqslant slope_{q_i,q_{i+1}}$，结合两式得到 $slope_{q_i,j'} \leqslant slope_{q_i,j}$，也就是 q_i 不再可能贡献全局最优解，所以队首不优的点可以直接出队. 这里队首出队也是最优性剪枝导致而非可行性剪枝.

另方面如 $slope_{q_i,j} \geqslant slope_{q_{i+1},j}$，对 $q_i < q_{i+1} < j$ 得 $slope_{q_i,j} \leqslant slope_{q_i,q_{i+1}}$；对再后的任意 $i' > i$，因 q 里相邻斜率递增，对 $q_i < q_{i+1} < q_{i'}$ 三角不等式得 $slope_{q_i,q_{i+1}} \leqslant slope_{q_i,q_{i'}}$. 两式联立 $slope_{q_i,j} \leqslant slope_{q_i,q_{i'}}$. 最后对 $q_i < q_{i'} < j$ 得 $slope_{q_i,j} \geqslant slope_{q_{i'},j}$，也就是 q_i 后面的对 j 都不优.

综上所述，从队首找第一个 $slope_{q_i,j} \geqslant slope_{q_{i+1},j}$，不符的都出队，剩下的 $slope_{q_i,j}$ 就是 ans_j. 整个过程 l，r 不回头，总复杂度还是 $O(n)$. 这里无非是"又老又丑"的条件变成了比斜率而不是比取值，这种情况下章还会提到. 另外 j 轮循环插入的是 $j - m$，这是长度下限为 m 要求的，与整个单调性分析关系不大.

```
double slope(ll x,ll y){
```

[1] 关于凸性的话题下章会详细介绍，这里直观理解即可.
[2] 这点直接从几何意义上也能看出，如 y 上凸又要是最优解，则 j 要同时在直线 yz 上方、直线 xy 下方、以及点 z 的右侧，这是不可能的. 这里采用代数推导是为了进行推广方便.
[3] 光这还不能说明 $slope(q_i,j')$ 不优，因为 q_i，q_{i+1} 间隔可能不到 m.

```
    return (s[y] - s[x] + 0.0) / (y - x);
}
....
ll l = 0, r = 0;
for (ll j = m; j <= n; j++){
    while (r - l >= 2 &&
           slope(j - m, q[r - 1]) < slope(j - m, q[r - 2])) --r;
    q[r++] = j - m;
    while (r - l >= 2 &&
           slope(j, q[l]) < slope(j, q[l + 1])) ++l;
    ans = max(ans, slope(j, q[l]));
}
```

本题其实完全可以用纯几何意义来解释,这样会直观得多[①].坚持用代数式推导是为了强调这过程中对目标函数的唯一要求是三角形不等式.所有步骤本质上只用到了这个.也就是整套方法可以推广到任何具备此特征的目标函数 $F(i, j)$,这是用几何意义无法得到的.最基本的具备三角形不等式的区间函数就是常用的几种平均数.求最优平均数区间都可用以上方法,把 $slope$ 改成对应目标函数即可,

$$代数平均数 A = \frac{1}{n} \sum_{i=1}^{n} x_i, 几何平均数 G = \left(\prod_{i=1}^{n} x_i \right)^{1/n}$$

$$平方平均数(均方根)S = \sqrt{\frac{1}{n} \sum_{i=1}^{n} x_i^2}, 调和平均数 H = \left(\sum_{i=1}^{n} \frac{1}{x_i} \right)^{-1}$$

局部最优解

上述推导中"删队首"这步只针对求全局最优解才有效.如一定要求每个局部最优解 ans_j 呢?因为对于当前最优解结论还是成立的,即 $ans_j = slope_{q_{p_j}, j}$,其中 $p_j = \min\limits_{slope_{q_i, j} \geq slope_{q_{i+1}, j}} i$,只是 p_j 左边的不能删,但 q 里 $slope$ 还是有单调性,在 q 中二分查找 p_j 即可,复杂度多一个 $O(\log n)$.

单调队列优化中队首和队尾的逻辑是相对独立的,队首能不能删与队尾并无关系,队尾只是保证剔除掉部分不优解并保持候选序列的单调性,至于在候选序列中怎么求当前最优解(包括用不用到单调性)则是另一件事.有时即使暴力遍历一遍,也能实现部分优化效果.

小 结

单调队列是一个精巧的数据结构,代码量不大但细节较多,特别是与其他算法结合使用时.对单调队列的使用需要非常熟悉基本的模板场景如滑窗最值、蠕动窗口最值、单调前驱/后继等,通过足够题量的练习才能掌握熟练.另外实践中要特别小心单调性的具体细节分类,如严格还是非严格单调.微观单调性分析是一个很重要的建模手段,其应用后面还会再涉及.

习题

1. 偶像天团 2(etiger1148).

[①] 想必读者看前面一大堆 $slope$ 比来比去也比较晕.周源 2004 年的国家集训队论文有纯几何的解释.

2. 先知剑(etiger582).

3. 摄影师(etiger544).

4. 跳房子(etiger444，NOIP 2017 普及 T4).

5. 理想的正方形(etiger1138).

6. 瑰丽华尔兹(etiger1140，NOI 2005).

7. 神兽之鬃(etiger634).

Z 二阶单调性

本章讨论二阶单调性,数学上也称凸性(convexity).单调性的等价说法是增量(差分)保持符号,如严格单调增等价于差分恒正[1].从此角度理解单调性更容易推广,因为差分本身也是一个序列.所谓凸性指差分的单调性,即差分的差分(二阶差分)保持符号.所以凸性本身也是一种单调性,之前单调性的所有结论对凸性都可用,只是基于差分序列而非原序列.凸性的存在一般比单调性更隐蔽,较多情况下如何发现凸性本身就有一定难度.

> **【例 Z-1】函数最值**
> 函数 $f(x) = x\log x + n/x$,n 是输入的正整数参数,定义域是正整数,求 $f(x)$ 的小值(精确到 2 位小数).($n \leqslant 1e9$)

本题是刻意构造出来的模板题,但形似这样的函数在某些算法[2]的复杂度分析确实遇得到.对 $x > 0$,$x\log x$ 单调增,n/x 单调降,两者之和就无全局单调性了,此函数的图像大致如左下图(为直观起见画成了连续版本).

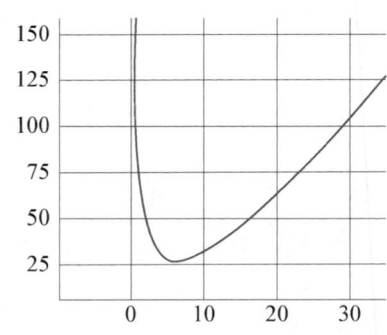
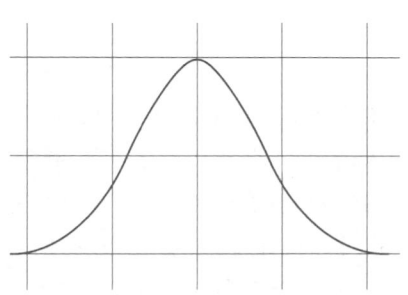

如函数定义域上存在唯一的 x_m,$x \leqslant x_m$ 时 $f(x)$ 严格单调升/降,$x \geqslant x_m$ 时 $f(x)$ 严格单调降/升.此特征称为严格单峰/谷性.其具有唯一的最值点,即 x_m 自己,如 $\forall \delta > 0, f(x) - f(x - \delta) < f(x + \delta) - f(x)$,称为严格下凸.在正整数定义域上严格下凸当且仅当对 $\delta = 1$ 上式成立,等价于差分严格单调升.注意单峰和凸性并不等价,单峰但非凸函数例如右上图的类正态分布 $f(x) = e^{-x^2}$,凸但非单峰的函数例如本题 $f(x)$ 在 $x > 10$ 的部分[3].

---

[1] 此意义上说,本身保持符号的序列也可称有零阶单调性,只是这概念用处不大.

[2] 如数据分治(参考例 1-9)、分块算法(本书暂未讲到)等.

[3] 有时也将全局单调函数也视为退化的单峰函数(只有峰/谷的一侧),这种理解下也可认为凸函数必然单峰.

单峰/凸函数上求最值,从差分角度更容易处理.两者共同特征是差分变号至多一次,通过二分找到差分变号的位置 $i \to i+1$,则最值就是 f_i,f_{i+1} 中的一个;如差分没有变号那就是单调函数,最值在定义域的边界取到.

关于三分法

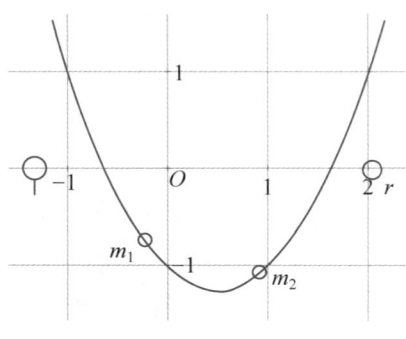

很多资料对单峰/凸函数上求最值的说法的是三分法,以严格下凸为例,三分法取定义域内两点 $m_1 < m_2$:如 $f(m_1) < f(m_2)$ 则最小值 $\geqslant m_1$;如 $f(m_1) > f(m_2)$ 则最小值 $\leqslant m_2$;如 $f(m_1) = f(m_2)$ 则最小值在两者之间.

如 m_1,m_2 取三等分点,则每次范围至少缩小 2/3,复杂度为 $O(\log_{1.5} n)$;如取 $m_2 = m_1 + 1 \approx (l + r)/2$,则复杂度期望为 $O(\log_2 n)$,此时 $f(m_2) - f(m_1)$ 就是差分,本质上就是差分上的二分查找.三分法这个名词其实有一定误导性,容易误以为三等分是最好的做法,其实用二分差分这样的表达更清楚.

非严格凸性/单峰性

学习单调性算法时,大多数情况单调性是否严格的并不影响算法主体,只涉及一些判断细节.凸性是二阶单调性,凸性是否严格一般也无本质差别.非严格凸直观上就是函数有局部是直线(差分不变),这对二分差分没有本质影响.非严格凸函数最典型例子是绝对值函数 $f(x) = |x|$.

非严格单峰性则复杂一些,直观上是函数局部可能出现平台(差分=0),这种平台在最值及其两侧都可能有,甚至整个函数大部分都是平台(如下图).

这就使二分/三分法遇到一定麻烦:当 $f(m_1) = f(m_2)$ 时难以区分 m_1,m_2 在峰值的两侧还是同侧.如有少量平台的非严格单峰函数,可在出现相等时放弃这组重选 m_1,m_2;如预期有大量平台,则需要预处理将定义域离散化.

【例 Z-2】期末考试(bzoj 4868,六省联选 2017)

n 位同学每人都参加了全部 m 门课程的期末考试,都在焦急地等待成绩的公布.第 i 位同学希望在第 t_i 天或之前得知所有课程成绩,否则每等待一天会产生 C 单位代价.第 j 门课程原计划在第 b_j 天公布成绩.有两种操作可以调整公布时间:

(1) 将课程 X 公布时间推迟一天,课程 Y 提前一天.每次操作产生 A 单位代价.

(2) 学科 Z 公布时间提前一天.每次操作产生 B 单位代价.

X,Y,Z 可任意指定,操作均可以执行多次.求总代价的最小值.($1 \leqslant n, m, t_i, b_j \leqslant 100\,000$,$0 \leqslant A, B, C \leqslant 100\,000$,$A \leqslant B$)

此题看似元素众多,要决策的对象也很复杂.遇到这种情况则有可能需要找一些必要/充分条件,或者某关键结论,使决策对象简化.本题中调整时间的目的是降低 C 部分代价 $\sum_{i=1}^{n} \max(0, T - t_i)$,其中

$T = \max\limits_{j=1}^{m} b_j$ 表示最后一门课的公布时间①. t_i 是固定的,所以修改 b_i 最终目的是为减小 T. 所以 T 是整个问题关键,如 T 已知(比如暴力枚举)②则 C 部分代价就固定了,只需优化 AB 部分代价.

固定 T 的前提下,目标是把那些 $b_j > T$ 的课提前至 T(小于 T 也没必要),操作 1 无非是一种"优惠方案",即 $b_j < T$ 的那些课提供了(有限次)以较低代价 A 提前 1 单位时间,如不够则剩余时间需以较高 B 代价实现. 最优方案显然是贪心:先用优惠价 A,如不够再用原价 B. 设 $f(T)$ 为最小代价,有下面两种情况.③

(1) 情况 1:$\sum\limits_{j=1}^{m}(T - b_j) \geqslant 0$(优惠用不完),相当于 $T \geqslant \bar{b}$(T 不小于 b 的平均数),

$$f(T) = A \sum_{j=1}^{m} \max(b_j - T, 0) + C \sum_{i=1}^{n} \max(T - t_i, 0)$$

(2) 情况 2:$T < \bar{b}$,

$$f(T) = A \sum_{j=1}^{m} \max(T - b_j, 0) + B \sum_{j=1}^{m}(b_j - T) + C \sum_{i=1}^{n} \max(T - t_i, 0)$$

$f(T)$ 是以 $T = \bar{b}$ 分界的分段函数,看似复杂,其实就是一些初等函数的线性组合. 本题至此其实已解决:枚举 T,max 项讨论下,分割点对 t_i, b_j 二分下可得,max 拆开后就是一些 t_i, b_j 前缀和的线性组合. 复杂度为 $O(n\log n + m\log m)$,如利用分割点与 T 的单调性,还可联动分割点增量式求值,使复杂度降到线性(排序可用计数排序).

事实上还可进一步证明 $f(T)$ 是下凸的,可以二分 T,则主体部分甚至可做到 $O(\log n)$. 凸性的证明有如下两种方式.

(1) 方法 1:利用基础运算保持凸性. A,C 项是两个线性函数(直线)的 max,显然下凸;B 项是线性函数. 不难证明多个下凸函数的正系数线性组合保持凸性④.

(2) 方法 2:利用几何意义. 数学方法具有一般性但不很直观. $f(T)$ 凸性还可直观得出:以 C 项为例,t_i 可视为一个柱状图,代价正比于 $t = T$ 这条线左方与柱状图右端间的总面积,T 变大过程在面积的增量显然单调不降(如看不出将 t_i 排序画就一定能看出了). 以下图示来自洛谷题解.

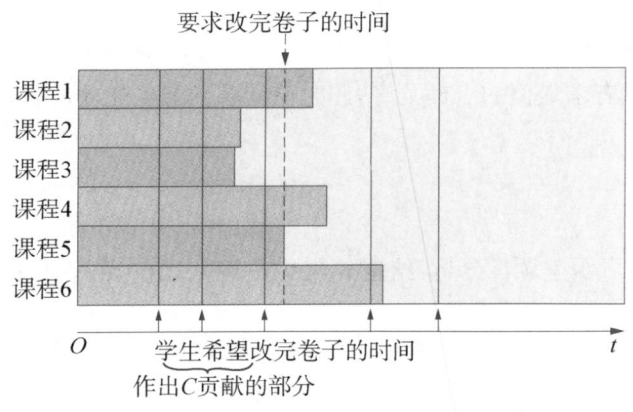

① 此类有现实背景的问题,有时现实经验有帮助,有时则有干扰. 本题读者可能潜意识里有"每个人考试科目不一样"这样的概念,这就是干扰. 一个关键条件正是"每个人都参加了所有课程".

② 可视为枚举答案思想的推广,这里枚举的不是最终答案,而是中间答案.

③ B 这项用到恒等式 $\max(x, y) - \max(-x, -y) = x + y$.

④ 这一点用差分单调或二阶差分保持符号就能证明,差分的线性组合显然等于组合的差分,因为差分本身就是个线性组合操作.

从山脚到山顶共有 n 个景点排成一条直线. 山顶为景点 n. 政府决定架设若干条索道由山脚直达山上某些景点, 保证到山顶必须有索道. 建索道到景点 i 代价为 A_i. 对无索道直达的景点, 游客会乘坐到高于该景点且最近的一个索道站点, 然后向下步行到目的地. 步行到每个景点的游客 (假设人数相同) 会产生不满意度, 其值等于索道站点与目的地编号之差. 求花费与不满意度总和的最小值. ($n \leqslant 100\,000$, $A_i \leqslant 1\text{e}9$)

本题的 DP 部分很直接 (最优子序列场景).

(1) 状态: 只考虑前 i 个景点的最小代价 (i 必建).

(2) 决策: 上一个索道建在景点 j,

$$f_i = \min_{j=0}^{i-1} \left\{ f_j + \sum_{k=j+1}^{i} (i-k) \right\} + a_i$$

求和号可用等差数列求和公式, 以上复杂度是 $O(n^2)$. 先说一个很简单却有效的最优性剪枝优化, 求 min 的是两项和, f_j 没有单调性[1], 但后一项对 j 是严格单调降的. 不妨按 j 从大到小决策, 如后项已大于当前最小值则不用再枚举下去. 要卡这个剪枝必须人为刻意设计数据. 同样的复杂度下, 构造反例数据越难, 得分的概率越高.

```
for(int i = 1; i <= n; i++){
    for(int j = i - 1; j >= 0; j--){
        f[i] = min(f[i], f[j] + (i-j-1)*(i-j)/2);
        if (f[i] <= (i-j+1)*(i-j)/2) break;
    }
    f[i] += a[i];
}
```

有读者可能觉得求 min 的值是一个前缀 min (因 $\min\limits_{j=0}^{i-1}$ 这种形式)? 这是不对的. 这被求 min 的值本身与决策 j 有关; 而例 Y - 5 转移方程 $f_{ij} = a_j + \max\limits_{x=\max(j-k,\,0)}^{j-1} f_{i-1,\,x}$, 被求 min 的是上阶段已算好的固定序列 $f_{i-1,\,*}$, 与决策 x 有关的只有求最值的下标范围, 此时单调队列等优化才成立, 本题则无法视为固定序列的区间最值.

广义单调队列

下面说正解, 切入点是微观单调性分析: 给定 i, 考虑决策 $k < j < i$, 决策 j 优于 k 当且仅当

$$f_j + \frac{1}{2}(i-j)(i-j-1) < f_k + \frac{1}{2}(i-k)(i-k-1)$$

$$\Leftrightarrow \frac{(2f_j + j^2) - (2f_k + k^2)}{j-k} < 2i - 1$$

推导过程只是普通四则运算, 注意 $j - k > 0$ 所以除的时候不等式不变号. 最后式子的特点是右边与决策 j, k 都无关, 将其抽象地写作

---

[1] 对随机数据其实 f 单调的趋势也是挺大的, 也就是逆序对较少.

$$W_{kj} < F_i = 2i - 1, \quad j > k \text{①}$$

以上并不能永久性排除 j 或 k. 进一步分析 3 个决策 $L < k < j < i$, 考虑中间的决策 k 什么条件下可最优? 根据上式当且仅当

$$W_{Lk} < F_i \leqslant W_{kj}$$

最后结论与 i 无关, 即如存在 $L < k < j$ 使 $W_{Lk} > W_{kj}$, 则对 i 以后的状态, k 都不是最优决策, 那么决策 k 就可丢弃了. 设还有望成最优决策的候选序列为 $i_l < i_{l+1} .. < i_{r-1}$ 则 $W_{i_x, i_{x+1}} < W_{i_{x+1}, i_{x+2}}$, $x = l..r-3$. 即相邻两项的 W 函数值严格单调增, 可用单调队列维护(参考例 Y-9).

下一问题自然是候选序列中找(当前)最优决策. 相邻项 i_x, i_{x+1} 中 i_{x+1} 优当且仅当 $W(i_x, i_{x+1}) < F(i)$, 即 W 不超过某上限, 则右侧优; 否则左侧优. 而候选序列中 W 又递增, 则最优解是 W 首次越过上限的点: $p_i = \min\limits_{W_{i_x, i_{x+1}} \geqslant F_i} i_x$. 一般地, 可在单调队列中对 W 二分查找 p_i, 如上限 $F(i)$ 本身也单调增(如本题), 则 p_i 也单调增, 换言之 $W_{i_x, i_{x+1}} < F_i$ 的 i_x 以后不会优了, 可直接删队首, 则保留下的队首就是最优决策.

```
ll l = 1, r = 2; q[0] = 0;
for (ll i=1; i<=n; ++i){
    while (r-l >= 2 &&
        W(i, q[r-1]) < W(q[r-1], q[r-2])) --r;
    q[r++] = i;
    while (r-l >= 2 && W(q[l], q[l+1]) < 2 * i - 1) ++l;
    //q[l]为最优决策
}
```

斜率优化

本题解法的形式上与例 Y-9 形似, 而 $W_{kj} = \dfrac{(2f_j + j^2) - (2f_k + k^2)}{j - k}$ 确实也是 $y = 2f_x + x^2$ 图像上②$x = k$, j 的斜率, 故普遍将此方法称为斜率优化. $W_{Lk} < W_{kj}$ 的几何意义就是 $x = L$, k, j 三点, 中间 k 这点是下凸的(经过 k 斜率变大), 也就是单调队列保留的是函数图像的下凸包.

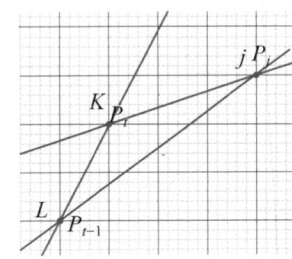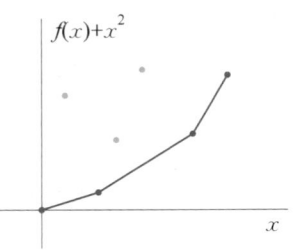

不过上文已说有无这种几何意义并不重要, 对形如 $f_i = \min\limits_{j=0}^{i-1}\{f_j + w_{ij}\} + A_i$ 的转移方程, 其微观最优性分析为 $f_j - f_k < w_{ik} - w_{ij}$. 如此式子可等价转化为 $W_{kj} < F_i$ 这样的形式(决策优劣与状态 i 无关, 只取决于决策本身某种函数的上下限). 则这类单调队列优化就能成立.

---

① 至于左边的特点, 很多资料从这里开始就依赖于左边的几何意义(斜率). 其实左边具体长什么样并不重要, 本书先以一般性的抽象形式推导, 适用于更一般的场景. 最后再给几何解释.

② f_x 是要计算的状态, 但也是由 x 唯一决定, 一样可以视为 x 的函数.

【例 Z-4】上凸包

给出平面上 n 个点的坐标 (x_i, y_i)，x_i 互不相同且已排序，$y_i \geqslant 0$. 求最短的折线，端点都在 n 个点上，且所有点都在折线下方或落在折线上.（$n \leqslant 100\,000$）

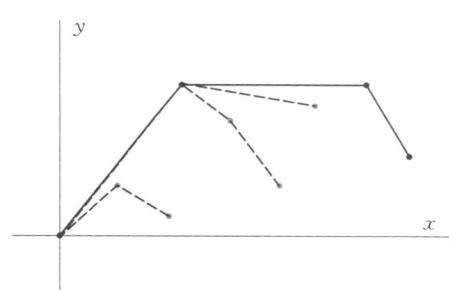

此题本身不难，首先最优解一定是上凸的，否则如 3 个点 $i < j < k$ 下凸，则 j 本身在 i, k 连线下方，则直接连 i, k 长度更短且还合法. 据此也就形成了算法：维护一个相邻斜率递降意义下的单调栈，从左往右扫，每个点如与队尾形成下凸，则删队尾，直到栈内只剩 1 个点或与队尾形成上凸（左图中虚线为被后续点淘汰的轮廓）. 最后保留在单调栈中的就是上凸包，复杂度为 $O(n)$. 上节讲了普通单调栈维护序列的单调上边沿，上凸包可理解为二阶单调的上边沿.

Gramham 扫描法

包含任意平面点集的周长最小的区域称原点集的凸包[1]，凸包一定是凸多边形. 如以最左、最右 2 点（一定在凸包上）为界则分为上凸包和下凸包两部分.

前面正是求上凸包的方法，同理再求一遍下凸包就能得到整个凸包，不过分两遍求并没必要. 可以最下方的点（一定在凸包上）为原点，其他点按到该点极角（而非横坐标）排序，再用同样的方法做一次就可以求出整个凸包. 此方法称为 Graham 扫描法，是平面凸包求解最常用的方法[2]

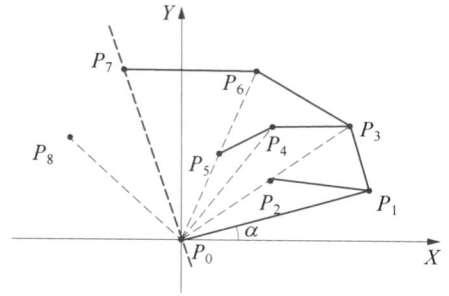

例 Z-2 相当于将 P_0 移动到 y 轴 $-\infty$ 处，这时则极角排序就退化成了按横坐标排序. 所以上凸包也可视为平面凸包的一个特例.

Jensen 不等式

上凸的几何特征是折线上任意两点连线都在折线下方，事实上个条件可推广到一般函数并且还是充要的（可直接作为凸性的定义）. 数学表达如下：

$$\forall x_1, x_2 \ \text{及}\ \alpha \in [0, 1] \Rightarrow \alpha f(x_1) + (1-\alpha)f(x_2) \leqslant f(\alpha x_1 + (1-\alpha)x_2)$$

这个式子称为 Jensen 不等式，还可以推广到多变量形式，

$$\sum_{i=1}^{k} \alpha_i f(x_i) \leqslant f\left(\sum_{i=1}^{k} \alpha_i x_i\right), \text{其中}\ \alpha_i \geqslant 0\ \text{且}\ \sum_{i=1}^{k} \alpha_i = 1$$

【例 Z-5】飙车

Lucas 参加一个飙车比赛. 比赛在环型赛道上进行，全程共 k 圈. 赛车的油箱可装 n 单位油. 每单位可以支持赛车跑恰好 1 圈. 每圈开始前需保证油箱里的油量是一个正整数. 一圈跑完后，油会减少恰好 1 单位. 每圈开始前可以进入加油站加油，一次加油的耗时是固定的常数 P，并可把油量加至任

---

① 数学上凸包的定义不限制点集是有限集，但此处只讨论有限点集.
② 其他方法如 Javis 步进法、分治法＋旋转卡壳等. 这些方法属计算几何，不在本书讨论范围内.

意不超过 n 的整数. 特别地, 如一圈开始时剩余油量恰好为 1, 这也是允许的, 结束这一圈时剩余油量为 0, 此时必须进站加油, 除非这是最后一圈.

比赛开始也可加油, 这次加油不会计入比赛时间. 赛车在不同油量下的速度是不同的. 经测试一圈开始时如油箱中油量为 i 单位, 则跑完这圈需 t_i 单位时间. 保证 $t_i \leqslant t_{i+1}$. Lucas 共参加了 Q 场比赛, 每场比赛都有独立的 K 和 P. 求每场比赛的最短总用时. ($n, Q \leqslant 200\,000, 1 \leqslant K, P, t_i \leqslant 1\mathrm{e}9$, 保证 t_i 单调不降)

Q 相当于多组离线问询, 先解决单个问询(一场比赛). 有明显的最优子结构, 子问题决定于圈数和油量, 朴素的 DP 容易写出.

(1) 状态: $f_{ij} =$ 跑完 i 圈剩 j 单位油, 最小时间.

(2) 决策: 第 i 圈(出发前)加 A 单位油,

$$f_{ij} = \min_{A=0}^{j+1} \{f_{i-1, j+1-A} + [A > 0] \times P\} + t_{j+1}$$

(3) 复杂度: $O(Qkn^2)$.

优化可从纯数学和逻辑两个角度下手, 下面结合两种思路一起讲. 首先 $A=0$ 是特殊的, 不妨拆出来单独处理.

$$f_{ij} = \min(f_{i-1, j+1}, P + \min_{A=1}^{j+1} f_{i-1, j+1-A}) + t_{j+1}$$

内层是 $f_{i-1}(j)$ 的前缀 min, 可预计算; 或其实由定义显然 f_{ij} 对 j 单调不降, 故内层 min 就是取 $A = j+1$. 复杂度为 $O(Qkn)$. 此结论也不难理解, 即还有剩油时再加油必不优. 直观上这加的油相当于被白白带着跑了一圈, 不如等需要了再加. 严格证明也不难, 用调整法可对任何可行解如还剩 $y > 0$ 单位油, 且又停下加了 x 单位油, 修改方案在 i 不加油, 后面按原方案不变执行, 直到(一定会出现①)后面某第 j 圈后没油了, 且原方案在 j 不加油, 则在第 j 圈加 x 单位油.

(1) 一定不会加爆. 原方案在 i 处有油也没加爆, 现在 j 是空车加油.

(2) 方案仍可行. 从 j 开始后面每圈油量与原方案完全一样.

(3) 加油次数不变.

(4) 第 $i+1 \sim j-1$ 圈载油都少了 x 单位, 其他圈与原先一样.

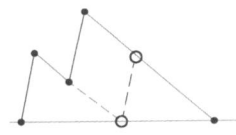

综上所述调整后不会更差,

结论: 至少有一种最优解仅在空车时加油.

现问题简化为每次加油后必用完再加. 总加油量显然是 k, 方案由每次加油量 $x_1 .. x_m$ 唯一确定, $\sum_{i=1}^{m} x_i = k$, 即求 k 的一种最优拆分, 目标函数为

$$F(x_1 .. x_m) = (m-1)P + \sum_{i=1}^{m} \sum_{j=1}^{x_i} t_j = (m-1)P + \sum_{i=1}^{m} S_{x_i}$$

第一项跟项数有关较特殊, 可枚举 m 固定, 求和是 t_i 的前缀和 S_i 在 $x_1 .. x_m$ 的取值之和. t_i 本身单调不降则 S_i (非严格)下凸. 由 Jensen 不等式如 $\exists x_j - x_i \geqslant 2$, 则

$$F(x_i + 1) + F(x_j - 1) \leqslant F(x_i) + F(x_j)$$

结论: 至少有一个最优解不存在任两次加油量之差超过 1. 则 x_i 只能取 $\lfloor k/m \rfloor$ 或 $\lceil k/m \rceil$ 且后者有且

---

① 总油量少了必然跑不完.

仅有 $k \% m$ 个. 即确定 m, 最优解唯一, 复杂度为 $O(Qn)$.

$$F(m) = (m-1)P + mS_{\lfloor k/m \rfloor} + (k \% m)t_{\lceil k/m \rceil}$$

最后可证明这个 $F(m)$ 本身也是上凸的, 可二分枚举 m. 此证明较复杂, 此处略去.

【例 Z-6】跳石头

题目同例 W-2.

此题的 DP 解法在例 W-2 说过, 复杂度为 $O(n^2 m)$.

状态: $f_{ij} = a_0 .. a_j$ 保留 i 个 (a_j 保留), 相邻项之差最小值的最大值,

$$f_{ij} = \max_{k=0}^{i-1} \min\{f_{i-1,k}, a_j - a_k\}$$

此转移方程有单调性可用: $a_j - a_k$ 关于 k 单调降, $f_{i-1,k}$ 也不难证明对 k 单调不降 ($f_{i-1,k}$ 任意解将保留 a_k 改为保留 a_{k-1}, 目标函数不变差). 一升一降两个函数取 $\min$, 必然是单峰的, 二分 k 即可, 复杂度为 $O(nm \log n)$, 当然不如正解 (二分答案 + 贪心), 不过思维上难度较低.

＊【例 Z-7】 (TopCoder SRM 610 Div 1 - Level 3)

一个 $n * m$ 的矿区, 第 i 秒在 (a_i, b_i) 出现一个矿, $i = 1 .. K$. 此时如你在 (x, y), 则会获得 $n + m - |x - a_i| - |y - b_i|$ 的收益. 第 i 秒你的横坐标可移动不超过 dx_i, 纵坐标可移动不超过 dy_i. 开始位置任意, 求最大总收益. $(K \leqslant 1\,000, n, m \leqslant 1\,000\,000)$

首先 x, y 方向完全独立, 下面只考虑 x 方向. 收益为每次之和, 有最优子结构, 子问题只依赖当前时间和位置, 可得基础的 DP. 复杂度为 $O(Kn^2)$.

(1) 状态: f_{ij} = 第 i 秒位于坐标 j 可获的最大收益.

(2) 决策: 上一秒在坐标 k,

$$f_{ij} = \max_{j - dx_i \leqslant k \leqslant j + dx_i} \{f_{i-1,k}\} + n - |j - a_i|$$

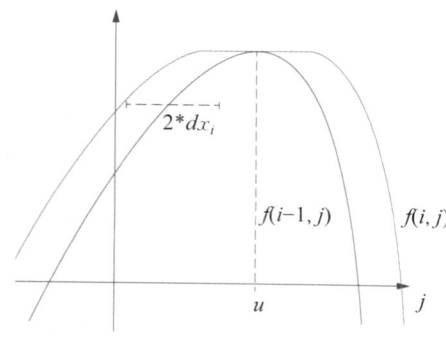

max 部分明显是 $f_{i-1,*}$ 的滑动窗口最值, 用单调队列可优化到 $O(Kn)$. 这时决策已经 (均摊) $O(1)$, 只能从状态下手. 直接状态降维可能性不大, 只能考虑能否剪枝部分状态[①]. 最后答案只关心 j 维度上的最值 $ans = \max_{j=1}^{n} f_K(j)$, 可将 $f_i(j)$ 作为 j 的函数整体当作状态, 转移方程视为函数变换 $f_{i-1}(j) \rightarrow f_i(j)$. 边界 $f_0(j) = 0$ 太特殊, 从 $i = 1$ 开始: $f_1(j) = n - |j - a_1|$, 这是非严格上凸函数.

$i \rightarrow i+1$ 的变换由两个部分组成: 第二项 $n - |j - a_{i+1}|$ 也

[①] 读者对"状态转移"应有一个广义的认知. 如最优化的转移方程, 本质上无非是求最值, 其实一个个枚举决策是"最笨"的求最值方法, 数学上有很多优化求最值的手段, 如求导或利用单调性/凸性. 进一步, 状态转移甚至未必一定需要一个解析的数学式 (转移方程), 有时转移本身就是一个独立问题, 需要独立算法来实现一次转移, 如贪心, 解方程, 甚至另一次 DP.

是上凸的;第一项是对前一函数 $f_i(j)$ 的滑动区间 max 操作①,这个操作也是保持上凸性(参见上图).

证明 $f_i(j)$ 非严格上凸,其最值当且仅当在一个区间平台 $[L,R]$ 取到,$j<L$ 时 $f_i(j)$ 严格递增;$j>R$ 时严格递减.分如下 3 段情况考虑.

(1) 情况 1:$j<L-dx_2$,此时求 max 整个范围都在 L 左侧,max 在最右侧取到

$$f_{i+1}(j)=f_i(j+dx_{i+1})+(n-|j-a_{i+1}|)$$

第一项相当于向左水平平移了 dx_{i+1},显然保持凸性.

(2) 情况 2:$L-dx_2 \leqslant j \leqslant R+dx_2$,此时求 max 区间与 $[L,R]$ 有交,就是原最值

$$f_2(j)=f_1(L)+(n-|j-a_2|)$$

第一项是常数,相当于原平台加长了 2 倍 dx_{i+1}.

(3) 情况 3:$j>R+dx_2$,与情况 1 对称,严格说这只证明整个 $f_{i+1}(j)$ 上凸分段上凸.不过 3 段间保持单调性增 → 平 → 降且整个函数还连续,所以整体都保持凸性.

以上是一般结论.具体到本题 $f_1(j)=n-|j-a_1|$ 只是 2 条射线,而区间 max 造成平移+拉宽顶部平台,最终整个图像还是一个折线组成的上凸包,只要维护凸包各顶点.每次移动 max 最多多出一段平台,相当于凸包上插入一个点;加 $n-|j-a_i|$ 最多在 $j=a_i$ 处分裂出新的一段,其他顶点只会 y 坐标发生变化.最终 $f_K(j)$ 至多 $2K$ 段,每轮暴力维护折线段即可,复杂度为 $O(K^2)$.

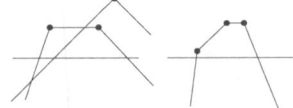

理论上借用二分和一些高级数据结构可以做到 $O(K \log K)$,但这超出本书范围,本题核心是所谓状态函数化思想.凸性在这里起的是辅助作用,但移动区间 max 保持凸性这个结论是重要的.

小 结

凸性和单调性有紧密关联,解题建模方面有很多相通,但凸性也有独特的方面,如 Jensen 不等式可用于调整法找必要条件.数学上不严格地说,凸性总体来说比单调性更强一些.信息学题目中凸性往往比单调性隐藏更深,这需要对更多场景的经验总结.如恒正/负序列的二阶前缀和或单调序列的前缀和,或后缀和等隐含凸性;以及利用一些保持凸性的函数运算,如保号的线性组合、移动平均、滑窗 max 等.另外打印数值找规律也是很常用的发现凸性的方法.

习题

1. 货币兑换(NOI 2007).
2. 面试(etiger814).
3. 面试 2(etiger815).
4. 期末考试(SHOI 2017).

参考文献

[1] 张恒捷.DP 的一些优化技巧,2015 国家集训队论文.

---

① 超出定义域 $[0,n]$ 部分的,可以认为原函数保持凸性延伸到整个 x 轴,因为最大值在定义域中,往两边延伸值越来越小,所以不会影响 max 的结果.以下就不考虑定义域限制了.

结语　学习信息学竞赛之己见

关于这一点可以单独写一本书,有很多著名教练和优秀选手都发表过精彩的见解,笔者不敢班门弄斧,仅简单分享几点个人经验.

信息学竞赛核心竞争力

信息学竞赛是一项考查综合素质的赛事,在很多方面(如心理素质、经验技巧乃至人脉、体力、阅历等)或多或少都会影响结果.但在笔者看来,直接影响成绩的核心能力是以下5项.

(1) 建模能力:最重要也是最难的一项,即将具体问题分析构造出解法思路.对抽象思维的要求较高.

(2) 编码能力:将思路付诸代码实现,主要考查细心、思虑周全和逻辑清晰性.

(3) 测试能力(查错/改错):检验程序逻辑的正确性/完善性,发现及修正 bug.它是综合性非常强又经常不被充分重视的一项技能,相当依赖实践经验

(4) 应试技巧:反映了在硬实力不足以 100% 解决的前提下提高得分或得分概率的能力.它高度依赖经验,以及对自身水平能力的精确定位.

(5) 表达能力:它是将自己的思路、方法、问题等准确表达出来,使别人明白的一项软实力.它深度影响学习效率和掌握知识的深度,也是高手必备.

学好信息学竞赛的重要原则

以上体现在战略目标层面,下面来讲战术操作层面,即在具体学习过程中有 6 个原则.

(1) 兴趣是最好的老师.这是最重要的一点.喜欢、想学的东西,才可能学得好.学得很痛苦,也能出一定的成绩,但一般成绩有限.

(2) 数学决定天花板.不夸张地说,信息学就是披着编程外衣的数学建模①.不少编程能力很强的选手到一定程度总是难以再突破,经常是数学思维跟不上导致的.

(3) 短板决定成绩(木桶原理).信息学解题是综合性的过程,宏观上不存在某项能力特别强可以弥补其他项不足.例如,建模很强但编码写不对一样是低分甚至是 0 分.因此刻意加强短板很重要,这往往需要毅力,因为人都自然更倾向于做自己擅长的事情.

(4) 天道酬勤.如今的信息学竞赛②已经很难出现纯"天才型"选手了③,将大量时间投入训练中是必不可少的.一般一个正常省一选手在整个生涯中至少要完成 1 000～2 000 道题.当然投入同样时间,训练

---

① 有些编程、编码很在行的选手其实擅长的是工程方面.当然工程编程也是很重要的、有意义的一个方向(程序员职位大都叫工程师),但信息学是偏算法的,编程其实只是工具和载体.

② 早年可能有纯靠天赋就能走很远的"天才型选手",其实主要是因为中学生信息学竞赛起步伊始,涉及的内容不深.当一个学科/领域发展完善起来,所谓"天赋"的影响就会越来越小.

③ 曾有数学、物理集训队退役的高中选手可谓有极致的生源素质,且无太大课业压力.训练大半年的结果也仅得省一等奖中等水平.这说明时间成本还是一定程度上的硬道理.

效率有所不同,这主要就是看数学功底了.

(5) 集体的智慧是无穷的. 个人的时间/力量总是有限的,特别是学到高深了,一个良好的可以借力的团队可以很好地提高学习效率. 这也是顶尖学校/选手总会有一个小圈子的原因. 闭门造车即使不是不行,也是不太划算的.

(6) 合理利用网络. 信息社会网络是另一个借力的好地方. 但网上信息纷繁复杂,使用不当或控制不好,可能适得其反①.

---

① 最典型的是上网找标准答案,直接复制代码应付作业.

致　谢

　　本书内容由两位作者各自独立完成，但成书过程中在各方面都离不开其他方面的很多帮助. 感谢太戈编程的陈琛、卫权两位领导的支持，使作者得以有充分的自由时间完成撰写；本书具体内容也多有参考太戈编程其他教学路线的课件和内部资料. 尤其感谢所有来听过课的选手们，其中不少选手对课件提出过很有价值和启发性的新思路和新想法，具体已在正文对应各处标明相关选手姓名，此处不再重复列举. 金逵宇同学在学习过程中指出过课件很多细微的错误，为本书的校对工作间接提供了帮助. 写作期间还有各方朋友、同行、家人等在各个方面间接帮助，在此一并致谢.

图书在版编目（CIP）数据

信息学基础算法:追本溯源/葛潇,卫来编著.--上海：复旦大学出版社,2025.1
ISBN 978-7-309-17269-0

Ⅰ.①信⋯　Ⅱ.①葛⋯ ②卫⋯　Ⅲ.①计算机课-中学-教学参考资料　Ⅳ.①G634.673

中国国家版本馆 CIP 数据核字（2024）第 032643 号

信息学基础算法:追本溯源
葛　潇　卫　来　编著
责任编辑/梁　玲

复旦大学出版社有限公司出版发行
上海市国权路 579 号　邮编：200433
网址：fupnet@ fudanpress. com　http://www.fudanpress.com
门市零售：86-21-65102580　　团体订购：86-21-65104505
出版部电话：86-21-65642845
上海华业装潢印刷厂有限公司

开本 890 毫米×1240 毫米　1/16　印张 21.5　字数 636 千字
2025 年 1 月第 1 版第 1 次印刷

ISBN 978-7-309-17269-0/G・2578
定价：99.00 元